玩转微博营销 小微电商微博营销全攻略

沙凤娟◎编著

人民邮电出版社
北京

图书在版编目（CIP）数据

玩转微博营销 ： 小微电商微博营销全攻略 / 沙凤娟编著. -- 北京 ： 人民邮电出版社, 2018.1
ISBN 978-7-115-46867-3

Ⅰ. ①玩… Ⅱ. ①沙… Ⅲ. ①网络营销－通俗读物 Ⅳ. ①F713.365.2-49

中国版本图书馆CIP数据核字(2017)第240935号

内 容 提 要

本书通过客观的分析和真实的案例，对微博营销的平台管理与运营进行了详细的讲解。书中从微博注册的起名技巧开始讲起，分析了微博的定位，讲述了微博的内容规划，详细介绍了微博营销的实操技巧和微博营销的各种玩法，阐述了微博营销活动策略，并对不同类型的微博营销成功案例进行了细致讲解和深入分析，帮助读者在掌握方法和技巧后能够举一反三。书中还介绍了微博营销的发展现状和社群营销，让读者将微博平台与其他平台联合起来形成更有效的营销体系。

本书适合广大小微电商的经营者和营销平台的运营人员，也可以作为培训机构、职业院校相关专业的参考教程。

◆ 编　　著　沙凤娟
责任编辑　杨　璐
责任印制　陈　犇
◆ 人民邮电出版社出版发行　　北京市丰台区成寿寺路 11 号
邮编　100164　　电子邮件　315@ptpress.com.cn
网址　http://www.ptpress.com.cn
大厂聚鑫印刷有限责任公司印刷
◆ 开本：700 × 1000　1/16
印张：17.5　　2018 年 1 月第 1 版
字数：366 千字　　2018 年 1 月河北第 1 次印刷

定价：39.00 元

读者服务热线：(010)81055410　印装质量热线：(010)81055316
反盗版热线：(010)81055315
广告经营许可证：京东工商广登字 20170147 号

推荐语

书中自有黄金屋。玩微博和微博营销都是需要技巧的，对于中小V和中小卖家，技巧是敲门砖，更是快速成长的杀手锏！

—— 微博电商专家 食品界姜昆

微博有强大的事件营销及开放性，并具有媒体属性及传播效果，对个人品牌、企业形象等都有很好的塑造效果，@大姨妈的姨妈是微博营销的实战专家，她的经验值得学习。

—— 微博签约自媒体 外贸的那点事

用心，吸引铁杆粉丝的秘密！实战，接地气的微博实操方法！靠谱，值得深交的朋友！微博的玩法很多，但能把自媒体和卖货有效结合的，@大姨妈的姨妈是第一人。

—— 微博签约自媒体 微商播报

社交电商的时代，内容和社交二者存在的基础和前提就是碎片化和流量价格持续高走，好内容可以降低获取流量及留存的成本，社交则通过与粉丝的深度互动运营，增加黏性和收入。微博作为平台介质给了一个这样的机会，在本书中，刚好有对微博营销经验的反馈，希望大家能够有所收获。

—— 社交电商自媒体 臭臭新说

玩转微博的核心在于交流、分享、互动，打造个人IP，而非ID，@大姨妈的姨妈能够坚持每天分享电商干货，并且与粉丝之间保持互动，经常组织大家互粉和策划微博活动，有很多实战经验值得大家借鉴。

—— 社交电商分析师 蘑菇的二姐

序

用心 · 实战 · 靠谱

我经常会向学员推荐一些非常值得学习的博主，让他们有目标性的互动、学习。@大姨妈的姨妈是我必推荐的博主，因为她是我从2012年开始做微博以来了解到的，最实战、最能“吆喝”卖货、最贴心与粉丝互动的博主，更重要的是，她在微电商这一块的玩法最接地气，非常值得借鉴学习。

和她结缘是在2015年6月，近两年来，从微博好友到微信好友，从交流探究方法到相互之间的支持，已经让我们从陌生的网友成为了好朋友。虽未曾谋面，但我们之间已经建立了深厚的友谊，这就是互联网的魅力，连接无处不在。

她从不吝啬分享她的电商实战干货，随想随发，还会不定期地将一个阶段的微博内容总结归纳成长微博，阅读她的博文感觉每一次都是收获颇丰，真正能够提升自己的技能，我也慢慢成了她的铁杆粉丝。

有很多人玩微博，做了微博自媒体却卖不了货，能卖点货又缺少流量，而她能够将自媒体和卖货两者完美结合，也是我最欣赏的一点。关注久了，你会发现，她是在用心与粉丝互动，不管你的粉丝数量多少，或是@她，或是转评她的微博，或是私信求教，总是能得到她的回应，我想她之所以做得好，是因为用心积累了真正的铁杆粉丝所致。

她曾经参与过我们学员的“双11”微博营销活动，也是在这次活动策划的过程中，我对她有了新的认识，她不仅精通微博电商的玩法，还对百度、贴吧和QQ等网络平台的玩法轻车熟路，我想这也奠定了她微博电商大获成功的基础。

最后，一句话总结：想玩转微博自媒体，又能通过微博卖货，@大姨妈的姨妈的电商实战干货不能错过。

微博签约自媒体 李鑫

2017年4月6日

前言

我是一个网络推广老玩家了，集电商、微电商、微商于一体，始于淘宝、同玩双微。我从2007年就开始从事有关互联网的工作了，2007年和闺蜜一起在淘宝平台卖雪地靴。她比我还早做，开始的时候只是兼职，做她的代理。我的第一笔收入是4元，卖出一双雪地靴，但也是超开心的。那时淘宝还没有像现在这样被大家所熟知，闺蜜是我在淘宝这条路上的启蒙老师。没想到，自此便一发不可收拾，从淘宝玩到了微博，而且在这条道路上越走越远，至今已经有10个年头了。

我一直坚信，有所坚持，定会有所收获，一路走来，亲历了互联网行业发生的种种翻天覆地的变化。从最初的（淘宝、京东等）电商平台到当下（微博、微信等）社交平台的火爆，加之智能手机的普及，几乎人人都有社交账号，可以随时随地发微博、微信。而且玩法也越来越多样化，文字、图片、视频、直播等形式都在使尽浑身解数，成功吸引众多粉丝的眼球。每一个企业或个人都可以利用其最擅长的一块来运营微博账号，进而取得理想的营销效果。

作为一个淘宝店主，从淘宝过渡到微博，也就是从电商玩到微电商，两者兼而有之，对于两者之间的特质，内心有着深深的感知。淘宝更多的是依靠技术来支撑，需要懂的知识很多，是流量思维，而微博是社交媒体属性，带有最初的媒体属性，又辅之当下的社交属性，它在诸多社交平台中是出类拔萃的，人气超高的。因为它的转评赞功能是其他同类产品无法比拟的，一个简单的@符号，就将人与人之间连接起来，就将一条信息传播出去，并且扩散至无限远。所以，它的主要作用主体在于人，人的作用更大，所以玩微博最重要、最核心的一点就是“互动”。人与人之间的沟通交流，无论是推广文章，还是推广产品，它这种快速传播，触达人的视觉，产生共鸣，进而建立信任，产生购买等行为，备受用户推崇。所以，越来越多的企业或个人纷纷涌入微博，创建、运营账号，收获属于他们的精彩。

微博营销，作为营销推广渠道之一，越来越被一些传统企业和诸多明星、名人、网红、草根卖家所看重。微博平台也非常重视电商这一块，不断根据用户需求调整变化，从扶持微博电商人等自媒体，到提出微电商战略，进行微电商达人认证，举办网络红人节，推荐大家玩短视频、一直播，从而让微博内容更加丰富而立体，满足了不同用户的个性化需求。

2017年又是内容付费全面爆发的一年，微博也不例外，推出了“微博问答”，知识有价在微博问答中体现得淋漓尽致，诸多有影响力的明星、专家、大咖们基于庞大的粉丝基数，又玩得如鱼得水，游刃有余，粉丝们可以选择自己喜欢的问题进行围观，并且各自都有收益，这种玩法快速促进了博主与粉丝之间的互动，粉丝黏度越来越高。

微博平台一直紧随时代的变化，从市场、用户需求出发不断调整变化，其影响力不断扩大。从一二线城市向三四线城市甚至城镇、乡村不断延伸，很多原产地的农产品、水果生鲜在微博平台也做得风生水起，它在中国社会生活中发挥着越来越重要的作用。微博正在从实时信息网络转变到兴趣社交网络，社交电商时代的到来，微博天时、地利、人和，无疑是最具竞争力的平台。

综上所述，微博营销越来越重要，是全网营销中最关键的一环，那么小微电商如何玩好微博营销，本书将对此进行详细的阐述。本书从微博入门知识开始，到实操技巧、玩法集锦、活动策划、微博发展现状以及各种社群的玩法，再结合一些经典的微博营销案例，从理论到实操，面面俱到。看完本书，相信大家对如何玩转微博，如何通过微博进行营销推广，自然会心中有数，可以快速地操作执行，并取得不错的成绩，这也是我写这本书的初衷。

有此机缘写这本书，在此要特别感谢微博平台，在微博每天坚持免费分享电商、微电商干货，结交了很多粉丝朋友，也因此得到很多合作机会，是大家的努力，本书才得以面世。

我将多年实践积累的关于小微电商如何玩转微博营销的思考和经验分享给大家，希望借此帮助更多正在从事或即将加入互联网行业的创业者们，少走一些弯路。方向对了，就不怕路远，一直在路上，让我们一起见证更美好的明天！

作者
2017年4月6日

目录

07

微博营销经典案例分析 /241

01

MICROBOLOG
MARKETING KNOWLEDGE

微博营销入门知识

- 微博注册
- 微博定位
- 微博内容

自2010年我国的“微博元年”开始，新浪微博（以下所有“微博”均指“新浪微博”）一跃成为网民广泛应用的社会化媒体之一。它是一款为大众提供娱乐、休闲、生活服务的信息分享和交流平台，是国内当前比较火爆的微博产品。不知不觉间，微博正在影响着我们工作与生活的方方面面，用一句话随意记录生活，用手机随时随地发微博，迅速获取热门的资讯。普通人也能够通过微博改变命运，小企业也能够通过微博创造奇迹。越来越多的人加入到微博这个大家庭中来。微博，从此改变了我们的生活。

1.1 微博注册

注册微博账号是开始玩微博的第1步，在注册微博账号的过程中需要设置企业和个人的许多信息，如头像、昵称、简介、个性化背景图片、相关资料和博客的链接等。注册成功后可以开通微博会员、进行微博认证，资料越完善，账号越真实，越容易建立信任。

1.1.1 微博账号注册

无论是企业还是个人，在注册微博账号之前，都要事先想好微博账号的昵称，不要等注册时才去想昵称，更不要随意填写昵称，以免过了一段时间之后觉得昵称不好再去修改。因为大家对你之前的昵称早就熟悉、习惯并且建立了信任，一旦更换昵称，大家还要重新习惯和适应，也会影响连贯的个人形象。而且一旦微博认证了，修改昵称也比较麻烦，所以最好在注册之前就把昵称想好。下面我们来看看微博账号注册的操作步骤。

- **新浪网用户**

如果你已有新浪账号，如新浪博客、新浪邮箱（***@sina.com、***@sina.cn），直接登录微博就可以使用，无需单独开通。

- **新用户注册**

如果你还没有新浪账号，则按照以下步骤进行微博账号的注册。

在微博登录页面单击“立即注册”进入注册页面。

» **个人注册**

① 邮箱注册。

输入常用邮箱地址，设置密码、昵称，填写相应个人资料即可。注册微博后需要激活：用户可以单击顶部的“立即激活”按钮进入注册邮箱，单击邮箱中的激活链接即可。如果未收到激活链接或链接已过期，可单击“重新发送确认邮件”按钮获取链接进行激活，超过30天未激活邮箱的用户无法正常使用微博。

② 手机注册。

输入手机号码、设置密码、昵称及个人资料后，填写的手机号码会接收到验证码，输入验证码后即可注册成功。

» 官方注册

官方注册同样也有邮箱和手机注册两种方式，官方认证类型包括：企业、媒体、网站、应用、机构、公益、校园组织等。注意：非官方类用户，请直接在个人注册处注册。

企业用户还需持相关材料，如下。

① 持有营业执照及企业公章（财务章、合同章等无效）。

② 能通过全国组织机构代码管理中心认证。

③ 企业官方微博名与营业执照上企业名不一致，需提供相关补充证明材料。

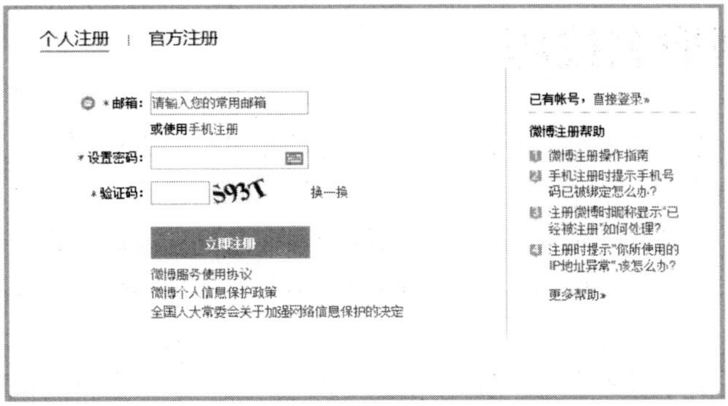

邮箱注册

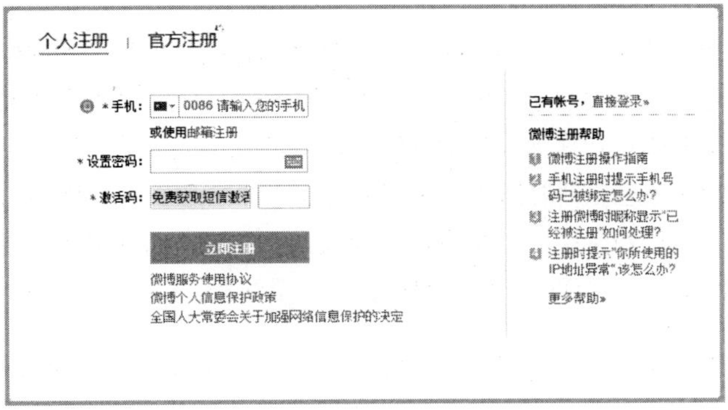

手机注册

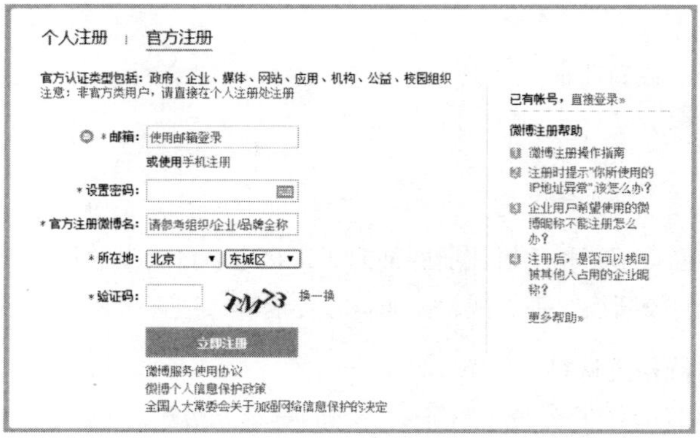

官方注册

1.1.2 微博取名技巧

微博昵称，它是“唯一”的，即一个昵称只允许一个用户使用。对于个人来说，建议微博昵称与自己的微博定位相关，也就是说，你开通微博是为了什么，是纯玩家、还是推广产品又或是做自媒体，什么样的微博定位，就取什么样的微博名字，这样在整个微博账号运营过程中，一个响亮的名字就能体现出你的微博账号的价值、服务、内容、范围和行业等诸多信息，让感兴趣的人快速关注，同时在互动过程中也会起到好的传播效果。对于企业来说，微博名字应该是和企业名称、品牌等相关的，最好和企业所有平台上的ID称呼保持一致。有的企业因公司业务很多，便会注册一些子账号，那么只需保持企业微博的主账号和子账号名字的相关性即可。

微博昵称是企业或个人在网络上的展示，许多人在刚注册微博的时候，或时间过于仓促，或没有意识到一个好名字的作用，等经营了一段时间之后，发现当时注册的名字并非自己喜欢的，甚至是有些企业在前期注册的时候没有注意这些细节，导致企业与自己的微博没有必然联系，后期才意识到要修改，这些都会让已经熟悉原来昵称的粉丝朋友们很不习惯。换一个昵称，就相当于换了一个身份，建议大家在注册时就避免这些问题出现，提前想好一个符合微博定位的昵称，想好了昵称，要尽早注册，避免被他人抢注。

微博如何取名？取名时需要重点注意哪些事项？下面分享一些取名技巧和需要注意的事项。

• 结合微博定位取名

微博定位至关重要，微博名字、头像以及整体内容都要围绕这个定位来做。微博就像一个大广场，涵盖了太多的信息，与其费尽心机网络整个社区，不如抓住其中一块“做专、做精、做深”，目前微博越来越重视垂直内容。

垂直微博，是针对某一个行业的专业微博，是微博的细分和延伸。相对通用微博的信息量大、深度不够等提出来的新的微博服务模式，通过针对某一特定领域、某一特定人群或某一特定需求提供的有一定价值的信息和相关服务。其特点就是“专、精、深”，且具有行业色彩，相比较通用微博的海量信息无序化，垂直微博则显得更加专注、具体和深入。

微博定位，首先我们要明确微博是为谁而写？为自己、亲朋好友或是为某些特定的人群（美食爱好者、星座痴迷者、明星粉丝团、企业管理者、电子商务圈等）；其次想好我们写微博是为了什么？交友、记录生活、学习各种知识、与人分享和交流思想、经验，是为了展示自己，还是影响他人，是做纯玩家、自媒体，还是用来推广产品等。把这些想清楚，然后结合自己的微博定位来取名，一是有助于吸引精准粉丝关注，二是在与大家互动过程中，大家只要看到你的微博名字，便一目了然，可以清楚地知道你是做什么的。

» 微博取名实例分析

如果你的微博定位于推广产品（卖货专用账号）

建议大家取名的时候可以直接在名字中体现你所卖的产品，如张家木耳、王记辣酱、老吴烧饼（姓氏+产品名），东北人参（地区+产品名），川菜厨师小赵、电商菜鸟小钱、新农人小孙、农民小李、护肤达人小周、养生专家小吴（职业/行业+实名），土豆姐李娜、地瓜哥王二、大米妹郑花（产品名+姐、妹、哥、弟、叔、舅、姨等+实名），这类名字在农产品圈子中很常见，显得真实、淳朴、简单、直观，一目了然，便于传播、建立信任。

这里需要注意的是，我发现有很多朋友的名字是“品牌名+实名”，如果是大众熟知的品牌，像联想、小米这类的知名品牌还可以，如果是大家不熟悉的自有品牌，直接用“产品名+实名”更直观。因为你的自有品牌名，品牌知名度并不高，而且难于记忆，反而产品名更容易。例如，你是卖滑板车的，这个滑板车有你们自己的品牌名，假如叫“素拉达”，你取名“素拉达张三”，不如取名为“滑板车张三”。因为大家看到“滑板车”就知道你是卖滑板车的，看“素拉达”就不知道是什么了，所以还是直接用产品名为好。

当然，如果你觉得想提高自有品牌知名度，也可以取名“素拉达滑板车”，这样就直观了，大家一看就明白，前面是品牌名，后面是产品名，但因为微博名字的字数不宜过长，所以取名时大家还是需要认真琢磨一下。

如果是企业，微博名字一般为企业/品牌全称，像唯品会、聚美优品、凡客诚品这些企业的官微名字。如果企业重点推广单品，企业微博账号名字最好统一，假如企业是卖葡萄酒的，从企业官微、老板微博到员工微博、招聘代理的微博名字都一致，按照“品牌名+产品名+实名”的方式来取名，例如，“尼达葡萄酒张三”“尼达葡萄酒李四”“尼达葡萄酒王五”，“尼达”是品牌名，“葡萄酒”是产品名，这样统一的微博账号名集中出现在微博圈子中，一是形成视觉效果，加深大家对企业产品的印象，二是让同为一个企业服务的人建立良好的互粉、互动、互助、抱团关系。在玩微博的过程中，互相之间转、评、赞，有助于提升企业整体形象，当然前提是要对其进行管理，要不然也会破坏企业及产品形象，有专门的微博团队负责人及时处理日常微博互动过程中遇到的一些问题是必要的。

如果你的微博定位于自媒体方向

自媒体（We Media）：互联网术语，意指随着网络技术的发展，由于博客、微博、共享协作平台、社交网络的兴起，使每个人都具有媒体、传媒的功能。自媒体也是相对传统新闻方式的表述，即具有传统媒体功能却不具有传统媒体运作架构的个人网络行为。

2016年，自媒体依旧火爆，并且展现的形式也更加的多样，现在微博官方扶持的有“微博签约自媒体”。做自媒体人，要从自己的兴趣、爱好、擅长出发，选择一个微博热门分类做垂直内容即可。这类账号名字因为要做出影响力，建议取名要体现专业性，拿电商这个行业来举例。例如，电商圈子中电商媒体类的自媒体账号：电商报、电商头条、电商知识、互联网分析沙龙、数据挖掘与数据分析、天下网商、B2B行业资讯、O2O头条等微博账号。大家看看这些微博账号的特点，其中电商报、电商头条、电商知识、互联网分析沙龙、天下网商这几个自媒体账号是从综合角度来取名，也就意味着发布的微博内容涵盖了互联网、电商相关内容，涉及的面更广一些，而像B2B行业资讯、O2O头条这两个自媒体账号更细分了，一个是侧重B2B，一个是侧重O2O。从名字上，直接可以看出这些微博账号的侧重点在哪里，吸引只关注此类内容的粉丝，定位清晰、粉丝精准。

如果你是行业内的名人，微博名字实名就可以，方便大家找到你并“加关注”，像聚美陈欧、韩都衣舍赵迎光等。企业或“品牌名+实名”这种格式适合有产品的企业，也可以直接是名字，没有实际的产品，以写作见长，靠内容吸引粉丝。还有一些草根电商自媒体，例如，“大姨妈的姨妈”和“静语净心”这类微博名字比较有趣、好玩，更贴近草根本色，更接地气，从名字中也可以大致看出这些博主的性格、喜好。这类账号更多的是通过个人的分享来获得关注，圈内人气也很高，有一定的影响力。当然，其他行业分类中都有很多知名的自媒体人，知名度高的名人通常都是实名玩微博，还有一些知名博主会使用文艺、搞笑、个性一点的名字，例如“回忆专用小马甲”“当时我就震惊了”“我的前任是个极品”等，大家可以到“热门微博分类”中查看这些微博账号名字作参考。

如果你只是纯玩家

纯玩家的微博名字相对来讲会随意一点，可以结合自己的兴趣、喜好来取名。如果你是某位明星的粉丝，一般明星的粉丝团都有统一的名字，像某明星的粉丝团叫作“星星”。取名实例：杰哥的星梦、Mary星空、繁星的背后等。大家看这些名字中不是带“杰”字，就是带“星”字，或者两个字都包括。明星粉丝账号用名字表明了立场、找到了自己归属的圈子、宣传了自己喜欢的偶像，利用偶像的影响力来扩大搜索范围，还可找到志同道合的朋友，增粉是比较快的，关注度自然就上去了。

纯玩家中还包括一些看客，玩微博的目的就是休闲娱乐，浏览新闻资讯、看看娱乐八卦、搞笑视频之类的，他们的名字更随意，喜欢什么就叫什么了，字数多少、格式怎么样都不会影响什么。这类微博账号不乏一些社会精英、学生一族，他们的思维更敏捷，在互动过程中能调和气氛，所以一旦遇到类似这样名字的粉丝也要重点关注一下，很有可能成为潜在的合作者或者消费者。

» 取名参考

① **个性时尚类名字**：骑着蜗牛狂奔、农夫三拳有点疼、发型不能乱及傲娇女王等。

② **张扬霸气的名字**：你再发光我就拔你插头、老鼠扛刀满街找猫及我有故事你有酒等。

③ **情侣微博名字**：柚稚/橙熟，薄荷少女/柠檬少年，国民女神经/国民男神经等。

情侣微博名字更适合互动，例如柚稚/橙熟，这两个微博账号都是水果类名字，如果你恰好是卖这两种水果的，可以使用这两个微博账号名字，以情侣的形象互动玩微博。从名字、头像到微博页面等都相似的设计风格，这样会让粉丝们觉得有趣、好玩，互相转、评、赞彼此的微博，相互助力涨粉都是可以的。

当然，除了以上提到的几种取名类型，还有很多其他类型的名字，像一些带有英文、符号的名字等，这类账号取名随意，从名字上就可以分辨出他们具体是哪类粉丝群体了，有助于我们对粉丝群体的划分。

微博还有一项“抢占微博好昵称”功能，大家可以搜索“2~4个字”的微博昵称。个人觉得这里的微博名字更适合纯玩家。如果抢不到，你又喜欢这个名字，稍加改动一下就可以注册成功了。另外，大家在注册微博的时候，如果输入你想好的微博昵称，提示已经被占用了，而你又不想更改名字，系统会出现提示，让你可以在原来名字基础上加一些数字、拼音、英文或者几种的组合，但都太烦琐，所以一般情况下我都建议大家直接加一个V字，例如“夏花冬雪”被占用，又不想使用系统提示的其他名字，就直接加个V字母，为“夏花冬雪V”，因为一般认证的符号都是橙V或者蓝V，加别的也可以，但这样加简洁，注册容易成功。

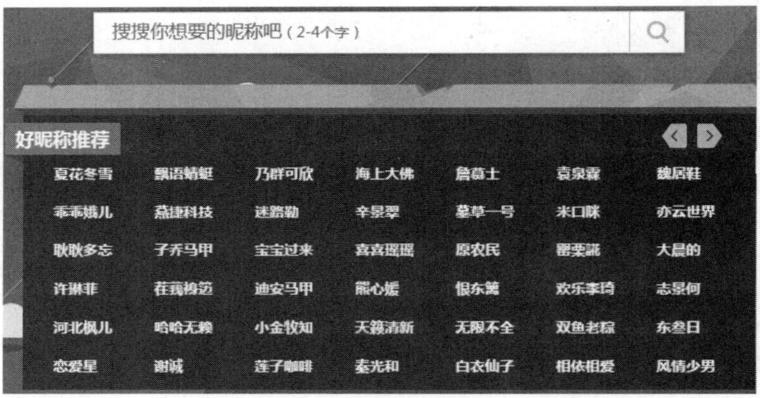

抢占微博好昵称

• 参考热门微博分类中的知名账号取名

目前，热门微博有48个分类（包括本地微博，位于“视频”分类之后），其中包括视频、社会、科技、明星、综艺、情感、语录、星座、瘦身和三农等分类。从这个分类列表中可以看出视频的重要性，区域媒体（本地资讯微博）要重点做，还有三农这个分类，农产品这块的推广效果在微博上是非常不错的。

每个分类下都有很多做得好的知名微博账号，不同分类下微博账号的昵称具有不同的特点，大家可以先搜索想要做的行业所在的分类，再参考其类目下的账号特点取名。

热门微博分类图

» 微博取名实例分析

科技类

互联网、电子商务方面的微博账号都在这个分类中，想做电商的朋友们，可以重点关注这个分类，电商圈子还是非常活跃的，因为卖农产品、生鲜水果的人较多，尤其以草根圈子为主。

①专业类微博账号举例。

例如，T程序猿、Java大本营、数据化管理、大数据资讯、互联网的那点事、电商猎头专家、物联网头条新闻等，这类微博账号从名字就可以直接看出其专注在互联网、电商的哪一块内容，非常清晰，一目了然，简单、不啰唆。例如“Java大本营”这个微博账号，名字组成“Java+大本营”，Java体现专业性，考研看出这个微博主要侧重Java方面的内容，与“大本营”组合成一个简单、易记的微博名字；微博账号“电商猎头专家”，电商猎头（关于求职、招聘方面内容的、一看便知其做什么的）+专家（体现专业、权威性）；微博账号“物联网头条新闻”，“物联网+头条新闻”，大家对“头条”两个字是非常熟悉了，经常玩微博的朋友都知道，头条新闻意味着及时性、重要性，让关注的粉丝们有种在这个账号里可以获得最及时、最重要的信息之感。所以，一个好的微博名字本身就是一种信息的传达。

②草根类微博账号举例。

以农产品、生鲜电商为主的草根圈子是相当活跃的，其中影响力较大的行业大咖都是实名，微博账号“新张利”（微博电商专家），实名：张利，前面加了一个“新”字，因为重名的很多，而微博昵称又具有唯一性，加一个“新”字，可以区分于同名账号；微博账号“黄刚-物流与供应链”，“实名+专注”的领域，一目了然。草根电商圈子中，以“实名+产品名”的微博账号居多，例如，张三卖茶、李四凉皮等，这类格式的名字更容易建立信任，进而会促进合作。简单、易记、易传播的名字，在互粉、互动过程中，能达到很好的传播效果。

搞笑类

搞笑类微博的内容通常都是以幽默搞笑为主，所以取名具有幽默搞笑的特点，像“搞笑百科”“笑到你屁股疼”“我的朋友是个呆子”等微博账号，这样的微博昵称名字中都带有“逗”“笑”“呆”“二”，符合我们对幽默搞笑的认知，看其名字、知其内容。而像“冷笑话精选”“我们爱讲冷笑话”“全球糗事精选”这几个微博账号就更具体了，细分到“冷笑话”“糗事”“精选”等这样的两三个字就体现了微博内容是摘选、或者“原创+摘选”这种形式，而不一定全是原创。再如，个性化的微博名字“当时我就震惊了”，这个微博账号是个名博，截止到2016年5月粉丝超过2 500万；“我Hold不住了”（粉丝超过1 100万），这类微博账号名字虽然没有带有搞笑的字，但很形象化，把那种神态形容出来了。

其他分类微博账号也是同样的道理，大家先根据自己的产品找到热门分类，或者想做哪个分类的自媒体，都可以参考这些已经做得很好的知名微博账号取名。一个好的微博名字，会直接吸引精准的粉丝关注，并在互粉、互动过程中，加深大家的印象，达到很好的传播效果。

• 分析微博搜索用户名的排名规则取名

微博越来越火，微博搜索排名规则也越来越规范，微博营销和搜索引擎营销一样，需要我们的信息有一个好的排名。相对于百度这样的搜索引擎，微博排名会更加的简单，其中包括微博用户名排名和微博内容排名。因为微博的信息更新很快，所以微博内容都是即时排名，如果微博用户名有一个较好的排名，那么，不用怎么宣传微博，在搜索结果页面中就能搜到自己的微博，这会成为一个传播自己微博内容的手段，同时也有一定的吸粉作用。

微博名和搜索关键字存在着一定的关系，如果用户搜索的词和微博名相关的话，增加曝光的机会就大，但不一定排在第1位，还需要综合其他因素。由于微博账号昵称的唯一性，所以在取名前只要关键字里带有用户常搜词即可，那么当搜索这个常用关键词时，你的微博就有机会展现出来，增加了曝光的机会。取名时，我们考虑到微博用户名排名对微博账号曝光和吸粉是有意义的，所以名字中有关键词是重要的因素，我们在设置微博名字时应该考虑目标用户群可能搜索的关键词。

例如，搜索“创业”这个词，这是一个用户“常搜”的词，肯定会被占用，这个账号粉丝数截止到2016年5月是12 000多人，关注3人，微博内容91条，从搜索出来的页面结果看，相关用户排名第3位，相关用户账号名字中都带有创业两个字的微博账号分别为“创业家传媒”“改变一生的创业故事”“创业”和“创业最前线”，“创业”这个账号排在第3位。这个排名也与微博的活跃度、微博内容、关注数等有关，所以大家在考虑搜索排名因素取名时，可以结合自己的具体情况来定。

这种取名方法对于卖产品的朋友来讲是有好处的，当某些用户想通过微博搜索来找寻自己需求的产品时，恰好你的微博名字中带有他们搜索的产品关键词，你的微博账号就有机会展现在搜索页面的相关用户里，除了增加曝光、自然涨粉，还可能产生订单。当然，如果微博搜索结果也“千人千面”的话，那么不同的人搜索的结果是不同的，但只要你的微博名字中带有用户搜索的关键词，如木耳、苹果、橙子等，就有展现的机会。

搜索关键词“创业”的相关用户名

• 微博取名时需要注意的事项

» 简单、易记、易传播

很多朋友的微博名五花八门，很难让粉丝记住，所以取一个简单、易记、易传播的名字至关重要，尤其是对于想在微博上做营销的企业或个人，在注册的时候，首先要考虑到这个因素。如果你在微博上有比较多的熟人资源，像一些明星、名人，通常都会以真实的姓名来宣传，这种以真名的形式更容易被熟悉的朋友们搜索关注；对于熟人资源不多的朋友，可以取一个与自己销售商品或行业相关的名字，例如，卖零食的朋友可以取“零食大王”，卖煎饼的朋友可以取“煎饼大叔”，具体取名可以根据自己的实际情况来定。

一个简单、易记、易传播的名字，很容易被大家推荐，例如，当某个博主发布一条微博说：哪位朋友家卖的苹果好吃？有时博主会@一些行业大咖来推荐，因为行业大咖“碗里”的粉丝资源较多，这时如果你恰好是卖苹果的，也常与大咖们互动，那么他们在推荐你的时候，很快就会打出来你的微博名字。另外，当一些圈中的小伙伴们互相之间推荐互粉活动或推荐产品给各自的粉丝时，如果你的微博名字好记，被@的机会肯定多一些，这对于在微博上做营销的朋友们来讲，增加各种曝光机会，就增加了订单成交的机会。

» 名字不宜过长

微博名字的字数最好控制在3~5个字之内，让浏览者容易记忆，带来回头率，字数太少容易有重名。如果是真名，例如叫“张三”的很多，而微博名字的唯一性，我们就可以在真名基础之上加其他的汉字、字母、数字等加以区分，像“张三男神”“张三V”和“张三520”，这样既使用了自己的真名，又解决了重名的问题。除了真名之外的名字，字数太少，一个字、两个字也不太容易表达出自己想要的效果，字数太多，则不太容易记住。

» 不宜使用生疏、冷僻词汇

不宜使用生僻字，像“覅”“畣”“槑”和“兲”等字，多数人是不认识的，如果你的微博名字中带有这些生僻字，无论是从微博搜索找人，还是平时互粉互动推荐，不认识的字打不出来，于是大家就找不到你。过于复杂冗长的名字并不方便大家记忆，而且如果仅仅名字就已经这么啰唆，相信用户也会感到厌烦，微博营销也就无从谈起。

» **汉字为主，少用英文、拼音、特殊符号**

微博取名可以全是汉字，例如，“心比命硬”和“少年别多情”，也可以是汉字+字母、汉字+英文（大家比较熟知的英文）、汉字+数字等组合格式，例如，“24k纯爷们”“空岛空心Rose”和“姨妈酱520”等。少用全是英文、字母或特殊符号的微博名，例如Verbal、Ho等。如果大家只是想在微博做个玩家，不想做营销，也不想做自媒体，你可以使用此类名字；如果大家想做营销、做自媒体，建议少用为好，因为这样的名字不方便大家搜索关注和互粉互动。

» **各个平台名字最好一致**

如果你的微博账号是营销号，建议微博、微信、QQ或其他平台账号的名字都一致，这里需要提前就规划好，以免后面涉及推广的时候，改名字比较麻烦。名字一致，便于识别和传播，方便人们通过社交内容，很快建立起对你的兴趣、爱好、能力的了解，这样就可以很快地切入话题。例如，你在微博中已经被很多粉丝朋友们熟悉，于是他们还想加你的微信号或QQ号，与你建立多种联系，如果你微博一个名、微信一个名、QQ一个名，就会让这些熟悉你微博名字的粉丝觉得你像另外一个人。其实有些时候，一个名字，就是一个身份符号，这个名字早已赋予了它一个鲜活的、生动的人物形象，而名字一致的话，那么大家心理上便会觉得，无论你在哪里玩，因为早已熟悉这个名字，就觉得这就是唯一的一个你。对于企业来讲，统一名字，有助于树立企业品牌形象，节约推广成本，认证了的微博名字尽量不要去改。

1.1.3 微博头像设计

微博账号必须要有头像，通常大家都喜欢关注有头像的博主，微博头像和微博名字、微博定位要匹配，微博头像相当于一个人的“脸面”，需要个性化、不要太多人使用，尽量吸引人眼球。在微博的互粉、互动过程中，首先映入眼帘的就是你的头像和名字，第一印象好，就会获得粉丝关注，一个深受大家喜爱的头像，也是涨粉的利器之一，就像人一般喜欢看颜值一样，爱美好的事物。

微博头像可以直接从网络中搜索，也可以自行设计。企业可以直接使用企业的Logo，个人会使用作图软件的朋友可以自己设计。不会使用作图软件的朋友，可以在微博圈子、淘宝、威客网站等联系设计师付费设计。不要经常更换头像，常玩微博的人，最好就固定用一个头像。我也尝试换过头像，但粉丝们都觉得难以接受新头像，因为习惯了原有的头像，所以大家一旦选定头像尽量不要常换。

• 企业微博头像设计注意事项

企业的微博认证通常都是蓝V，给人的感觉是具有专业性、权威性，所以头像设计不能太随意，通常围绕自己公司的品牌和业务来设计。有一些企业会针对公司的具体业务来开通几个微博账号同时运营，那么主账号和子账号的微博头像设计风格要统一，稍加区分就可以。大家看一下唯品会的官微头像设计风格，主账号和子账号整个色调都是玫红色，子账号头像在主账号头像设计基础上多加了网址和具体的业务。从手机唯品会、指尖唯品会、唯品会365爱心基金、唯品诚聘-HR的头像上可以清晰地看出这些账号主要负责唯品会的哪一块业务的宣传。类似这样风格的企业头像设计，还有聚美优品、蘑菇街等企业，这些企业都是微博玩得非常好的，大家可以参考学习。如果企业只有一个官微账号，那么直接使用企业Logo或者企业主打产品图做头像即可。

唯品会微博主账号头像示例

唯品会微博子账号头像示例

• 个人微博头像设计注意事项

个人微博头像设计一定要结合自己的微博名字、微博定位来设计，通常以下几类头像比较受粉丝欢迎，得到的关注度较高。

① **本人头像**：实名微博账号通常会使用本人照片作为微博头像，像明星、名人、一些知名自媒体人，以及草根电商圈子中卖农产品的博主多数都会使用本人照片，真实、接地气、更容易建立信任。

② **女性头像**：微博中女性头像比男性头像更受欢迎，爱美之心人皆有之，尤其是在互粉、互动过程中，如果你的头像是一个美女，得到的关注度要高于其他类型的头像，但不要选择微信那种锥子脸、大长腿之类的头像，这类头像会给大家这不是你本人的感觉。

③ **文字头像**：头像设计以文字为主，一般白底红字、红底黄字、黑底黄字、粉底白字是非常醒目的，字数2~5字为好，太多字会看不清晰，这类头像比较直观、醒目，引人注意。

④ **卡通漫画头像**：热门微博中的一些知名博主：同道大叔、英国报姐、happy张江等，这些知名博主的头像都是卡通漫画风格的，这类头像个性、俏皮、可爱、搞怪，让人容易亲近，深受粉丝喜爱，只看头像便知道是他们，头像即身份符号。

⑤ **明星粉丝头像**：现在很多明星都玩微博，在微博的影响力是非常大的，人气很高的明星经常上热搜，明星的粉丝们通常会把偶像的照片设置为自己的微博头像，让人一看就知道他们是谁家的粉丝，并可以借助偶像的影响力得到更多的关注。

以上几类微博头像是较常见、非常受欢迎的，还有一些朋友以宠物、宝宝、风景、二维码及所销售的产品作为微博头像。大家在设计头像时，除了结合自己的微博名字、微博定位之外，也要多看看他人的头像设计风格，简单、直观、清晰、真实即可。

微博头像示例（图片来自网络）

1.1.4 微博资料设置

微博名字和头像设置完后，便可以开始进行微博的一些基础资料设置，资料越完善，系统便会根据你的个人资料设置的一些情况，给你推荐相关的用户关注你。另外，有一些设置还可以将微博的粉丝引流到微信、淘宝、QQ、新浪博客等地方，从而实现微博导流，所以大家一定要重视资料的设置。

微博资料设置都是在“账号设置”中完成的，打开自己的微博主页，在右上角有一个“齿轮”形状的按钮，单击进去找到“账号设置”，其中包括：我的信息、头像、隐私设置、消息设置、偏好设置、认证信息、账号绑定、我的勋章几个选项。

账号设置按钮

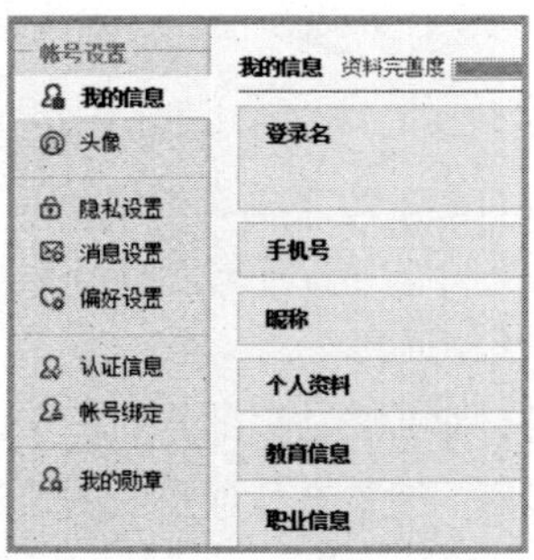

账号设置——我的信息界面

» 我的信息

① **登录名**：在这个选项中可以进行修改密码、绑定手机、证件信息、登录保护、微盾保护的操作。

② **手机号**：在这个选项中可以进行绑定手机的操作，绑定手机是验证你身份的重要方式，可用于快速找回及修改密码，解除账号异常。

③ **昵称**：在这个选项中可以修改昵称，系统会为你推荐几款昵称，单击提示可以进入前面我们提到过的“微博抢占好昵称”页面进行昵称的选择，没有喜欢的昵称，自己事先已经取好了微博名字，填写在“新昵称”框里，保存即可。

④ **个人资料**：这个选项的设置非常重要，这里的信息将显示在个人资料页，方便大家了解你，其中包括“基本信息”和“联系信息”两项。

基本信息：包括真实姓名、所在地、性别、性取向、感情状况、生日、血型、简介。其中，所在地和简介非常重要，通常系统会根据你的个人资料设置情况来推荐粉丝给你，或者粉丝们按照一定要求搜索的时候，也会搜到你。例如，按照“所在地”搜索北京，那么北京的微博用户就会展现出来。个人简介是一个很好的微博引流设置，可以把你的微信号、QQ号、淘宝店网址、微店网址等信息填写在这里，也可以简单地介绍你所销售的产品情况，简介会在你的微博头像下方显示，同时你的微博主页左侧也会显示所有的个人资料，这样大家在看你微博的时候，看到你的个人资料后就会加你的微信号、QQ号或者单击链接进入你的淘宝店铺逛逛，这是一个非常重要的微博引流到其他平台的设置。

个人简介示例。

介绍产品型：东北特产，人参、鹿茸片、灵芝片、秋木耳、猴头菇专卖，需要的朋友可以私聊。

联系方式型：女装私人定制，请加微信：123456，QQ：123456，从茶园到茶杯，淘宝店铺***。

兴趣爱好型：80后辣妈，开朗、乐观、综艺控，喜欢码字、听歌、画漫画。

情感美文型：以手写心，以笔诉情，唯愿心素如简、人淡如竹，明媚如花。

提示

如果你的微博还没有经过官方认证，你的个人简介会在微博头像的底部显示；如果你的微博已被官方认证了，微博头像底部则会显示你的认证相关信息。例如，“微博电商人”“微电商达人”和“某公司的创始人”等，个人简介内容可在微博主页查看。

简介：头像下方显示

简介：主页左侧显示

联系信息：包括博客地址、MSN和QQ3项。其中，博客和QQ是大多人比较常用的，这两块是微博引流到其他平台的重要设置。博客可以填写新浪博客，也可以填写搜狐等其他平台的博客地址，QQ号现在依然有很多人玩，所以这里最好留一个QQ号，这样就可以将微博粉丝导入到QQ号里进行管理和维护，可以创建QQ群的形式，主要加的都是微博的粉丝，定期做群内活动，分享、交流行业经验都是可以的。

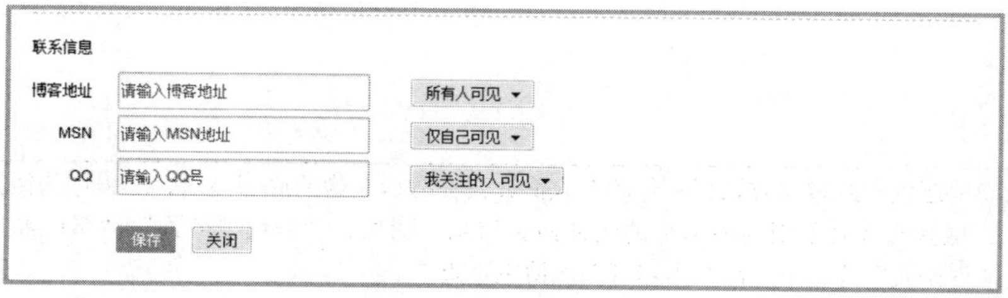

联系信息设置

⑤ **教育信息**：填写教育信息能帮助你在微博上快速找到许久不见的老同学，学校名称和院系都可以任选，并且你可以设置为“所有人可见”“我关注的人可见”和“仅自己可见”，填好保存即可。

举个例子，假设我们想找“北京大学”的校友，通过微博搜索“找人”→“学校”→“北京大学”就会出现教育信息显示“北京大学”的所有微博账号，可以非常快速地搜索到你要查找的校友的范围，再根据一些具体的条件来筛选要找的人，例如，院系、性别和年龄等（前提是他们也玩微博）。

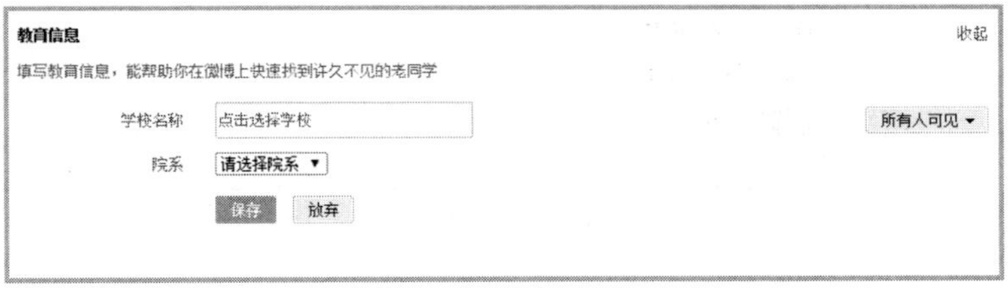

教育信息设置

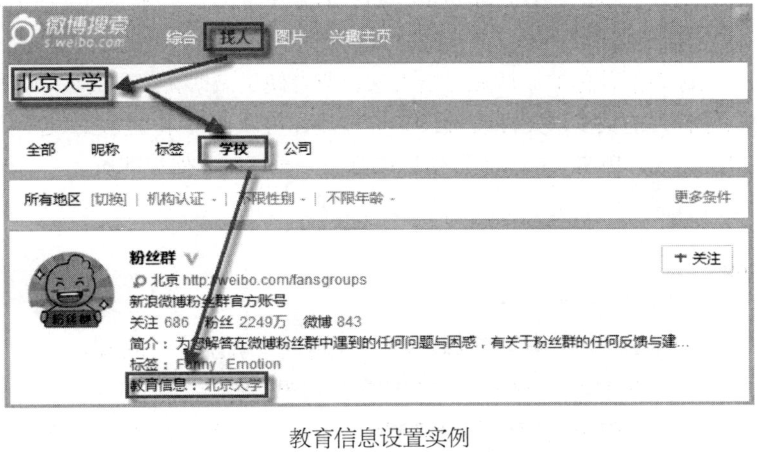

教育信息设置实例

⑥ **职业信息**：填写职业信息，能帮助你在微博上更好的发展自己的职业圈，填好公司名称、部门或职位、工作时间、所在地，同样也可以设置为“所有人可见”“我关注的人可见”和“仅自己可见”，保存即可。

职业信息也同教育信息一样，在搜索找人的时候，我们直接搜索如教师、画家、演员、律师等，就会出现职业信息带有这些关键词的微博账号。如果你的微博账号排名非常靠前，那么获得自然关注涨粉的机会就大一些，也方便我们找寻一些专业人士寻求帮助，所以通过各种条件搜索博主是非常便捷的。

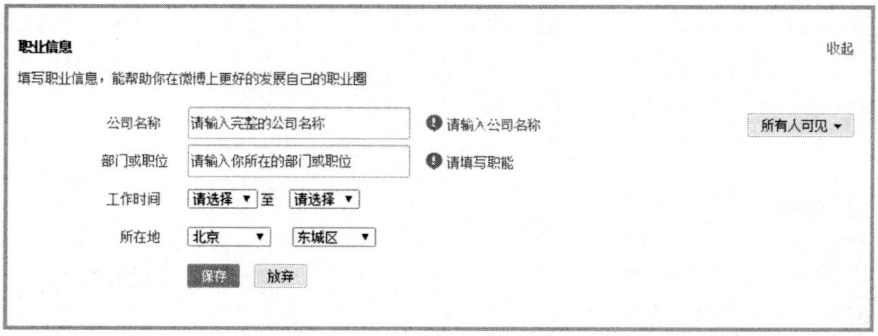

职业信息设置

⑦ 个人标签：添加描述职业、兴趣爱好等方面的词语，可以让更多人找到你，让你找到更多同类。个人标签的设置是非常重要的，需要注意的是，标签的选择不宜太杂。例如，你的微博定位于电商自媒体人，建议10个标签都选择与电商行业相关的词，这样便于系统依据个人标签推荐你的微博账号给大家，或者便于微博新用户通过个人标签搜索找到你的微博账号，目前最多只允许设置10个标签。你可以在“你可能感兴趣的标签”中选择，也可以自己输入，单击“换一换”可以换到下一页标签，保存即可。

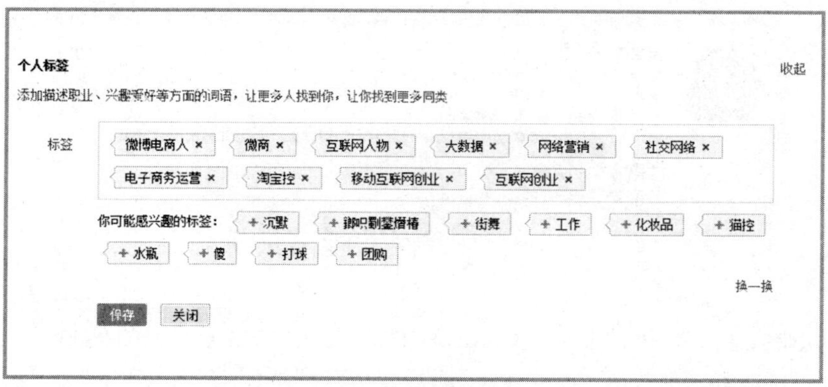

个人标签设置

个人标签的设置除了与自己的微博定位相关，我们也可以借势大咖人气，直接把大咖的微博名字设置为个人标签。当别人搜索大咖微博账号时，你的微博也会出现在搜索结果页面，增加了曝光的机会，自然涨粉。

例如，搜索“找人”，按“标签”查找，输入“大姨妈的姨妈”这个微博账号，出现标签里都带有“大姨妈的姨妈”的所有微博账号，这种借势效果非常不错，大家可以试试看。

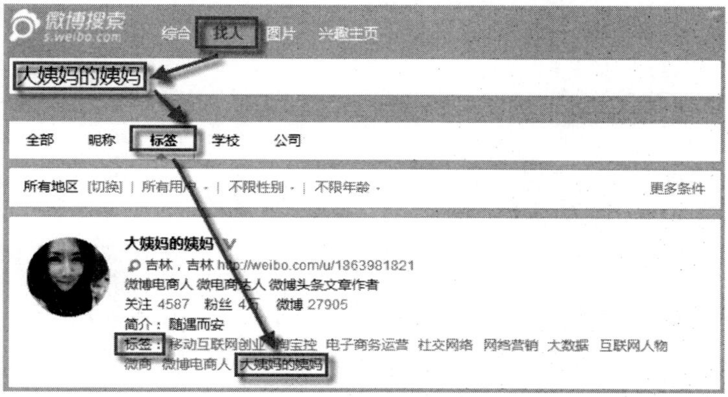

个人标签设置实例

⑧ **收货地址**：如果你在微博活动中获得了奖品，我们将按照以下收货人信息发送奖品，所以请填写真实的收货信息。通常微博上各个博主经常搞有奖转发等活动，但这里不填也可以，当你中奖后，博主会私信联系到你，再给他们地址即可。

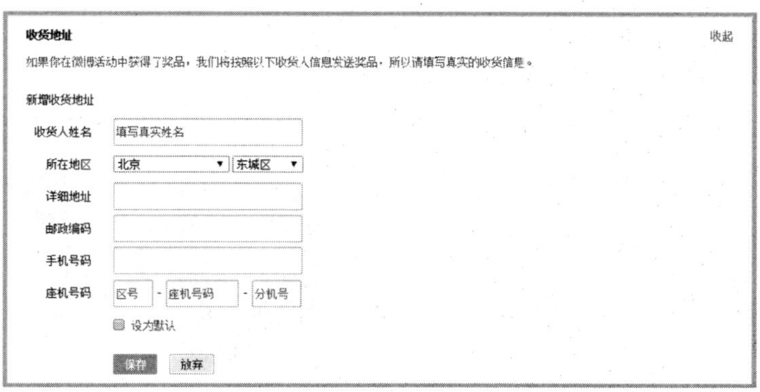

收货地址设置

⑨ **个性域名**：设置个性化域名，让朋友更容易记住自己的微博地址，个性域名设置后不能更改。这里可以根据自己的需要来选择要不要设置，一般情况下，我们搜索微博昵称就可以找到博主了，所以这里很少用到。

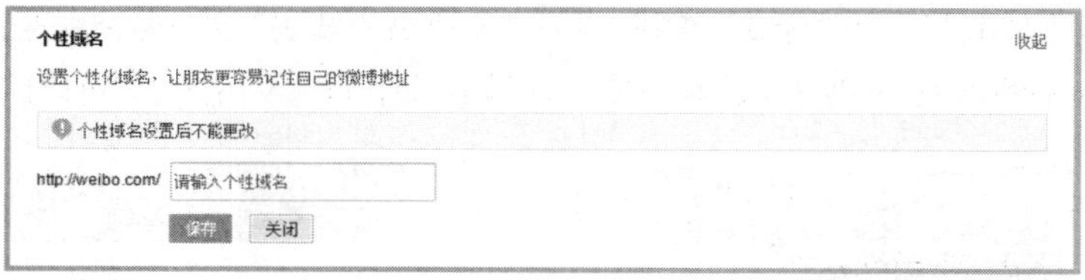

个性域名设置

• 头像设置

选择上传方式：本地照片、自拍头像；仅支持JPG、GIF、PNG格式，文件小于5M（使用高质量图片，可生成高清头像），上传的图片将会自动生成3种尺寸头像，请注意中、小尺寸的头像是否清晰，大尺寸头像是180像素×180像素，中尺寸头像是50像素×50像素（自动生成），小尺寸头像是30像素×30像素（自动生成）。

修改头像时，可直接选择本地照片或者自拍头像，然后进行头像图片区域的选择，并且可以左右旋转90度，更换微博头像需单击“重新选择”按钮，可以根据自己的实际需要来操作，保存即可。

微博头像设置

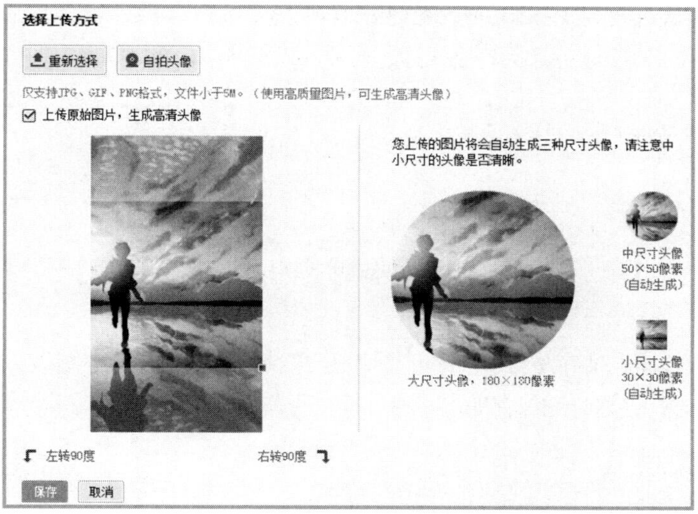

更换微博头像操作

• 隐私设置

隐私设置包括：何种方式可找到我、是否推荐通讯录好友、我的位置、黑名单、屏蔽私信、屏蔽群微博、屏蔽账号、屏蔽关键词、屏蔽来源和屏蔽微博等几项。

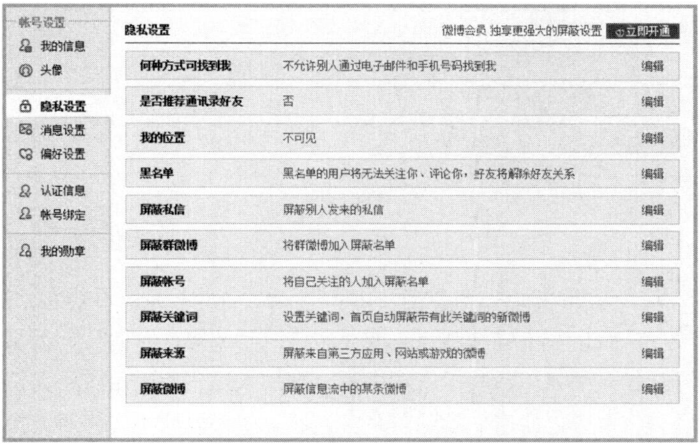

隐私设置界面

①何种方式可找到我：电子邮件和手机号码，这两项打钩，表示可以通过这两种方式找到你，如果不打勾，表示不允许别人通过这种方式找到你，选择完保存即可。

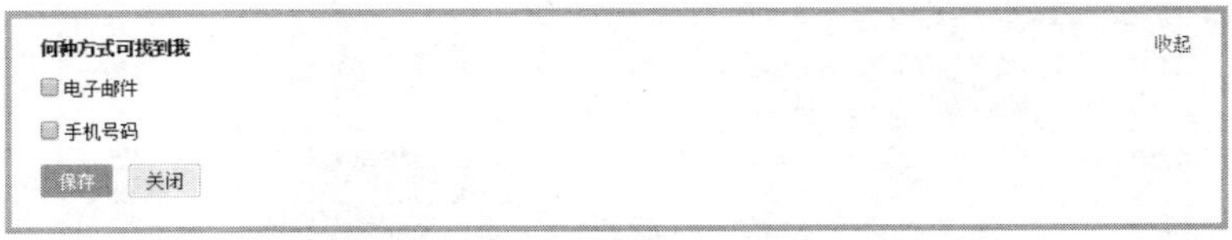

何种方式可找到我

②是否推荐通讯录好友：是否接受微博给我推荐手机通讯录中的好友，这个根据自己的实际情况来选择，选择完保存即可。

是否推荐通讯录好友

③我的位置：是否允许微博保存并显示你所处的地理位置信息，包括所有的第三方工具、客户端，选择可见或不可见，选择完保存即可。

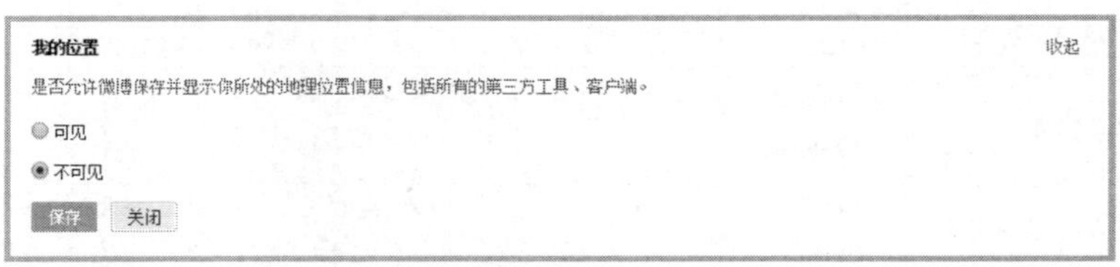

我的位置

④黑名单：这个功能在玩微博的过程中经常被用到，因为在玩微博的过程中，每个人对待事物的看法存在着诸多不同的观点，或竞争、或吵架等，难免让你很烦恼，这时根据自身情况可以将其加入黑名单，耳根就清净了。被加入黑名单的用户将无法关注你、评论你，如果你已经关注他，也会自动解除关系。当然，如果以后不想将对方拉黑，对方也想真诚地与你沟通，也可以解将其再除黑名单。

如何加入黑名单？

用鼠标单击头像底部的“更多”菜单，单击“加入黑名单”，确认加入黑名单即可。

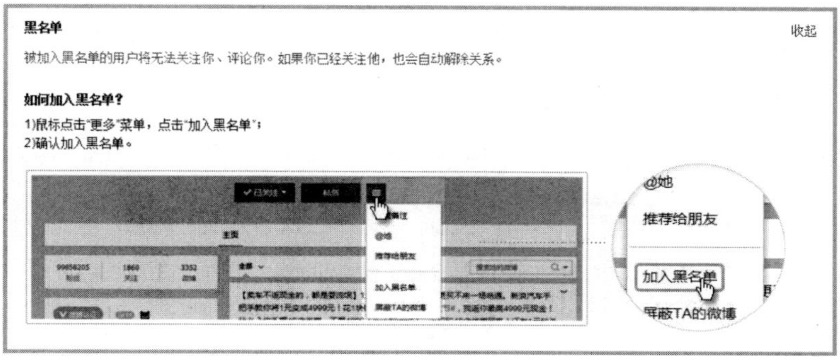

黑名单设置

⑤ 屏蔽私信：你可以屏蔽某些用户发来的私信，被屏蔽后，他们发来的私信不会进入私信箱。

如何屏蔽私信？

用鼠标单击消息右侧“下拉图标”，单击“屏蔽私信”，确认屏蔽私信即可；或者直接在“添加屏蔽用户”输入框里添加你要屏蔽的用户昵称；以后还可以解除屏蔽。

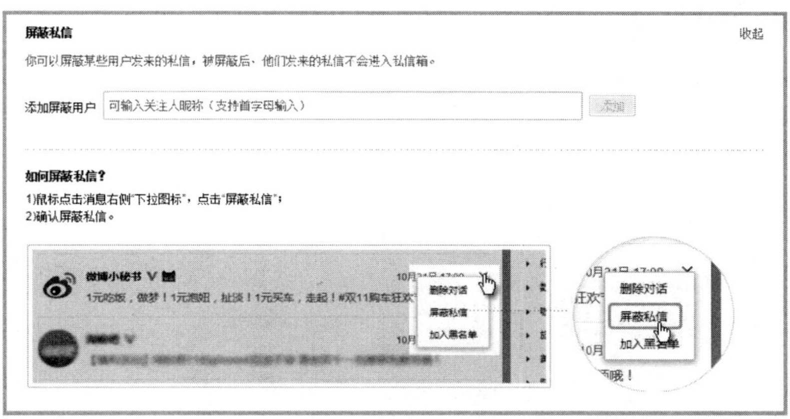

屏蔽私信设置

⑥ 屏蔽群微博：将群微博加入屏蔽名单，在玩微博的过程中，会有很多博主创建微博群，微博群不需要经过本人同意就可以将你拉入到群里，这时你又不好意思退群，在这样的情况下，就可以选择此操作；你也可以解除屏蔽已加入群组的群微博，单击“解除屏蔽”即可恢复接收该群组发来的群微博。

如何屏蔽群微博?

进入群主页，单击“更多”菜单，找到“屏蔽群微博”，单击“确认”按钮即可。

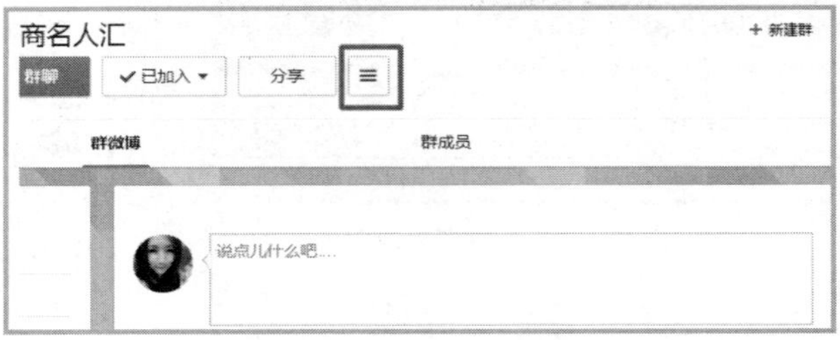

屏蔽群微博设置

⑦ 屏蔽账号：你可以将自己关注的账号加入屏蔽名单。屏蔽后，系统将在你的首页自动屏蔽对方的新微博。单击“解除”即可恢复接收，本功能仅微博会员可用。

如何屏蔽账号?

用鼠标单击“下拉图标”弹出层屏蔽菜单，单击“屏蔽某人的微博”，确认屏蔽账号即可，也可以直接在“添加屏蔽账号”输入框里添加屏蔽账号。

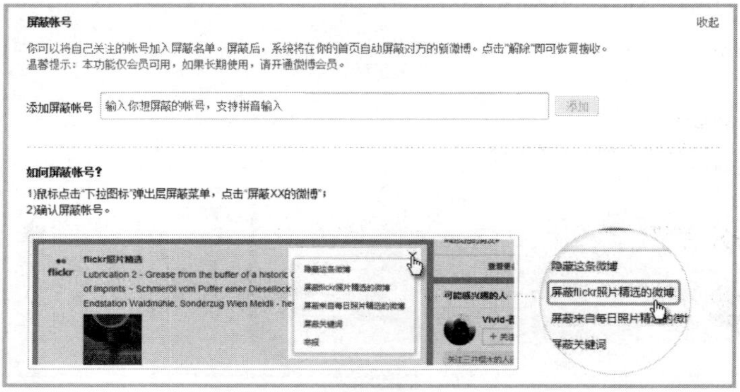

屏蔽账号设置

⑧ **屏蔽关键词：**添加关键词后，系统将在你的首页自动屏蔽带有此关键词的新微博，单击“解除”即可恢复接收。本功能仅微博会员可用，会员最多可屏蔽6个关键词。

如何屏蔽关键词？

用鼠标单击“下拉图标”弹出层屏蔽菜单，单击“屏蔽关键词”，确认屏蔽关键词即可，也可以直接在“添加屏蔽关键词”输入框里添加屏蔽的关键词。

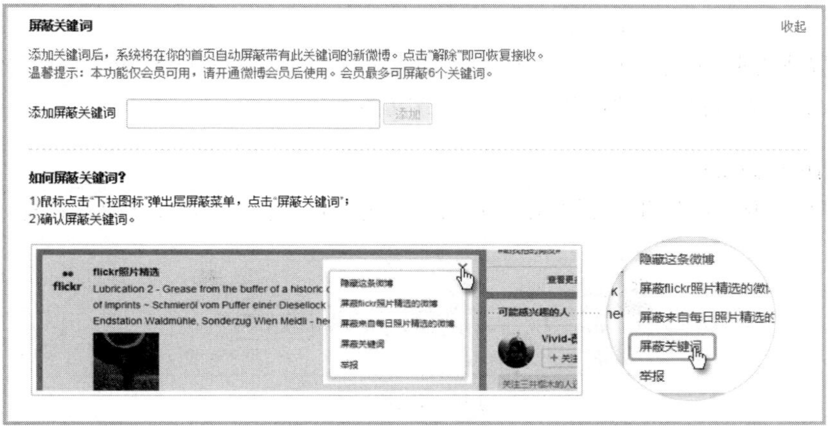

屏蔽关键词设置

⑨ **屏蔽来源：**你可以屏蔽来自第三方应用或游戏的微博。例如，屏蔽来自微城市的微博。屏蔽后，系统将在你的首页自动屏蔽来自该来源的新微博。（本功能仅会员可用）

什么是来源？例如，在一条微博下方有“来自iPhone客户端”的标识，这个iPhone客户端即是来源。

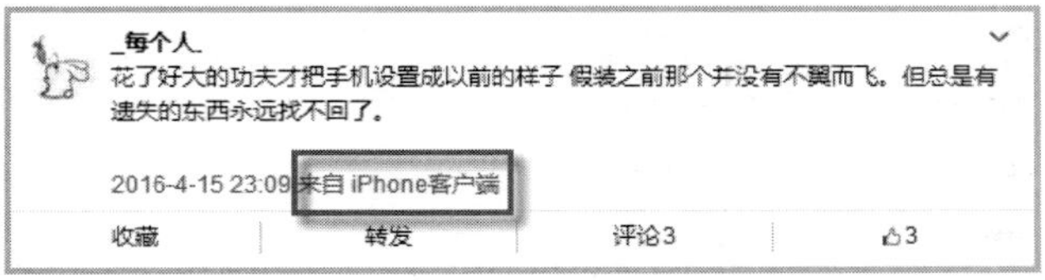

来源

如何屏蔽来源？

用鼠标单击“下拉图标”弹出层屏蔽菜单，单击“屏蔽来自***的微博”，确认屏蔽来源。

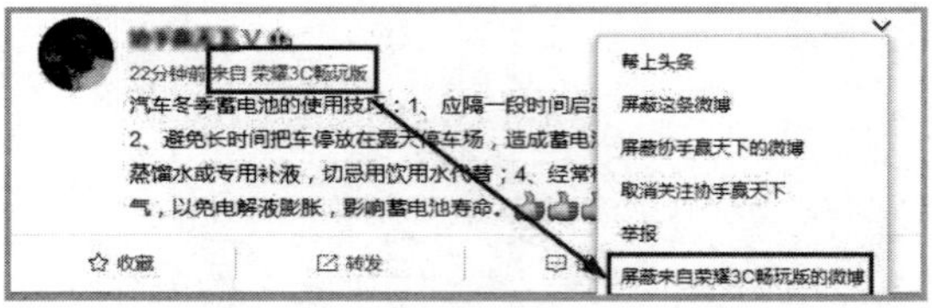

屏蔽来源设置

⑩ 屏蔽微博：如果信息流中的某条微博打扰了你，你可以对该条微博进行屏蔽操作，屏蔽后，该条微博将在你的首页消失。注：该功能为会员功能。

如何屏蔽微博？

用鼠标单击“下拉图标”弹出层屏蔽菜单，单击“屏蔽这条微博”，确认屏蔽该条微博。

屏蔽微博设置

• 消息设置

消息设置包括：@我的、评论、赞、私信、未关注人私信、新粉丝和好友圈几项，大家可以单击编辑对其进行相关的设置。

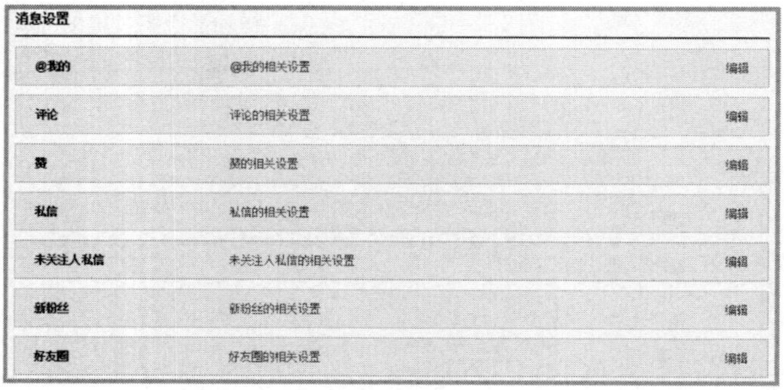

消息设置

① **@我的**：我可以收到哪些人的@消息（所有人或者我关注的人），我将收到这些人的@小黄签提醒（所有人、我关注的人、不提醒），通常都会选择“所有人”这一项，因为这样设置，任何人都可以@你，你也会收到@的信息提醒，这样你便不会错过任何信息，选择完，单击保存即可。

举例：谁家卖苹果？想买，求推荐！@张三，假如你的账号名就是张三，那么你就会收到这条信息，然后将其转发到你微博帮助扩散出去，这就是@的作用。

@我的设置

② **评论**：可以对“允许哪些人评论我”“是否允许其他人在我的微博评论中发图片”“我将收到这些人的评论小黄签提醒”和“我参与的（开启后，若评论了一条微博，我将收到‘关注的人’对这条微博的评论）”几项进行设置。根据个人实际情况设置就可以，但一般都会选择“所有人”“允许”和“开启”选项，因为只有这样，你才不会错过任何信息。

其中，“我参与的”项选择开启之后，只要你对他人微博评论过，那么当你“关注的人”也对这个人的微博进行评论，你也会看到他评论的内容。这样的好处在于，你们同时评论一个博主，彼此之间也会形成互动，这样就可以在该博主的这条微博下互动起来。

微博现在也可以进行“图片评论”了，大家都比较喜欢使用有趣、搞笑的图片进行评论，博主通常都会选择允许评论中发图片，互动效果更好，而且也可以植入自己的产品图片，相当于一次产品曝光了。

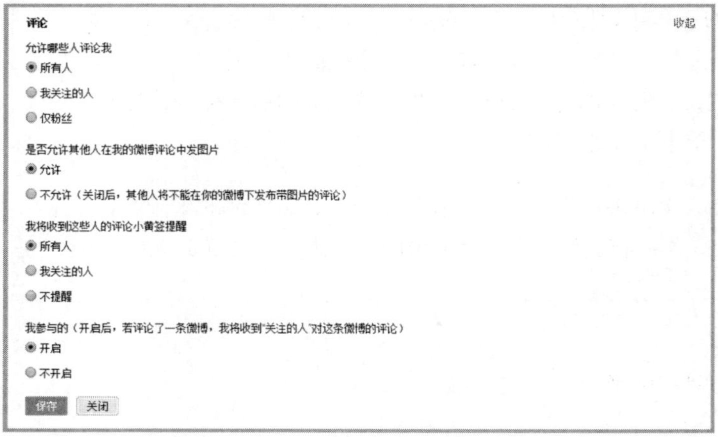

评论的设置

③ 赞：可以对“我是否接收赞的提醒”和“我参与的（开启后，若赞了一条微博，我将收到“关注的人”对这条微博的赞）”两项进行设置，根据自己的实际需要进行设置就可以了。

点赞是大家很常用的一个功能，尤其是在刷微博的过程中，点赞代表着对你的微博观点的认可、支持，当你收到点赞的时候，你也可以对赞进行回复，像回复评论一样，这样也可以与粉丝之间形成互动。

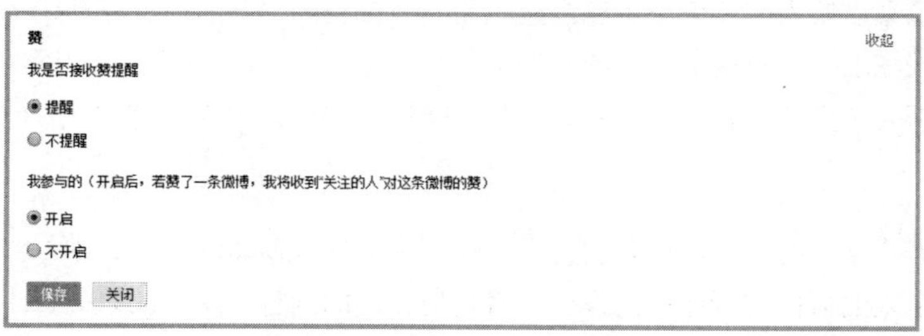

赞的设置

④ 私信：可以对“我可以收到哪些人的私信”和“我是否接收私信提醒”这两项进行设置，通常都会选择“所有人”和“提醒”，这样就不会错过任何信息。私信是在玩微博

的过程中经常使用到的，是“一对一”式的交流。如果你是卖家，当买家想对你所销售的产品有进一步了解的时候，他们就会以私信的形式找你咨询产品相关情况；当你是某一行业的专家，粉丝朋友们也会以私信的形式向你请教一些专业方面的问题；或者好友之间的“悄悄话”等都是可以通过发私信来沟通交流。当你反感某个推销广告或者你烦某个人的私信时，你也可以屏蔽他们的私信，这样你就收不到他们的私信了。而且现在私信可以设置类似“阅后即焚”的功能，设置一定的时间之后，自动删除聊天内容，对隐私也是一种很好的保护，私信的功能很强大。

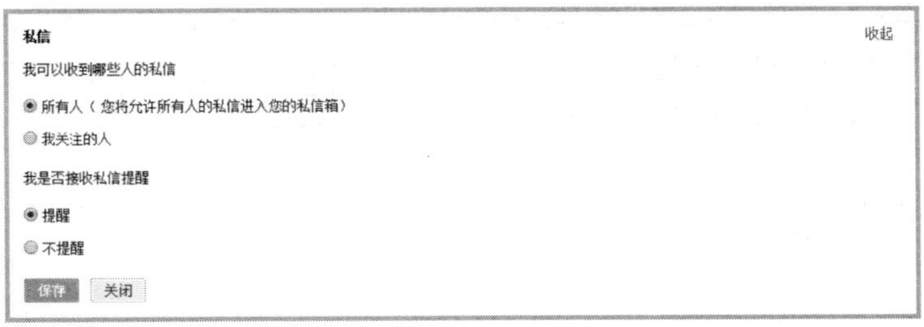

私信的设置

⑤ **未关注人私信**：可以对“我是否接收未关注人私信的小黄签提醒”进行设置，通常选择“提醒”，因为一个微博账号即便开通了微博会员，关注人的上限也是有限制的，所以你不可能把所有人都关注了，当你设置了“提醒”这个选项后，当你“没有关注的人”发来私信时，你也会接收到，这样便不会错过任何信息。

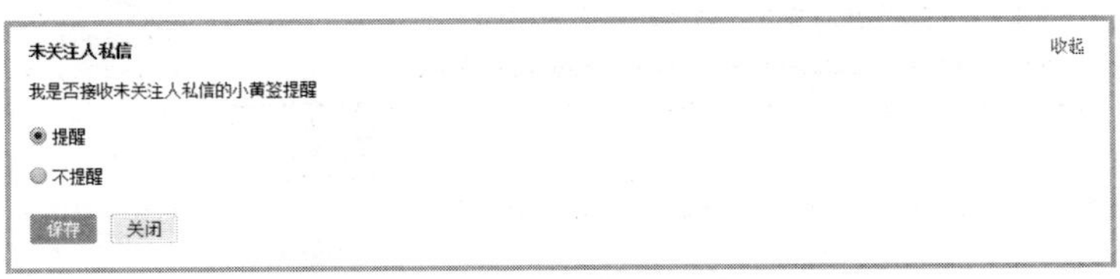

未关注人私信设置

⑥ **新粉丝**：可以对“我将收到这些人的新粉丝小黄签提醒”，通常选择“所有人”，当有人关注你时，你会及时收到提醒，然后你看看关注你的新粉丝的资料再决定是否“回粉”（你也关注他们），避免“回粉”慢，新粉丝对你再取消关注，这有助于初玩微博时的互粉、互动。

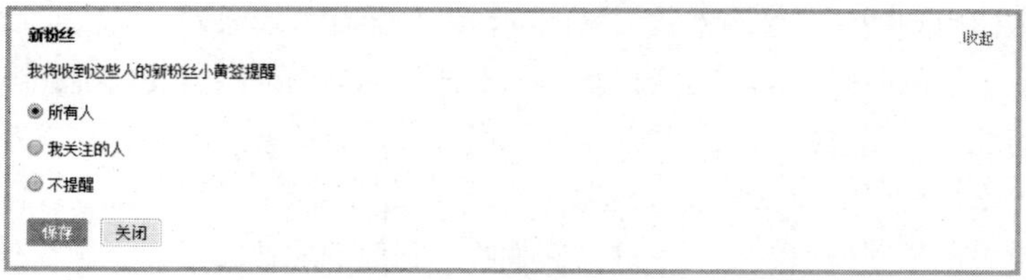

新粉丝设置

⑦ **好友圈**：可以对“我是否接收好友圈的小黄签提醒”进行设置，通常选择“提醒”选项，以免错过任何信息。好友圈一定是互相关注的关系才可以，就相当于一个分组，当你发布的某条微博只想让这些好友看而别人看不到时，你就可以选择仅“好友圈”可见。

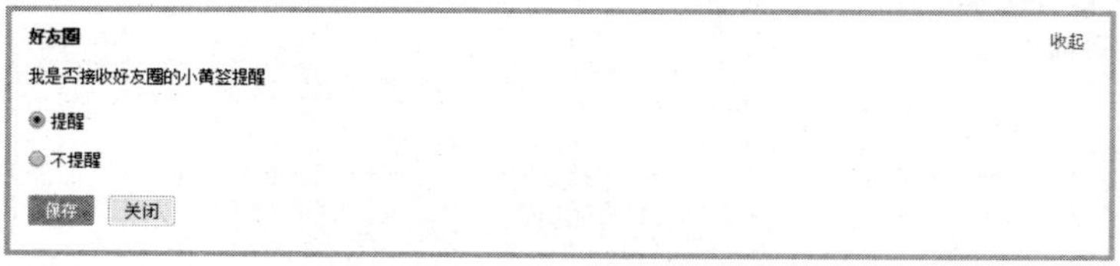

好友圈设置

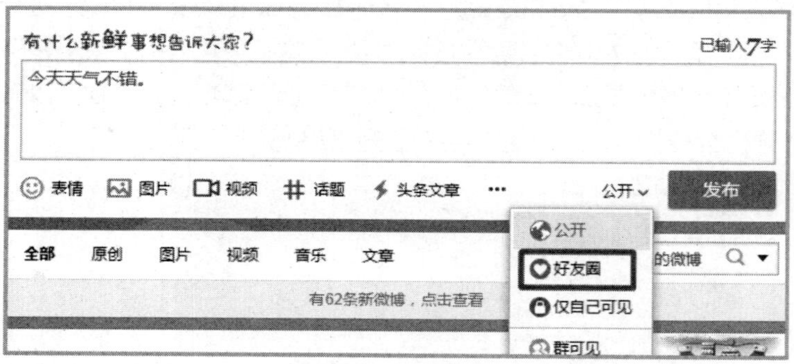

仅好友圈可见

• 偏好设置

偏好设置包括：邮件提醒设置、图片水印设置、勋章设置和语言设置4项。其中，图片水印设置比较常用，其他几项根据自己的实际需要设置即可，这里重点介绍一下图片水印设置。

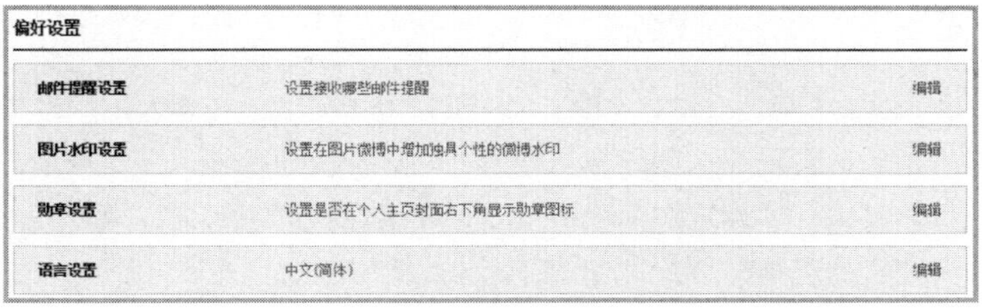

偏好设置

图片水印设置：设置在图片微博中增加独具个性的微博水印。水印内容包括：微博昵称、微博图标和微博地址3项，可以将3者都勾选，也可以勾选两项或一项。水印位置：底部居右、底部居中、图片中心，当你选择其中一个，你的微博昵称便会加在图片右下角、底部中间、图片中心的位置，避免他人使用你的微博配图。如果你在别人的微博发现一张你喜欢的图片，如果博主没有设置在图片中心加水印，你可以使用截图的方法，从底部水印之上截图，这样就不带水印了，如果你想分享“无水印”图片，那么这3项都不勾选，直接单击“保存”按钮即可，这样当别人也喜欢你的配图时，他们就不用截图去水印，直接保存你的图片就可以了。

图片水印设置（勾选前）

图片水印设置（勾选后）

- **账号绑定**

微博可以和淘宝、QQ、百度、360安全中心、移动微博、189天翼账号和联通手机邮箱进行绑定，绑定后，可以在这些账号与微博之间进行快速跳转，无需登录，同时享受更多会员专享服务。其中，“绑定淘宝”很重要，如果你有淘宝店铺，绑定后，可以直接从微博进入你的淘宝店铺购买产品，为淘宝店铺导入微博流量。

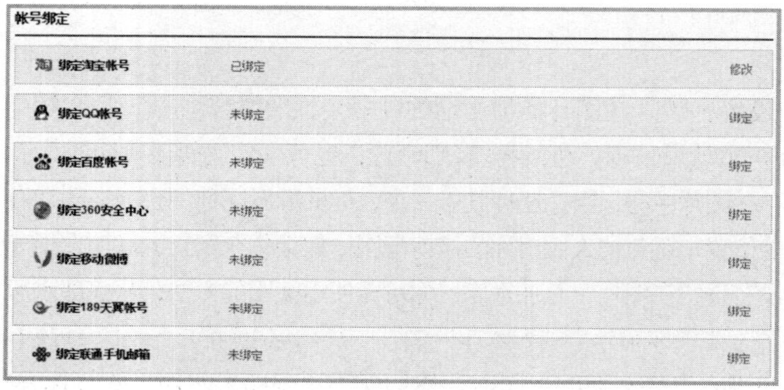

账号绑定设置

1.1.5 微博页面装修

微博的页面相当于一个“门面”，无论企业还是个人都要重视微博页面的设计，尤其是“封面图”的位置，它相当于一个“广告位”了。封面图的设计可以包括：各种二维码、QQ、微信号、手机号等联系方式、产品实拍图和主营业务等，你需要展示给大家看的东西都可以加上，另外也可以将一些广告内容加到页面左右两侧。需要注意的是，整个微博页面要尽量简洁大方，不要堆砌的全是广告信息，不要让大家打开你微博看到的全是广告，引起粉丝们反感就不好了。

- **设置背景模板**

新浪微博有专业的设计团队提供的默认模板，但是如果你想让粉丝更为直观、更为便捷地感受你的微博所展现的特色，就需要用心设计了，最好是简洁大方，过于繁杂反而会让粉丝有疲惫感，一个好的背景模板效果会让你的微博更有活力，彰显个性。

设计模板有两种方式，一是使用新浪微博提供的模板，二是使用自行设计的能代表企业或个人形象的模板。

» 使用新浪微博模板

① 打开“我的首页”，单击“模板”选项。

② 从导航中选取适合你的模板，如“推荐”“童趣”“时尚”和“经典”等，选取之后用鼠标左键单击所选图片，可以预览效果；如果你开通了微博会员，还可以选择带有“会员”两个字的专属模板，没有开通微博会员的朋友不能使用会员模板。

③ 如果你觉得预览的效果很满意，直接单击“保存”按钮即可，还可以把你的模板与粉丝进行分享，修改模板就是如此方便。

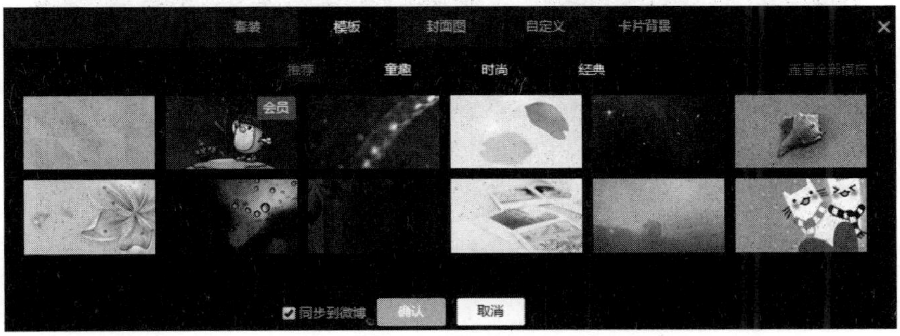

系统推荐的背景模板

» 自行设计模板

新浪微博平台提供的背景版虽然样式万千，可如果你仍然希望自己的品牌形象更加突出，更能代表你的身份，那么你可以自行设计一款独一无二的模板。对于模板，既可以选用公司背景色、Logo等，也可以把你们的主营业务表现出来，还可以将微博、微信二维码，各种联系方式设计其中，便于粉丝们了解你，需要产品时也能联系到你，个人微博也同理。

① 打开“我的首页”，单击“模板”选项。

② 单击“自定义”，将你设计完成的图片进行上传，图片大小支持5M以内的JPG、GIF、PNG格式，头部区域的尺寸建议为800像素×115像素，你还可以通过“自定义颜色”进行颜色的调整；展示方式（可复选）：平铺、锁定，对齐方式：居中对齐、居左对齐、居右对齐，这里可自行选择。

③ 图片出现之后，单击“保存”按钮即可，专属于你的模板就设计完成了。

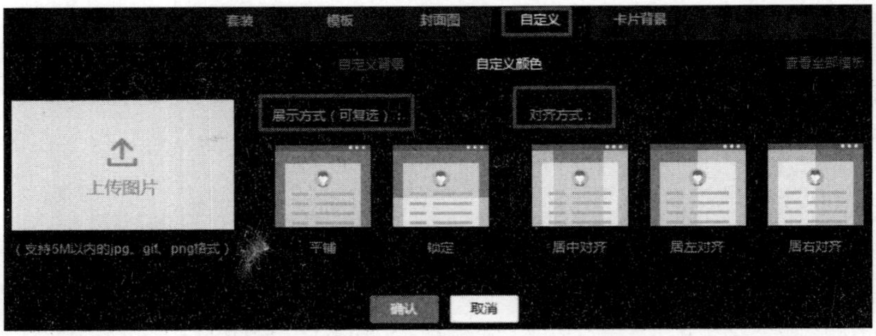

自定义背景模板

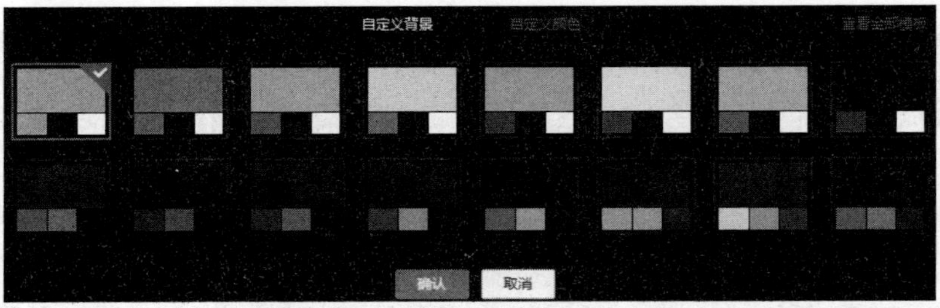

自定义颜色

• 设置封面图

微博主页封面图和背景模板一样，也是有两种方式，一种是新浪系统提供的，另一种是自行设计的，大家可以根据自己的实际需求来选择。

» 使用新浪微博封面图

① 打开“我的首页”，单击“封面图”选项。

② 从导航中选取适合你的封面图，如“推荐”“卡通”“田园”“时尚”“萌”“静物”和“风景”等，选取之后用鼠标左键单击所选图片，可以预览效果。如果你开通了微博会员，还可以选择带有“会员”两个字的专属封面图，没有开通微博会员的朋友不能使用会员封面图。

③ 如果你觉得预览的效果很满意，直接单击“保存”按钮即可，还可以把你的封面图与粉丝进行分享，封面图修改就是如此方便。

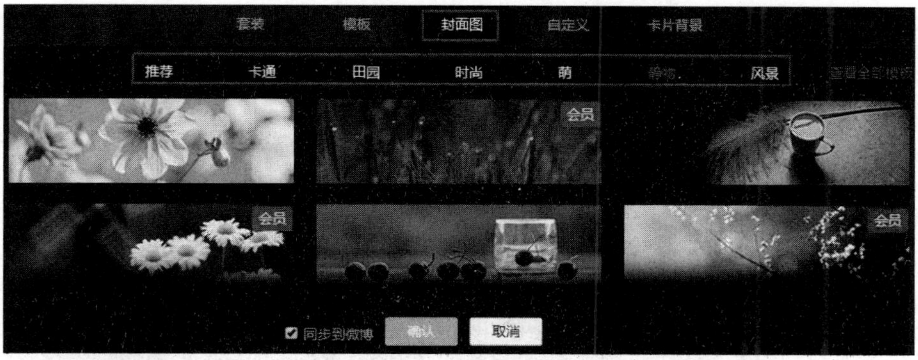

新浪系统封面图

» 自行设计封面图

自行设计的封面图相当于一个“广告位”的作用，通常情况下，大家会把微博、微信的二维码、手机号、QQ号等各种联系方式以及所销售的产品设计到封面图上，当别人打开你的微博主页，便会看到这些信息，如果恰好有产品或服务需求，就会找你咨询。

步骤：将鼠标放在封面图右上角的位置，出现“上传封面图”字样，单击它，然后从桌面选择设计好的封面图上传就可以，图片大小为920×300像素。

自行设计封面图

• 套装（背景模板+封面图）

除了单独设置微博背景模板和封面图，新浪系统还提供了套装（背景模板+封面图一体的），包括推荐、七天换装、会员、动态4个部分，开通微博会员的人可以选择更多，大家可以依据自己的实际需要来选择套装。

新浪系统套装（背景模板+封面图）

• 卡片背景（仅限微博会员使用）

卡片背景，这是微博新推出的仅限微博会员使用的个性微博装扮，其中包括明星卡片背景、卡通动漫卡片背景、网络热词卡片背景（猴赛雷、宝宝心里苦、求脱单、么么哒、头条等），还有四叶草、勿忘我等卡片背景，非常有趣、好玩、个性，可以满足不同用户的需求。

如何设置卡片背景?

① 打开“微博首页”，单击右上角，找到“卡片背景”。

② 当你看到自己喜欢的卡片背景时，可以将鼠标停放在图片上，就可以看到预览模式，喜欢的话就单击“确认”按钮即可。

③ 当你发布完一条微博时，选择的卡片背景就会显示在这条微博的右上角的位置。

④ 更换卡片背景仅限微博会员使用。

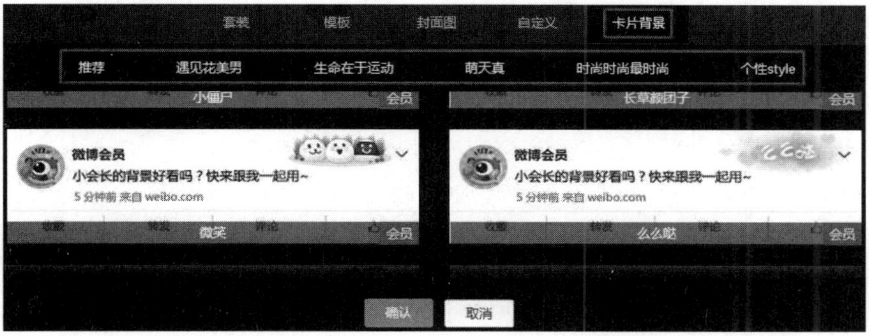

微博卡片背景示例

1.1.6 微博会员订购

微博会员是自愿开通的，不是强制的，但从玩微博的体验来讲，还是开通为好，尤其是对于想在微博上销售产品的朋友来讲，开通会员之后，会有很多特权，微博会员可以自己开通，也可以为他人开通或者向他人索要。

开通时长：最短为1个月，10元/月，年费会员是108元/年。

开通方式：可以选择支付宝、银行卡、手机、会员卡、手机充值卡、微币。

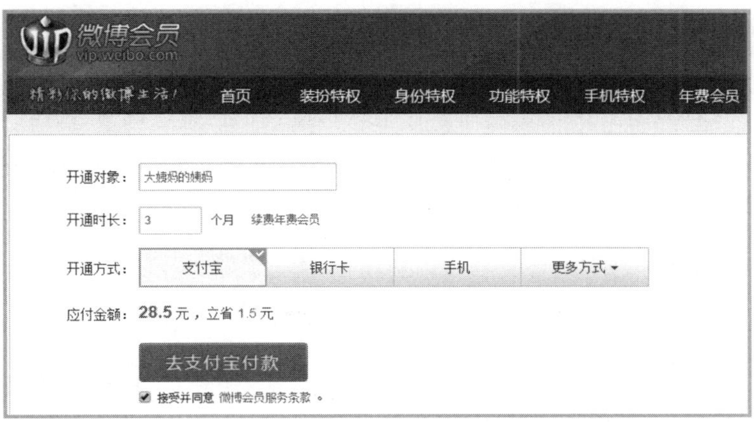

微博会员开通

微博会员特权：装扮特权、身份特权、功能特权、手机特权。

装扮特权：专属模板、动态模板、自动换装、自定义封面图、卡片背景。

身份特权：专属标识、专属昵称、优先推荐。

功能特权：微博置顶、微博屏蔽、自定义来源、数据特权。

手机特权：客户端专属主题、短信特别关注、微博红名。

年费会员专属特权：独享15点/天成长值、额外200点成长值奖励、专属年费勋章和标识、每天最高0.8个等级活跃天奖励。

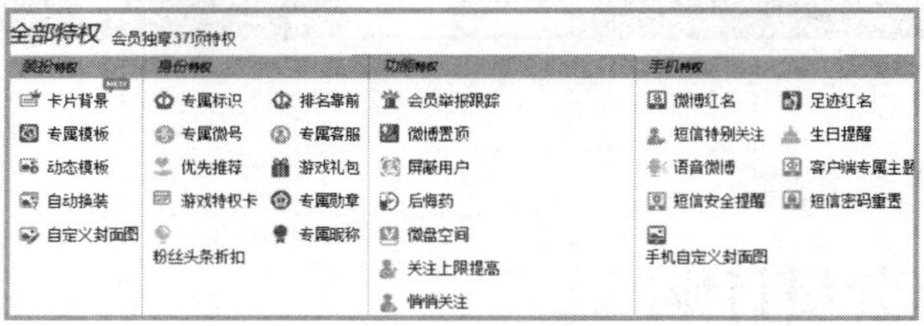

微博会员37项特权

微博会员全部特权有37项，其中专属模板、自定义封面、卡片背景、粉丝头条折扣、微博置顶、屏蔽用户、关注上限提高、语音微博、手机自定义封面，这些是大家在玩微博过程中经常用到的，而且非常有效。微博会员具有的最强大的特权：微博置顶、关注上限提高、粉丝头条折扣，所以建议大家还是开通会员为好，不开通会员，很多操作设置实现不了。

• 微博置顶

微博置顶会员特权非常重要，只有开通会员才可以置顶一条你认为最重要的微博，通常情况下，我们会把产品广告内容的微博置顶，可以带淘宝店铺、微博橱窗、微店及其他平台的链接，这样就可以单击链接，购买你的产品，为其他平台带去流量，微博是很好的引流渠道。

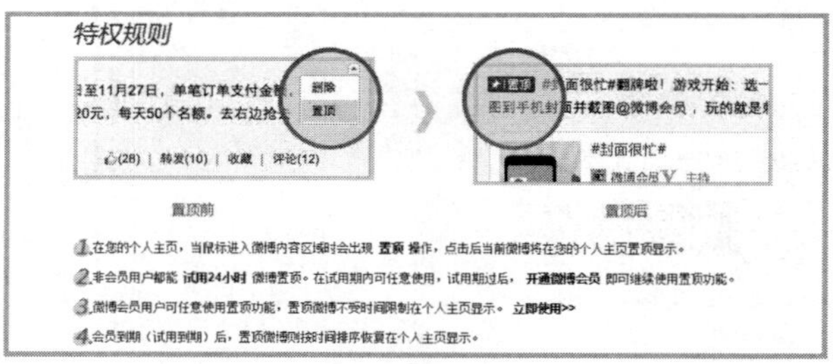

微博置顶

• 关注上限提高

关注上限提高微博会员特权在“互粉”中尤为重要，当你初玩微博时，一定是要先加粉丝的，你粉别人，别人才会粉你，也就是“互相关注”。这个关注上限是有限制的，非会员上限是2 000人，也就是当你关注到2 000人时，就不能再关注别人了，只能对原来关注的粉丝进行清理后再关注，而会员上限最高5 000人（不同会员级别是不同人数的）。除此之外，还有一个微博分组成员上限，随着你在微博上结缘越来越多的人，你想把最喜欢看的博主分到一组，那么这一块也是有人数限制的，非会员上限是200人，会员上限最高1 000人，所以，这个特权是非常有用的。

关注上限提高	2000	会员：3000 年费会员：	会员：3000 年费会员：	会员：3000 年费会员：	会员：5000 年费会员：	会员：5000 年费会员：	会员：5000 年费会员：

分组成员上限提高	200	会员：300 年费会员：	会员：300 年费会员：	会员：300 年费会员：	会员：500 年费会员：	会员：500 年费会员：	会员：800 年费会员：

微博关注/分组成员上限

• 粉丝头条折扣

会员购买粉丝头条可以享受9折的优惠价格。使用粉丝头条将你的微博推广到粉丝微博首页第一条，让你的粉丝不再错过你的重要信息（仅针对粉丝10万以下的会员）。非会员是无折扣的，购买粉丝头条时，系统会自动计算折扣后价格，无需手动调整价格。

粉丝头条是大家常用的微博付费推广工具，效果不错，每个微博账号的投放价格都是不同的，当你想使用粉丝头条时，直接单击你微博内容底部和转、评、赞、阅读量一行的“推广”两个字即可，多次购买会持续打折。另外，“头条文章”的粉丝头条价格低于短微博的投放价格，所以“头条文章”投放粉丝头条是省钱的，可以在文章中加入广告内容做推广。

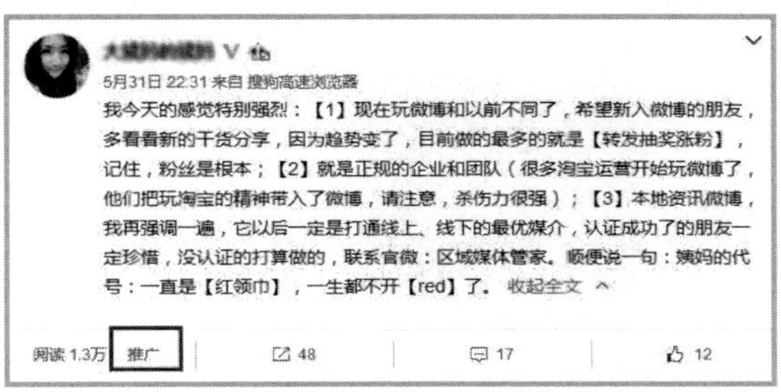

投放粉丝头条点击推广

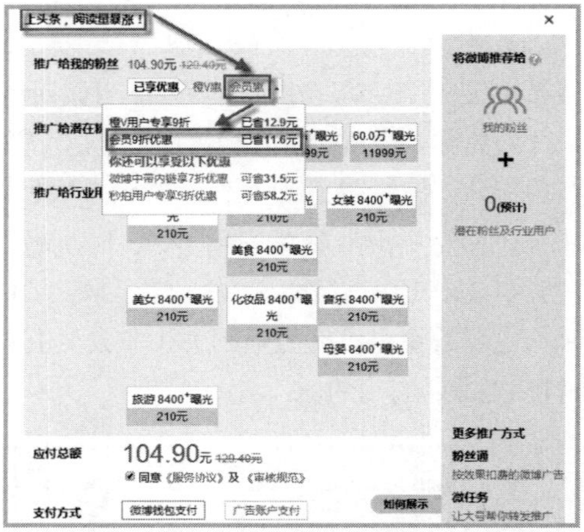

粉丝头条会员价格

帮上头条：你也可以帮别的博主投放粉丝头条，有一些朋友通过帮大V们投放粉丝头条，得到大V们的关注和推荐，迅速积累粉丝；或者你在自己的微博发布一篇硬广或头条文章，然后再去联系有一定影响力的博主转发这条微博，你再使用“帮上头条”，那么有影响力的博主的粉丝们就会在他们的微博首页第一条看到这条微博的展现，如果你让很多大、中、小V都转发了这条微博，都“帮上头条”，那么这条微博的曝光面是非常广的，这种推广效果很不错，前提是你积累了一定的人脉。

操作步骤：找到你想帮他/她投放粉丝头条的博主的某条微博，单击此条微博的右上角的“向下箭头”，单击“帮上头条”进行支付就可以了，但是“帮上头条”是有时效的，如果博主的某条微博发布时间距离你要投放粉条的时间超过30天就不能投放了。

帮上头条

1.1.7 微博认证方法

微博认证包括个人认证和机构认证（政府、媒体、校园、企业、网站、应用等官方账号均可申请机构认证），微博认证是完全免费的，不会收取用户费用，申请认证的用户通过身份真实性审核后，微博昵称旁边会出现V标识，代表已验证了该账号的真实身份。目前有橙V和蓝V两种标识，微博认证是自愿原则，你可以选择认证，也可以不认证，一般企业会认证蓝V，个人会认证橙V。

- **认证类别**

（1）个人认证：适用于微博个人用户真实身份的确认。

（2）官方认证：适用于企业、政府、媒体等组织机构的官方账号。

举例：企业微博认证。

① 企业认证范围。

公司账号：用于企业形象宣传，官方信息发布。

分支机构账号：用于企业分支机构、分公司或连锁机构进行宣传，提供本地服务。

产品账号：用于主/子产品推广，市场活动及公关（注：产品有商标或软件注册证）。

招聘账号：收集求职应聘者信息，招聘企业员工或实习生。

客服账号：提供业务咨询服务、处理用户投诉建议，维护客户关系。

同一营业执照原则上仅可以申请3个不同用途的企业认证蓝V账号。如需认证3个以上的官方账号，需满足以下任意一个条件：拥有多个分支机构的连锁企业，注册资本超过1 000万人民币的大型企业，含多个子品牌及业务线，微博官方合作伙伴。

② 企业认证条件。

微博头像应为企业商标/标识或品牌Logo。

微博昵称应为企业/品牌的全称或无歧义简称；若昵称为代理品牌，需体现代理区域。

微博昵称不能仅包含一个通用性描述词语，且不可使用过度修饰性词语。

企业提供完成有效年检的《企业法人营业执照》/《个体工商户营业执照》等资料。

微博昵称与营业执照登记名称不一致需提供相关补充材料，如《商标注册证》《代理授权书》等。

③企业认证资料。

基本资料：营业执照副本，已通过最新年检的营业执照副本，并将此副本拍摄成清晰彩色照片的形式；加盖了红色公司公章的企业认证公函（公函下载详见认证资料提交页面），公函内容手抄打印后拍摄成清晰彩色照片的形式。

补充材料如下。

自有品牌：商标注册证、软件著作权证等。

代理品牌：代理授权书、代理授权合同等。

加盟品牌：品牌加盟证。

企业网站/企业网店：网站备案信息、天猫商城的卖家信息或阿里巴巴供应商信息页的截屏。

企业实体店：实体店属于企业的文件证明资料，如餐饮服务许可证等。注：所有非中文资料应提供资料原件及加盖翻译公司公章的彩色版翻译件。

④企业认证流程。

申请准备：准备各项申请材料。

在线提交认证申请：填写企业信息、上传相关认证材料。

微博审核：等待工作人员审核（5个工作日内）。

审核完成：通过审核，申请账号可以登录申请认证的微博，在消息-私信中收到认证通过的通知，同时获得认证标识，自动升级为企业版；未通过审核，申请账号可以登录申请认证的微博，在消息-私信中查看未通过审核的原因。

（3）**自媒体认证**：帮助优质作者变现，提升品牌影响力。

（4）**雇员认证**：是微博提供给单位或机构针对内部的正式员工进行微博个人认证提交和认证管理的一种服务，雇员认证提供的服务包括：为员工提交个人认证申请；对已经认证的账号支持修改认证说明、撤销认证等管理服务。

（5）**海外认证**：申请材料请发送到专业邮箱，企业、网站、校园等申请企业蓝V认证需要一次性支付1 000美元服务费，包括但不限于材料验证费、翻译和公证费等。其他政府、媒体、第三方应用、机构团体、公益组织目前均为免费。

微博认证类别

- **认证优势**

（1）**独有认证标识：**让用户可以第一时间识别身份。

（2）**个人认证终身免费：**微博个人认证为终身免费服务。

（3）**专享多种特权：**微博会员、粉丝头条专属折扣、搜索优先推荐等。

（4）**个性服务：**粉丝服务平台、管理中心等认证用户专属功能。

微博认证优势

除了以上微博认证方法之外，我们还可以通过“微电商达人”认证加橙V标识。

1.2 微博定位

玩转微博营销，最重要的就是要运营好自己的微博，而如何运营好微博，第一步就是微博定位，其次是做好内容，接着与用户进行良好的互动，加之宣传推广等。找准自己的微博定位是打造微博个性的首要条件，目前微博上一些有影响力的“官微”或“个人”，无不是在定位精准、做细分市场方面下足了工夫。国内一些已做出品牌效益的个人微博似乎比官方微博更出彩，他们在定位上更能呈现出个体色彩，来满足大众的各种胃口。

所谓的微博定位就是给微博一个主题，找一个主题作为方向来发布内容，要做成什么样的微博，以什么形象示人，以便别人可以记住你，这是首先要考虑的问题。微博定位很重要，它将决定你的粉丝受众及微博价值，不要发布乱七八糟的内容，力求言之有物，至于选择什么主题作为微博方向，这个就要看个人的兴趣和擅长了，是综合性的，还是娱乐八卦或是某一行业的（如电商、星座、笑话、旅游、美食、音乐、影视、健康、教育等）内容。很明显，综合娱乐类的，受众很广，粉丝培养起来较为容易。因为当下很多人气明星都在玩微博，通过微博来宣传自己的各种动态，明星粉丝超多，但这类微博价值并不高，不如做垂直内容的微博，垂直内容就是你选择一个热门分类来做，虽然粉丝增长缓慢，但价值很高。因为通常粉丝会选择一些信息比较专一，比较有权威性、感兴趣的微博进行关注，不可能关注一个大杂烩信息混乱的微博，微博定位越清晰，接下来的微博运营越容易。

目前微博最活跃的群体是明星、名人、自媒体人和草根圈子，那么我们的微博定位也要围绕这几块来做。明星、名人自不必说，只要开博就有很多粉丝关注，现在新浪官方比较扶持微博签约自媒体，所以选择做自媒体方向的呈上升趋势，而草根圈子多数是通过微博来销售产品，有的是大众产品，有的是自产自销农产品。当下比较火热的是农产品和生鲜电商，草根电商圈子做这方面的居多，而且十分活跃。再有就是网红，自从2015年淘宝“双11”之后，引爆了网红经济，这个群体的知名度越来越高，越来越多的人加入到网红群体中来，2016年，网红更火，各大投资人、平台都在聚集网红这个群体。除此以外，像以视频、段子、冷笑话、情感和星座等垂直内容为主的微博也深受网友们青睐，积累了大量的精准粉丝。可见，微博定位在微博运营中的作用之大。

1.2.1 微博签约自媒体方向

自媒体又称“公民媒体”或“个人媒体”，是指私人化、平民化、普泛化、自主化的传播者，以现代化、电子化的手段，向不特定的大多数或者特定的单个人传递规范性及非规范性信息的新媒体的总称。简言之，即公民用以发布自己亲眼所见、亲耳所闻事件的载体，自媒体平台如博客、微博、微信、论坛等网络社区。

公众平台和自媒体人是共生关系，平台需要自媒体的好内容，自媒体需要平台将内容散播出去。内容绝对是自媒体运营者的核心，自媒体将自己的信息、价值、理念传播出去，靠的是内容，而文字、图片（美图、漫画等形式）、视频（美拍、秒拍等App）、音频（喜马拉雅、蜻蜓FM等App）等介质均为载体。如今各种视频直播异常火爆，再次掀起自媒体运营的狂潮。当前，以微博为代表的自媒体，已成为网络传播最活跃的主体和新兴舆论场。

• 微博签约自媒体概述

① **微博自媒体**：在微博上生产原创长微博和音、视频内容的账号。

② **微博签约自媒体**：是站方管理和激励自媒体作者的机制，帮助更多有品牌、有影响力的作者成长。

③ **微博自媒体与微博签约自媒体的区别**：微博签约自媒体是微博自媒体的升级，每一个建立起自己品牌和影响力的微博自媒体，都有机会申请加入微博签约自媒体。对于微博签约自媒体，微博官方将给予更多的政策倾斜和福利补贴。

福利补贴主要集中在两个方面。

① **微博官方将帮你赚钱**：通过广告分成和商业合作分成的方式，优质的签约自媒体作者可以通过微博赚钱。

② **微博官方将帮你增加影响力**：对于签约自媒体作者，微博官方将给予更多粉丝推荐的机会；对于签约自媒体作者发布的含#原创微博#话题词的优质长文内容或原创视频微博，微博官方将免费给予粉丝头条的推荐。

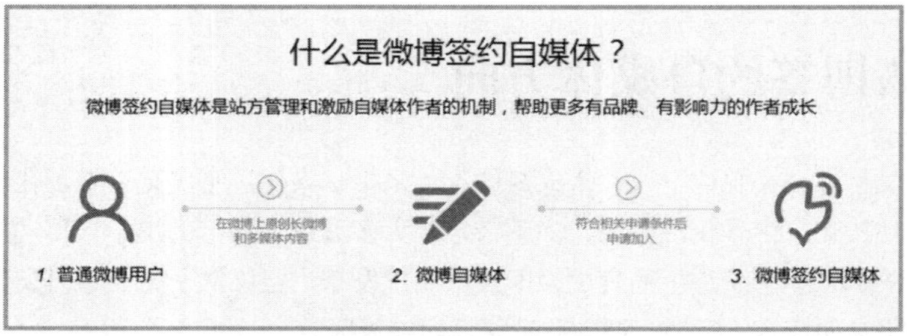

微博签约自媒体概念

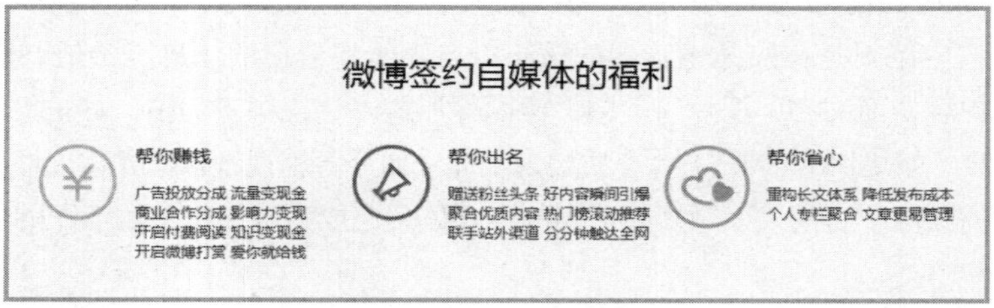

微博签约自媒体的福利

截至2016年5月微博活跃自媒体作者达到160多万人，加入微博签约自媒体已有3 000多人。申请微博签约自媒体需要满足一定的条件，申请成功后，会在你的头像下方加上“微博签约自媒体”的认证标识，这个认证与官方的其他认证不冲突，像“微博电商人”和“微电商达人”等认证，当粉丝们看到你的微博账号的认证标识，就知道你的微博是主要发布什么内容。从目前的微博签约自媒体人来看，多数选择了做垂直领域的内容，也就是选择了一个热门分类来运营，如星座、情感、搞笑、旅游、健身、宠物等分类，这些分类都是人气较高的分类。当然，也有做综合类内容的，微博内容主要搜集、盘点当下最热门的新闻、娱乐八卦、幽默搞笑、火爆视频等，通常综合内容类微博，以内容的快速、时效性见长，因为大家都希望第一时间发布最新、最热的信息，这个对博主的观察力、分析力、信息、人脉资源等整合能力都有很高要求，所以还是做细分、垂直类内容的微博签约自媒体人居多。可以选择自己最感兴趣、最擅长的分类内容，因为无论什么时候，都是内容为王，离开了优质的内容，粉丝会慢慢的离开，去关注新的感兴趣的博主。所以，做一个微博签约自媒体人，需要每天付出很多时间和精力来用心找素材、做内容，需要坚持，更需要耐力，慢慢的会在行业圈子内有一定的名气和影响力，做微博签约自媒体人得到官方的扶持和变现的途径也很多，这些都是吸引诸多有才华、有能力的人纷纷申请微博签约自媒体的原因。

• 申请微博签约自媒体

申请微博签约自媒体并不是太难，目前电商圈子的朋友们，有的博主粉丝仅仅3 000人左右都申请成功了，然后坚持发布优质垂直内容，得到官方的扶持力度很大，短时间内粉丝上涨到几万粉。所以大家一定要重视这个认证，对你的微博运营会有事半功倍的效果。

加入微博签约自媒体

» 微博签约自媒体申请步骤

在微博主页单击“管理中心”进入页面，单击左侧“内容收益”项，然后单击“广告收益”，再单击右侧“申请开通”，满足申请条件后，单击“立即申请”，按要求填写好“账号类型”（头条文章作者、视频作者，二选一）、基本信息和收款信息几项，然后单击“提交申请”，等待官方私信通知即可。

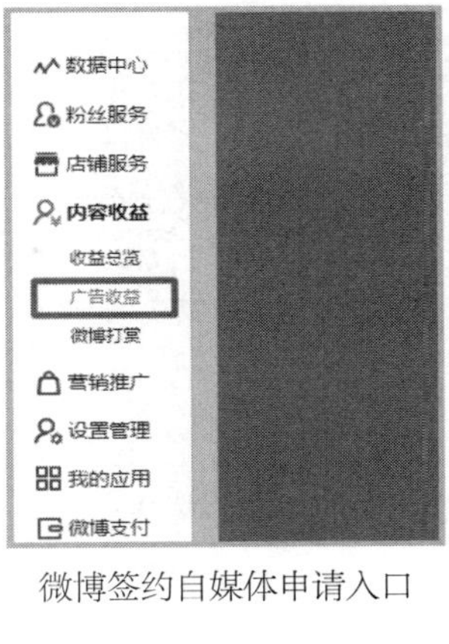

微博签约自媒体申请入口

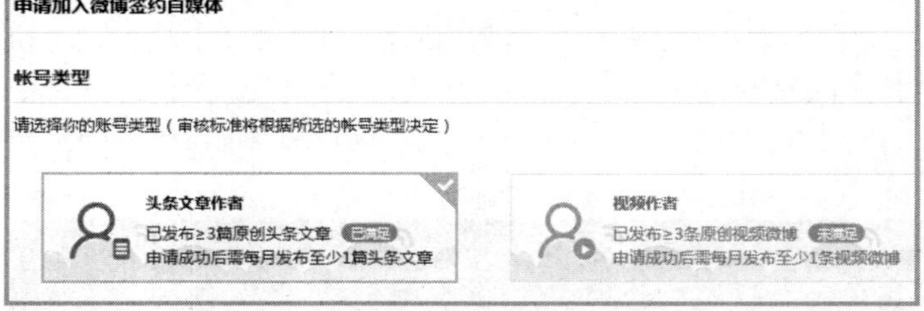

微博签约自媒体账号类型选择

基本信息（擅长领域选择）

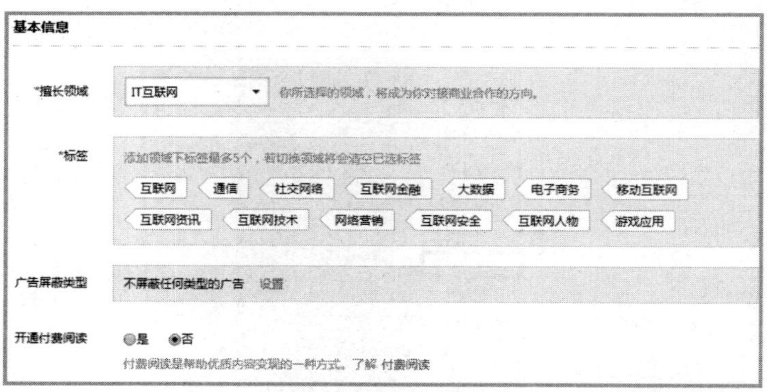

基本信息选择

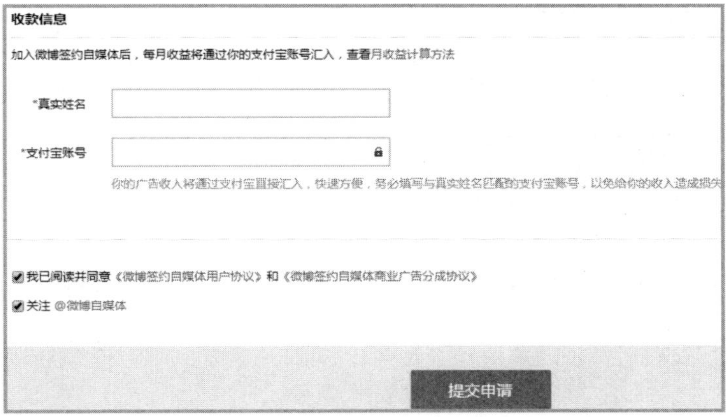

收款信息填写

» 微博签约自媒体申请条件

① 个人认证用户。

② 上月被阅读数>100万。

③ ≥3篇头条文章；≥3条视频微博。

从申请条件来看，首先微博账号必须是经过官方认证，加了V标识的，阅读量要达到100万，这个要求有的朋友觉得难，这里分享几个提高阅读量的方法。

方法1：每天多发布微博，数量有了，阅读量自然就会提高。

方法2：蹭热门话题，这个方法很有效果，每天观察微博搜索框或者微博内容发布框上方官方推送的热门话题，或者看实时热搜榜，把热门话题加入到你的微博内容中，这样你的这条微博阅读量会达到几万，做得好的，达到几十万、几百万都是有可能的，每天都尝试借势热门话题发布几条，整个月份的阅读量肯定提高很多。

方法3：常发头条文章，通过“刷屏+群发+粉丝头条”来推一推，形成持续的转发，阅读量也会增加。

方法4：@大咖推荐，大咖转发你的微博，阅读量会很高，这个需要你长期转、评、赞大咖们的微博，给他们留下深刻的印象，当你有事求助他们帮忙的时候，他们自然会转发。

方法5：实力相当的小伙伴们互推，就是互相转发，每个博主都有一定的粉丝，互助提高阅读量也很快。

以上几种提高微博阅读量的方法，大家实践后很有效果，当然这只是一些技巧性的方法，重点我们依然要深耕微博内容，只要内容好，形成粉丝自然转发、扩散，你的整个月份的阅读量达标是没有问题的。

每个月的阅读量情况可以通过微博数据分析中心查看，我们可以查看到7天、30天、90天的阅读量情况，通过数据显示，我们再认真做内容，增加阅读量，来申请微博签约自媒体。

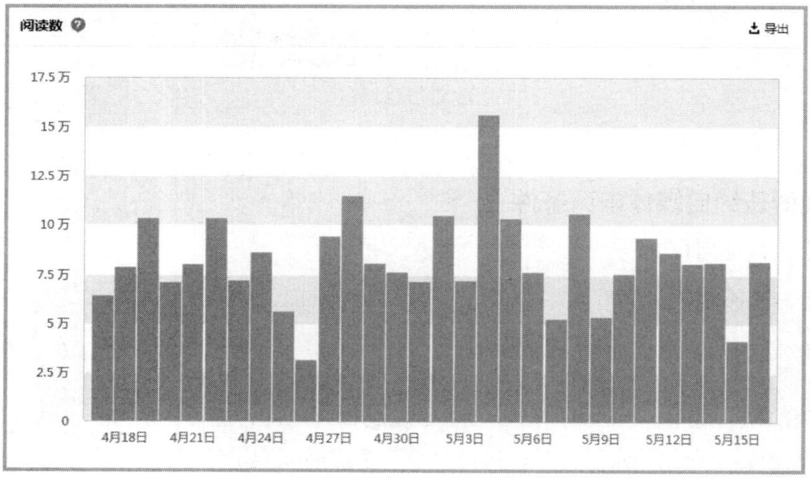

数据中心查看阅读量

第3个申请条件很重要，一般申请失败的原因多数都是头条文章内容不够优质。这里需要提醒大家的是，这3条头条文章或者视频微博转、评、赞要高一些，你可以在微博群里推一推，可以群发微博、投放粉丝头条，然后当有粉丝转发的时候，你持续的转发，让这条微博持续出现在大家的视线范围内，重点推。另外，你的整体微博内容要够垂直，例如，如果选择互联网这个领域，每天发布的内容要与之相关度高一些，多带行业关键词，例如，互联网、移动互联网、电子商务、网络营销、社交网络、社交电商、社交营销、微博营销、网红、粉丝经济等关键词，长期坚持这样做，你的微博账号也会越来越优质。

• 微博签约自媒体变现途径

» 微博打赏收入

微博签约自媒体人通过持续的发布头条文章或者视频微博都可以获得粉丝的打赏，如果分享的内容非常好，会有很多粉丝给你打赏。在头条文章底部有个“赏”按钮，大家单击那里就可以进行支付打赏，打赏多少钱都可以，现在视频也可以打赏，在观看视频结束后，会有打赏提示按钮。目前大家对头条文章打赏比较多，这可能也是一种习惯，日积月累，这部分打赏收入也不少。对于打赏的粉丝来讲，你经常给不同的自媒体人打赏，那么势必会引起他们的注意，因为打赏后可以分享一条打赏的文字到微博，博主也会收到这条信息，那么你就会获得他的关注。有一段时间大家玩打赏求关注，纷纷打赏1分钱，确实能撬动一些比较有影响力的博主关注，另外，在“赏”字下方一行会有打赏人的头像显示，这里也可以吸引一部分粉丝关注，自然涨粉。

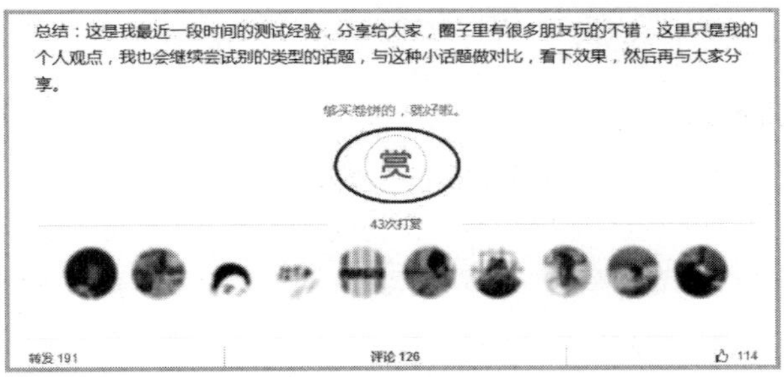

微博打赏示例

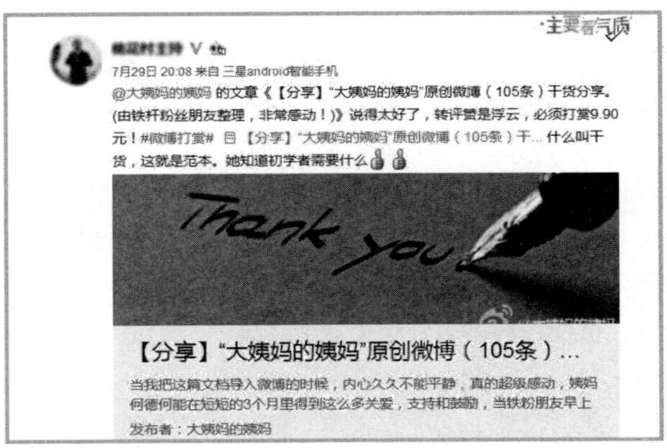

微博打赏（分享到微博）

» 广告收入

微博签约自媒体人除了可以获得官方的广告分成之外，还可以自行接广告，当然合作方式多样化。

①“直发”或“转发”合作方的某条微博，按条收费，这个要根据你的影响力、粉丝数量等情况来谈合作价格，这种广告类型收费从几百到几万不等。

②按销售产品支付佣金的形式，合作商家提供产品，在你的微博推荐，卖出去一单给多少佣金，这里可以通过淘宝客的形式来做。

③代写软文，按篇收费。有一些微信公众号或者微博大号，会找一些写手专写某类文章，植入广告，然后在自己微博分享或者推荐到他们的微信公众号或其他的自媒体平台。另外，也有一些属于“公关软文”，这类文章价格偏高，因为肯定要偏向一方说话，一般像科技类文章比较常见。

» 演讲、培训收入

能够做到这个量级的微博签约自媒体人收入是相当可观的，因为当下互联网发展如此迅猛，从传统企业到个人无不精神振奋，都纷纷加入到电商、微商队伍中来，但是“小白”也很多，求知若渴，尤其是传统企业向互联网转型之时，急需这类高手来给公司员工培训。一些电商、微商组织也会组织线下交流会，邀请各个大V参会，一场出场费几千到几万不等。

» 会员费收入

当大、中、小V聚集了一定数量的粉丝之后，多数都会创建属于自己的小团体，或1个人或几个人合作创建，主要抓住一个定位来做，例如，教新手玩淘宝、玩微博、玩微信，然后进行招募，收取一定的会员费，目前常见的收费1 000元/年的居多，影响力大的博主收费会高一些，5 000~10 000元/年左右，基本都是服务1年的费用，也有按课程时间来收取费用的，定期组织线下交流会，线上分享会，通过微信群、QQ群分享的居多，一般内部分享内容不外传，付费人群多为传统企业或者电商“小白”，一是结缘更多的人找寻合作机会，二是借助大咖们的影响力来推广自己的产品，三是学习知识，互相学习推广经验，四是可以加一些优质的粉丝。这种方式需要博主付出很多时间和精力去维护，长期坚持下来真的需要耐心和毅力。

» 出书收入

当你在某个行业领域、某个圈子做出影响力之后，尤其是现在电商、微商方面的书籍很火爆，很多出版社的工作人员也玩微博，他们会关注到你，然后联系你，洽谈出书事宜。目前很多做出影响力的大咖们都相继出版了电商、微商方面的书籍，粉丝们纷纷购买学习。通常写作能力较强，而且有时间来写，并且实践经验多一些的博主写的书更受粉丝喜欢。

» 咨询服务收入

如果你在某一个行业领域比较权威、专业，大家对你也信任、认可，向你咨询一些问题，例如，你是健康养生专家、心理学专家等，完全可以收取一定的咨询服务费用。

» 销售产品收入

很多自媒体人积累了一定的粉丝之后，就会在分享内容时，发布一些自己的产品广告，像一些知名博主积累了几千万粉丝之后，开始销售与自己微博定位相关的系列产品，因为粉丝精准，所以很容易打开市场。

综上所述，微博定位在微博签约自媒体方向，在官方大力扶持下，不仅有一定的广告分成，优质的微博内容，还会给你投放粉丝头条进行推荐，微博所有新东西的出现，第一批内测的都是微博签约自媒体人。另外，各种加权，涨粉使你的影响力越来越大，这要比没有申请微博签约自媒体的微博账号发展得快很多，相当于站在巨人的肩上，你会走得更快、更远。

1.2.2 产品营销推广方向

除了在微博平台做自媒体之外，还可以销售产品，尤其是微博现在有了“微博橱窗”，作为卖家的博主可以把产品发布到微博橱窗上销售，也可以在微博上直接发布产品广告，策划一些微博活动来进行传播，扩散出去。如果你的微博定位在推广产品方向，那么整体内容都要围绕着产品来做，当然有一些自媒体人也会在微博推荐自己或他人的产品，这都不冲突，只要把控好微博内容的比例即可。

• 企业微博

企业微博通常采用微博矩阵玩法来推广产品，企业微博矩阵是指在一个大的企业品牌之下，开设多个不同功能定位的微博，彼此互相协作，在统一的宣传口径、宣传节奏下，通过矩阵的共振效果，达到一个声音对外的效果，形成传播合力，与各个层次的粉丝进行沟通，实现全方位塑造企业品牌的目的。

企业微博矩阵要根据自己企业的实际情况来做，量身打造，而不是为了凑足各种账号才做，小一点儿的矩阵我们常见的有创始人微博跟官微相互配合、遥相呼应，大一点儿的矩阵除了创始人微博、官微，还包括企业主要负责人微博、产品微博、售后微博、招聘微博等，互加关注，推荐转发，共同发力。下面把常见的矩阵账号罗列出来，大家可以根据自己企业的实际需要来自由组合，至少2个（创始人+官微），最多几个（常见）甚至几十个（少见），专人运营才能有好的效果，大家可以参考：唯品会、聚美优品、蘑菇街等企业官微，他们都采用了微博矩阵玩法。

» 企业官微

承担媒体功能，公司有重大新闻，都会第一时间在这里发布，这是企业微博矩阵的主账号，以此为中心与其他子账号相互配合，形成合力传播。

» 企业创始人微博

作为企业的领导者，就企业动向、经营理念、经营活动进行输出，打造个人形象，与官微形成互动。目前，微博中有很多企业领导者非常有个人魅力，深受粉丝们喜爱，像小米手机的雷军、聚美优品的陈欧、360的周鸿祎等，个人微博都玩得特别好，大家可以搜索学习一下。

» 企业高管微博

每个公司高管的领导观念和营销模式都有自己的特点，每个人的微博都带上了不同的个人烙印，不同高管彰显个性的微博文字可以让粉丝们感受到企业的文化、丰富品牌的形象认知，高管微博代表的是公司形象，要平易近人，接地气一些，与粉丝之间平等沟通交流，并与官微、创始人微博相互配合。

» 产品微博

产品微博主要用来推荐企业的产品，通过产品本身所倡导的生活理念的持续输出，形成庞大的群体属性，增强品牌归属感，并定期组织各种福利活动，与粉丝之间保持互动。

» 粉丝团微博

粉丝团微博主要用于企业与粉丝、粉丝与粉丝之间的互动，像小米手机的“小米社区”（为小米手机官方对外交流的平台，为小米手机用户提供丰富的玩机选择）就是这样的账号，等企业品牌做出知名度了，可以给粉丝团取个名，就像明星粉丝团都有统一的名字一样，张杰的粉丝团叫星星，这样做粉丝黏度更强。

» 客服中心微博

一些以销售产品为主的企业，单独创建一个客服微博，可以专门负责解答各种产品售前、售中、售后的问题，主要针对一些高科技等不易懂、问题多的产品，可以做这类账号， 如果企业人力、物力有限则不用单独运营此类账号。

» 招聘微博

招聘微博主要用来发布招聘信息、收集求职应聘者信息，招聘企业员工或实习生。

» 手机端微博

因为现在的用户用PC端和手机端玩微博的都有，所以当下很多企业都直接创建了移动客户端官方微博。

不同的企业适用不同的矩阵类型，只有因地、因时制宜，才能满足企业需要的微博传播要求。每个微博矩阵都需要一个核心账号，作为原点引导和规范其他账号宣传方向，做到始终一个声音。创建好各个账号之后，微博内容便以此定位为准，主账号与子账号之间形成互动，互为补充，互相助力，再扩大至周围，形成传播、聚集人气、展开营销，逐步打造具有一定知名度的网络品牌。

微博矩阵玩法参考（唯品会主账号）

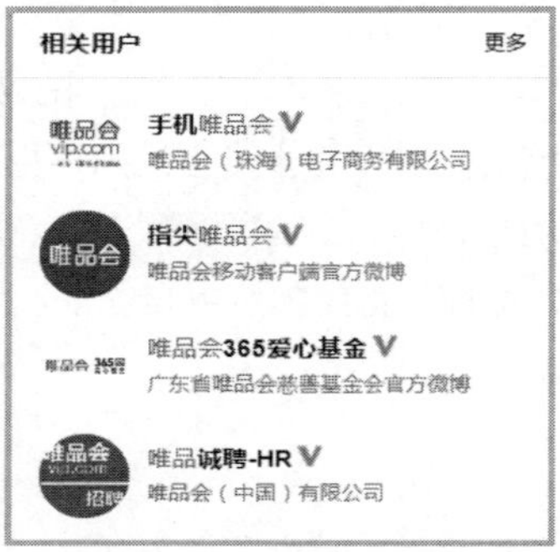

微博矩阵玩法参考（唯品会子账号）

• 个人微博

个人微博推广产品比企业官微更具灵活性，更有特色，因为个人微博可以围绕产品展开。首先根据前面所讲，把微博名字、微博头像、微博资料、微博页面装修、开通微博会员、微博认证等最基础的工作做好，全部围绕产品来设计，从第一印象、视觉效果上给大家留下深刻记忆点。因为在你互粉、互动过程中，大家首先是看你的微博名字、微博头像、微博简介才关注你，有兴趣的朋友会进入微博主页浏览，这时注意到的地方就是微博页面了。如果在微博页面封面图和背景图设计了产品相关的介绍，这时又产生一次产品记忆点，如果你开通了微博会员，可以设置“置顶微博”，把你主推的产品推荐微博置顶，这是第三次产生记忆点的地方，如果你还进行了官方认证，大家就更信任你了，所以基础的工作一定要重视，所有的地方都是你推荐产品的机会。

个人微博用来推广产品，微博内容都要围绕着产品来做，内容比例分配：产品方面内容占80%，其他方面内容占20%，因为还要留出一定比例的内容与大家保持互动，并且发布一些其他的内容，让大家看着也不觉得枯燥。即使介绍产品，也要多角度、多维度的去做，这样会显得更加生动、有趣，更有视觉冲击力、吸引力，进而引来围观、参与、传播、扩散、购买、晒单、再传播等，这是一个良性的循环过程。

个人微博推广产品，如何做微博内容？主要从以下几个方面入手。

» 产品基本知识的介绍

在微博上卖产品，一个微博账号不要推荐太多种产品，一般1~3个产品最佳，如果产品太多，大家对你的产品没有记忆点，假设只有一个产品，你每天反复的推广，形成一个重复性的强化记忆，等大家有需求了，自然就来找你购买。在粉丝心中也非常清晰，你就是卖这个产品的卖家，也会推荐有需求的朋友来购买。

首先，需要普及一些基本的产品知识给大家，具体要根据自己的产品特点来做。譬如，你的产品是什么，有什么功效，如何辨别好坏。如果是美食类，如何做着吃更美味；如果是农产品，生长的环境是怎样的，是哪里的特产，所有的与产品相关的知识都要给大家做介绍。像卖地方特产：人参，因为大家对它了解的不多，所以就要告诉大家如何鉴别真假人参，人参的功效，人参怎么吃等基本的常识。产品的介绍是贯穿玩微博始终的，因为总有源源不断的新粉丝来关注你，老粉丝已经熟悉了，新粉丝还要如此介绍，让大家对你的产品印象越来越深刻。

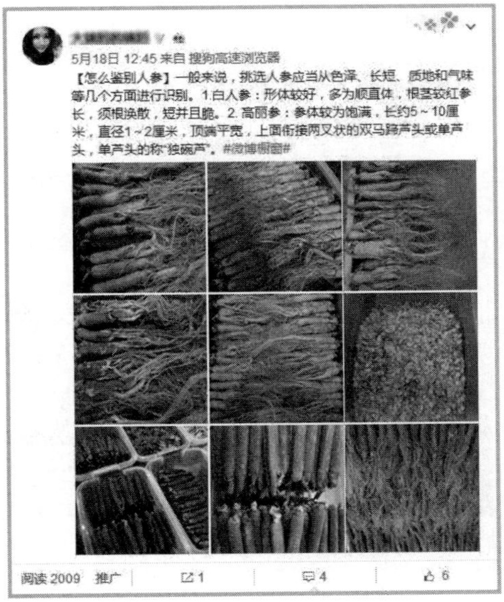

人参知识的介绍

» 产品规格/价格/购买链接等的介绍

在微博上销售产品，大家也很关心产品规格、价格、实拍图、赠送、包邮、购买链接等情况，全都了解之后才能购买，这就需要我们在编写硬广文案时，把这些写清楚，尤其是产品配图，各个产品细节要拍得清晰，特别是一定要加上购买链接，淘宝店铺、微店、微博橱窗的链接。没有网店的朋友，可以加上微信号等能联系到你的就可以，当然微信号在微博中通常变换一下写法较好，如V~信，卫星号等。产品规格一般是箱、盒、瓶装，这个要介绍清楚，其次就是价格，建议参考微博同行卖家的产品价格，还要考虑你的粉丝群体的购买力情况，再根据自己的产品优势来定价为好。

目前微博常见的推广产品的广告形式如下。

① 通过微博橱窗发布产品，分享到微博，直接生成文字、图片、价格、购买链接，粉丝们直接可以拍单。

② 直接发布硬广，文字+配图+链接（淘宝、微店、微博橱窗链接），可以引流到其他电商平台成交。

③ 通过有奖转发的形式来形成传播、扩散，一是涨粉、二是产生销售，目前又多了现金抽奖这一玩法。

④ 软文的广告，通常加在头条文章内容底部，加一些产品广告，通过粉丝转发你的干货文章形成传播。

微博橱窗销售产品是非常便捷的，如微博橱窗9图展示效果，优势在于大家可以看到产品的各个细节实拍图，视觉冲击力较强，劣势是链接不如单图展示效果突出，单图发布时，价格特别醒目，直接单击灰色区域就可以进入购买，常见的以9图的居多，因为图片比较醒目，会引起诸多人关注。

微博橱窗（单图展示效果）

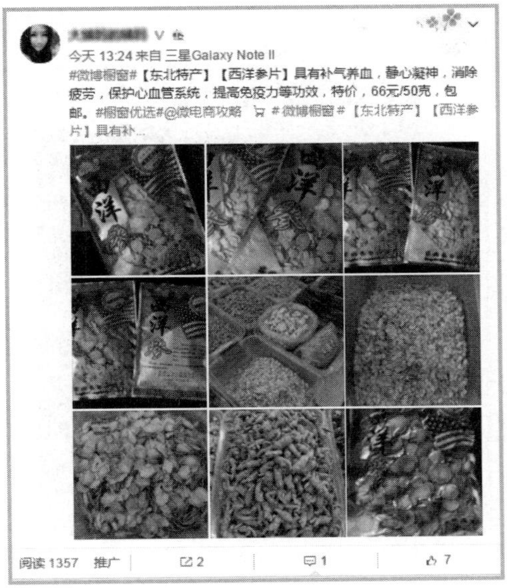

微博橱窗（9图展示效果）

» 产品的晒单

所谓产品晒单，就是买家收到产品后，在他们的微博晒出来，然后@卖家微博账号，卖家看到后再转发到自己的微博，买卖双方的粉丝们看到晒单后再继续转发扩散出去，好的晒单效果可以引起大家的关注，进而带动销售，尤其是像女装、美食、水果、农产品等都适合晒单，可以统一加上微话题，例如#晒单#、#晒单有奖#、#晒单分享#等，增加曝光度。关于晒单的微话题，卖家可以自己创建，平时在发微博的时候，经常提到说："晒单的朋友，请带上#微话题#"，这样会增加微话题的阅读量，累积多了，在微博整体微话题榜上排名会靠前。

产品的晒单，也是微博内容中很重要的组成部分，只有客户说好才是真的好，一是与买家之间形成互动，二是通过晒单，让大家看到不同买家的产品体验，好的产品、好的口碑，才能不断地产生销售。大家可以鼓励买家们晒单，例如，晒单有奖、晒单减5元等，这样买家朋友们就会积极的晒单。如果你的微博持续转发买家晒单的微博，会有很强的视觉冲击力，引起大家的关注，在这个晒单转发过程中，引起其他粉丝从众消费，也会产生很多订单。

产品晒单示例

» 产品推荐生活化/场景化/连续性

在微博推荐产品的时候，不要过于生硬，生活化一点儿更能让粉丝们接受。如果每天都生硬地发一些产品广告，很快就会掉粉，所以我们每天发布的内容要穿插着来。当然，也不能全是发关于介绍产品方面的，适当发布一些大家感兴趣的内容比较好，即便发布产品推荐，也要变换不同的形式。除了文字、图片、音频等常用形式之外，现在比较火的视频、直播可以结合着使用，尤其是对一些适合场景化的产品，用这种形式更直观、生动，传播更快。例如农产品，大家都说原产地、纯天然、无污染，那么从文字、图片看就不如拍个视频或者直播让大家有身临其境之感，真实地感受到这个农产品是如何种植的，完全可以按系列来拍，从这个农产品刚刚种植到采摘的整个过程都通过微博分享给粉丝，这样的效果更好。

一般我们自己销售的产品，自己都会亲身体验一下，才有说服力。所以，在微博推荐产品的过程中，完全可以发布一些自己的产品用后体验，例如我卖木耳，我就把自己如何做木耳拍图发微博与大家分享，这样很生活化，就像一个老朋友一般，分享今天吃了木耳，如何做着吃的，不仅推荐了产品，还教给大家菜谱和健康养生饮食之法，在这样一种轻松的互动过程中就产生了订单。所以，大家在推荐产品的时候，尽可能的亲自体验、分享，生活化、场景化，好的产品也需要多角度、多维度的展现。

推荐产品可以是连续性的。例如，我想向大家推荐“木耳”，我会连续发布几条微博，分开时间段，第1条微博内容主要把木耳的基本情况介绍给大家；第2条微博内容把自己吃木耳的过程分享出来，发布木耳泡开后的实拍图；第3条微博内容主要分享如何做木耳，也是实拍了9张图分享给大家，当然这个过程完全可以用视频或者直播的形式分享给大家。大家看看这个思路，它是连续性的，多角度、多维度的介绍产品，而且不生硬，完全生活化，就是一位博主今天吃了木耳，怎么做的，晒了出来，粉丝看了之后，就有想吃木耳的念头，于是就下单购买，一气呵成，其实很自然。

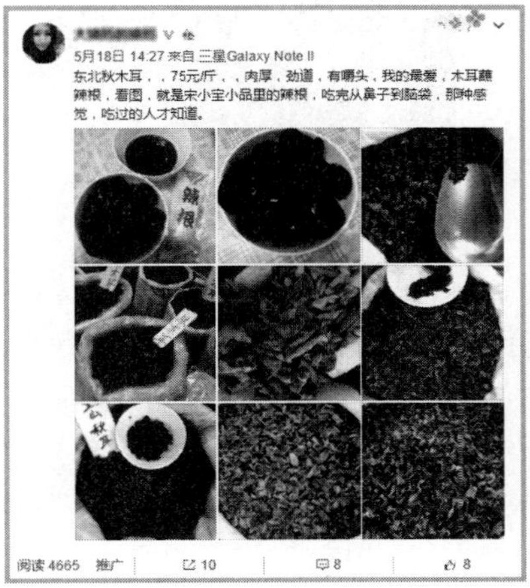

产品推荐连续性（1）

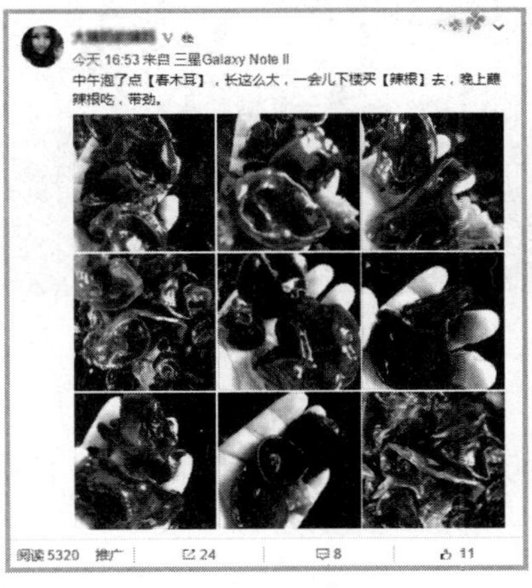

产品推荐连续性（2）

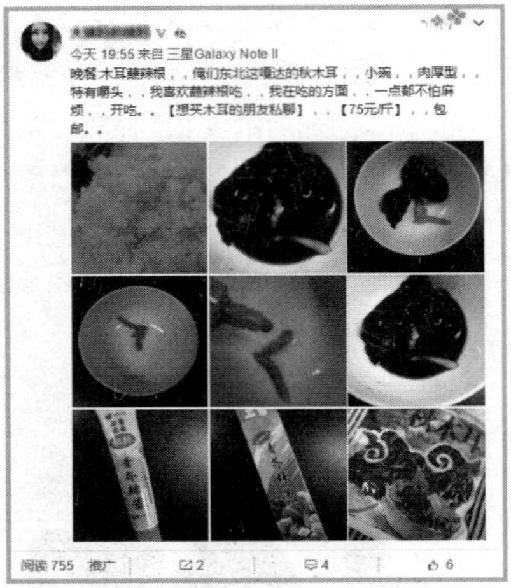

产品推荐连续性（3）

当下农产品比较火，而且在微博上销售农产品的朋友居多，我觉得农产品是最适合以视频、直播的形式来让大家真实地感受农产品从种植到采摘的全过程的。例如，卖大米的朋友，用“秒拍”拍的种植水稻的场景，亲近大自然，看水稻的种植过程。这种视频效果就比文字、图片更直观、真实、生动、有趣，大家可以尝试一下。

推荐产品场景化（视频直播）

当然，还可以有很多种形式、角度来推荐你的产品。例如，卖厨具的可以谈厨房清洁，卖洗衣粉的谈衣服保养，卖茶叶的可以谈茶道文化、茶叶品质、茶叶保存，卖美食的可以分享各种做法，做设计的可以展示家居效果图、包装设计效果图等。还可以把产品画成漫画，在漫画中加上创意的对话，与产品相关的地域文化、品牌故事等都可以与大家分享。平时多搜集与产品相关的美图素材、多拍摄产品实拍图，更换不同的背景拍摄，不要总是展示一种背景的实拍图，容易让人产生视觉疲劳，多拍视频、直播，从文字、图片静态的形式到视频、直播的动态展示，把这些都结合起来，把微博运营得生动、有趣，大家爱看，自然留住粉丝，销售自然水到渠成。

微博定位，除了做自媒体和推广产品之外，当下大家选择最多的莫过于“网红”方向。在3.3给大家分享关于网红方向的内容，这里不再做详细介绍。当然，还有其他具体定位的细分，这里只讲几个大的方向。一个微博账号的定位要更具体、更细分，例如自媒体方向中，定位在情感、星座、摄影、美食等方向，推广产品方向如果更具体一些，可以定位在地方特产、烘焙、进口零食、代购等具体的某个方向。这些都是一通百通，万变不离其宗的，基本都是围绕一个方向来重点做内容，这样吸引来的粉丝更精准、更容易出效果。

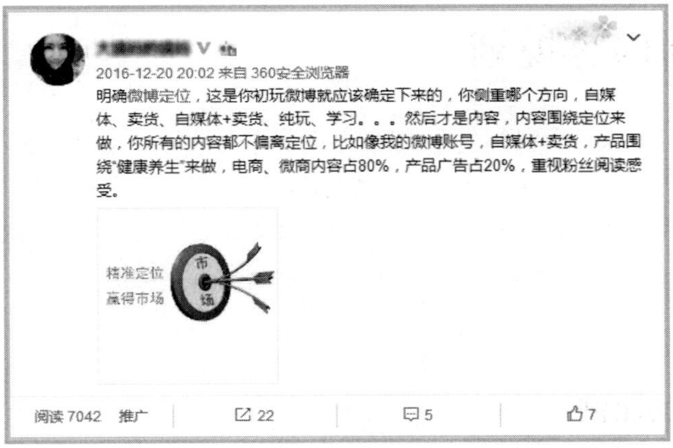

微博定位

综上所述，微博的定位并非凭空想象而来，只有当你的微博找准某类人群的迫切需求，能与他们的价值观一致并保持持续互动，定位才算精准、才算成功。无论是官微还是个人微博，都是为了向受众展示自己、推销自己、令受众接受自己，粉丝需要长期维护、交流、互动，只有粉丝对你的微博内容感兴趣，才会一直“粉”下去，定位清晰的微博才更具价值。

1.3 微博内容

微博营销，内容为王，无论通过何种形式（文字、图片、音频、视频、直播等）来做推广，都离不开优质的内容，只有内容够优质（对粉丝胃口、有营养、够创意）才能快速增加粉丝的数量和粉丝黏度。在明确了微博定位，做好了基本的外部形象设计以及一些基础资料的设置之后，我们重点要做的就是微博内容的规划了，它是一个长期的过程，不是一蹴而就的，需要用心，付出很多时间和精力来策划编辑，才能达到预期的效果。

很多朋友会私信问我，如何做好微博内容？他们感觉毫无头绪、无从下手，尤其对于一些文字功底浅的朋友，不知道每天发布什么内容合适，很是头疼，相信这也是大多数初玩微博的朋友在内容这一块的共性问题，这里分享一些我的经验，希望对大家有所帮助。

1.3.1 微博内容规划

微博内容一定是围绕着微博定位来做的，每一条微博都要与之相关，不要偏离，千万不要什么内容都发，看到星座受欢迎了，就发星座，看到搞笑段子受青睐了，就发段子，结果搞得不伦不类，大杂烩一般，这样对于受众粉丝来讲，也不清楚你这个博主究竟要做什么，流失粉丝会很快，更谈不上后期的营销了，所以大家要对微博内容有一个系统的规划。

• 微博内容的比例

微博原创与非原创内容的比例建议：原创占80%，非原创占20%。因为原创内容的价值更大，原创内容是输出价值，让粉丝从你的分享中有所收获；非原创内容，主要用来与粉丝之间互动，可以适当地转发一些他人的微博，保持微博的活跃度。

• 微博内容的特点

无论是企业还是个人，微博内容主要包括企业或个人形象的展示、产品的基本介绍及延展知识、微博活动部分、用户的评价和反馈、与粉丝之间的互动等几大块，再以文字、图片、音频、视频、直播等不同形式展现出来。

（1）文字要尽可能的简练，语言风格要亲切、自然，情感要真挚，这样更容易拉近与粉丝之间的距离。

（2）适度结合热点，提高自己的曝光率和关注度。

（3）多用疑问句，给粉丝留下可探讨的空间。

（4）善用图片，突出视觉效果，一张好图片胜过千言万语。

（5）微博内容要多样化，要每天及时更新，不能三天打鱼两天晒网，早、中、晚各个时间段都要更新内容。保持微博内容的连续性，培养粉丝习惯，吸引粉丝关注，增强粉丝黏度。

1.3.2 微博内容编辑

从整个微博来看，视频类、搞笑类、情感类、星座类、娱乐八卦类的内容，粉丝关注度较高，那么我们除了围绕自己的微博定位来做内容之外，还要结合整个微博的内容来做，多关注热点信息，并将其融入到自己的产品中来，塑造鲜明的个人形象，让大家记住你。多发布新鲜、有趣，粉丝们喜欢的内容，并与大家积极互动，你的微博内容要足够优质，这样大家觉得实用，有价值才会引起广泛转发、传播、扩散。一条乏味的内容是很少有人愿意转发的，所以可重点从几个方面来选取素材、捕捉热点、编辑文字，再通过转、评、赞反馈来调整，直到你的粉丝越来越喜欢看你的微博内容为止，这是一个长期的磨合过程，我们在编辑微博内容时要考虑到以下几个方面。

- **时效性/正能量**

微博每天内容更新的速度是非常快的，每天都会有诸多热点信息，企业或个人的微博在运营过程中不能闭门造车，应该随时观察整个微博平台的热点事件、热门话题，并迅速抓取热点信息，加以改进并植入与自己的产品相关的内容再发布微博，或者直接转发评论，但要言之有物，让粉丝直接从你的微博就可以了解每天各种新鲜事，节省了他们去浏览、查看的时间，而且要多选择传播正能量的热点信息，多筛选对大家有帮助的信息。

微博内容的时效性，讲究的就是快速、及时，当别人还没有反应过来的时候，你的微博已经快速发布了，让粉丝有种只要看你的微博就可以快速获取任何的热点信息的感觉，所以每天都会关注你的微博更新。例如，2016年5月20日，某明星的恋情曝光，引起了太多人的关注，此时你要是发布与之相关的内容都会获得超高的转、评、赞和阅读量。有一些名博迅速做出反应，从不同角度编辑内容、设计图片、制作视频，引起粉丝们疯狂转发，纷纷上了热搜，迅速抓取热点信息，快速编辑内容，转发、传播、扩散，只要内容够精彩，基本都是粉丝自转发。所以，在做微博内容的时候，要关注所有的动态信息，一旦有好的素材就立刻发布出来，这是最快速累积粉丝的一种方法。

微博要多发布一些积极、阳光、向上、传递正能量的内容，影响粉丝的价值观更有意义。因为人们都渴望美好，都希望得到他人的支持与鼓励，影响别人比改变别人更重要。有时粉丝们会把自己喜欢的博主看成是自己的精神偶像，有什么事都愿意与之倾诉和分享，反之作为博主，一路走来，也是在这些铁粉支持和信任下才越来越好的，所以，博主与粉丝之间是相互支撑的关系，而不能总有居高临下之感，与粉丝之间有距离，只能让你的微博越来越冷却，所以要把握好这个度。

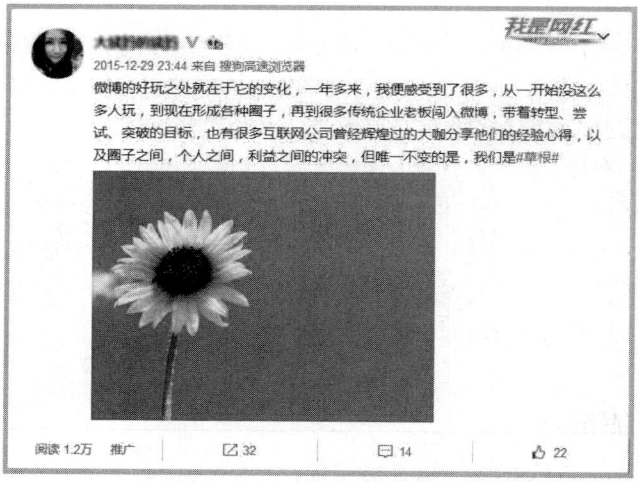

微博内容示例（传播正能量）

• 有个性/塑形象

微博之中，账号众多，微博玩得好的博主不计其数，各行各业都有出类拔萃的博主，所以如何从其中脱颖而出，除了优质的微博内容之外，塑造个性鲜明的个人形象也是十分必要的。当别人谈论起你，要让他们清晰准确地说出你的性格特征、兴趣、爱好及擅长。

例如，提到知名博主“留几手”，大家对他的第一印象就是此人文笔犀利、一针见血，曾经给他人打分的点评引起了广泛的关注，对明星也点评过，再如人气博主“回忆专用小马甲”，大家对他的第一印象就是此人很神秘、从未露过真容，微博内容以发宠物为主，超高的人气。你，就是独一无二的你，独特的个人表现方式、表达语境、表达情绪、表达思路，足以给粉丝一个清晰的印象。

我们虽然比不上这些知名博主，但是起码要让粉丝对你有一个清晰的印象，知道你擅长什么，想跟你学什么，你有什么样的能力值得大家关注。例如，你擅长淘宝运营、微博营销、平面设计、画漫画或者你是人气较高的网红等。而个性形象的塑造需要通过日积月累的微博内容来传达出来，透过文字、图片、视频等媒介来完成这一个性形象的塑造，以人格魅力获取粉丝的信任是我们玩微博中较常见的。因为喜欢你这个博主，进而信任你的一切，包括你的各种分享，产品也好、各种经验也好，就是信任你。

拿我的微博举例，我主要是以“分享电商相关的内容（占80%）+销售产品（占20%）”为主，通过每天坚持不懈的分享与互动，建立了与粉丝之间的信任和好感，再推荐产品给大家，便不会反感，自然而然就产生了购买，因为他们熟悉你、了解你，所以也相信你的产品也是靠谱的。而且，随着我分享的电商干货越来越多，大家自然对我有一个深刻的印象，认为我就是电商行业中的一位比较有实战经验的博主，这种个性鲜明的形象是从我每天的微博内容中传达出来的。大家也一样，每天多展现自己的兴趣、爱好、擅长、能力等，加深粉丝对你的印象，逐渐建立信任，才是营销之根本所在。

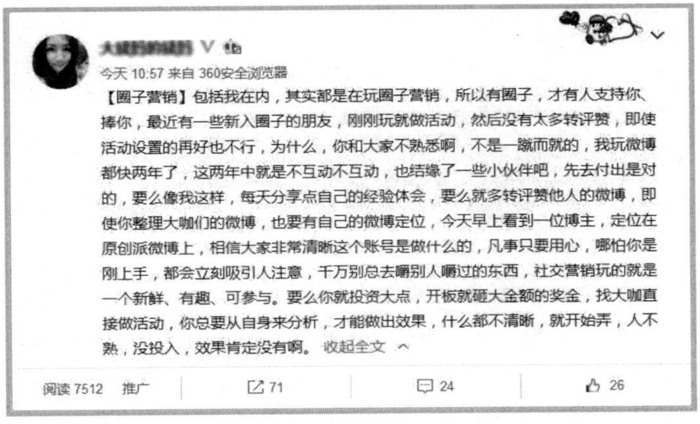
今天 10:57 来自 360安全浏览器

【圈子营销】包括我在内，其实都是在玩圈子营销，所以有圈子，才有人支持你、捧你，最近有一些新入圈子的朋友，刚刚玩就做活动，然后没有太多转评赞，即使活动设置的再好也不行，为什么，你和大家不熟悉啊，不是一蹴而就的，我玩微博都快两年了，这两年中就是不互动不互动，也结缘了一些小伙伴吧，先去付出是对的，要么像我这样，每天分享点自己的经验体会，要么就多转评赞他人的微博，即使你整理大咖们的微博，也要有自己的微博定位，今天早上看到一位博主，定位在原创派微博上，相信大家非常清晰这个账号是做什么的，凡事只要用心，哪怕你是刚上手，都会立刻吸引人注意，千万别总去嚼别人嚼过的东西，社交营销玩的就是一个新鲜、有趣、可参与。要么你就投资大点，开板就砸大金额的奖金，找大咖直接做活动，你总要从自身来分析，才能做出效果，什么都不清晰，就开始弄，人不熟，没投入，效果肯定没有啊。 收起全文

阅读 7512　推广　71　24　26

微博内容示例（塑造个人形象）

• 有趣性/可参与

微博内容要有趣、有创意、可参与其中，不要干巴巴的，让人看了枯燥无味，像教科书一般死板。微博内容要以多种形式展现，可以图文结合，或者视频直播，让粉丝觉得总是有新鲜感。文字方面，尽量不要把话说满，留给粉丝们参与讨论的空间，调动他们的积极性，让微博活跃起来。

» 开放式话题型（留有讨论的空间，让粉丝们来补充）

举例：为什么大家都卖酒？①快消品；②利润大；③请补充。

像这般编辑文字，对于第3点，尽管你知道其他答案，但不说出来，留给粉丝们去补充，这就形成了博主与粉丝之间的互动，而且这个答案很简单，于是粉丝们纷纷来评论，你会看到很多意想不到的答案。微博的魅力就在于此，高手在民间，“歪楼”高手很多，文字简短，配图出彩，那么很快就会得到粉丝们的转、评、赞。或者疑问句式，提问、求助粉丝，这类微博内容也会引起高转、评、赞和阅读量，因为每个人都有自己对某一问题的理解和看法，大家看图，转发100多，对于酒类的常识性的问题更能引起大家广泛参与，而且大家看一下粉丝评论截图，确实很出彩。

微博内容示例（可参与）

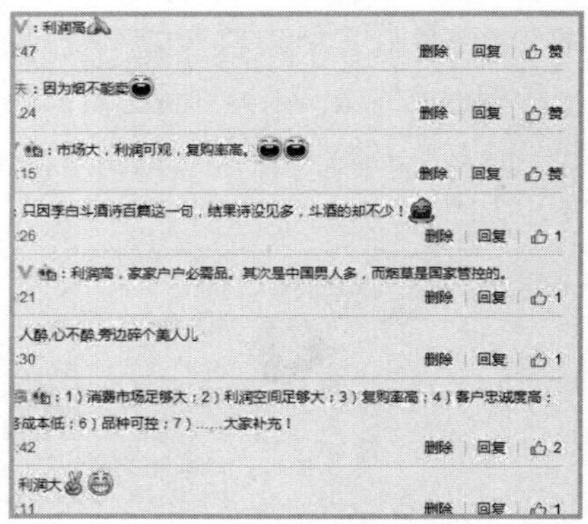

微博内容示例（粉丝评论）

博主与粉丝之间也是一种互为支撑、学习的关系，博主可以从他们的评论中获得灵感。因为众人的智慧是无穷的，再将与粉丝之间互动迸发的火花梳理成文，相当于二次创作，这也是微博内容素材积累的一种途径，所以我们一边重点建设微博内容，还要一边与粉丝们积极互动。现在很多人气博主每天都会抛出一个开放式的话题，让粉丝们参与互动，例如名博“微博搞笑排行榜”，他每天都会发布一条可互动的微博，而且还创建了#

榜姐每日话题#这个微话题，阅读量近45亿，在这个微话题下，可以看到他发过的所有的与粉丝之间互动的话题，而且他会截取一部分粉丝评论再发微博，这样大家参与的积极性就更高了，这种方法值得我们学习，它可以积极调动粉丝的积极性。

有的博主也会选取一些粉丝私信与他们交流的共性问题作为微博内容让大家参与互动，这样就丰富了微博的内容，毕竟你以及团队的思维有局限性，其实高手在民间。粉丝与我们交流的内容，完全可以作为微博内容的素材，选择一些新鲜、有趣、共性的问题来作为微博内容的一部分，例如，每日话题、每日点歌、粉丝提问、各种测试等。名博“德卡先生的信箱”，微博中每天都会发布一条“#德卡每日点歌”，每天分享一首好歌给粉丝，这个话题阅读量到目前为止为2.6亿，大家在这个话题听他分享的所有歌，你会发现这些歌也都符合他的整体微博的风格，发布的都是温暖、轻松、舒缓的音乐，而不是随意乱选。大家在做类似内容时，一定要注意，你所做的任何内容都不要脱离微博定位，微博整个内容风格也会培养粉丝的习惯，每天都想着来你的微博参与一下，也是一种乐趣，粉丝们就会越来越喜欢看你的微博。

» 图文结合型（视觉效果突出，文字简短有趣）

举例：①没有勇气开“直播”，只能在内心“直憋”。文字只有一句话，直播当下很火，很多人都加入到直播大军，但也有很多没有勇气而又蠢蠢欲动想要玩直播的人，这句话直击这类人的心理，也会引起诸多粉丝的共鸣，趋势来了，都想参与其中，而又限于个人的某种心理障碍没有达成所愿。这条微博消息最吸引眼球的还是配图，在选取的素材上又加上了搞笑的文字，更加形象地把人内心的那种渴望直播的状态完全表达了出来。

内容示例（有趣性）

②“你姓海呀，叫海参，你是不是有个妹妹叫海带，你的爸爸，叫海蛎子。”这段文字是引用小品中的一句台词，也属于借势了，因为小品很火，所以看过这个小品的朋友很多，于是直接作为微博内容发布出来，大家依然会觉得有趣，阅读量和转、评、赞都不错，阅读量2.6万，转发量55，最重要的是大家续接的评论都很精彩。二次转发的阅读量近4 000（次），可见喜闻乐见、有趣的文字内容，即使没有配图，依然可以引起粉丝的参与。

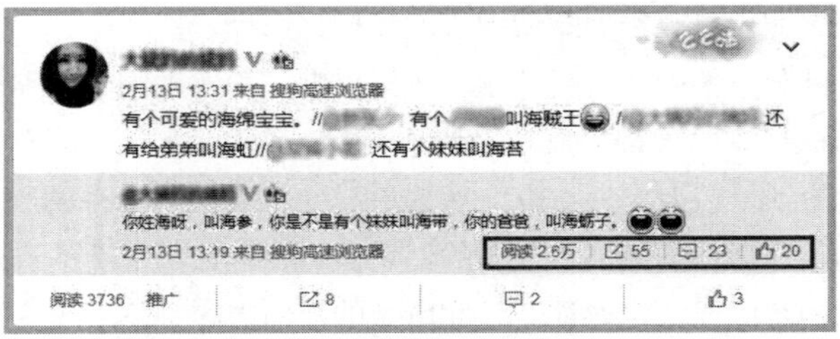

内容示例（有趣性/可参与性）

③“啊，给我一杯忘情水。”有的时候我们为了避免总是发布一类内容而让粉丝觉得视觉疲劳，适当比例的其他内容穿插其中是必要的，会立刻让微博生动、鲜活起来。这类微博主要以图取胜，我们只需要找到能够抓住粉丝眼球的图片素材，然后参照图片的意境来配一句话即可。例如，这张《西游记》中的唐僧手拿麦克风唱歌的图片，我们可以充分发挥自己的想象力来配文字，我第一感觉就是《忘情水》这首歌，于是配了这样简短的一句话，也给粉丝们留了讨论的空间，粉丝们的评论：“师父，憋屈坏了”，“忘情水有点甜，别喝，小心长胖”，“爱过才晓情深，看来真要醉”等。

内容示例（有趣性）

微博内容的有趣性会吸引粉丝关注，而微博内容的可参与性是要保持与粉丝之间的互动，单独的文字、图文并茂或者以视频、直播的形式来做内容都是可以的。只要多练习，多尝试，网感就会越来越好的，平时大家也要养成搜集、整理素材的习惯，像一些搞笑类的图片在微博中是比较常用的。

- **实用性/有价值**

一个博主能够得到粉丝们的持续关注，一定是你的微博内容对他们有用、有价值，如果你坚持玩几年微博，铁粉们就会追随你几年，就像明星粉丝一样，他们通过长期的关注你，向你学习，视你为榜样，渐渐地了解你，比现实生活中的朋友还要了解你。因为长时间的对你关注，从你的微博内容便可以准确地解读一个人，所以，我们一定要重视微博内容的建设，只有优质的内容才会吸引越来越多的人关注，你的微博人气越高，商业价值就越大。在我们开始思考如何做粉丝经济、如何粉丝变现等现实问题之前，还是要好好地做内容，等你的微博价值凸显，其他的一切都会水到渠成，而不是一开始就目的性很强，那样的话，也会让粉丝远离你。所以，我们玩微博还是要带有情怀的玩，让大家喜欢你分享的内容，进而产生信任，你和粉丝们之间的关系才牢固。

要针对粉丝群体特征来分享实用性、有价值的微博内容，假如你在电商圈子里玩，粉丝群体特征是一些“80后”“90后”和“草根”群体，那么你就可以多分享一些关于电商方面的干货，例如淘宝运营、微博营销方面的内容，如果更具体细分的话，可以分享一些微博如何涨粉丝，如何互动，如何策划活动，如何蹭热门话题等内容，这些对于新手朋友们都是很实用、很有价值的，如果你每天能够及时更新，粉丝就会持续关注下去。如果你在某个行业领域是专家或者从业者，例如健身教练、心理专家、美容达人等，你就可以多多分享如何健身，如何瘦腰腹、如何瘦腿、如何化妆、如何减压等知识和经验。如果你的粉丝群体女粉丝居多，就多多分享女人们喜欢的内容，如美容减肥、化妆购物、星座八卦、服饰搭配、育儿婚姻等。如果你的男粉丝居多的话，就多多分享汽车知识、升职加薪、创意趣闻、时事新闻、各种赛事等。总之，你分享的内容，要对你的粉丝们实用、有价值，他们通过每天关注你能够获得收获，像我的微博经常分享电商相关的内容，有的粉丝就跟着学习，有一天他告诉我，他在单位被提拔加薪，特别感谢我，因为他将我分享的很多内容，都用于实践，效果很好，得到了老板的器重，让他带团队。因为分享，粉丝受益，这时你就会感到做分享很有成就感。

微博内容示例（有价值）

相信大家从以上的一些简单的举例，能够对微博内容的规划、特点、编辑等有了一个初步的认识，内容是微博运营的核心，只有优质的内容才会得到高的转、评、赞和阅读量，形成持续的转发、传播、扩散，而且还要与自己的微博定位、企业或个人的产品结合，与粉丝形成良好的互动，吸引粉丝、留住粉丝。要想把所有的面都考虑周全是一件很难的事，只有在实践中不断摸索、尝试、总结，才能找到一条属于自己的路，多发布正能量的内容，少一些负面能量，多分享、多助人，你会成长很快。

02

MICROBOLOG MARKETING PRACTICAL SKILLS

微博营销实操技巧

- 微博分组
- 微博私信
- 微博群发
- 微博打赏
- 微博配图
- 微博相册
- 微博数据
- 微博收藏
- 微博标签

在玩微博的过程中，我们常常会进行一些操作，如微博分组、微博私信、微博群发、微博打赏、微博配图、微博相册、微博收藏、微博数据分析、微博置顶及微博加标签等操作。这些操作都是贯穿玩微博始终的，随时都要用到，所以我们对每一项操作都要了如指掌，以便更好地运用。

2.1 微博分组

随着关注的人越来越多，微博首页信息也会越来越多，而且杂乱。微博的信息更新是非常快的，又想有条理地看某些博主的微博，又觉得搜索他们的微博名字太慢了，微博分组的出现解决了这个问题。微博分组可以将不同风格的博主添加到一个分组里，并分别取名，这样就可以重点看微博分组中的博主微博了。

2.1.1 创建微博分组

微博分组，非微博会员的分组成员上限是200人，年费会员的分组成员上限最高是1 000人，所以开通微博会员是有用的。微博分组名字可以自己取名，如电商资讯、电商大咖、娱乐八卦、情感美文、美容瘦身、微电商达人、网红、生活百科等。如果你的微博主要是销售产品，也可以取名为意向客户、咨询、已经购买、二次购买、代理等，并且还可以对分组进行编辑、管理，随时调整分组。

- **创建新分组**

（1）登录新浪微博个人账号。

（2）单击主页里的“关注”，进入新页面。

（3）在此页面左侧找到“创建新分组”按钮，单击创建分组。

（4）在输入框里输入分组名和分组描述（选填），是否公开分组，选择后单击“确定”按钮即可。

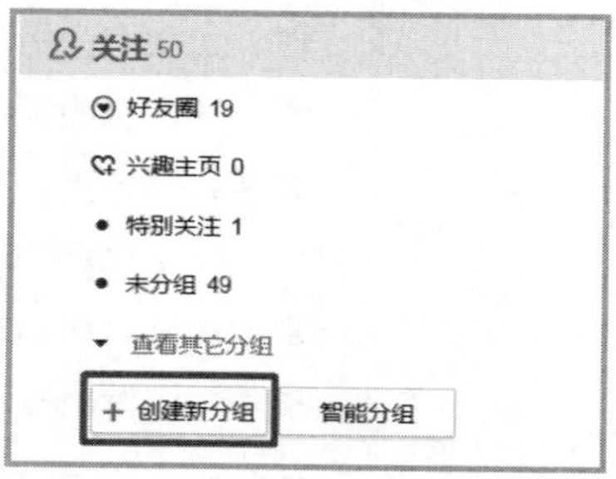

创建新分组

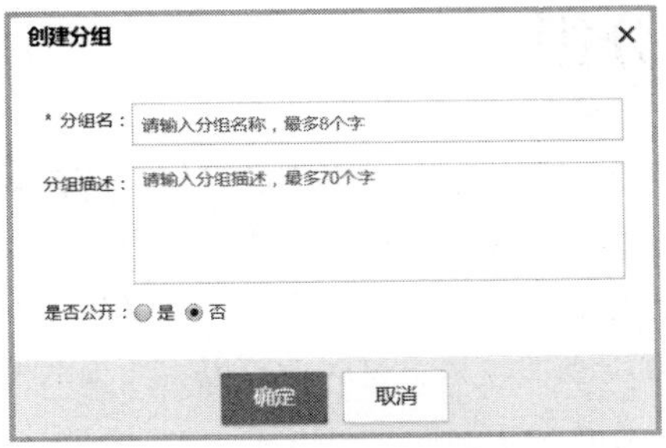

创建分组（分组名+分组描述）

• 智能分组

如果你初玩微博，对一些博主还不是很了解，也不知道将他们分到哪一组更合适，那么就可以选择智能分组，系统便会根据他们的微博标签直接生成分组，智能分组可以帮你更方便、快捷地管理成员、分组阅读。

智能分组的按钮在“创建新分组”的右侧，单击“智能分组”按钮，系统会自动出现分组名：企业、媒体、商业、娱乐、汽车、网络红人等，如果你觉得满意，只需要单击“一键保存”按钮即可。

在我们玩微博的过程中，多数博主都会选择“创建新分组”，因为这样可以根据自己的实际需要来分组，自己取名，重点查看，节省时间，更好的学习和互动。

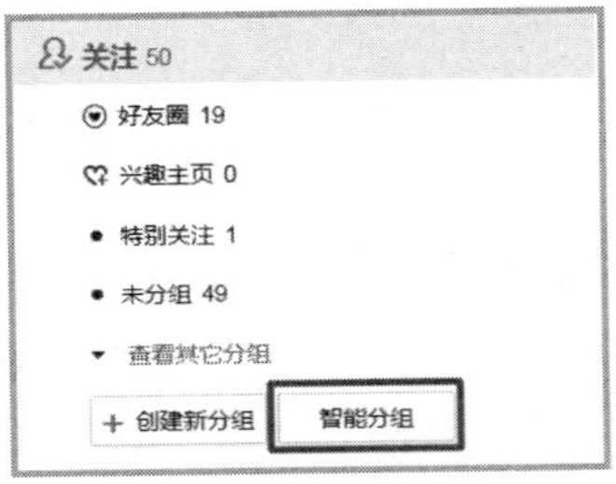

智能分组

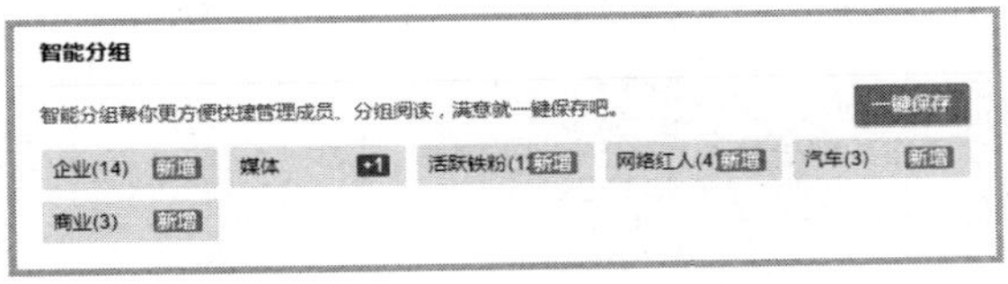

智能分组（一键保存）

2.1.2 管理微博分组

我们随时都可以对微博分组进行调整，因为随着你关注的博主越来越多，不同的阶段有不同的需求。如你初入微博，肯定会选择一些微博玩得早、玩得好的前辈来学习，于是你就会将他们放在特别关注里，等你差不多学会了，你又想多涉猎一些内容，又开始关注新的博主，你又把他们放在特别关注里，这时就可以将原来的博主移到别的分组中，如此反复。于是每隔一段时间，你都会重新调整分组。

• 添加/编辑/删除/批量管理分组

如果你已经分好组，再去关注新博主，系统就会出现提示，为你关注的博主选择分组，这样你就可以直接勾选某一个分组了，也可以创建新分组，将其添入其中。

举例：如我关注了官微“微博小秘书”和“微博客服”这两个微博账号，关注成功后，可以备注名称，为他们选择分组，我的分组里没有“新浪官微”这一组，于是选择“创建新分组”，输入分组名“新浪官微”保存即可，以后可以把所有关注的新浪官微账号加到这个分组中。

我们也可以在“全部关注”中，统一给大家分组，直接单击“未分组”的下拉箭头，出现“请选择分组”项，直接勾选将其添加的分组即可，同样，如果没有对应的分组，可以“创建新分组”。

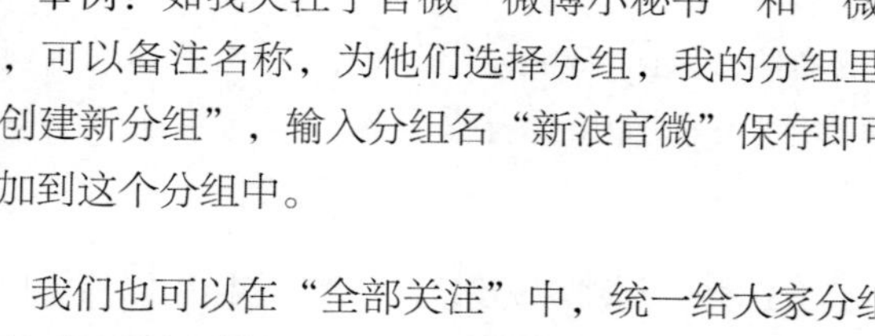

微博分组示例

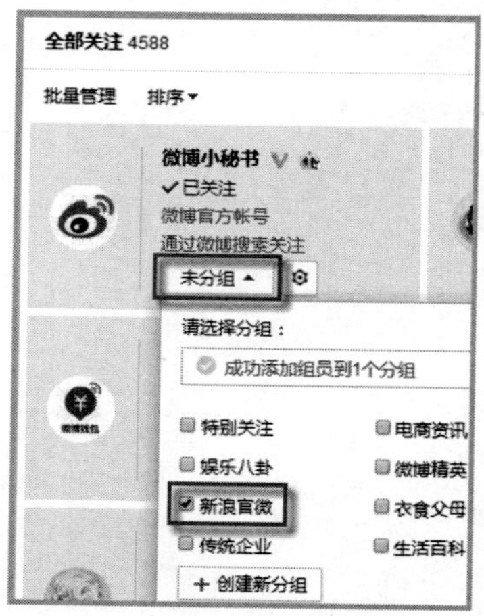

微博分组示例

我们还可以对所有关注的粉丝进行批量管理，选择“批量管理”，选中某些粉丝，选择“添加到”某个分组，或者对其“取消关注”，选择“退出批量管理”操作完毕，这样可以节省时间，快速调整粉丝分组。

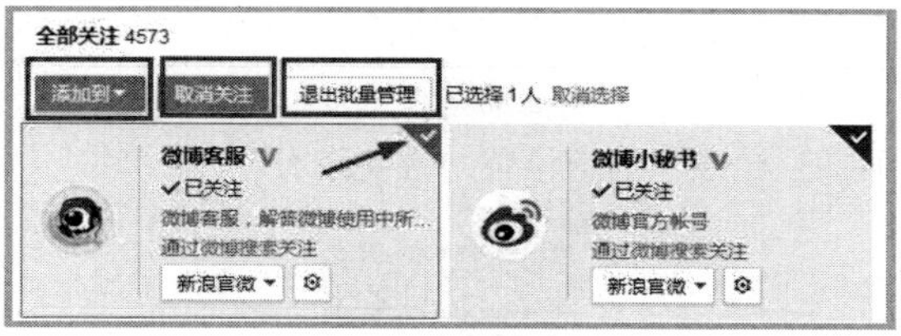

批量管理分组

也可以直接打开我们分好的组，进行“批量管理”“添加组员”“编辑”和“删除”的操作。在“添加组员”中，如果你记住了某位博主的微博名，直接在输入框输入已关注人昵称或备注即可。单击右上角的“编辑”按钮，可以修改分组名和分组描述，单击“删除”按钮，可以直接删除此分组，此分组下的人仍然保留。

例如，我们打开“新浪官微”分组，可以直接添加新的官微账号，直接输入微博昵称或备注即可，在这个界面还可以进行分组名、分组描述、是否公开分组和删除分组的设置，也可以对其进行批量管理。

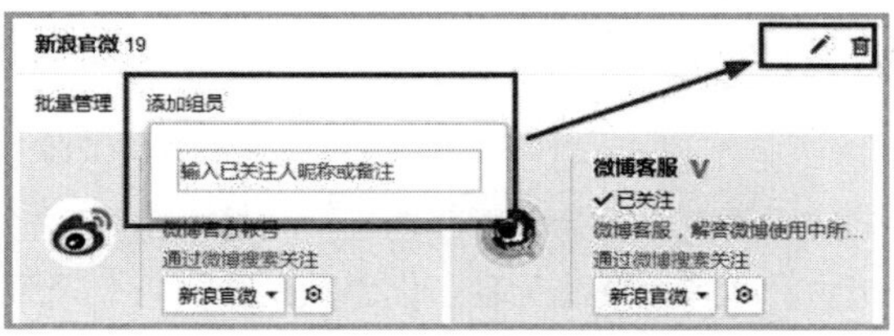

添加组员

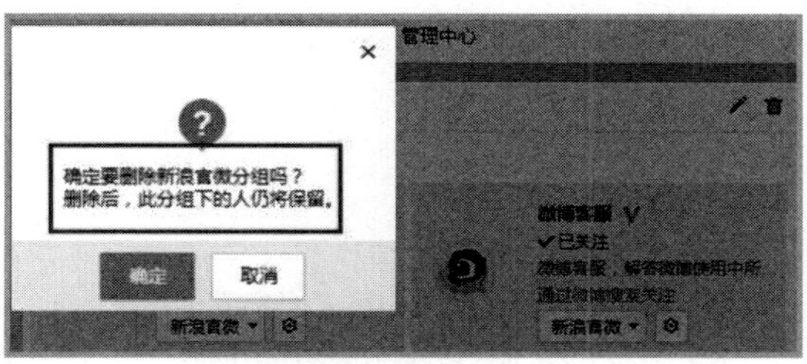

删除分组

• 调整分组顺序

单击微博首页左侧分组栏中的“管理”按钮，在首页中管理按钮是个“齿轮”形状的图标，将鼠标移动过去就会显现，然后单击就可以进入创建分组界面。将鼠标移动到每个分组前面的“小圆点”的位置，就会出现“置顶”两个字，在这里可以调整分组的上下顺序。如果分组多，通常后面几个分组是被隐藏的，需要单击“展开”才能看见。所以，一般把最常关注的分组移动到比较靠前的位置，方便查看。

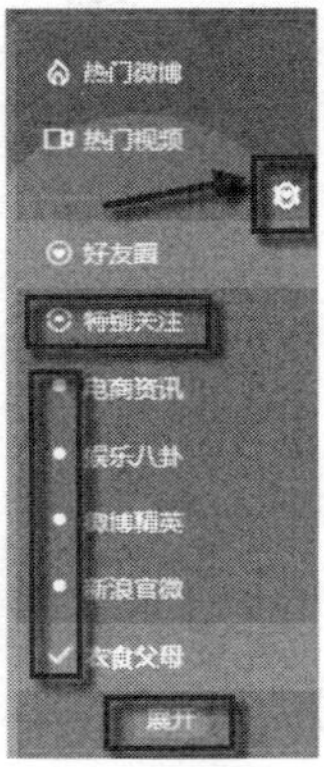

调整分组顺序

• 特别关注/悄悄关注

微博分组里还有两个分组是系统固定的，一个是“特别关注”，一个是“悄悄关注”。“特别关注”的位置不变，不会随着其他分组调整顺序而变化，所以可以把特别想看的博主放在这个分组中；“悄悄关注”是当你想默默关注一个人而不被其知道，你可以悄悄关注他。

“悄悄关注”的作用如下。

① 被你悄悄关注的人不会收到新粉丝提醒。

② 其粉丝列表内不会显示你。

③ 其他人看你的关注列表，不会显示他。

可以直接在“悄悄关注”页面输入框内，输入对方的昵称，直接悄悄关注他，也可以在他的微博主页的头像下方找到一个“三横线”的下拉菜单，选择“悄悄关注”即可。

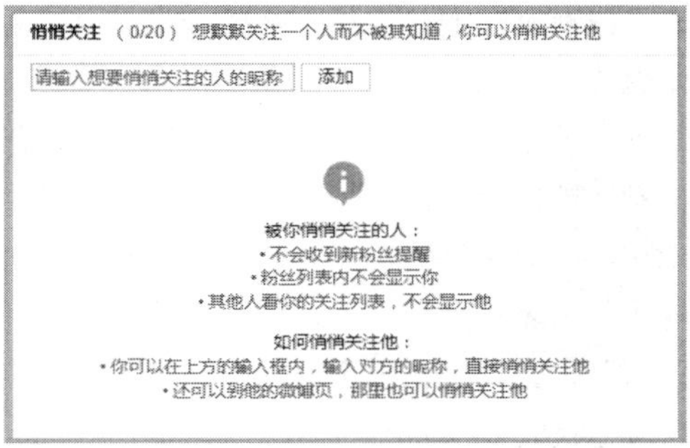

悄悄关注设置

我们熟悉了微博分组的具体操作方法，分组除了方便我们自己查看、学习之外，还有哪些好处呢？常玩微博的朋友都知道“互动”是贯穿玩微博始终的，只有多互动，才可以快速积累人脉，聚集人气，所以把圈子中的行业大咖加到特别关注里，每天都去他们微博转、评、赞，相信他们一定会对你有印象，等你有什么需要帮忙的时候，发帖@他们，大多数时候，他们会鼎力相助的。一旦他们转发了你的帖子，你的这条帖子的阅读量、转、评、赞都不会少，而且他们的粉丝可能也会关注你，成为你的粉丝。也有很多博主自己不会写原创内容，于是就去搜集、整理其他博主的原创内容，形成自己的内容。他们通常是选择圈子中比较有影响力的博主的微博内容，一期内容以选择5~10人的内容为主，内容底部可以植入广告图片，同时可以招商，以精彩的内容带动广告的曝光，发布后@原博主，得到他们的转发、支持。一旦被这些大咖博主们转发，他们的粉丝群体也会继续转发、扩散微博，形成连续性传播，扩大该博主的影响力，同时也会涨粉，省时省力、一举多得。

相信每个玩微博的人，都会有一群“臭味相投”的朋友。通过分组后，也方便朋友们之间互动交流，互帮互助，互相转、评、赞，当你做微博活动时，也会有很多人来支持你，毕竟分组人数有上限。对于很多没有被添加到分组中的粉丝，我们可以每天在微博首页，随时看到，随时转、评、赞，多多支持他人，积累善缘。

给大家看看我2014年初玩微博时的分组，因为我主要在电商圈子里玩，所以关注了一些电商行业大咖。另外，关注了一些女粉丝，因为这个圈子男粉居多，所以女粉丝极为宝贵。大家都知道，女人是购物狂人，也是最热心、最爱分享好东西的群体，所以单独把活跃的女粉丝放在一个分组里，与之互动、交流，只要你发布的内容是她们喜欢的，她们就会转、评、赞，而且会推荐新朋友关注你或者购买你的产品。另外，也可以根据粉丝们的活跃程度分组，关系好的朋友分到一组、铁粉分到一组、一般粉丝分到一组，从来没互动的也分了一组，现在看来，没有互动的这组没有必要分组。至今为止，我已经调整了很多次分组，因为玩微博就是这样，来来往往的人很多，有的人玩了一阵离开了，微博也不更新了，那么你就可以将其移除分组，将新玩微博的朋友加进来，并与之互动，或者某个时间段，你想关注一些其他领域的内容，你也可以调整分组。所以，微博分组不是一成不变的，是随着自己的需求变化而随时调整的，主要还是为了方便在诸多信息中能够快速看到某些博主的微博，更是为了与大家互动、交流，微博宜动，不宜静，不是你发布完内容就没事了，“酒香也怕巷子深”，也需要在你来我往中将其传播、扩散出去，积累人脉、整合资源、合作共赢，这些都是我们需要考虑的问题，所以大家一定要重视微博分组。

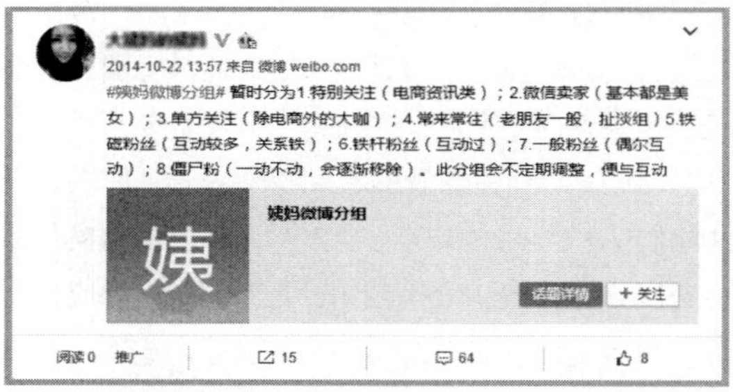

我的微博分组示例

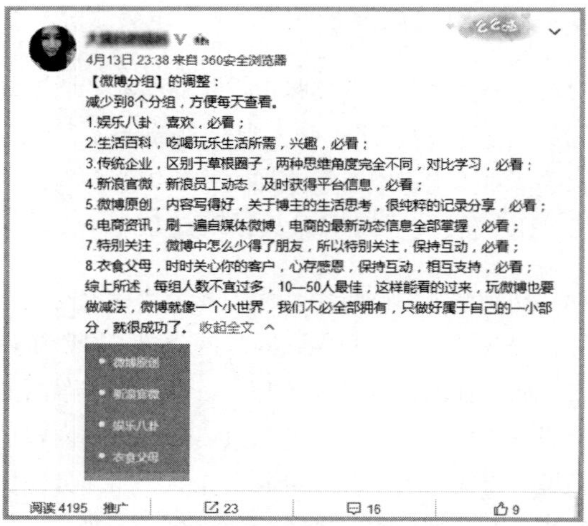

定期调整微博分组

2.2 微博私信

微博给我们提供的另一个便利，那就是通过私信可以与不同的人交流。我们每天发布的微博内容是给微博这个“大广场”中的所有“走过路过”的人看的，而私信相当于独立的即时通信工具，是点对点的联系。例如，一些客户的资料、一些不便公开透露的信息等都可以通过私信与粉丝或者客户交流，不是什么事情都需要在微博上公开说，也要注意保护个人隐私。

2.2.1 发送微博私信

如何发布微博私信，这里需要提醒大家注意的是，手机端比电脑端多了一个“私密聊天”，也就是私信内容可以设置成“阅后即焚”，在你设定好的销毁时间内，系统自动删除你们的聊天内容，保护隐私。另外，还有一个“未关注人私信”，也就是说，你没有关注对方，但你能接收到对方的私信。

- **普通私信**

发送微博私信的操作步骤如下。

（1）登录新浪微博，找到要发送私信的那位博主的微博账号。

（2）单击博主头像下方的“私信”按钮，输入私信内容，也可以发“表情”“图片”和“链接”。

（3）确定输入内容之后，单击“发送”按钮即可。

微博私信

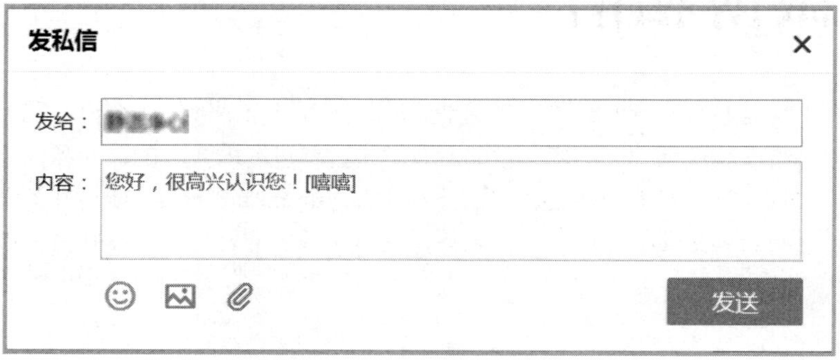

私信对话框

- **私密私信**

私密私信（阅后即焚）是新浪微博在2015年新推出来的功能，当你与他人私信聊天时，你可以设置销毁时间，最短销毁时间为3秒，最长销毁时间为1周。如果到了你设定的时间，系统会自动删除你们的聊天内容。如果不想用了，可以选择关闭私密聊天，如果想保留部分聊天内容，可以选择截图，但对方会收到你的截图提示。所以，这里需要大家注意一下，除非特别隐私的对话内容，否则轻易不使用。

手机端发私信的操作步骤如下。

（1）单击“信息”，进入消息页面。

（2）单击右上角“聊天”图标，找到“发起聊天”和“私密聊天”。

（3）选择联系人，在搜索框里输入你要私信的博主，搜到后，单击“私信（聊天）”即可。

（4）私密聊天，直接在输入框右侧“时间”设置那里选择时间，单击“确定”按钮，即可开始聊天。

除了通过这种方法发送私信之外，还可以直接在“微博分组”或者“发现”中找到你要发送私信的博主，进入他的微博主页，单击“私信（聊天）”即可，私密聊天截屏，对方也会收到提示，所以小心使用截屏。

微博私信

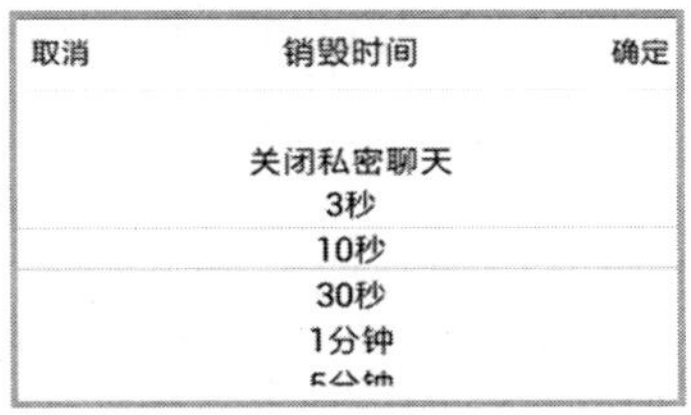

私密聊天（销毁时间的设置）

2.2.2 管理微博私信

我们打开私信页面，可以进行“全部置为已读”“清空所有私信”和“查找私信记录”等操作，单击“设置”还可以进行如下操作：“设置接收谁发来的私信（我关注的人、所有人）”“设置接收哪些微博官方账号的私信”（接收新浪新闻的私信、接收微博小秘书的私信）和“屏蔽私信”。

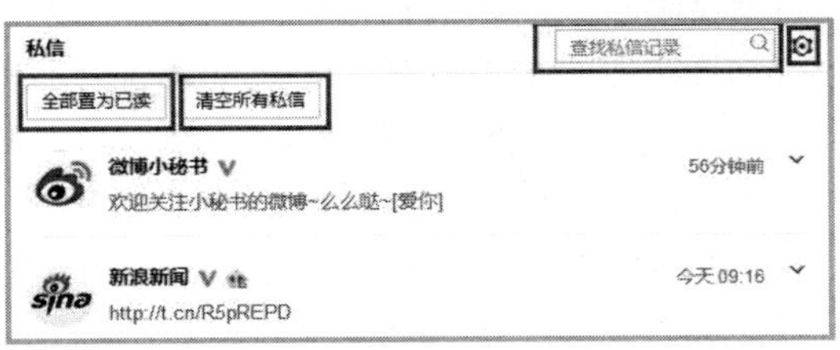

管理微博私信

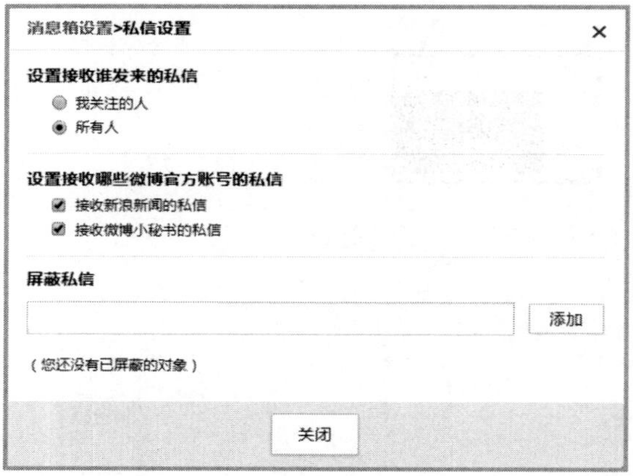

私信设置

我们通常会设置接收所有人的私信，以免错过任何信息，设置接收新浪新闻和微博小秘书的私信这两项很重要。每天新浪新闻都会推送一些热门的新闻到私信中，我们能及时了解当下所发生的新鲜事，感兴趣的就可以参与转、评、赞。微博小秘书是一定要设置接收的，因为我们在玩微博的过程中，遇到的各种各样的问题都可以私信这个官方账号寻求解决方法，同时微博小秘书也会推送一些活动或者话题让大家参与，另外，一些认证问题的回复等都是通过私信的形式告知我们的。

2.2.3 微博私信玩法

微博私信功能在微博运营过程中是最常用的，除了最基本的类似于微信的即时聊天式沟通、交流之外，还可以通过微博私信做很多事情。它是独立于微博这个“大广场”之外的“私密空间”，最大的优势就是“微博一体化”，不用再去登录其他平台账号，通过微博一个平台全部解决所有需要，也可以将微博私信应用到微博营销中来，或产品营销、或服务营销、或人才自荐、或干货推广等形式，而且微博群的信息是在私信中接收的，这样我们往微博群里发送信息时会更加快速、便捷。另外，也可以直接通过“消息”界面创建多人聊天的群，这样就越来越方便。所以，微博私信在微博营销中被广泛应用，而且效果不错。

• 毛遂自荐/寻求投资

微博中有很多天使投资人、很多互联网知名企业家，他们在微博上相当有影响力，相信他们都收到过寻求投资的私信。有很多有梦想、但缺少资金的年轻人会以私信的形式，将自己的项目计划书、自己的创意、想法发送给他们，“梦想是要有的，万一实现了呢”。而且现在很多投资人也会挖掘有才华的人，好的东西在微博上的传播是非常快的，他们一旦觉得不错，可以投资，就会找到你，像2016年非常火的papi酱就获得了天使人投资1 200万元，主要是玩短视频。还有一些行业领域中做得比较好的前辈也会吸纳人才，也是以私信的形式，把个人的简历、作品发送给他们，一旦被选中，那么就相当于站在了巨人的肩上。有资金、经验的支持，草根创业梦实现的更快一些。所以，微博私信以最便捷的方式为我们搭建了彼此沟通的桥梁，这个功能满足了草根直接对话精英和精英交流、交友的愿望。

• 遇到困惑/求助专家

微博中也有各行各业的专家，像育儿专家、心理专家、医生、音乐人等，当我们有不懂的问题需要咨询求助的时候，就可以搜索他们的微博账号，以私信的形式来说明问题并请求帮助。相信他们也会给予大家中肯的建议，让我们能够快速的受到启发，解决问题。除了专家级别的博主，微博中还有很多各行各业的达人，像健康养生、美容瘦身、微电商达人等，我们也可以通过私信与其交流学习，对于博主来讲，也能快速拉近与粉丝之间的距离。

像我每天会收到一些粉丝朋友们的咨询私信，主要关于电商相关的，例如，怎么申请微电商达人、怎么在微博上推广产品等问题，在解答大家问题的过程中，自己也在进步、成长。

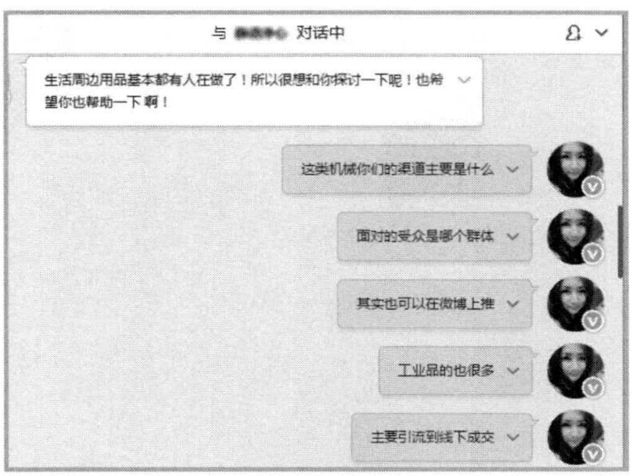

我的微博私信实例

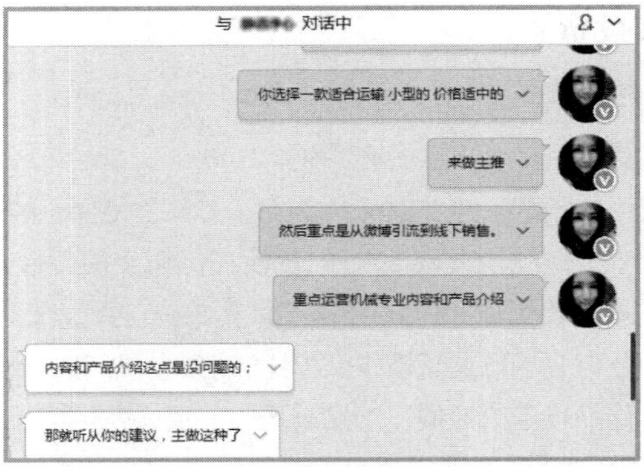

我的微博私信实例

- **销售产品/私信推荐**

目前微博营销的势头正劲，微博上的卖家朋友们除了在发布微博内容时直接发布产品广告之外，有时也会通过私信的形式向自己的粉丝推荐产品，特别是要做微博活动时，这种方法会吸引很多粉丝的关注。对于积累了一定微博客户的卖家朋友，通过微博分组、微博备注将老客户维护好，定期推送产品节假日促销、老客户感恩回馈活动的私信都是可以的。这类私信需要重点注意的是，要把文案编辑好，可以配图，加淘宝店铺、微博橱窗、微店、产品官网等链接，以私信告知，再让大家点开链接了解产品活动详情，或者留下各种联系方式，微信号、QQ号、各种群号等都是非常有效的引流方式。

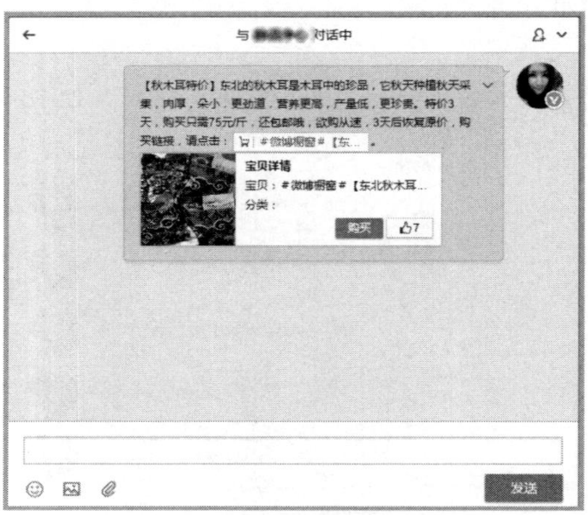

微博私信推荐产品

• 需求产品/私信购买

除了在淘宝、京东等电商平台购买产品，目前在微博上购物的人也多了起来，因为长期的互动，彼此都建立了信任，就敢下订单。圈子中卖农产品、生鲜水果的居多，而且现在微博有微博橱窗，购物十分方便，直接在微博橱窗下单，或者通过微博私信先咨询，再选择一种支付方式付款即可。例如，很多朋友先在你的微博看到产品广告，然后发私信咨询一些关于产品具体的问题，如发什么快递、几天能到，向博主要微信号、支付宝账号，通过微信或支付宝转账，留地址给博主就可以，也可以直接发个微博红包付款。这一系列的购买过程都是通过微博私信来完成的，十分方便。

微博私信购买产品

• 微博支付/私信红包

可以通过私信发微博红包，表达心意或者购物付款，不用换到其他平台，就可以完成一系列的操作。在微博中我们会结缘很多朋友，逢年过节表达心意，通过微博私信发个红包表示最合适不过了。有时，我们在微博购买产品，直接私信卖家一个微博红包支付也是非常方便的。电脑端可以抢、拆红包，只有手机端可以发微博红包。发微博红包需要绑定支付宝账号，在与你要发红包的博主聊天的对话框中，点开右侧的“+”号，找到“红包”，选择“普通红包”，输入“红包金额”，塞钱进红包，输入支付密码，确认即可。

微博私信发红包

微信私信发红包

- **分享干货/私信求转**

微博里分享干货最多的当属自媒体人，如果你花了很长时间写了篇干货，没人转、评、赞也就没有价值，所以，通常大家都会通过私信或者发送到微博群的方法来寻求转发、传播、扩散。人脉广、认识大咖多的博主通常在写好干货后，私信大咖们寻求转发，他们一旦转发，他们的粉丝就会跟着转发，这样无限地转发、传播、扩散出去。另外，因为微博群也是在私信的页面展示，所以就可以直接将干货链接发送到微博群里，在群里发寻求转发的红包，那么大家也是非常愿意帮你转发扩散的，这对于增加这篇干货的转、评、赞和阅读量都是有帮助的。

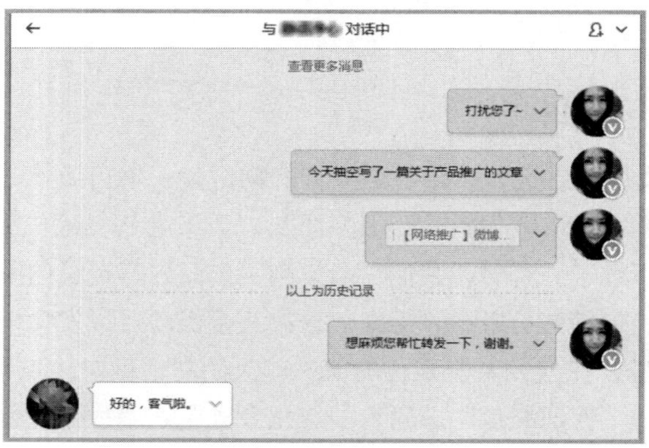

微博私信求转发

• 互粉互动/私信求粉

互粉互动是贯穿玩微博始终的，几乎每天都会收到求互粉（关注）的私信，对于初期玩微博的朋友来讲，我们要勤快一些，当你关注了别人，而别人没有回粉的时候，你就主动一点，私信他们，真诚一点说：“您好，关注您很久了，能麻烦您回个粉吗？希望跟您学习更多东西或者希望我们以后多多交流”。只有这样，你才能收获粉丝，快速积累自己的基础粉丝。

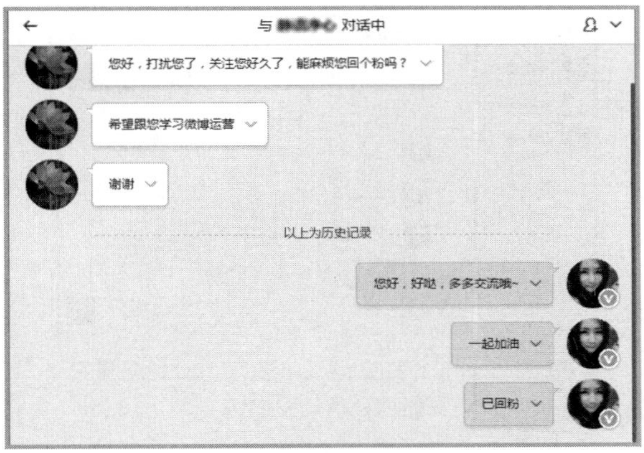

微博私信求互粉

• 官方推送/参与话题

新浪官方会推送一些热门话题给一些微博优质用户，只要参与热门话题讨论，你就有机会获得官方多渠道推荐。像微博小秘书有时就会推送一些当下微博很热门的话题到你的私信，你可以选择自己感兴趣的话题进行参与。

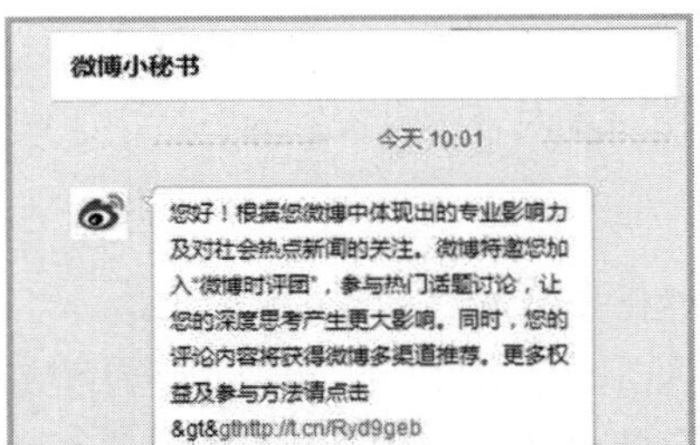

微博私信官方推送

• 微博群发/增加曝光

微博群的信息也在私信界面显示，而且电脑端的微博主页右下角的位置有个“私信聊天”的按钮，打开它就是私信的对话框，在这里可以“查找联系人或群”，也可以“查看全部私信”，还可以发送各种信息、发链接给他人或群里，非常便捷。如果你加入的微博群足够多，同时发布信息，会增加曝光，像求互粉、求转发、推广产品或店铺、分享干货链接、发微博红包等能够更快速的传播、扩散出去。

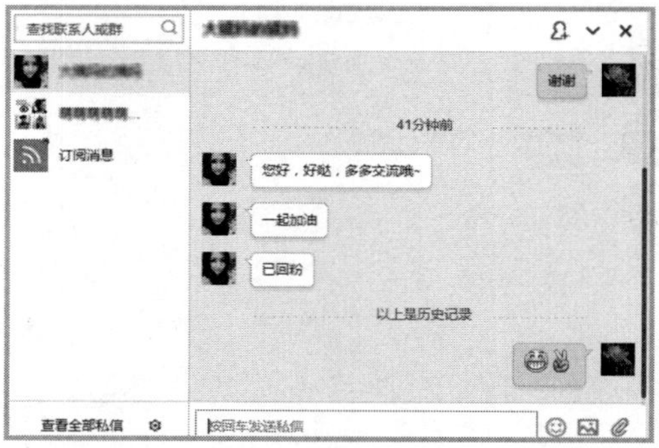

微博私信集中发送

• 自动回复/引流其他

自动回复功能需要开启粉丝服务平台，是微博认证用户为主动订阅他的粉丝提供精彩内容和互动服务的平台。只有认证的用户可以开通这个功能，普通用户是没法设置自动回复的。

微博私信自动回复的设置非常重要，有很多朋友忽略了这里，要知道，不仅仅是当他人发私信给你时，你不在线时自动回复的一条内容，更重要的是，可以通过这个设置引流到其他地方。我们要重视微博中的每一处设置，尤其是当你的微博玩得越来越有影响力时，粉丝们特别愿意加你的所有联系方式，如微信号、QQ号等。3小时内用户只会收到1次自动回复私信，私信自动回复内容可以设置为：文字、图片、语音和图文信息4种形式，大家可以任选。

微博私信自动回复设置操作步骤如下。

（1）登录新浪微博，进入自己的微博主页，单击“管理中心”按钮，打开“管理中心”。

（2）在管理中心，单击“粉丝服务”选项下方的“自动回复”选项。

（3）在“自动回复”选项中，找到“私信自动回复”选项。

（4）在“私信自动回复”中，文字、图片、语音、图文信息任选一个，设置完成后，保存即可。

给大家看一下我的微博私信自动回复设置，我选择了“图文信息”，编辑了“文字+图片”，当粉丝们发私信给我时，他们会收到这条内容，相当于推广产品1次，增加1次曝光机会。如果不想让粉丝们反感，我们可以直接选择文字或图片，如我编辑了一段文字：一个卖东北特产的女子，咨询产品请加我微信或QQ。类似这样的设置，即便粉丝发私信给你时，不是咨询产品的人看到了，他也会加你这两个账号，因为互为涨粉，都是愿意加的。除此之外，还可以直接选择图片，上传一个产品图，选择视觉冲击力较强的图片更好，大家根据自己的实际情况来设置即可。

管理中心按钮

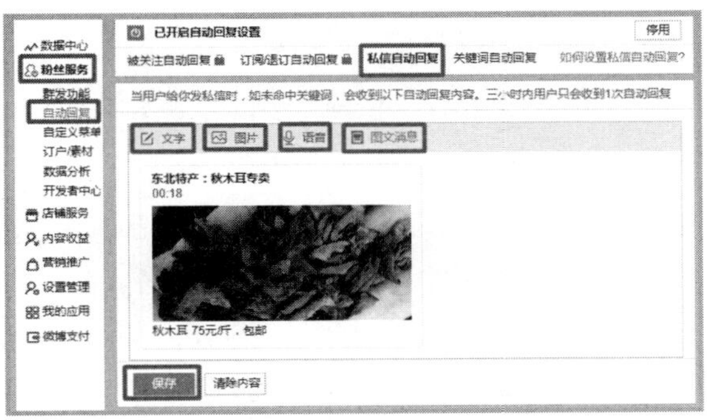

微博私信自动回复设置

综上所述，微博私信在微博营销推广中占有重要的地位，我总结了这10种玩微博过程中常常用到并且有效果的玩法供大家参考。对于私信的其他玩法还有很多，当然也会存在无用的信息干扰，但可以通过屏蔽某些私信来解决这个困扰，大家每天都会用到微博私信，所以要重视这些玩法。

2.3 微博群发

微博群发也是玩微博时常常用到的一个非常重要的功能，尤其是当你想向所有粉丝告知某件事情、发布重要消息、微博活动通知、推荐干货等情况下经常使用，通过群发信息，增加曝光，引起关注、转发、传播、扩散。

2.3.1 微博群发设置

微博群发也是针对微博认证用户才可以使用的功能，在微博营销中很常用，也很有效果。改版后的群发信息都会在“订阅消息”中找到，分别打开各位博主的分享链接就可以了。

每天进行一次微博群发，我们可以推广产品，也可以分享“头条文章”，只要不是广告痕迹太明显，审核基本都能通过，所以很多朋友每天都会推送一次群发。

群发操作步骤如下。

（1）登录新浪微博，进入你的微博主页，单击“管理中心”按钮，进入新页面。

（2）单击页面左侧“粉丝服务”，找到“群发功能”，进入群发设置页面。

（3）单击“新建群发私信”，每天可群发一次。

（4）选择群发对象：全部订阅用户、按分组选择、按规则名选择，用户性别（全部/女/男），群发地区（中国大陆/港澳台/海外/其他）。

（5）选择群发内容：包括文字、图片、语音、图文信息、音乐这几种形式，其中文字部分不超过300个字，图片（建议尺寸为560像素×312像素），语音（请上传1M以内的AMR格式语音文件），图文信息(可选择原创素材、选择已发布文章），音乐（选择微博音乐/听过/赞过/热门推荐），单击“确定”按钮即可。

（6）根据筛选条件，群发消息需要通过审核（需要15~20分钟），所以大家尽量少加一些广告方面的文字、图片，避免审核不过。

（7）微博群发私信可以选择“立即发布”或者“定时发布”。

（8）确认私信详情之后，单击“确认发布”按钮，然后等待系统审核即可。

（9）单击“已发送”按钮查询审核状态和全部群发微博。

（10）等待15~20分钟后，官方账号“粉服审核”会以私信的形式通知你已通过（或失败），这时你的粉丝们将会在他们的“订阅消息”中看到你的群发私信内容。

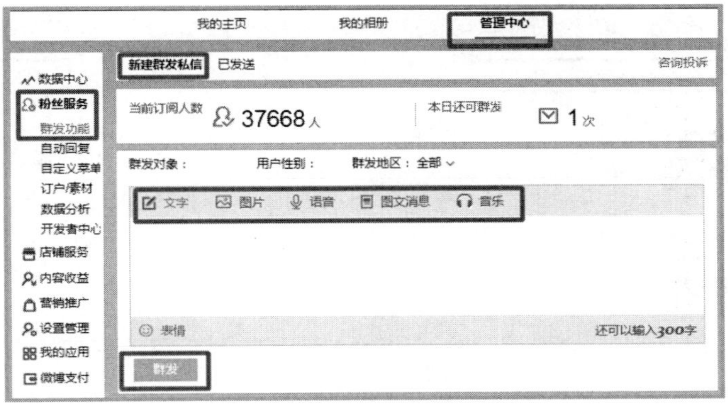

微博群发设置

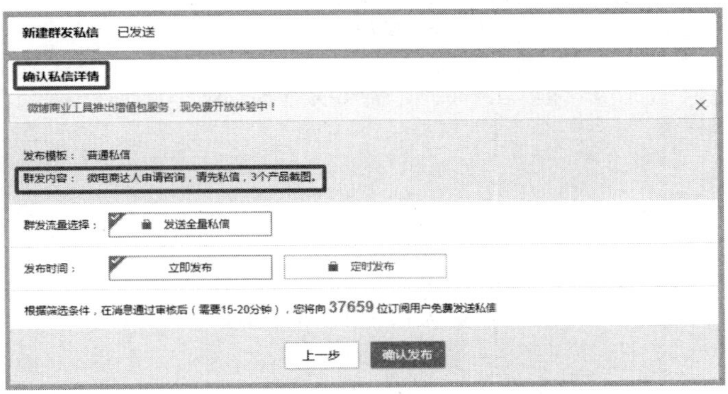

确认私信详情

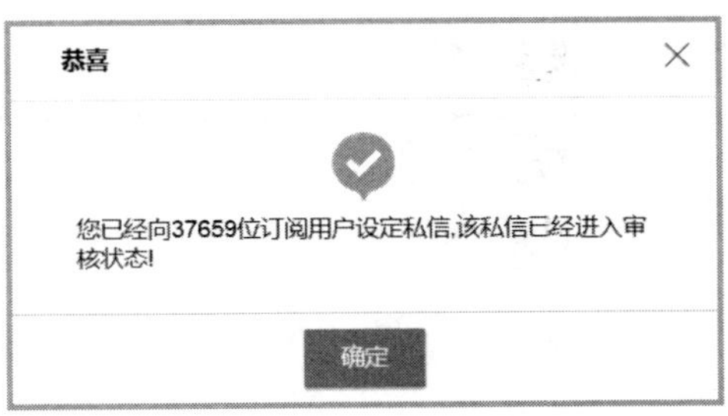

确认发布等待审核

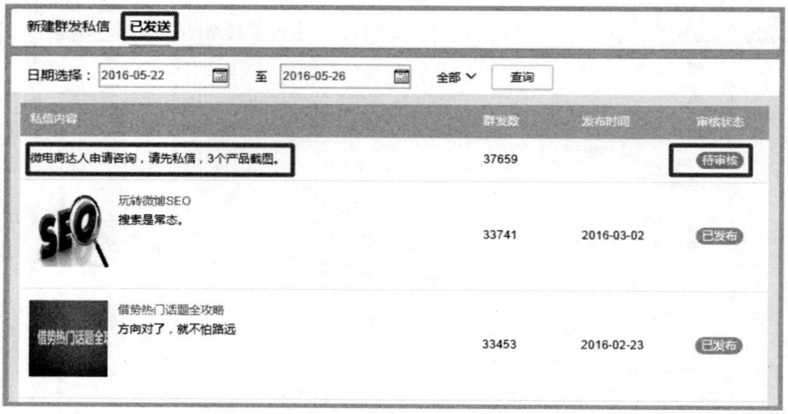

查询群发私信

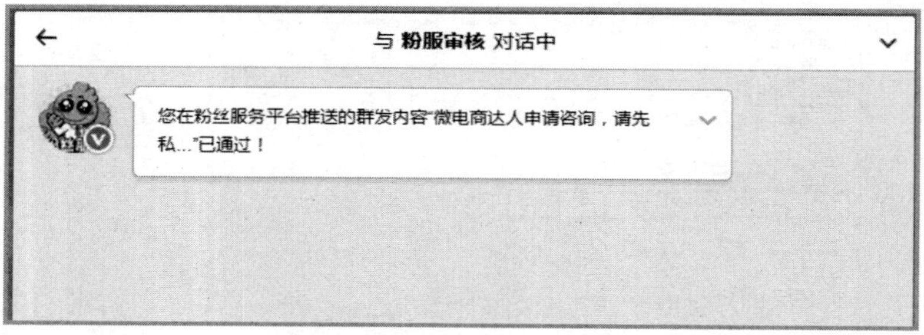

微博群发私信内容审核通过

订阅消息中查看群发私信内容

2.3.2 微博群发玩法

微博群发每天都可以推送一条，就相当于每天我们都可以选择一条最重要的微博内容来“广而告之”你的粉丝，是“一对多”的推送。但自从微博改版后，群发信息都收录在“订阅消息”中，而不是直接看到私信提示，需要打开“订阅消息”才可以看到。微博这样做，是注重用户体验，避免过多的信息干扰到不想接收如此多信息的用户，效果就没有直接收到私信提示那么明显，但在实践过程中，我尝试了一种利用微博群发推广的非常有效的方法，分享给大家。

● 刷屏+群发+粉丝头条

很多东西都不是孤立的，尤其是在微博营销过程中，我们需要把所有的东西联合起来构思，才能达到非常好的传播效果。那么将“刷屏+群发+粉丝头条”这3者结合，完全可以打造一个高阅读量、高转、评、赞的头条文章（植入产品相关信息或者账号信息）。

● 操作步骤

（1）先写一篇优质的头条文章。因为群发是需要系统审核的，如果是单纯的分享干货类的文章，直接推送就可以。如果类似软文这种，一定要注意一些敏感的关键词，广告痕迹不要过于明显，审核通过的概率较大。

（2）写好头条文章之后，选择微博人多的时间段群发，通常晚上8:00~12:00是玩微博的高峰期，8:00~9:00发布最合适，因为如果你的粉丝多，那么他们就会随时关注订阅消息查看你的推送，当他们看到你的群发私信，觉得内容非常好，就会转、评、赞，传播、扩散。

（3）当你群发私信成功后，会陆陆续续地收到大家转发的@提示，那么你就可以开始逐个再次转发到你微博。这里需要注意的是，你在转发他们微博的时候，一定要间隔开时间，如间隔5~10分钟转发一次，千万不要大密度刷屏，而是要控制好时间，一是不让大家反感，二是保持每个时间段，你的这条微博内容都出现在信息流中。因为每个人刷微博的时间是不同的，每个时间段的刷微博的人都不一样，持续地刷一会儿，会让越来越多的人参与到转、评、赞中来，只是粉丝转发和你的转发，就可以将这条微博的阅读量、转、评、赞提高很多。

（4）当这条微博有了一些阅读量，转、评、赞也不少了，那么就可以投放粉丝头条了。一般头条文章持续投放粉丝头条会打折，投放粉丝头条之后，这条微博就上了粉丝头条，会突出展现，曝光力度更大。

（5）这样操作之后，你的这条微博的阅读量、转、评、赞会比平时的文章高出很多，如果第一天的效果不错，那么紧接着几天再持续投放粉丝头条。

具体操作大家要多尝试、多总结，因为不同类型的头条文章受关注度也是不同的，我们要选择一些适合你的粉丝群体特征的文章来群发，这样才能撬动粉丝的转、评、赞。

给大家看一下我使用这种方法之后，此篇头条文章阅读量9.1万，转发量190，评论量120，点赞量111，打开文章之后的阅读数是5 000多，当时我的微博粉丝是33 453人。

我的微博群发示例

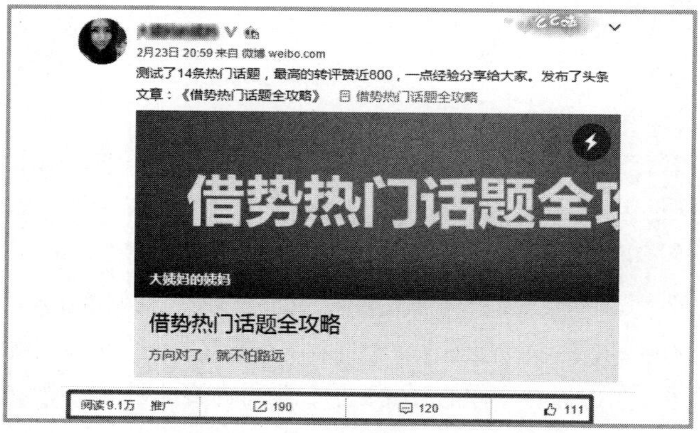

我的微博群发示例（阅读量、转、评、赞）

微博群发的玩法因人而异，可以根据自己的实际情况来选择怎么操作更好。通过微博群，我们可以推送“头条文章”，也可以推广产品，这两种情况，粉丝的接受程度是不同的。分享经验的文章深受大家喜欢，而推广产品，大家会在心理上排斥广告的推送，所以一般软文的形式更能让大家接受。文章中稍微植入一些产品的相关内容是可以的，然后我们再使用这个方法来推一推，增加曝光度，提高阅读量和转、评、赞，效果是不错的，大家可以多尝试、多总结。

2.4 微博打赏

什么是微博打赏？这是为用户提供的一项新功能，粉丝在阅读用户创造的内容后可以给其打赏，在微博中实现只需内容产出与传播就可以获得收入，让内容更简单、便捷地转化为收益。

微博打赏是基于微博生态的变现工具，建立双向商业利益互换机制，使自媒体可以获得激励，增加对平台的黏性。微博打赏功能开通后，发布的头条文章都将增加“赏”字按钮，打赏费用则根据阅读者自己对文章的喜爱程度而定。此外，用户还可以在后台完成查看打赏记录、设置打赏金额、打赏文案、私信回复等操作。

2015年以来，微博加速对垂直领域的拓展，并通过一系列措施帮助各领域专业用户提升个人影响力和商业价值，微博上有很多在某个领域影响力较大的自媒体人，不但具备内容原创能力且粉丝活跃度较高，“打赏”能使这些用户通过发布优质头条文章获得收入，同时也代表了粉丝对其的认可，将进一步鼓励其发布高质量原创内容。粉丝也通过“打赏”获得了新的互动方式，刷微博变得更有趣。从2016年3月开始，视频也能打赏了，现在不仅是头条文章可以打赏，认证用户通过微博客户端或者网页上传的视频，都能被打赏了，视频打赏取消了对认证用户的限制。同时，被打赏金额无需博主手动提现，会在72小时后自动转入博主的微博钱包，如果是用户打赏其他人是不收取手续费用的，被打赏者提现时会收取提现金额整数部分的1%作为手续费。

2.4.1 微博打赏设置

目前，微博打赏是针对所有用户开放的，而且头条文章和视频都可以进行打赏，可以先对其进行一些简单的设置：启用微博打赏、设置打赏金额、打赏文案，粉丝打赏后你也可以设置私信自动回复以表感谢，如果不想使用微博打赏了，你也可以选择“停用”。

- **启用微博打赏**

（1）登录新浪微博，进入个人微博主页，单击“管理中心”选项，进入新页面。

（2）在新页面左侧找到“内容收益”按钮并单击，找到“微博打赏”按钮并单击。

（3）在“已启用微博打赏”页面进行相关设置操作。

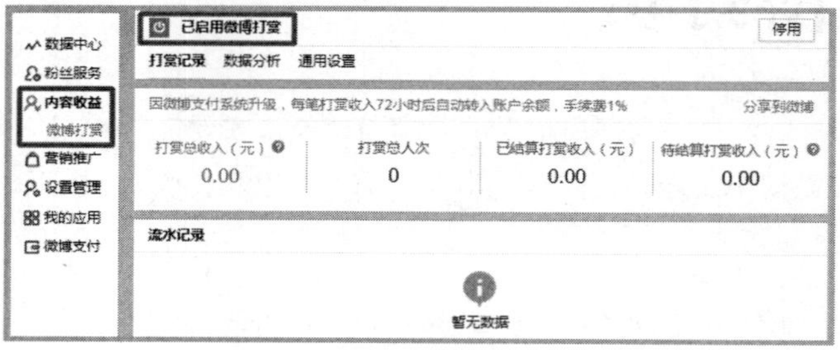

启用微博打赏

• 微博打赏设置

（1）在“已启用微博打赏”页面，单击“通用设置”按钮，进入新页面。

（2）“打赏金额”设置，单击“编辑”按钮，输入默认打赏金额，单击“保存”按钮即可。

（3）“私信通知”设置，单击“编辑”按钮，输入你表示感谢粉丝打赏的话，单击“保存”按钮即可，当粉丝打赏后，会自动收到你的私信回复。

（4）“求打赏文案”设置，单击“编辑”按钮，输入一段求打赏文字，单击“保存”按钮即可。

“求打赏文案”设置比较有趣，类似于过去的“有钱的捧个钱场，没钱的捧个人场”，大家的求打赏文案各式各样。

打赏文案举例如下。

①够买卷饼的，就好。

②笑了，就赏1毛。

③传递温暖的力量。

④您看着给，我不挑食。

⑤赏钱便是你明日的涨幅。

⑥支持就赏，打赏是动力。

⑦点赞是美意，打赏是鼓励。

⑧请用打赏让我找到存在感。

⑨小小的打赏，大大的回报。

当然，以上3处也可以不编辑，需要根据自己的实际需要来定，但编辑后效果更好，看到这么可爱的求打赏文案，忍不住打赏的大有人在。所以，玩微博的每一处都要细心设置，与粉丝时刻保持着一种愉快的互动关系。

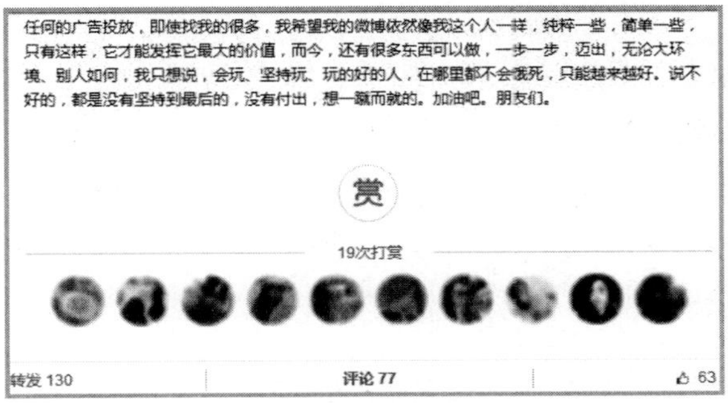

微博打赏示例

• 微博打赏查看

（1）登录新浪微博，进入个人微博主页后，单击“管理中心”选项。

（2）打开后，左侧会有一个“内容收益”选项，单击就会出现一个“微博打赏”选项，单击后右侧页面可以查看打赏记录。

我们可以查看到：打赏总收入、打赏总人次、已结算打赏收入、待结算打赏收入，并可以将其分享到微博。

在流水记录中，可以查看打赏的时间、被打赏的文章/视频、打赏人、打赏金额。

流水记录

时间	事项	交易方	金额（元）	状态
2016-12-1 23:05	打赏头条文章《粉丝数量，互动情况..》	[illegible]	+1.68	成功
2016-11-24 19:04	打赏头条文章《2016年微博玩法..》	[illegible]	+0.11	成功
2016-11-21 19:12	打赏头条文章《2016年微博玩法..》	[illegible]	+0.12	成功
2016-11-21 19:10	打赏头条文章《玩微博能赚钱。》	[illegible]	+0.12	成功
2016-11-21 16:16	打赏头条文章《玩微博能赚钱。》	[illegible]	+10.00	成功

微博打赏记录

• 微博打赏数据分析

微博打赏数据分析包括“打赏分析”和“排行榜”两项，其中，“打赏分析”可以对近7天、14天、30天、全部的打赏金额和打赏人次进行查看；“排行榜”可以分别查看用户排行和内容排行，可以分别查看周排行、半月排行、月排行、总排行。数据分析图表很清晰，一目了然，我们可以从中看出哪些微博内容粉丝朋友们打赏最多，就知道写哪些内容粉丝们会喜欢，就可以适当地调整一下微博内容的比例，而且对于打赏的朋友们，我们应该在微博给予推荐表示感谢，直接截图，然后@他们，既可以推荐给其他粉丝朋友们关注，也可以表明你已经看到大家的心意表示感谢，可以更好地拉近与粉丝之间的距离。

微博打赏数据分析

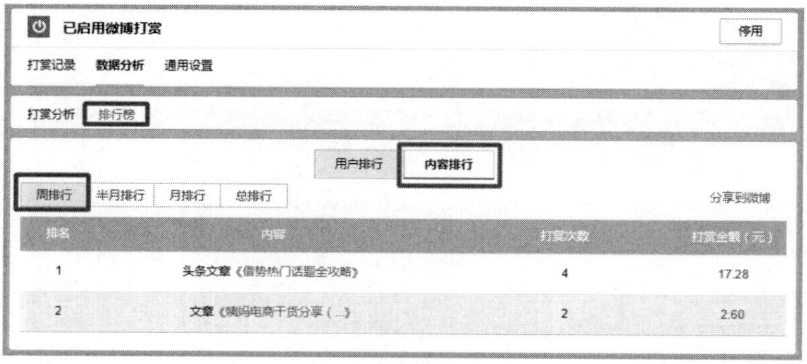

微博打赏数据分析

2.4.2 微博打赏玩法

哪里有设置，哪里就有推广，擅长推广的朋友们总是能找到特别有效的方法，微博打赏也不例外，它不仅仅是一种粉丝对博主的付费支持，也是对自己以及产品、服务的一种推广。这里给大家分享一些常用的、很好操作、很有效果的玩法。

- **微博打赏占位官方排行榜**

圈子里有位朋友曾经分享过一篇文章，打赏1分钱的技巧，引起了大家疯狂转发，真正执行的朋友真的有所收获，已经冲刺到了官方排行榜，获得官方微博打赏的微博推荐。微博中的各种排行榜大家一定要重视，会获得很高的曝光，方法就是：每天坚持给他人打赏，只打赏0.01元，那么日积月累，你的打赏次数肯定会很高。这种玩法，首先要选择人气较高、有影响力的博主，每天打赏一定会引起他们的注意，他们也愿意转发你的打赏分享链接；其次就是坚持，只有持续的打赏才能够引起大家的注意，打赏人的微博头像也会出现在文章的打赏按钮下方，只要看这篇文章的人也会从这里加粉丝，所以你就有机会自然涨粉，这种投入成本少，就能冲刺官方排行榜的思路大家可以借鉴。这里只是拿打赏0.01元举例，当然，打赏的多少在于自己，不管打赏多少，都会取得不错的效果。人人都说打赏是最高级别的互动，一点都没有错。

目前视频打赏很火，大家可以选择一些当下比较火的、主要做视频的博主打赏，视频打赏也有排行榜，目前短视频的形式很受粉丝青睐。

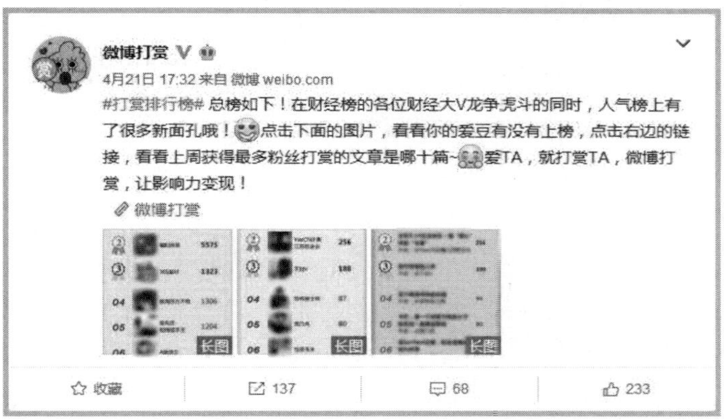

微博打赏官方排行榜

● 微博打赏分享微博加链接

当我们给他人打赏之后，会出现一个打赏成功的提示，有一个“说点什么”按钮，单击之后出现一条可以分享到微博的系统生成的内容，其中文字是可以修改的，有的朋友会修改金额。例如，你实际打赏0.18元，可以修改得比实际多一点，这里主要是引起大家的好奇。当粉丝们看到这条微博之后，哇，打赏这么多，就会单击文章阅读，也会关注博主。另外，可以在系统生成的文字后面加上自己的内容，如产品的简单介绍、产品的图片、产品的链接，不要太复杂，简单一点儿，因为这条微博是直接@了被打赏的博主，如果广告信息太多，他们不一定会转发，如果简单一点儿，广告痕迹不是很明显，他们一旦转发，也相当一次广告效果了。

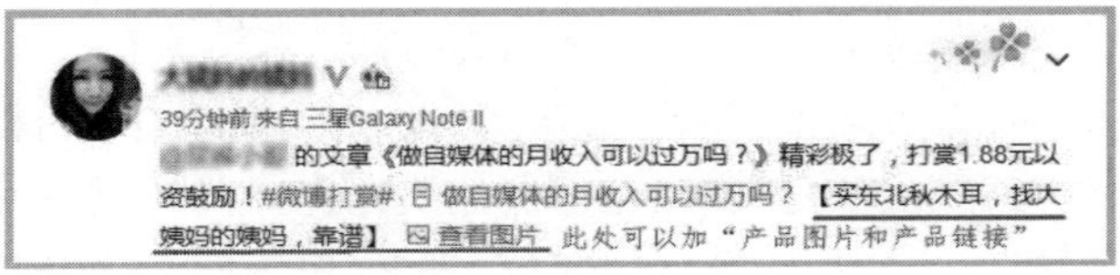

微博打赏分享到微博

打赏人分享到微博

微博打赏对于玩微博的朋友是一种很好的激励，但想要获得粉丝们的打赏，前提一定是写出优质的文章、制作出优质的视频。文章的质量、专业性都是重要的因素，还要写出粉丝喜欢看的，对粉丝有帮助、有价值的内容，一定会得到大家的认可。我们也需要不断地练习、不断地尝试、不断地调整，通过分享内容来获取收入。

2.5 微博配图

微博配图很重要，试想当我们打开微博满屏都是生硬的文字，是不是会让人很头疼，即使内容再好，也没有兴趣阅读下去，所以通常在发布内容时，都是图文并茂，好的配图选择，更具视觉冲击力，尤其是新浪改版后，大图展示效果更凸出，拼图效果更好。微博配图是对微博文字内容的进一步阐述，通过准确的配图，我们可以更好的理解文字内容的含义，我们往往先被配图吸引，进而再仔细阅读内容，可见配图在日常的微博运营中是多么重要。

2.5.1 微博配图来源

微博的配图不是乱七八糟的图片随意发布，而是要结合你的文字内容来选择恰当的配图，这样才能通过图文结合更加直观、形象地表达其文字内涵，所以在选择配图上，也要下足工夫。

- **自己设计**

一般需要自己设计配图的微博多为专业化定位的微博，如漫画、星座、情感美文类微博通常都会设计出适合自己微博定位的配图，需要团队共同来完成。个人完成每一天的配图，工作量很大，如果没有团队，没有专业的设计师，我们可以通过一些容易操作的美图软件来完成。

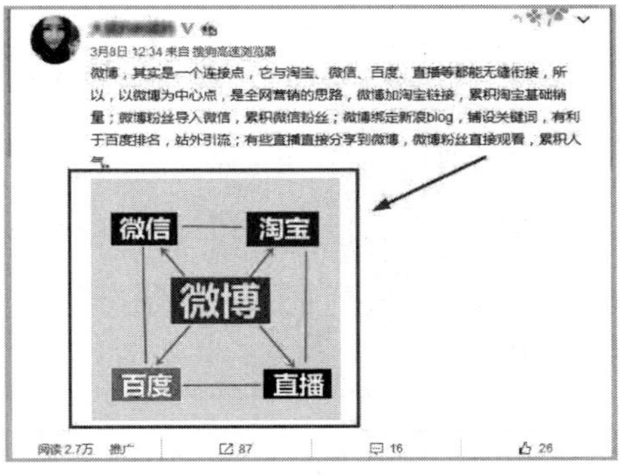

微博配图（自己设计）

• 网络搜索

网络搜索配图最方便，可以根据文字内容中的“关键词”来搜索，如你的文字内容中谈到了O2O，就可以直接在百度搜索O2O图片，出现的全是与O2O相关的图片，这时你应该选择视觉冲击力强的，太普通的图片不会有让人眼前一亮的感觉，所以要多翻看一下，找到最有视觉冲击力的一张保存。如我搜索关键词O2O找到此图，对于不知道O2O是什么意思的朋友来讲，看图就懂了，很直观、很形象。

微博配图（关键词搜索法）

有时文字内容中没有特别清晰的专业术语，我们可以直接搜索行业词，如下图所示，我分享了关于网感的一段文字，就直接搜索“互联网”“电商”这类行业大词，然后找到与文字相匹配的图片。从配图中可以看出，3个人在网络中愉快的交流，很有趣、很生动的一张图，与这段文字很搭。

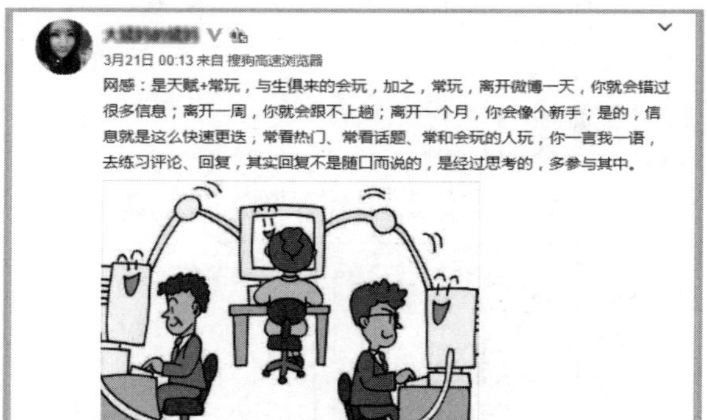

微博配图（搜索行业词）

• 美图网站/安装美图App

现在很多美图网站、美图App中的图片都特别齐全、特别漂亮，比直接从网络中搜索的图片要精致，所以有时间的朋友可以单独创建一个文件夹，搜集一些美图素材作为微博配图专用，分类保存，例如，风景、花卉、人物、宠物、家居、插画、漫画、美食、搞笑等分类。我经常登录一些美图网站选择一些美图，也可以在手机端直接搜索一些美图类的App，很方便。

我通常会选择一些能够产生共鸣、可参与、可讨论的配图来和粉丝朋友们互动，这个选图要靠练习，找感觉。如下图所示，当时我看到这张图的时候，第一感觉就是此图会瞬间吸引眼球，于是保存相册，再思考配字，结合图片的情境简单配字：姐，这些年，拿得起，放得下的只有筷子。图文结合发布微博后，果然瞬间很多粉丝开始转、评、赞，互动起来。

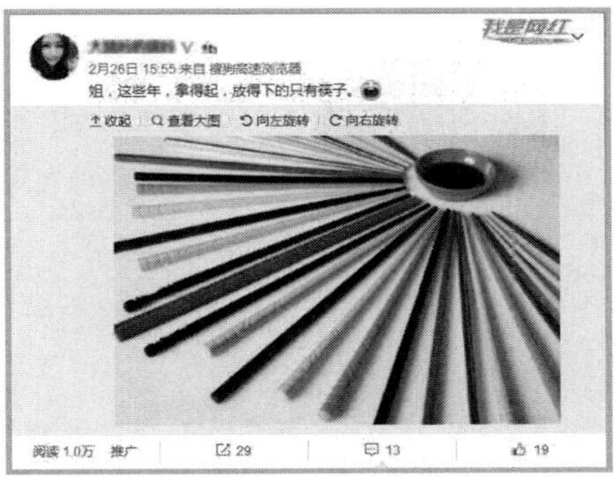

微博配图示例

有时一些图片上直接带文字，那么我们可以直接使用图片上的文字发布微博，这样起到再次强调的作用，重点在于图片，以图取胜，但凡选这类图片，一定选择视觉冲击力超强的，这样才会引起粉丝关注。这类微博玩法就是调动粉丝们的积极性，因为轻松、搞笑的图文，大家更喜欢，我们也可以加上热门话题，这样除了与粉丝互动，这条微博还会提高阅读量和转、评、赞。

如下图所示，发这条微博时，恰好热搜出现微话题#要快递还是要我#，之所以选择这张图，就是觉得拍马屁这3个字，一匹马，一只手在拍马的屁股，简单、易懂，而且容易引起共鸣，因为现实生活中，谁都不喜欢溜须拍马的人，所以比较有探讨性，这条微博借势了热门话题，阅读量瞬间达到1万。

微博配图示例

我们选择微博配图时，除了图片本身的意境，还要考虑到人的情感共鸣，这样才能吸引粉丝关注，调动粉丝的积极性，参与互动。

如下图所示，文字是“除了玩手机，你还能做什么？”配图是卡通版的，一个男子聚精会神地玩着手机，瞬间触到粉丝的敏感神经。因为当下，低头族、手机控太多了，于是大家开始纷纷转发、评论。这个情感共鸣需要我们长期观察、感受当下大家的所思所想。

微博配图示例

• 实拍图

实拍图更加真实、生动、生活化、场景化，玩微博不要太死板，切记枯燥无味，所以我们可以发布一些生活化的微博让粉丝感觉到你很接地气。如晒晒你的厨艺、购买的小玩意、手工DIY等都可以穿插其中，让你的个人形象更加立体、鲜明。

如下图所示，我买了一个老式烧饼，因为现在很少见，提到烧饼，我们都会想到武大郎，然后以疑问式来配字，这样开放式的话题，大家更愿意参与其中，以不同的角度来评论。

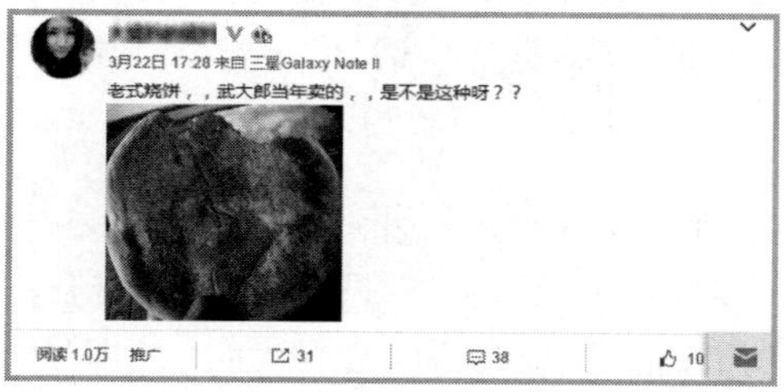

微博配图示例

2.5.2 微博配图玩法

图文微博需要文字和图片的配合，从文案上要触及粉丝心底，引起共鸣，驻足阅读；从图片上要吸引眼球，要有视觉冲击力。图文并茂才能引起关注、广泛传播、扩散。

• 微博配图注意事项

（1）分享专业知识的微博，网络搜索行业关键词。如互联网、移动互联网、电子商务、网络营销、社交营销、微博、微信等，找到专业的图来匹配文字，此类微博内容重点是分享行业经验，重点在于文字，不要让配图抢了文字的风头，所以图片选择清晰、简单的即可。

（2）文字要有话题性，互动是永远的。要让大家参与，图片是最容易引起讨论的，此时搜索关键词：幽默、搞笑图片，但不要太过夸张，那样会显得无趣。

（3）图片的选择，不要选图上带太多字的，容易和文字表达两种意境，所以要么文字+无字的图，要么就是直接使用图上的文字。

（4）配九宫格图时，要选择一个系列的图片，如花卉、风景、人物选择一个分类，要区别开分类，不要9张图里花卉、宠物、风景全有，看着图文不搭，而且混乱。

（5）多选用色彩亮丽、正能量的图片，少用暗色、灰色图片，看着压抑、沉闷，少用花哨的图片，纯色背景更好，因为有的微博需要突出文字，不要让配图抢戏，而有的微博需要配图吸引眼球，这类微博多为可参与、可探讨性话题。

（6）配图可以设计出不同风格的拼图效果，直接单击拼图，进行设计就可以了。

（7）配图可以添加“标签”，粉丝可以直接单击配图中的标签进入该话题的页面。

（8）微博活动的配图通常都会设计长图发布。

对于在微博上销售产品的朋友来讲，发布硬广时，配图以产品实拍为主，最好9张图，改版后发6张图的效果也不错，从产品各处细节图进行展示，场景化的图更吸引眼球，如你卖苹果，拍一些采摘苹果的现场图，不仅仅拍苹果，还有采摘的人、苹果树以及苹果的吃法；如做水果沙拉、水果罐头等，把这些产品融入一定的场景中拍摄，然后以图片的形式发布出来，更真实、更直观，有身临其境之感。

微博配图示例

- **微博配图添加标签（电脑端）**

发微博配图时，还可以在图片上添加“标签”，这样可以让你的照片具有更多的展示机会，照片很可能会被推荐到相册广场，通过标签还可以查找到与你使用了同样标签的朋友，结缘更多的人。

（1）用电脑登录微博，单击上传图片，传图完毕后在小图上单击添加标签。

（2）单击图片可添加最多5个标签，可以标出他/她是谁或标出你想说的。

例如，我选择一张“秋木耳”的产品图片，发布微博时单击图片上传完毕，把鼠标放在小图的位置便会显示“+”标签或者单击右上角“+”标签，然后出现大图，在“@这是谁”，输入“大姨妈的姨妈”，确认即可，在“说点什么”位置输入你想说的话，通常这里加一个微话题比较好，输入关于“东北特产”的热门话题即可，按回车结束，最多添加5个标签，全部结束后就可以发布微博，我们再查看这条微博时，可以直接在图片单击设置好的标签，直接进入“大姨妈的姨妈”的微博和“东北特产”微话题，非常方便。

微博配图加标签对于我们微博营销上的应用，就是直接添加你自己创建的微话题，这样粉丝们就可以直接进入这个微话题的页面，另外，如果你有其他微博账号，可以直接进入你的微博小号，为小号导入粉丝。

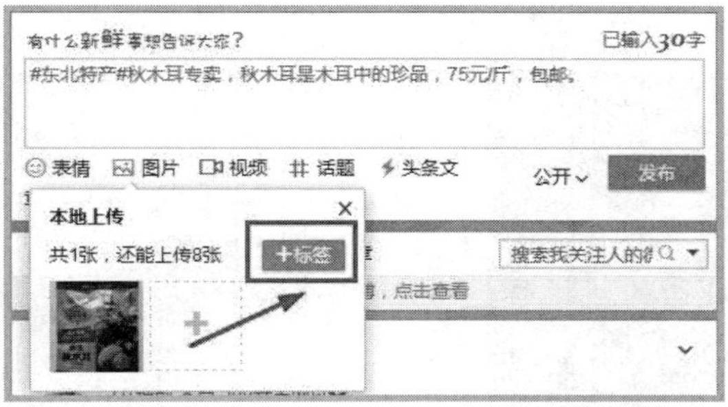

微博配图添加标签示例

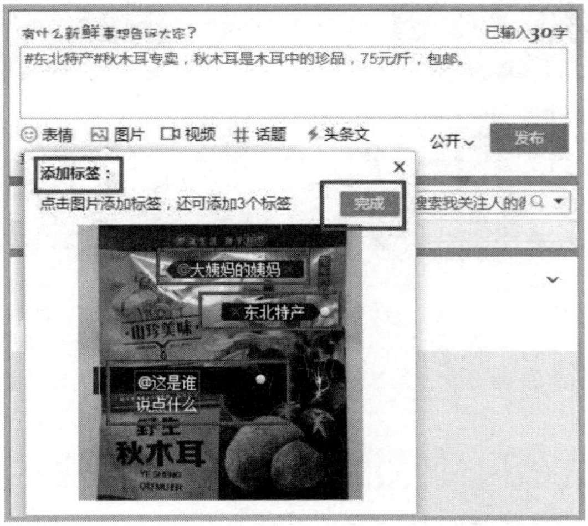

微博配图添加标签示例

• 微博配图添加“贴纸”（手机端）

手机端发微博，插入图片时，要先从手机相册中选择一张图片，再任选一款系统提供的贴纸，添加到图片上，包括“贴纸图+微话题标签”，可以移动位置，再轻触图片，会出现“@”“#”和“位置”3个选项，你想添加哪一项就输入内容，@是指微博账号，#是微话题符号，选择一个微话题发布后，会在这条文字前面自动加微话题，位置就是你所在的地址，一张微博配图可以添加这么多的内容，你的微博会出现在你选择的热门话题中，系统也会根据你的设置来推荐同样兴趣、爱好、地点的粉丝，增加曝光的机会。

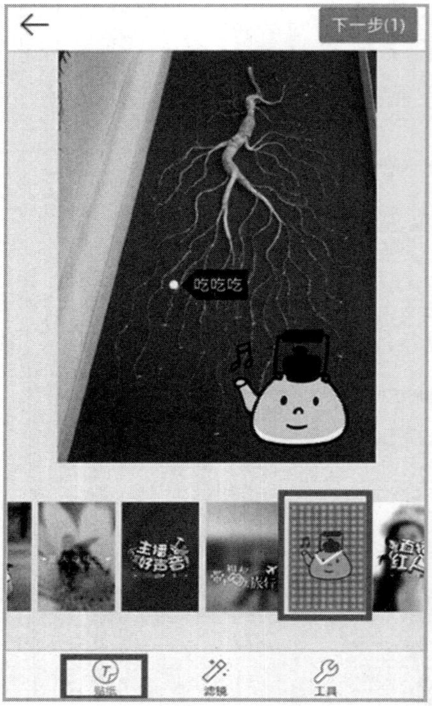

微博配图添加贴纸

微博配图添加其他标签

提 示

微博配图至关重要，尤其对于那些通过微博销售产品的卖家朋友们来说，更要注意配图的视觉效果，我们在编辑一段产品文案之后，建议搭配9张图，插入图片之后，可以选择添加适合的“贴纸”和“标签”，这样发布后的配图视觉效果更突出，更吸引眼球。

很多时候，我们往往忽略了给微博配图添加标签和贴纸，这里是最好的增加曝光的途径，直接连接到微话题，可以是微博热门话题，也可以是自己创建的微话题，为其增加阅读量，而且还可以直接进入某个微博账号，可以是明星、名人的微博账号，也可以是自己的微博小号，从大号导入小号粉丝，不失为一个好方法，我们要逐渐培养自己的这个习惯，只要发布微博配图，就直接添加上标签和贴纸，长期坚持这样做，会有不错的效果。

2.6 微博相册

微博相册很常用，平时我们发布微博时，选择图片可以直接从相册中选择，前提是你已经上传了一些照片到相册中。另外，也可以到微博相册广场中按标签寻找自己喜欢的照片收藏，微博相册里会保存发布过的微博配图、更换过的头像图片及点赞、收藏过的图片，分别保存在“头像相册”“面孔专辑”和“微博配图”中，方便随时查看，而且还可以分享、美化图片。

2.6.1 创建微博相册

创建微博相册操作步骤如下。

（1）登录新浪微博，进入个人微博主页，单击“我的相册”按钮，进入新页面。

（2）新页面中找到“相册专辑”按钮并单击，进入“微相册”页面。

（3）在“微相册”页面中，打开“我的专辑”，单击“创建专辑”按钮。

（4）在“新建专辑”页面，填好专辑名称、专辑描述、设置访问权限，单击“创建”按钮即可。

我的相册按钮

相册专辑

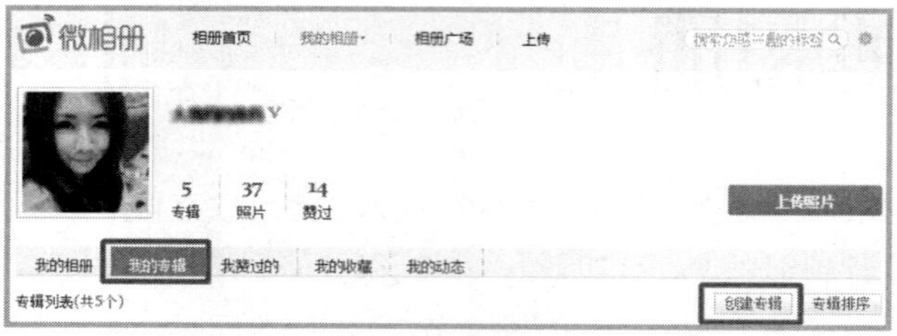

创建专辑

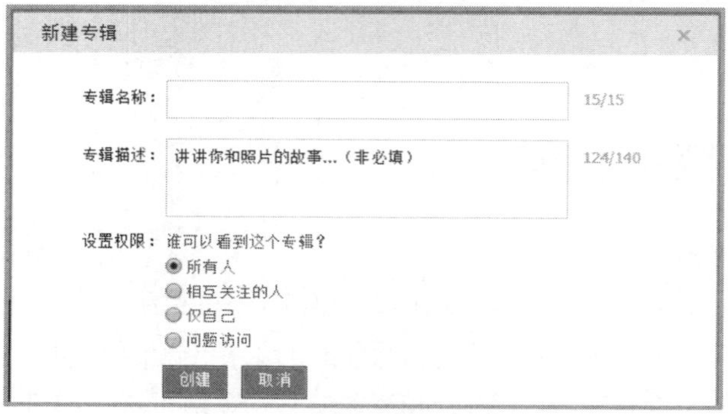

新建专辑

2.6.2 管理相册专辑

除了自己新创建的相册专辑之外，我们平时更换头像、微博配图等专辑都是系统默认的，都可以对其进行管理。

- **管理相册专辑**

（1）编辑专辑信息、照片信息，添加专辑描述、照片描述、标签。

（2）设置专辑的访问权限（所有人可见、仅自己可见、相互关注可见、问题访问）。

（3）照片的移动：目前照片的移动不支持头像相册。其他专辑，只要在照片最终页上方的操作中选择 “移动” 就可以进行照片的移动了。

（4）批量复制、批量删除、专辑排序。

（5）分享专辑到微博。

• 上传照片的限制

（1）图片内容：微相册禁止上传涉及色情、暴力、政治敏感问题等照片，一旦发现，将关闭该账号的所有服务。

（2）图片格式：微相册支持上传PNG、JPG、GIF、JPEG4种图片格式。

（3）图片大小：微相册支持单张照片上传最大20M，单次上传最多传120张。

（4）相册容量：微相册支持单个用户自建专辑100个，单个自建专辑可储存1 000张照片。

• 相册广场

除了自己的相册之外，我们也可以到“相册广场”按热门标签搜索美图，并可以对喜欢的图进行收藏、分享、点赞或评论，而且还可以投稿。

相册广场

随着发布的微博越来越多，所有使用过的微博配图都可以在相册中查找到，平时我们只要发现美图都可以上传到自己创建的专辑中，方便发布微博时配图专用。

2.7 微博数据

我们要学会查看数据，通过数据分析来调整微博的运营思路、方向和策略，在微博数据中心可以查看到自己微博的一些相关数据，如果想了解其他博主的微博数据，需要开通付费版，有一项是可以添加其他博主微博账号，将他们的微博数据与自己的微博数据进行对比，就可以找到差距在哪里。平时我们玩微博，使用会员版的居多，但只能查看自己的微博数据。

2.7.1 微博数据中心

目前微博数据中心有免费版、会员版和付费版3种，对于新手朋友们来讲，会员版就足够用了，对于想要更全面地分析微博数据的朋友们可以订购付费版，价格略高，有资金实力的朋友们可以考虑。

- **数据中心会员版**

数据中心会员版可以查看的数据有：新增粉丝数、粉丝细分（普通、认证、达人）、取消关注粉丝、关注人总数、互粉情况、页面访问分析（浏览量、独立访客数、访问时间）、我的微博总数、我的转发和评论量、阅读数、互动趋势分析，我们可以查看到7天、30天的微博数据。

通过这些数据的分析，可以调整我们发布微博的时间、发布的条数以及发布什么类型的内容阅读量、转、评、赞会高一些，尤其是现在申请微博签约自媒体有一项申请条件就是对阅读量的要求：上月被阅读数>100万，那么我们就需要通过查看数据来看看自己的微博阅读量是否达到要求，很清晰、很直观。

提 示

微博数据分析不仅可以时时跟踪自己的微博数据变化情况，还可以添加你想要了解的其他博主账号，如同行竞争对手、排名靠前的博主，查看他们的微博数据情况，推测其微博运营策略和规律，并向他们学习，借鉴他们做得好的地方，提升自己的微博运营能力。

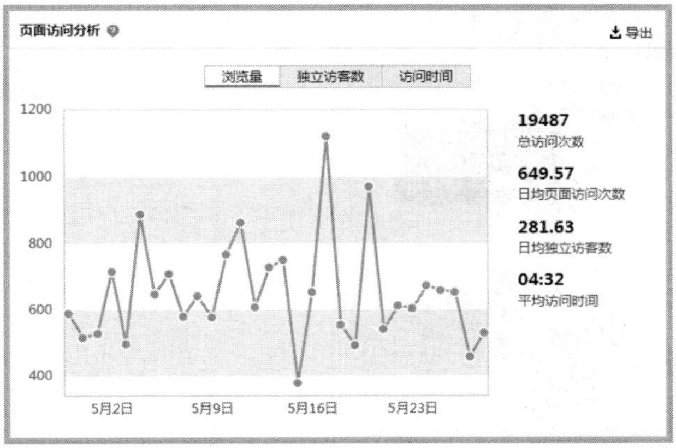

数据中心会员版（页面访问分析）

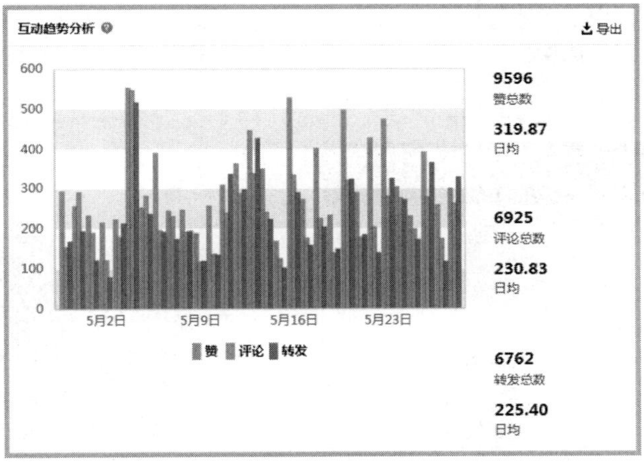

数据中心会员版（互动趋势分析）

• 数据中心付费版

数据中心付费版可以查看的数据更全面、更细分、更深入，从粉丝分析、内容分析、互动分析、行业趋势分析这几块都比免费版、会员版增加了一些指标，最有优势的地方是对行业相关微博账号的分析，最多可以添加50个账户，你想看谁的就添加他们的微博账号就可以，然后就可以看到他们的微博数据，可以和自己的数据对比一下，看看差距在哪里，一目了然，非常清楚。

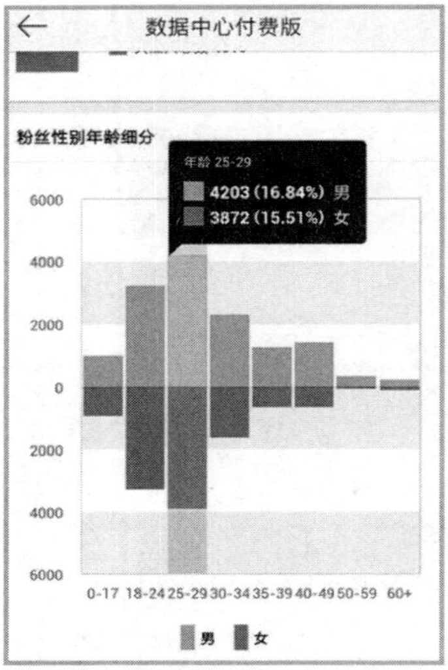

数据中心付费版（粉丝性别年龄细分）

数据中心付费版（粉丝所在地区分布）

数据中心付费版（互动分析）

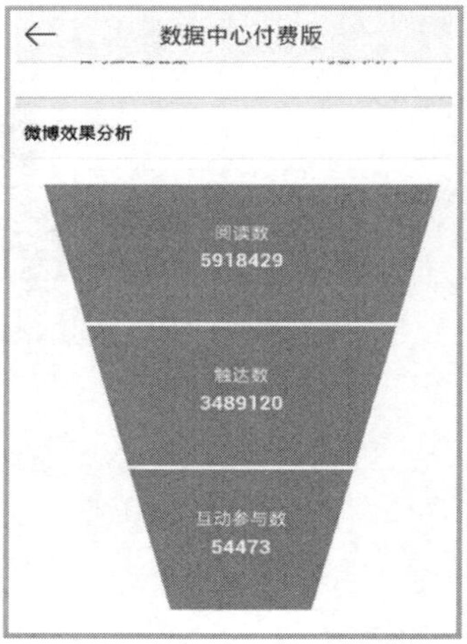

数据中心付费版（微博效果分析）

从图中可以看出，付费版的数据分析很具体了，粉丝分析（粉丝性别、粉丝地区分布及与你互动最多的粉丝排名）、内容分析、互动分析、微博效果分析、竞争微博账号分析等都涵盖了，我们根据这些数据分析结果，可以选择适合粉丝群体特征的产品进行推广，如年龄段25~29岁的粉丝居多，广东粉丝最多，我们就可以选择一些适合年轻人的产品来做，分析广东地区的粉丝们的喜好，找一些刚需产品做主推。

2.7.2 微博数据分析与应用

除了微博数据中心之外，还可以通过“微数据”“微指数”和“微报告”等应用来查看一些微博数据，了解当下的趋势、动态等信息，结合自己的微博数据一起分析会更全面。

● 微数据

微数据可以查看“我的影响力”“影响力趋势分析”“男女粉丝比例”“粉丝星座”“粉丝属性”“铁杆粉丝Top3”“近7天个人数据”“近30天个人数据”和“年度数据盘点”，以及微博人脉包括“人脉关系图”“人脉影响力榜”和“六度人脉Top1”（明星）等。

如果我们没有开通数据中心付费版，在数据中心会员版是查不到这么全的数据的，因而我们可以把微数据作为数据分析的补充。重点是“年度数据盘点”这个分析可以查看你玩微博这几年的年度数据情况，另外，“人脉关系图”可以查看近期与你互动最多的10位粉丝，这两项数据是比较有用的。

微数据（年度数据盘点）

• 微报告

微报告包括各种报告，按照行业、类型、地域、时间分类，还有分析师专栏、公开课、信息图等几块，像做电商的朋友们可以常看一下按行业分类中的电商报告，分析很全面，大家可以根据自己的需要进行选择。

微报告分类

• 微指数

微指数是基于海量用户行为数据、博文数据，采用科学计算方法统计得出的反映不同事件领域发展状况的指数产品。具体来讲是通过关键词的热议度，以及行业/类别的平均影响力，来反映微博舆情或账号的发展走势。

热词指数，可以查看关键词在微博的热议度，了解热议人群的地区分布情况。推荐热词是根据近期的微博热议度较高的关键词的推荐，而且我们可以定制热词。

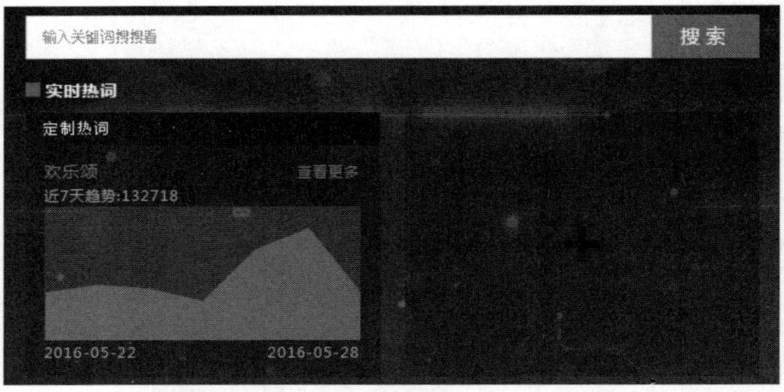

微指数分析

假如我输入“网红”这个关键词，可以查看到热词趋势、实时趋势、地域解读、属性分析。其中，属性分析中看到网红人群定位、性别比例，女性占了60%，年龄分布，19~24岁的人数最多，当然还有很多项数据分析，大家自己可以搜搜看。

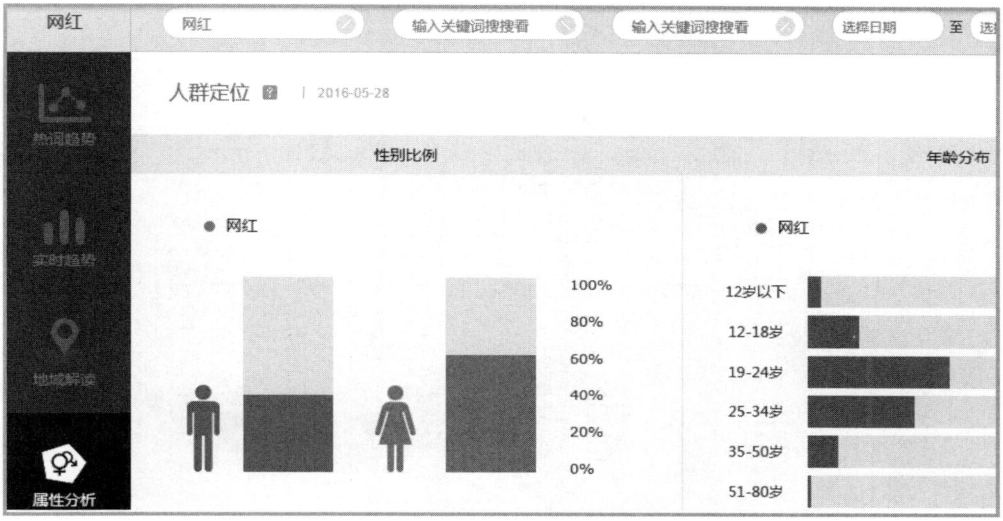

微指数分析（人群定位）

除了可以查看某一个词的热词分布，还可以通过输入多个词进行趋势对比，而且输入微博账号名，就可以查看到知名博主的微博运营情况，这个分析是非常有价值的，最多输入3个词，给大家看一下，我输入知名博主“同道大叔”“回忆专用小马甲”和“王尼玛”3个账号，对比分析，看看他们的微博运营情况。

这3位知名博主的微指数对比分析挺有趣，我猜“同道大叔”一定是天蝎座，大家看星座比例网状图，“同道大叔”天蝎座占比21%，可以看出他平时发布微博内容时，关于天蝎座的内容肯定多一些。从年龄分布分析看，三者出奇的相同，都是19~24岁年龄段最多，可见年轻人关注他们的最多。从性别比例分析看，“同道大叔”和“回忆专用小马甲”都是女粉占比77%，因为星座和宠物是女性的最爱，所以女粉多是正常的，而“王尼玛”的男女粉比例很均衡。我们再从整体趋势分析来看，“同道大叔”和“王尼玛”差不多，“回忆专用小马甲”领先太多。可见微博定位在某一个行业领域，如星座、漫画类和综合类微博还有一定的差距，但垂直内容是官方扶持的，这类微博账号的粉丝会更精准，这里只是简单地做一下分析。

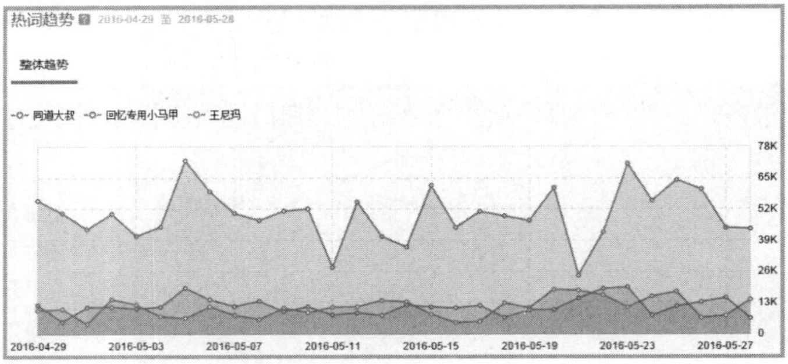

微指数分析（整体趋势）

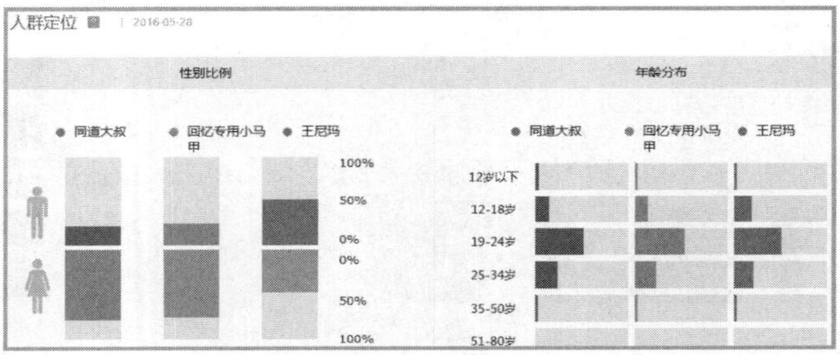

微指数分析（人群定位）

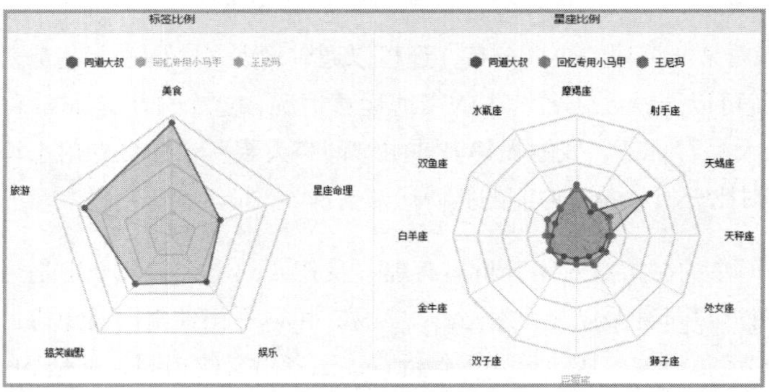

微指数分析（标签/星座比例）

综上所述，在微博运营过程中必须学会分析数据，通过微博数据中心、微数据、微报告等进行综合分析，了解整个行业及竞争对手的微博数据情况，再结合自己的微博数据来调整自己微博的定位、运营方向。只有十分了解粉丝的情况，你才会选择适销对路的产品来进行推广，微博营销才能有好的效果。

2.8 微博收藏

微博收藏就是当你在浏览微博过程中发现喜欢的、有用的帖子时，可以直接点收藏保存，方便以后查看，但是当博主删除帖子时，收藏也就没了，如果很重要的文章之类的，建议直接保存为桌面文档，不是特别重要的可以采用这个方法保存。微博收藏最大的好处就是，可以随看随收藏，而且通过标签清晰的分类，查看起来十分方便。另外，系统也会根据你的喜好进行微博推荐，微博的信息量太大，有这样一个功能按钮是非常好用的。

2.8.1 微博收藏功能操作

微博收藏操作步骤如下。

（1）登录新浪微博，进入个人微博主页。

（2）在左侧栏里找到“我的收藏”按钮并单击。

（3）进入“我的收藏”页面，按照你自己添加的“标签”来查看，也可以在搜索框里搜索你收藏的帖子，单击“编辑”按钮可以进行“删除”标签操作，但不会将对应的收藏一起删除。

（4）如果你又收藏了一条相同知识或者比之前更好的微博，你可以进入收藏里面，找到之前的那条微博“取消收藏”即可。

（5）还可以导出收藏夹至有道云笔记，十分方便。

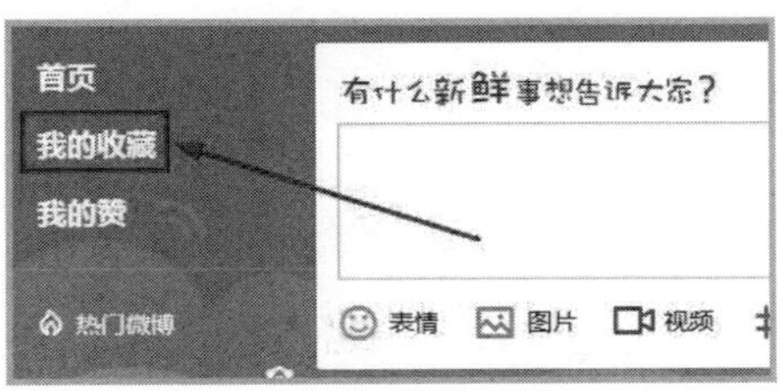

微博收藏

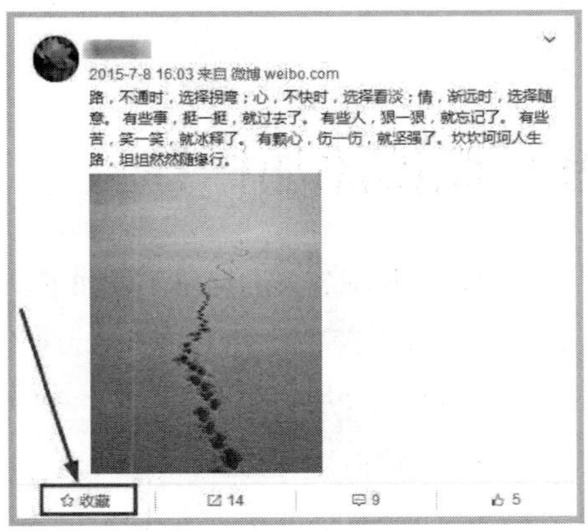

单击收藏

2.8.2 添加标签

随着发布的微博内容越来越多，我们从自己所有的微博中想找出曾经转发过的一篇实用贴是非常浪费时间的，而我们通过微博收藏就解决了这个问题，最方便的是，可以按标签分类，一目了然。

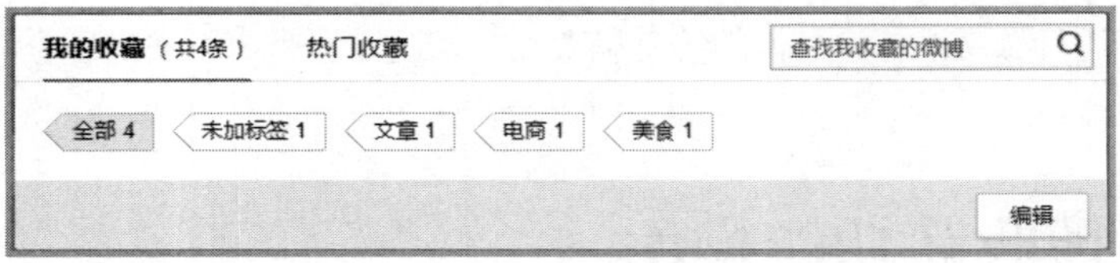

查看收藏

2.9 微博标签

微博标签有“个人标签”和“单条微博加标签”两种，前面已经介绍了“个人标签”的设置和玩法，这里主要介绍“单条微博加标签”的方法，大家不要弄混淆，两者是完全不同的概念。

2.9.1 微博添加标签

单条微博“加标签”的操作步骤如下。

（1）登录新浪微博，进入个人微博主页。

（2）选择你要“加标签”的那条微博，单击右上角的“向下箭头”，找到“加标签”项。

（3）在添加标签输入框输入标签名（自己取名，如微博营销、淘宝运营等）。

（4）最多5个标签，用空格分隔，填完，单击“确定”按钮即可。

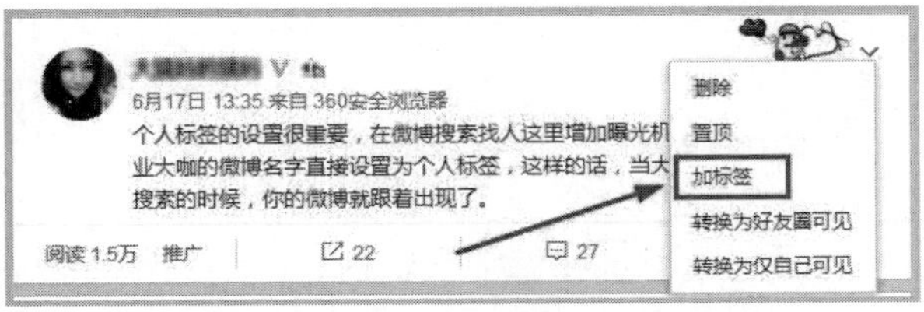

单条微博加标签

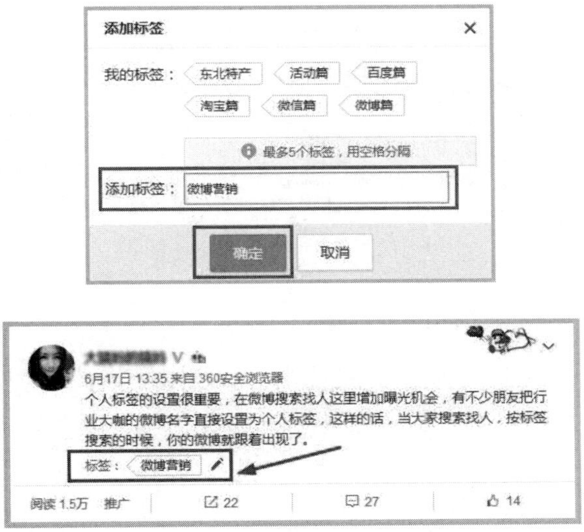

加标签示例

2.9.2 编辑微博标签

查看/编辑/删除标签操作步骤如下。

（1）登录新浪微博，进入个人微博主页。

（2）在“置顶微博”上方，找到“更多”打开，找到“标签”选项。

（3）单击“标签”，可以查看所有的标签。

（4）在各“标签”中可以对其进行“编辑”和“删除”。

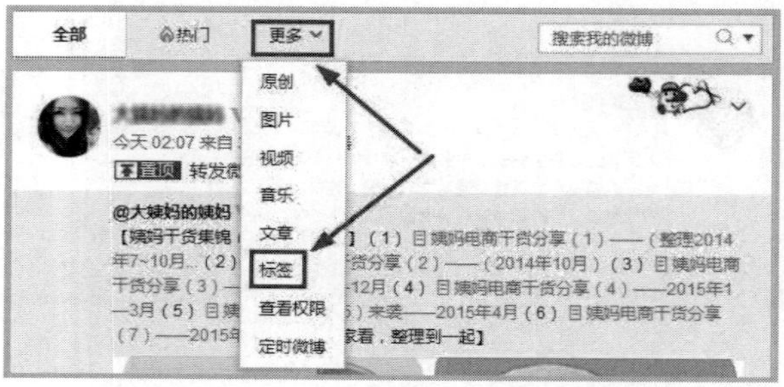

查看标签

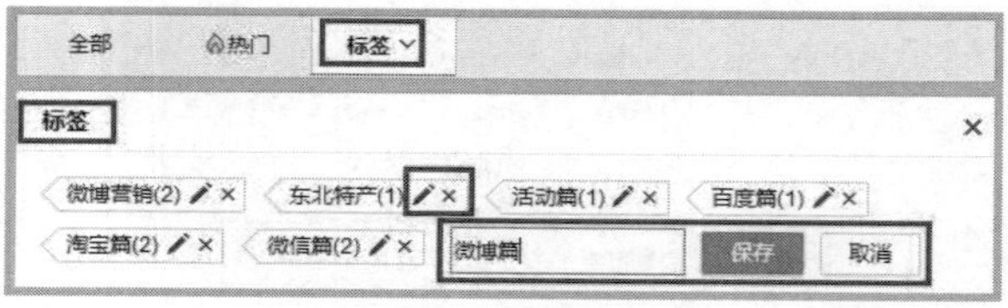

编辑/删除标签

单条微博加标签的好处，一是方便自己对一些分享内容进行梳理归类，二是方便粉丝们按标签查看、学习，分门别类的浏览可以避开一些广告，挑选自己喜欢的内容阅读，非常方便。

以上章节重点介绍了在玩微博的过程中常用的一些操作，几乎每天都要用到，所以大家要认真看看，熟悉所有的操作界面和基本的玩法，练好内功，才能做好微博营销。

03

MICROBOLOG MARKETING
PLAY HIGHLIGHTS

微博营销玩法集锦

- 微博互粉互动
- 草根圈子玩法
- 网红玩法
- 微博团购 / 福利活动玩法
- 本地资讯微博玩法
- 微博淘宝客玩法
- 微话题玩法
- 借势“热门话题”全攻略

微博作为社会化媒体之一，短短几年的发展却对互联网、移动互联网的发展进程影响巨大。它就像一个“大广场”，聚集了众多的明星、名人、网红、草根、达人，他们自身的魅力吸引了一波粉丝追随，而且十分活跃，哪里人气高，哪里就有营销，于是微博营销越来越受到企业和个人的关注和重视，他们纷纷开始在微博试水，并取得了不俗的成绩。

3.1 微博的互粉互动

微博互粉互动是贯穿玩微博的始终的，微博营销是靠人际传播，简单说，前提是要有人为你转发、传播、扩散出去，对于一个新手初玩微博，不像明星、名人那样天生就有很多粉丝追随，作为普通人、草根一族，我们玩微博的第一步就是要“加粉丝，并互动”，企业也一样，最开始都要经过原始的粉丝积累阶段，才能在以后的微博营销中爆发威力。

3.1.1 微博涨粉的方法

企业和个人的涨粉方法略有不同，因为企业相对于个人来讲，资金、人力、物力都有，所以可以采用“付费+免费”玩法。而对于草根一族来讲，适度的付费也可以（如投放粉丝头条、转发抽奖等），这要根据自己的经济能力来定，多数情况下，大家都要靠自己的勤奋、努力去主动加粉丝。我这里所说的“付费”是指利用微博平台的一些营销工具，例如“投放粉丝头条”“转发抽奖”和“微博红包”等玩法，这些玩法涨粉很快，但需要投入的资金也很多，所以通常这么玩的都是企业团队，而个人平时的涨粉主要是靠一些方法去加粉，虽然慢了一些，但是粉丝质量较高，活跃粉居多，而且不会轻易掉粉，各有利弊，具体怎么玩，下面将会做具体的介绍。

- **到大咖的“关注”“粉丝”“评论”中加粉**

微博的每个热门分类中都有很多玩得早、玩得好的大咖，通常微博官方会有一些排行榜，如“电商自媒体影响力排行榜”“电商高管影响力排行榜”“垂直V影响力榜”“微博时尚红人排行榜”和“微博助农排行榜”等排行榜。大家可以关注排行榜中的前辈，他们在某个行业领域都有一定的影响力，追随他们的粉丝众多，我们就可以到他们的微博账号的“关注”“粉丝”和“评论”中去加粉。通常他们的粉丝质量较高，非常活跃，尤其是草根电商圈子的朋友们异常活跃，积极性很高，这可能与整体的大趋势有关。电商近些年一直很热，而微博中农产品、生鲜水果草根电商圈子和时尚达人网红圈子是目前最热的两大群体，官方也很扶持，所以大家可以多多关注这些行业大咖和一些关键意见领袖。

一个微博账号，每天可以加几十人，在你加别人的时候，对方如果没有及时回粉，也不要立刻取消关注，因为每个人登录微博的时间是不同的，可以等3天左右，如果他们还没有回粉，你可以对其取消关注。因为我们的关注是有上限的，会员最高5 000人，所以要珍惜每一个互粉位置，留给回粉的朋友们。我们也可以采取发私信的形式求回粉，这样回粉的概率会大一些，也能表示诚意。

通常大咖的评论中的粉丝都是特别优质的，尤其是那些每天都会出现的微博账号，一定要加关注，并且把他们加到重点关注分组里。因为他们除了是大咖的“铁粉”之外，自身也是有一定影响力的，他们的粉丝也相对活跃，所以这些都是环环相扣的。由大咖到他们的“铁粉”，再到他们的“铁粉”微博中加粉丝，这些都是获取高质量粉丝的方法，靠的就是我们的勤奋，每天花一点时间去主动关注别人，如一天的时间，一个微博账号，你主动关注50人，一个月就是1 500人，再加上其他方法涨粉，很快就会有上万粉，也可以多个微博账号同步加粉，这样你的所有微博账号都会涨粉，同时运营。如果个人的精力有限，主攻一个微博账号即可。大家不要盯着一个大咖的微博加粉，要轮换着加粉，这样会平衡一下粉丝结构，毕竟每个大咖吸引的粉丝群体特征是不同的，有的男粉丝多一些、有的女粉丝多一些。通常女粉丝更具购买力，而且粉丝地区分布、年龄段等大家都要考虑，这要从你自己的微博定位出发，确定需要加一些什么类型的粉丝。

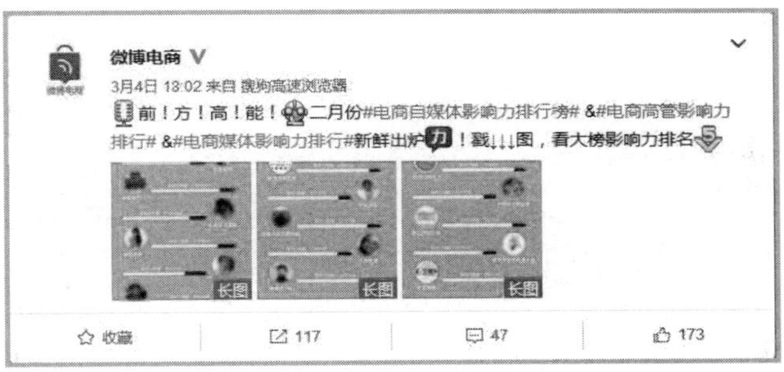

微博电商排行榜

• 大咖推荐涨粉法

大咖推荐涨粉飞快，但怎样撬动他们推荐你的微博账号呢？草根圈子里我们通用的说法是：“勾搭”大咖，那么如何“勾搭”大咖，才会撬动其推荐你呢？这里分享几个方法给大家。

» 转、评、赞大咖的微博，以表支持

我们在玩微博的过程中，情商一定要高，首先你要支持他们，经常去他们的微博转

发、评论、点赞，每天都去，而且评论的时候要言之有物，不要只发一个表情就觉得可以了。言之有物，会加深他们对你的印象，会让他们更加了解你的性格、能力、品格等，只有在熟悉、了解的基础之上，他们才愿意推荐一直支持他们的粉丝。试想，别人连你是谁都不知道，怎么会无缘无故就推荐你呢，所以建立信任要先从支持他们开始。

» 发求助帖@大咖，毛遂自荐

初来乍到，你可以毛遂自荐，简单介绍一下自己，然后@大咖，向其表明与之学习、交流的决心。通常谦虚好学的人都能博得好感，而且新粉丝的热情，大咖们是很愿意帮助的。或者当你想在微博上购买产品，但你又不知道哪个人卖，这时你也可以发布求助帖，寻求大咖推荐，大家都愿意帮忙。因为能够有人购买他们“碗里”铁粉的产品是好事，一是帮助新人及时找到卖家，二是又帮助了铁粉找到买家，大咖从中起到一个桥梁的作用，这种情况在草根电商圈子较常见。像我最初玩微博也是经历了大咖推荐、互粉互动这个过程，最开始我只有400多个粉丝，经过大咖推荐后，结缘了很多小伙伴，随着认识的人越来越多，粉丝增长得越来越快。后期我主要靠发布原创内容吸引粉丝，但前期一定要打好基础，累积基础粉丝量。

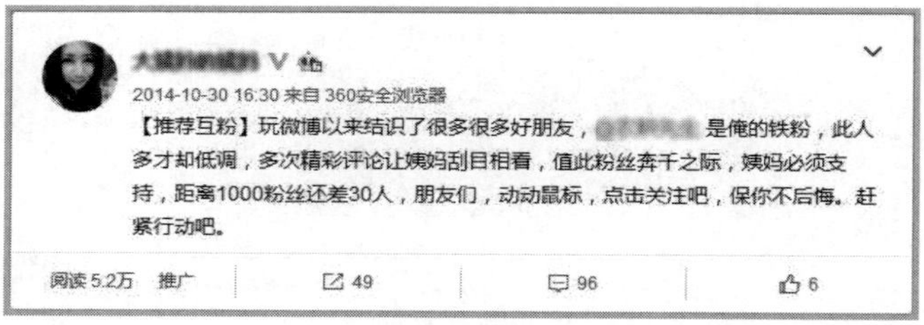

推荐铁粉示例

» 购买/代理其产品并晒单，引起关注

圈子中有一些大咖自己也是销售产品的，卖书、卖酒、卖茶、卖农产品等，我们可以从购买或者代理其产品开始“勾搭”，收货后拍照晒单并@大咖转发，他们看到后会很快转发，因为这是推荐他们自己的产品。也有很多小伙伴直接代理他们的产品，如电商书籍，发布到自己的微博橱窗销售，这样就会拉近你与大咖们的距离，而且你的晒单会引起很多粉丝关注，也会为其带来销量。

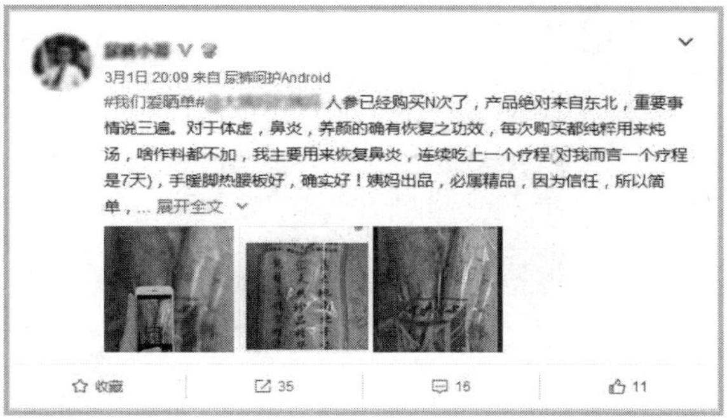

购买产品并晒单

» 赞助其活动产品，合作共赢

有的时候，大咖们会在自己微博做转发抽奖活动，我们就可以主动私信他们赞助产品，一是借此机会增加产品的曝光，二是从实物上支持他们。如果你赞助的产品在活动后反馈不错，也会让他们对你产生信任和好感，以后会有很多合作机会，达到共赢的目的。

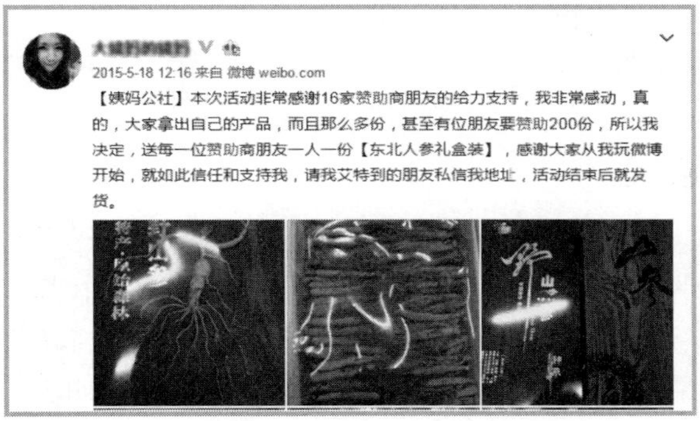

赞助产品

» 整理其微博内容，拉近距离

有一些非常勤快的博主，会主动整理圈子中知名大咖的微博，因为都是140字短微博，整理成头条文章，然后@大咖转发，给他们带来惊喜，也方便同样喜欢他们的粉丝阅读，他们的粉丝自然喜欢关注如此用心做事的你。另外，申请微博签约自媒体其中一个申请条件就是要有3篇优质头条文章，整理大咖们的微博会获得高转发、高阅读量，这无疑是一个非常好的方法。

整理微博内容

» 加入其微博圈子，捷足先登

每一位大咖都有自己的小圈子，以分享干货、整合资源、销售产品为主。俗话说“自家的孩子自己爱”，如果你加入他们的小圈子，自然会得到支持和帮助，这种玩法也有弊端，当他人知道你是某个小圈子的成员，就不会再与你互动了，可能这又关乎人性，微博的开放性特征，还是大家一起玩比较好。个人觉得，这个方法可以快速打开局面，但也看个人情商，能够做到与所有人打成一片，绝对需要高情商，这个因人而异。

• 大咖的互粉贴

每逢周末、各种节假日等特别的日子，一些行业大咖就会在自己的微博发布互粉贴，让粉丝之间在此帖评论中互相加关注，这类粉丝通常都很精准，都是因为关注某博主而来，如电商人周末大互粉、情人节大互粉、劳动节大互粉、中秋节互粉、东北人互粉贴、驴友互粉贴等，这就需要大家勤快点，主动去加粉，因为目的明确，所以大家回粉也很快，如果你没有及时赶上互粉，可以在任何时间去大咖微博搜索框里搜索“互粉”“互粉贴”等关键词，直接找到他们所有发过的互粉贴，自己主动加粉就可以了，但这样回粉就不如当时那么快，有时需要我们私信求回粉。

互粉贴示例

- **抱团推荐互粉贴**

除了借助大咖们的转发、推荐之外，我们也可以抱团互助，由某个相对有一些影响力、粉丝较多的朋友开互粉贴，直接@小伙伴们的微博名字，然后加上微话题，再配上互粉专用图，视觉冲击，引起关注。我的互粉之路，最开始这种方法玩的最好，因为当你推荐了粉丝们互粉的同时，你自己也会涨粉，而且被@到的朋友们会很开心，积极参与到转发中来。需要注意的是，这种方法主贴中不要@太多人，5~10个人左右刚刚好，而且要选择一些活跃的、不怕被信息打扰的朋友们进行推荐，因此在平时互动中，对一些粉丝都要有一定的了解，否则在转发的过程中，会不断地收到信息提示。

玩法：先拟一个主题，如“年底互粉”，文字编辑中这样写：“年底互粉（第1波）”“年底互粉（第2波）”到“年底互粉（第10波）”，结尾处写上“请转发”，一定要提醒大家转发，否则有的粉丝直接加粉而不转发。每一波推荐前都先把粉丝选好，以老粉、活跃粉带新粉为主，这样老粉、活跃粉转发后，产生一定的影响力，使他们的粉丝关注新粉，而且他们转发后，会形成持续的转发。这时全部推荐新粉是不行的，新粉的粉丝少，二次甚至多次转发少，如果这样的话，这个贴很快就会停止转发了。所以大家在开互粉贴的时候要注意这些事项，还可以加微话题，搭配有互粉字样的图片，效果会更好，因为“互粉”是“大词”，搜索的人多，在转发的过程中，也会吸引很多圈外粉丝参与互粉。

这种玩法加的粉丝，不容易掉粉，而且很优质，因为推荐的时候已经进行了筛选，所以大家也都知道能够被推荐的肯定是活跃的优质粉，也很愿意关注，一旦关注，基本不掉粉，这一点比其他方法涨粉要好一些。

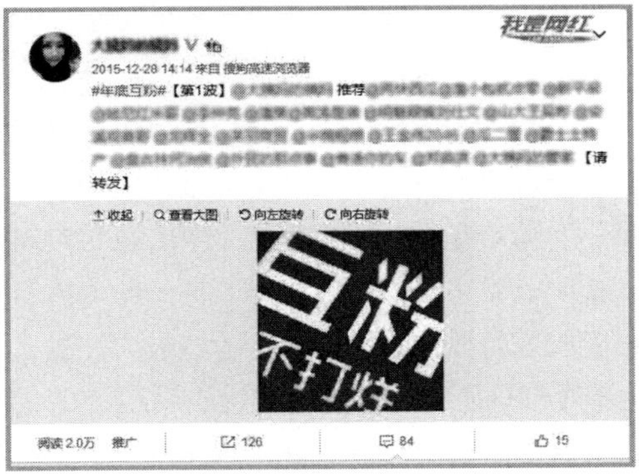

抱团互粉贴

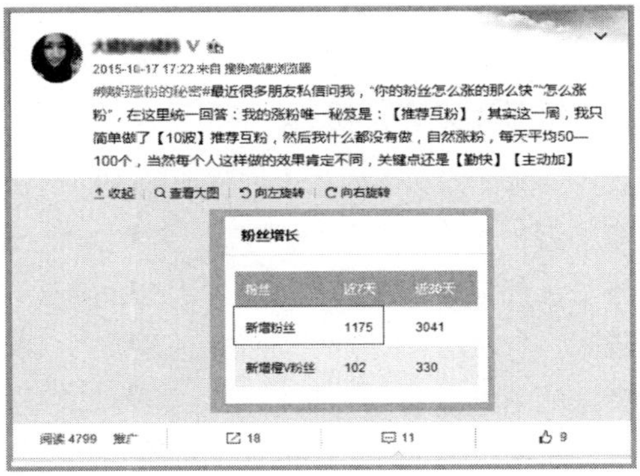

抱团推荐互粉贴效果

• 微博互粉群加粉法

目前微博群很活跃，各种类型的微博群都有，有的是粉丝群，有的是以一定主题创建的群，如电商人交流群、电商干货分享群、创客群、美食群等，还有一些主要目标就是互粉，并会以此命名“互粉群”，根据你的微博定位，选择你的受众群体，加群更精准。如果你是卖木耳的，你就可以加一些健康养生、美食方面的微博群，微博群互粉是很快的，但也容易掉粉。

怎么找到微博群？在你玩微博的过程中，你就会被粉丝们拉入到不同的微博群，你只需要勤快一点，主动加粉就可以了，在这个群里加的粉丝天南海北的，不像前面提到的方法那么精准，因为前面提到的方法都是基于一定的微博圈子而玩的，而微博群就是面向整个微博了，因为你也不知道谁会拉你进群，因为拉人进微博群是不需要经过你同意的，所以总有你粉丝中的某个人会拉你到互粉群。你选择性的加粉即可，不喜欢的群可以直接退出，因为玩微博久了，群会很多的。

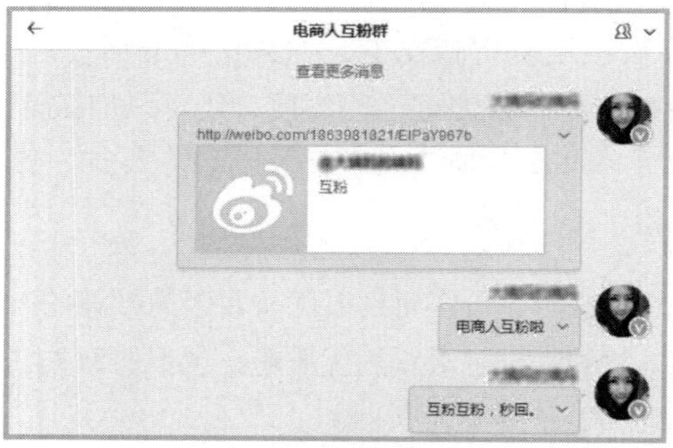

微博互粉群加粉

• 优质内容吸粉法

微博营销、内容为王，优质的内容自然涨粉是非常快的，尤其是对于能够持续输出价值的博主来讲，得到的关注会越来越多。而且只要你认证了，并申请了“微博签约自媒体”，官方对其扶持力度很大，也会推荐新粉、相同行业领域的粉丝给你。你的微博内容越好，与粉丝之间的互动越多，整个微博的权重就越高，权重越高，被推荐、被关注的机会也就越大，所以这是一个良性循环的过程。最重点的是要持续输出实用、有价值的内容，原创内容更佳，因为大家都不喜欢看嚼过很多次的东西，喜欢新鲜、有趣一点、又能有所收获的内容，而且该内容又能让粉丝们参与其中，就是保持微博的活跃度。

当朋友们问我如何涨粉时，我综合了大家的所有方法，而不是单一的分享我的方法，因为我的粉丝是从400多人开始的，主要就是原创分享，从400~3 000粉丝，是“前辈推荐+抱团互推+自己加粉+互粉活动”。从3 000粉之后就完全靠原创内容了，到2万多粉丝时，是官方认证为微博电商人并给予扶持，直到现在95%的内容都是原创，我的微博运营主要就是靠原创和互动。

对于一些朋友说自己写不出那么多内容来怎么办？那么你也要每天练习，不必华丽的辞藻，也无需多专业，先从记录生活开始，就像写日记一样，分享生活中的新鲜事，也可以摘录好的文章片段、转载一些及时的行业资讯，但建议注明出处，尊重原创。长期坚持输出内容，最后形成自己的风格，你也会得到很多人的关注。

优质内容吸粉法

• 微博红包涨粉法

前面提到的所有涨粉方法都是免费的，只要自己勤快、努力、用心就可以，而接下来讲的方法都需要投入资金了。相信经历过春节期间微博红包玩法的博主们一定有这样的感触，太火爆了，涨粉太快了，因为有的团队仅在微博期间涨粉就是平时的多少倍，投入多的博主，一天涨粉上万，这不是吹嘘，有的甚至更多。

使用微博红包让我们涨粉又多又快，但最佳时机是每年的春节期间，微博官方会搞一次“让红包飞”的活动，全平台参与。2015年春节，草根电商圈子的一些自媒体微博账号就通过这种方法快速累积了粉丝，一个微博账号可以涨粉成千上万，但是需要投入很多资金，一个粉丝相当于一元钱，可以给自己的微博账号充红包，也可以向他人红包里塞钱。因为是全民参与，所以此期间粉丝都是活跃粉丝，就相当于你花钱加到了一些活粉，而不是经常不互动的一些人，后期再进行维护留住粉丝就可以了。大家可以关注一下“让红包飞”这个官微，看看其发红包的规则，但这个方法只是针对某些特定的节日，如春节和情人节，对于有资金实力的朋友，等待这个时间节点涨粉相当于几年的涨粉速度了，如果你觉得自己做不好，可以联系行业内有影响力的大咖联合做活动。

除了春节期间，平时玩微博红包的人也有，但不如“转发抽奖”的多。到目前来看，无论是企业还是个人都在玩“转发抽奖”，微博红包可以作为辅助，最佳时机还是春节期间，由官方统一组织，包括明星、名人等全员参与，那时整个微博到处都发红包、塞红包、抢红包。有的朋友给二、三线明星微博红包塞钱占位，因为每个博主的主页到时都会有一个微博红包排行榜，相当于占了一个好的广告位，只要有粉丝看他们的微博，就会看到你的微博名字。同理，也有很多朋友塞钱到行业内比较有影响力的博主红包中，塞的红包人数越多，占的位置越靠前，你的微博账号曝光的机会就越大。

“让红包飞”官微

• 转发抽奖涨粉法

都说好戏压轴，之所以把转发抽奖放在最后一个讲，就说明它是最常用、最有效的涨粉办法。涨粉也在与时俱进，商业化越明显，免费的越没有竞争力，从主动加粉——大咖推荐——抱团互推——赞助大咖——微博互粉群——转发抽奖（实物：以苹果手机居多）——微博红包——转发抽奖（现金：官方2016年5月上线），这一系列的涨粉历程，我都一一见证，感受最深的就是微博红包和现金抽奖力度最大，转、评、赞和阅读量超高。像一些知名自媒体人帮他人做转发抽奖活动，短短10天时间的转发量高达30万，可见粉丝们参与的积极性。因为现金抽奖确实很有诱惑力，因为人们总是有这种心理，梦想是要有的，万一抽中我呢，于是纷纷参与转发、扩散。

转发抽奖最常见的就是自发组织和帮他人组织，通常自己组织的博主都是有一定影响力，能够快速转发、扩散活动微博。而没有影响力的博主，通常会联系大咖们合作，让其帮助做转发抽奖活动，这样只需要谈好合作条件即可，效果也是非常不错的。

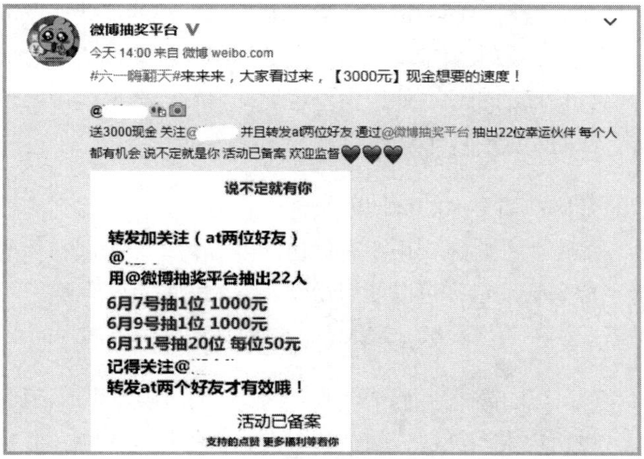

转发抽奖法

给大家分享了以上8种常用的微博涨粉方法后，大家可根据自己的实际情况来选择用哪种方法，因人而异，因为每位博主的微博定位不同，目标不同，所以只要有效，就要灵活运用，以上8种玩法可以互为补充，不冲突。只有累积了一定的粉丝数量，才能做好微博营销，没有粉丝，都是空谈，因为毕竟微博是一个开放的、传播式的平台，我们需要靠粉丝来完成传播、扩散，所以大家一定要重视粉丝的积累。当然，还有许多其他的涨粉方法，像蹭热门话题，互粉大厅等应用，其他平台的引流，到热门微博去评论，转发一些优质微博，写头条文章等都会涨粉，这是一项长期的过程，坚持总会有收获。

3.1.2 微博互动的方法

微博的互粉互动是伴随玩微博的始终的，内容再好，脱离了互动，也传播不出去，所以每天微博的日常行为就是要与粉丝之间、圈子之间多多互动，互动的方式主要就是“转”“评”和“赞”，也就是转发、评论、点赞，适当的时间策划一些微博活动也可以调动粉丝的积极性，这些都可以保持微博的活跃度，人气高的微博聚集的粉丝越来越多，影响力越来越大，并且能够快速建立信任。

• 转发

转发他人的微博：玩微博的朋友一定有这样的感受，就是每天打开电脑、拿起手机刷微博的第一件事，就是先看看热门微博、然后看看自己关注的那些朋友的微博，再随意浏览，只要发现自己喜欢的，如电商实用干货、搞笑视频、情感美文、心灵鸡汤等，就会转发到自己微博，分享给自己的粉丝，如果粉丝也同样喜欢你转发的内容，就会形成二次甚至多次转发，这样自然而然就形成了互动。

他人转发我们的微博：如果你的微博以原创内容为主，希望得到高转发，那就要靠实力发布优质的内容，能产生共鸣，实用、有价值的内容，才能引起粉丝的关注和兴趣，才会被疯狂转发。为了提高转发量，可以使用粉丝头条、群发、私信给粉丝或者发布到微博群里，只要内容足够好，相信转发量一定很高，这种互动因优质内容而自然形成。

如果是企业或者有自己的圈子、社群的朋友，转发的时候，可以在微信群、QQ群、微博群等地方先告知，也可以发个红包告知，或者发私信给行业大咖，寻求支持。私信内容可以这样写："某前辈、某老师您好，打扰您了，我们最近做了一个活动，想请您帮忙转发一下可以吗？非常感谢！"这些都是一种很好的互动、交流方式，人脉会越来越广、资源会越来越多。当然，平时互动过程中也要多多帮助他人，在他人需要支持的时候，一定及时地帮助转发，礼尚往来，当你需要支持的时候，他们也会及时出现，通过微博转发彼此熟悉、了解，建立信任。

• 评论

评论需要注意的地方就是要言之有物，表达出你对原博的理解和观点，只有这样你的评论才能在诸多粉丝评论中脱颖而出。博主有时会用心看每一条评论，如果觉得精彩，那么他们就会转发出来。要注意，当有影响力的大咖转发你的评论时，是连带你的微博名字一起转出来的，这时他的其他粉丝就会注意到你的微博名字和你所评论的观点，如果他们也认可你说的观点，觉得你这个人还不错，他们就会关注你，这样就成了你的粉丝，如果你经常被大咖们转发精彩评论，你的曝光机会就会越多，涨粉就会越快，人气慢慢得到提升，千万不要总是评论一个表情、一个词语，哪怕你说一句：学习了，收藏了，都比表情和词语好很多。而且通过你的评论，大家可以看出你的学识、能力、性格、职业、品格等信息，增进了解。

现在微博可以使用“图片评论”了，可以选择与博主发布的微博主题相关的图片，来配合文字的意境，图片的视觉效果也会引起博主及其粉丝的关注，因为有些博主铁粉，连博主的评论都会翻看的，所以不要错过任何展现自己的机会，当然也有的朋友利用图片评论来推广自己的产品，这也是一种常见的方法。

• 点赞

点赞的功能相当于敲门砖，当你发现喜欢或认同他人微博观点时，可以点个赞，如果你想引起他人注意可以集中点赞，如博主连续发了几条微博，你可以选择一个时间把这几条微博同时点赞，这样博主会收到点赞提示，你的微博名很快会被他们注意到，然后会关注你，起到了一个提醒作用。另外，点赞也可以当“收藏”功能使用，当你想找到以前看过的微博时，翻看自己的微博又比较麻烦，那么直接点开你点赞过的微博，会很快查到你要找的那一条微博，点赞是大家刷微博时常用的动作，因为比较省事，又表示看过你的微博了，支持你一下，很方便，所以通常点赞的使用频率最高。

目前，点赞还有一个最大的优势，类似于微信点赞，有广告的作用，被赞的微博会在点赞人的第二条微博位置展示，如果你点赞了某位博主的一条硬广，那么你的粉丝就会在你的微博第二条的位置看到这条硬广微博，这与转发效果差不多，也是一次曝光机会。另外，点赞多了，容易上热门，所以我们要抓住每一个推广机会，大家可以多多尝试点赞的玩法。

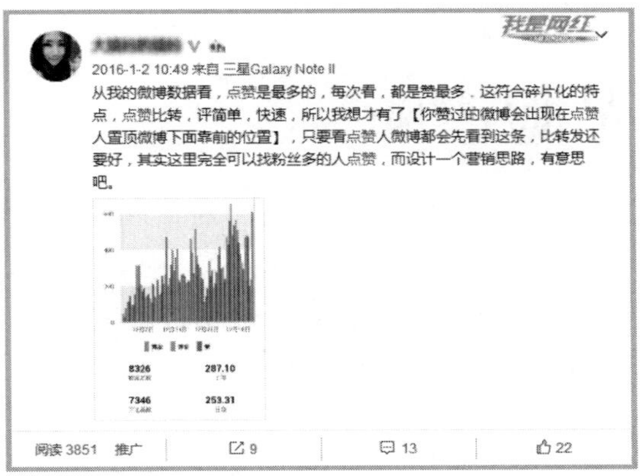

让红包飞官微

3.2 草根圈子的玩法

微博中除了明星、名人及粉丝圈子之外，最活跃的当属电商草根圈子了，人人都说："高手在民间。"这个圈子中都是各行各业的人，因为一个目标而聚集在一起，沟通、交流、合作、多赢，抱团取暖，走得更远。因为现在单打独斗存在着诸多局限，大家开始意识到合作互助的力量，尤其是在当下社交营销概念异常火爆的环境下，大家纷纷开始创建各自的小圈子。

3.2.1 草根自媒体圈子

有一些文采好、思维佳，又具有某一行业领域经验的博主在微博中分享他们所了解的、知道的东西，颇受粉丝们喜爱，而且官方又非常扶持原创优质内容，给予这部分人进行"微博签约自媒体"的认证，并给予涨粉、推荐等扶持，于是一批优秀的自媒体人脱颖而出。

自媒体人之间可以联合互推，互助增加粉丝、扩大其影响力，而且可以平衡粉丝结构，受众面更广，能够快速打造一个微博大号。

自媒体人之间也可以联合或者独自创建一个主题圈子，通过收取会员一定的费用，以整合资源、搭建桥梁、互助推广、分享电商知识、线下聚会交流等形式进行管理维护，大家共同努力，扩大影响力。

3.2.2 草根产品推广圈子

当下最热的当属农产品了，微博也一样，卖农产品的最多，自然而然形成草根产品推广圈子，异常的活跃、热闹，真的就像线下的菜市场一样，卖什么的都有，只要招呼一声，分分钟搞定，比淘宝购物还快。目前，电商草根圈子，卖农产品的朋友们，各自形成了小圈子，每天互推互助，玩法不同，但效果还不错，分享几种常见的玩法。

- **抱团刷屏**

"刷屏"，也就是某个时间段，大家不断地转、评、赞一个帖子，让这条帖子持续曝光在粉丝的视线范围内，一个人完成不了刷屏，所以通常大家会联合起来玩，当你发布了一条“硬广”时，可以提前和圈子中的朋友们打好招呼一起刷，也可以向圈子内的大咖寻求帮忙，这样传播、扩散的面更广，刷屏的过程是会卖出产品的，当然也有一些粉丝会反感刷屏，因为刷博过程中会对其造成信息干扰，全是广告信息，于是他们会取消关注，容易掉粉，刷屏时需要把握好度，不要经常性的刷屏，而且时间段的选择很重要，通常晚上8:00以后，微博人比较多的时候刷屏较好。

● 抱团刷话题

微话题也很强大，通常草根圈子的朋友们会自建微话题，然后大家发布微博时都带上这个微话题，增加微话题的阅读量，提高微话题在微博整个分类微话题中的排名，排名越靠前，微话题中的帖子的曝光概率就越大。所以，这种玩法也是十分有效，但前提是取一个非常容易记忆、又有抱团感觉的微话题，圈子里做得比较好的微话题有：#微博电商人#、#草根联盟#、#姨妈大本营#等，这类微话题参与度较高。

拿我创建的微话题#姨妈大本营#来讲，微话题创建短短3天的时间就冲进IT互联网最热微话题榜第3名，当天阅读量高达21万，像其他圈子做的微话题，时间长一些，坚持做，都会达到几千万的阅读量。抱团刷话题，我们是采用在QQ群里发布通知，集中刷话题，这样效果比较好。也要告诉大家，平时发微博的时候要带上这个微话题，人多力量大，只要排名靠前了，你们做的微话题才有意义。

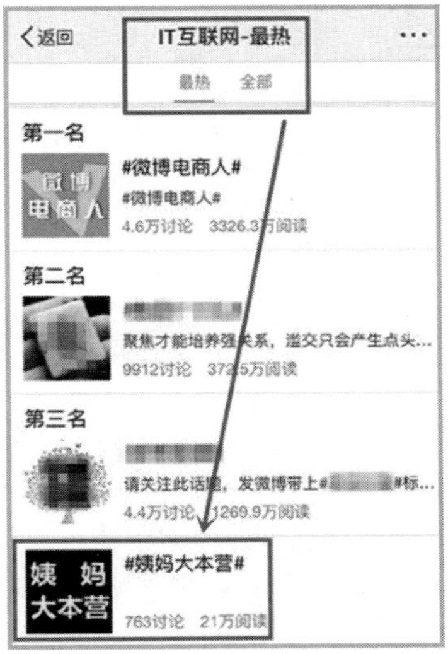

抱团刷话题示例

• 抱团搞活动

通常发起人是圈子内有影响力的大咖，因为粉丝多、影响力大、大家更信任，参与人提供赞助现金或产品（通常提供产品居多），发起人可以选择几个能力较强，在圈子中也相对有一些影响力的粉丝来共同策划活动。活动主题的确定、Logo的设计、微话题的创建、文案的编辑、图片的拍摄、活动的规则制定、活动奖品的选择、活动抽奖、晒单以及活动过程中的转发推广，都是大家共同来完成的，人多力量大，抱团搞活动，也是当前大家比较愿意参与的，积极性很高，效果不错。

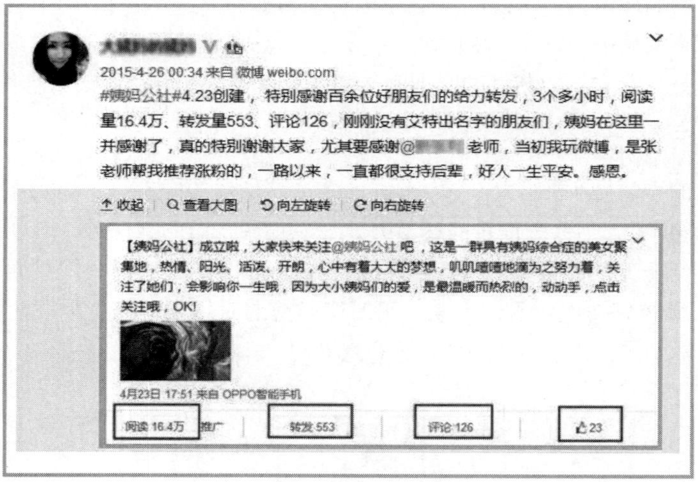

抱团搞活动示例

• 线下聚会交流

从线上走到线下再回到线上，分享、学习、交流、合作，真实、真诚、更容易建立信任，拉近距离，所以大家都喜欢参与到线下的聚会交流中，抱团做线下活动，再将线下的活动场景图片、视频等分享到线上，让微博中的其他粉丝都可以看到，有如身临其境之感，并可参与到活动微话题的讨论中来。这种玩法聚集人气、积累人脉、建立信任，越来越被大家接受。

3.3 网红玩法

网红，这个词的火爆始于2015年淘宝双11之后，微博铺天盖地的都是关于“网红”“网红经济”的分析文章，而网红并不是这个时间段才有的，早些年就有很多网红通过微博为淘宝导流量了。虽然当下网红的概念变得更广泛，而实质上它只是那些通过微博宣传、推广自己的产品，多数是女装的私人定制，通过博主对服装的各种秀、展示出效果，吸引粉丝们的关注和热情，然后再去找厂家合作再销售的一种模式。

3.3.1 网红的概念

从狭义的角度来讲，网红通常是一群年轻、漂亮的时尚达人（KOL，关键意见领袖）以他们的眼光和品味进行审美输出，在社交媒体上聚集粉丝，向店铺引流。随着网红经济的爆发，越来越多的年轻女孩、时尚达人纷纷加入网红大军，竞争越来越激烈，甚至涌现出专业的打造网红的机构，提供网红推广、网红炒作、网红培训、网红孵化等服务。

从广义的角度来讲，网红其实就是将品牌进行人格化。随着社交电商概念的兴起，人的作用越来越大，只有塑造良好的人格体，粉丝才会拥护、支持、信任你，进而相信你所推荐的产品，并进行推荐，形成口碑传播。

广义的网红不仅仅局限于时尚达人，还包括分享知识型，像《罗辑思维》的主讲人罗振宇，开始的时候并没有销售产品，后期做出影响力了，他才开始结合着产品来做。

网红经济虽然火爆，但并不是人人都能做网红，像时尚达人这样的网红，不仅要求“颜值”高，而且要会选款、还能秀出效果来，后面的很多环节需要操作，例如和厂家合作时，确认款式、做多少量、价格谈判等环节，还要四处挑选漂亮的款式，相当于一个时尚买手了。像有些网红推荐的女装基本都是限量的，不仅限时，而且还不易与其他人撞衫，这一点就值得让很多年轻女孩追捧了。

现在网红展示自己的形式除了文字、实拍图、各种秀之外，还利用短视频、直播的形式来做推广，尤其是微博“一直播”上线后，平台重点推荐了一些知名网红，并且还举行了一次“530网络红人节”，很多微博知名大咖都聚集在网红盛典，平台大力支持这些网红，着实吸引了大家的眼球。

超级红人节微话题

当下网红的范围越来越广，似乎但凡有点人气、有一些影响力的人都可以称之为网红，像电商网红、短视频网红、直播网红、草根网红等，网红、粉丝经济确实解决了流量贵的问题，越来越受热捧，那么如何成为一名成功的网红，下面来简单分析一下。

3.3.2 想成为网红的基本前提

- **找准定位，塑造人格体**

如果你也想加入网红大军，首先要找准定位，对品牌进行人格化塑造，你擅长什么就做什么，如美容达人、健身达人等，将这类账号运营好后，可以推荐一些美容、健身相关的产品，再如美食达人，可以推荐一些各地美食或者自己所做的菜系，只要内容够垂直，都会吸引精准粉丝的关注，有目的、有节奏性的推进，慢慢积聚人气。

- **持续输出有价值的内容**

找准定位之后，粉丝会通过你每天发布的内容，来进一步熟悉你、了解你，要知道粉丝所选择的并不是产品本身，而是通过你塑造的形象、输出的内容、传递出来的一种生活态度和方式。要坚持每天都发布内容，培养用户习惯，不能今天发几条，隔几天再发几条，这样会流失粉丝，要每天发布一些有趣、新鲜的信息，这样粉丝每天都会想着，他们会到你这里来看看，又有什么好玩的了。

• 注重粉丝互动，用户体验

因为粉丝经济不同于淘宝店铺的直接购买者，很多粉丝都是将其视为最亲切的人、精神导师、偶像、邻家大姐姐，对博主是非常信任和认可的，所以一定不要伤害粉丝们的感情，因为他们那么支持你。有的粉丝会追随网红几年，是“铁粉”“脑残粉”级别的，所以在推荐产品的时候，一定要注重产品的质量，不能以次充好，即使粉丝购买后有任何的售后问题，都要妥善的处理好，更换货或者退款，并询问清楚哪里有问题，真诚的道歉，诚意地解决售后问题，不能让追随你好久的粉丝因此伤心离开，在推荐产品之前最好亲自使用过。

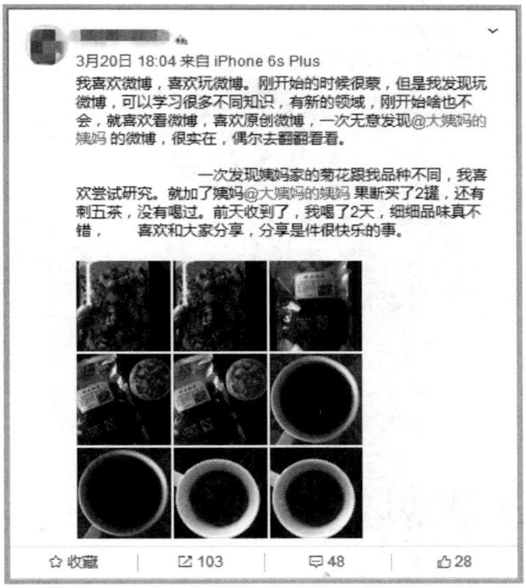

粉丝互动及用户体验

综上所述，想成为一名成功的网红，除了外在的高“颜值”，还要具备运营微博内容的能力，只有吸引越来越多的粉丝关注，接下来无论是销售产品，还是接一些广告才会水到渠成，看似容易，实则很难。所以，大家可以借鉴网红的一些操作思路，毕竟网红背后大多都会有一个强大的团队，一些经验还是值得我们学习的。

3.4 本地资讯微博玩法

区域媒体包括本地资讯微博和校园资讯微博，本地资讯微博是微博的一个亮点，这类微博主要发布一些当地新鲜、有趣的事，包括一些当地的趣闻、吃喝玩乐的相关信息。而校园资讯微博具体定位于校园这一块，玩法和本地资讯微博趋同，只是目标人群不同，但都需要官方认证。

本地资讯微博官微

3.4.1 本地资讯微博取名

取名实例如下。

（1）新闻资讯类：***身边事、***新鲜事、***城市。

（2）生活类：***打折优惠、***生活、***招聘、***红娘。

（3）美食类：***美食、吃遍***、吃在***、***吃喝玩乐、舌尖上的***。

（4）旅游类：玩在***、***旅游、随手拍***。

如果大家想做这类微博，先去搜索相关的微博账号学习，有一些本地资讯微博大号做得非常好，有的侧重做综合类资讯信息，还有的侧重做某个方面内容，如吃喝玩乐、打折、招聘等资讯信息，具体细分到某个层面，这样更聚焦，账号价值会更大。

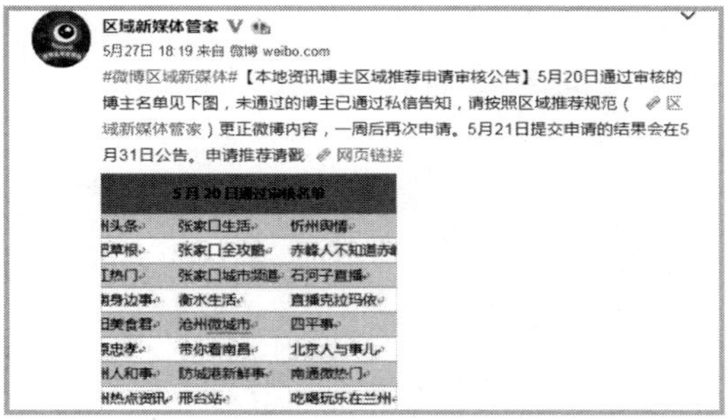

本地资讯微博账号示例

3.4.2 本地资讯微博价值

我一直很看好本地资讯微博，它会成为未来连接线上和线下最重要的载体之一，虽然说O2O这个概念说了好久了，从当下互联网的发展状态来看，全面的线上线下联合营销的趋势已经很明显了。目前微博上已经聚集了很多传统企业，他们正在尝试以微博作为渠道之一来推广自己的产品，并且取得了不俗的成绩。

• 连接线下实体店

本地资讯微博可以将线上与线下连接起来，起到了一个纽带的作用。“连接”将是“互联网+”的新方向，尤其是传统与网络、本地线上与线下的连接，一些传统企业正在转型互联网，迫切需要这样一个载体来打通路径，我们完全可以找到这类微博来作为企业宣传的突破口，展示当地企业实力和特色。而对于线下的一些实体店，像餐饮业、美容美发、健身等服务行业都可以通过这类微博做新品免费品尝、新品试用、新品打折等活动，因为本地资讯微博的粉丝多数为当地的粉丝，只要看到喜欢的就会去店里参与活动，为实体店带来客户，如果你们店做得特别好，这些粉丝还会推荐给其他朋友，如大家在做活动时，可以让进店粉丝拍照转发到微博，无疑是一种非常好的推广方式。

• 连接线下各个社区

目前虽然被网红、直播等新玩法吸引眼球，但本地的市场需求依然很大，因为50后、60后，大叔大妈级别的中老年人依然习惯于线下购物，经历过贫穷岁月的他们，一是看价格，二是看活动，赠送对他们吸引力很大。通过本地资讯微博和社区群连接起来，通过本地资讯微博将本地粉丝引流到微信，再创建微信群，再以不同社区来区分，通过群内活动刺激他们拉人进来，进行管理和维护，并以社区为单位，组织线下活动，再发布到微博，线上、线下联合，定期在群里推荐实惠的产品或者发放红包来调动大家的积极性。

• 公益救助的连接纽带

我们常常在微博看到各种求助以及一些公益活动信息，只有经过多人转发、传播、扩散才会引起有关部门的关注，并得到爱心人士的帮助，我们完全可以利用本地资讯微博做一个“连接”，连接线上、线下的信息，譬如爱心救助，遇到不同城市的情况，我们只需找到本地资讯账号，就能够迅速对接，联系到当地具体的办事人员或者当地媒体再进行核实报道。例如，发布求助信息的博主是北京的，那么经由北京的所有资讯微博转发、传播、扩散，并且@一些官微，就会很快解决问题，那么这些本地资讯微博可以创建一个大的微博群或者其他群的形式，一旦需要帮忙，就统一在群内发布通知，这样所有的本地资讯微博就全部行动起来了，影响力是很大的。而现在这一块做的还有所欠缺，有时当我们私信一些本地资讯微博博主时，会没有回复和反应。如果由官微统一管理和号召，会更大的发挥这类账号的作用。

• 利用微博橱窗整合各地特产

因为同样都是做本地资讯微博的博主，完全可以联合起来运作，各自把当地有名的特产发布到微博橱窗，然后大家去下载资料再发布到自己的微博橱窗，彼此赚个产品差价，向各自的粉丝推荐全国各地的特产。因为现在吃货太多了，所以一定会受到欢迎，如果不联合同类账号博主，也可以联合圈子中有地方特产货源的博主，这样不用自己备货，只需要推荐赚产品差价即可。

总之，关于本地资讯微博的玩法太多了，开动脑筋，就会将一切打通。其实它最大的价值在于“连接”，只要把这一点运作得淋漓尽致，就会有意想不到的效果。而且现在微博平台把“本地微博”放在热门分类最靠前的位置，也重点推荐一些本地微博账号，这是一个信号，我觉得等视频、直播、网红这波红利过去之后，就是咱们说了好久的O2O了，要进入真正的线上、线下联动营销时代了。提醒做本地资讯微博的朋友们，现在已经认证了的，好好维护账号，用不了多久，这类账号价值凸显，我预测“区域媒体”将发力在O2O这块，等网红这波红利过去之后，将是实体企业疯狂微营销的时间段。所以，大家可以运营一个本地资讯微博或者校园资讯微博，一是针对本地的餐饮、蔬菜、水果、养生保健等几块，二是针对学生一族，有实体店的发力微营销太有优势了，弄个同城派送公司也可以，机会还有很多。

3.5 微博团购/福利活动玩法

微博玩法太多了，几乎每种玩法都有做得好的人。虽然当下网红很火，但经过多年积累的一些团购、福利活动类微博实力也不容小觑，粉丝超多，人气超高，而且都是精准粉丝，也就是说全是奔着团购、福利而来的粉丝，随时关注着博主更新团购、福利信息。

3.5.1 微博团购玩法

微博团购作为网上购物的一种新渠道，已被越来越多的消费者所接受，尤其是一些年轻的白领、辣妈、学生一族更是偏爱。他们跟团购买一些性价比较高的产品，像化妆品、女装、包、鞋子等，这些物品最受欢迎，出货也非常快，所以很多卖家都会找一些团购类微博合作。

团购类微博很多，做什么产品的都有，但母婴类的尤为突出，年轻的辣妈们很愿意跟团购买性价比较高的母婴用品。多数母婴类定位的微博就像一个独立的网站，有管理人员、有报名渠道、有产品展示、会链接到自建的官网、微信公众号、豆瓣以及其他平台，还会添加一些微博的应用，如微商铺等。管理人员团长（单独创建的微博）在首页展示出来，这样粉丝们就可以单独关注团长的账号，另外也关联了几个子账号如客服账号等，几个账号同步运营。

做团购类微博相当于一个桥梁，左边是合作方，右边是跟团粉丝，每次活动产品都要经过严格的审核，必须注重口碑，否则口碑被破坏，就不会有人跟团了。目前的团购类微博参差不齐，有的把关严格，性价比较高，人气越来越高，有的把关不严、团购产品价格又高，慢慢的口碑坏掉，微博也就玩不下去了。所以，微博的开放性就是这样，大家可以自由评论，相当于淘宝的评价了，如果想做好，就必须在各方面都严格把关，注重跟团粉丝的体验和反馈。

团购类微博内容重点是要介绍清楚开团的时间、团购的产品、团价、团购的链接、团购的方式。一般博主都会每天更新团购信息，提前预告，让大家先看看要团购的产品是什么，解答一些粉丝咨询的问题。微博主页个人资料处都会注明商家合作的联系方式，因为有很多卖家想要与团购类微博合作都会找寻联系方式，再具体详谈团购活动事宜，不同的团购微博风格不同。大家可以直接搜索一些团购类微博看一下，学习其团购的流程，也可以亲自跟团体验一下，学习好的地方，创建一个团购微博。

1 开团时间：每周一到周五上午9点50分到11点、每隔10分钟发布一个新品团购链接，共8个团。每个团品如无特别提示，团期通常为8天。截团后，不再享受团价。

2 开团预告：每条预告微博的文字和图片都写了团品介绍、团价、开团时间。比如“12.22周一10点开团”，这个就是开团时间。

微博团购示例

3.5.2 微博福利玩法

福利活动微博也深受大家喜爱，尤其是“90后”“00后”更偏爱这类微博，所以这类定位的微博聚集了更多的年轻人，他们会以发布红包口令、有奖活动、转发抽奖信息、福利赠送等为主要内容，通过这种形式聚集粉丝，很精准，福利党、中奖党、学生党居多。这一群体的特点就是时间多，有时间就来参与，还能获得一些福利，乐此不疲。

这类微博账号积累粉丝非常快，他们主要的收入是为商家合作推广，有的博主也会发布一些淘宝客的链接，有时文案中会加商家微信号，为其导流，微博内容还会发布一些时尚、潮流的东西，以及当下很火的明星图片、一些美图、手机锁屏壁纸等年轻人喜欢的内容。

这类微博名字很直观：通常会加“福利”“有奖活动”“红包”等关键词，账号简介也很清晰。

简介实例如下。

（1）这是一个好玩的微博，每天福利送不停。

（2）收集搬运各种红包有奖白菜活动。

（3）送福利啦，各种好物等你来。

（4）吃喝玩乐福利，一网打尽。

（5）福利贩卖社，只发福利不发广告，大家记得监督哦。

（6）收集各种微信红包活动、支付宝红包口令、微博红包活动以及各类网赚信息。

福利活动文案实例如下。

社长说了，打今儿起只发福利不发广告！趁热来一发，5月29日~6月29日，#看热门抽大奖# Apple Watch、小米空气净化器、优酷盒子、路由宝……上万份大奖放开送！速速锁定**专区，全天不同时段不同惊喜等你哦！【转发微博继续送会员】。

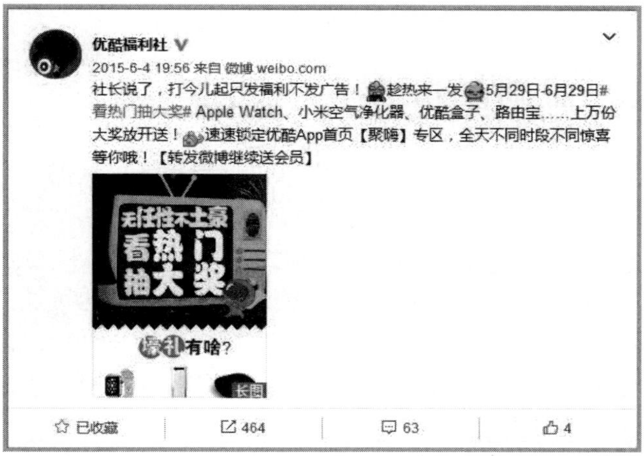

福利活动示例

这段福利活动的文案，语言风格活泼、可爱，文字简练，把福利活动的时间、微话题、活动送的礼物及实拍图都介绍得很清晰，最后不忘加一句“转发微博”，提醒大家转发。

除了这些福利活动微博之外，还有一种本地福利微博，主要连接到线下，发布一些当地合作商家的优惠券或特价购买信息的内容。这类微博适合做一些与吃、喝、玩、乐相关的内容，可以找一些餐饮、美容健身等线下实体店合作，线上发布福利活动信息，也可以做个官网，从微博直接链接到官网去领取优惠券或下订单都是可以的。

3.6 微博淘宝客玩法

利用微博做淘宝客的玩法已经屡见不鲜，但是往往最简单的玩法最有效，依托微博这个人气平台相比自建网站，用户群稳定得多，并且可以不断地积累粉丝，只要达到一定数量的粉丝，就可以源源不断的产生收益。目前，已有数以万计的淘宝客通过微博向自己的粉丝推介商品。微博超高的人气，数据经常被刷新，推广效果越来越好，感兴趣的朋友可以尝试这种玩法。

3.6.1 淘宝联盟商品推荐

先注册一个“阿里妈妈”账号，然后在淘宝联盟中选择一款最近比较热卖、价格合适、佣金比较高的产品，直接以硬广或者软文的形式发布到微博（文案结尾或者评论中加链接，很多淘宝客会在评论中发布链接，文字中提示即可），只要有粉丝购买，你就可以赚到佣金了。当然，如果你的微博账号已经做得很有影响力了，也可以在微博发起淘宝客合作推广的广告，会有一些商家直接联系你，设置好他们产品的佣金，这样就省去了你自己去搜产品的时间，而且还可以谈佣金的多少，自由度比较高，所推荐的商品一定要与你的粉丝群体特征相符合，否则也卖不出去的。

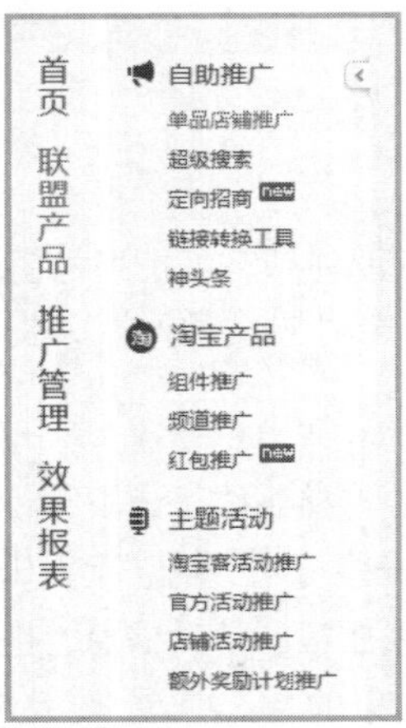

淘宝联盟界面

淘宝客推广示例

3.6.2 白菜价商品推荐

这类玩法的微博定位很清晰，就是做产品推荐，以“白菜价（低价）”秒杀为主，微博名很直观，多数商家是为了做淘宝等电商平台基础销量而与之合作的，聚集的粉丝多数是女性，辣妈、学生一族，她们希望淘到便宜的东西，所以她们的积极性很高，一旦博主有产品推荐出来，就会疯抢掉，多数都是生活必需品。

“白菜价（低价）”推荐示例

先领券、再抢购，分别加上领券的链接和购买的链接，这类微博的文案很简单，说明产品是什么，券后多少钱，加上链接，配上实拍图就可以了，因为粉丝们都熟悉这个操作过程了，所以无需过多的解释说明。

3.7 微话题玩法

在我们刷微博的过程中，最爱看的就是热门微博和热门话题，其中微话题是一种很好的在新浪微博上发表观点互动的方式，所以很多企业和个人开始创建话题来推广产品，共同管理和维护。

3.7.1 创建微话题

以#关键词#的形式发布微博时，#号内的关键词即为话题词，而话题就是微博热点、个人兴趣、网友讨论等多种内容，经过话题主持人补充说明和加以设置，与某个话题词有关的专题聚合页面。话题是微博中最重要的一种兴趣主页，微博用户可以进入话题发表微博参与讨论，同时话题页面也会自动收录含有该话题词的相关微博。

• 如何发布微话题

在微博、私信、评论等文字中输入#话题词#即可。

• 如何设置关键词

如果希望增强话题的吸引力，让更多对话题感兴趣的微博网友关注自己的微博，在设置话题词时需要使用新鲜亮眼、亲切有趣的词语或短句，更能吸引网友们探讨，不宜太长，不适合吸引网友们参与讨论，话题词中不能包含特殊字符、空格，长度在4~32个字之间，少于4个字是不能申请话题主持人的，所以这里大家要注意，避免后面阅读量很高了，再申请话题主持人，到时申请不了。

微话题实例（分类）如下。

（1）本地话题：#吉林身边事#、#吉林美食#、#吉林生活#和#吉林兼职#等。

（2）社会类话题：#今日头条#和#数据想象力#等。

（3）明星类话题：#***掀翻颜值小船#等。

• 话题榜的主要规则

（1）话题榜是小时榜，每小时更新一次。

（2）榜单推荐页面：由用户所感兴趣的分类话题、用户所在地本地热门话题、榜单推荐话题组成。

（3）榜单排序以单位小时内话题的阅读量增量及用户参与量为标准。

（4）无线/PC榜单一致。

• 话题主持人申请

每个话题都可以申请话题主持人，有的话题是自己创建的，那么直接申请即可，有的话题是他人创建的，如果你喜欢，也可以申请。在玩微博的过程中，会遇到一些话题，阅读数很高，但是还没有主持人，那么大家就要抓住机会，立刻申请。当然碰到这样好的话题还没有主持人的概率很小，但也是存在的。

话题主持人的权限：话题主持人是某个话题页面，具有相关管理权限的用户，通过对话题页的设置，用户可以完善话题页，并提升自己的微博影响力。目前，每个话题只能有一位话题主持人，话题主持人可以设置互粉好友为话题管理员，最多可设置20个。

• 提高话题讨论量的方法

（1）有效利用话题的导语和配图，提高话题基本介绍区的吸引力，增强话题的阅读性。

（2）利用话题页面中部的微博推荐模块和推荐用户模块，展示相关用户，增强话题的引导性。

（3）利用微博，分享、转发话题，适当与话题页下方的用户进行沟通，调动话题讨论氛围。

（4）利用微博之外的其他网站及渠道，分享、推广话题，引导其他用户参与话题讨论。

• 创建微话题的操作步骤

需要说明一点，新浪微博申请创建话题是需要开通会员后才有这个权限的。

（1）登录新浪微博，进入个人微博主页面，单击“发现”按钮。

（2）在跳转后的页面左侧单击“微话题”按钮，并在页面右上角找到“创建话题”，单击进入新页面。

（3）在新页面中，选择创建话题的类型（社会、明星、影视等），其中音乐/电影中，还可以制作歌单/影单。

（4）选择一个话题分类之后，会出现需要你填选的3项，然后单击“下一步，选择版式”就可以了，这时你会收到微话题官方的私信告知，需要等待1~3个工作日，会以私信的形式通知你是否申请成功，成功后，就可以进行话题页面的设置（头像、导语介绍等）、管理维护、推广了。

点击“发现”按钮

“微话题”按钮

创建话题

创建兴趣主页

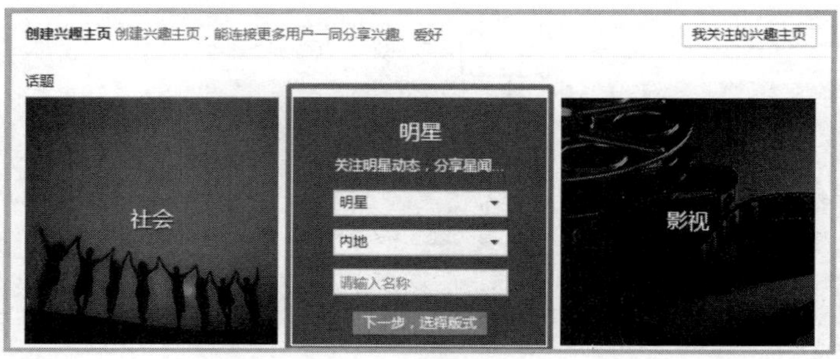

选择一个话题分类

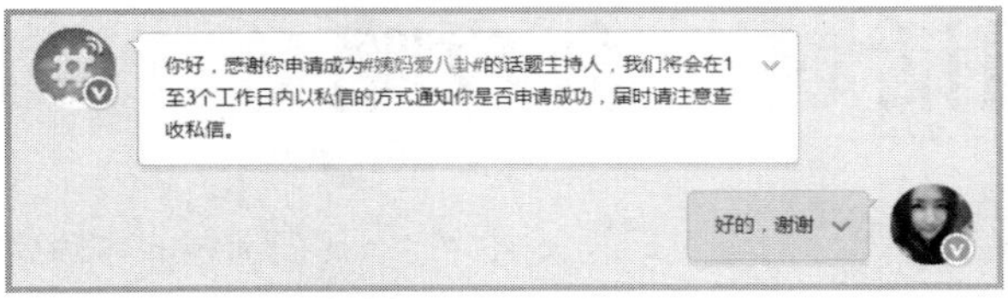

微话题官方私信通知

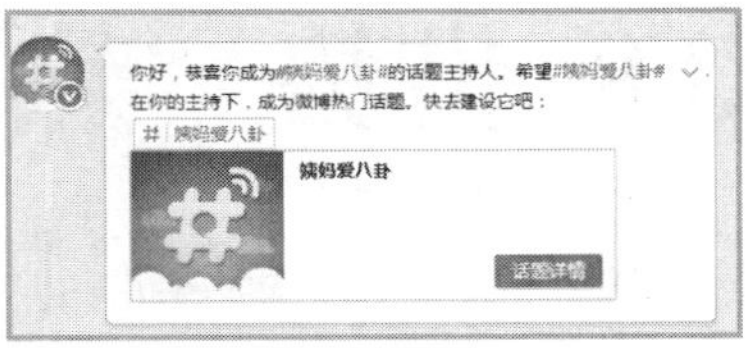

微话题创建成功

3.7.2 微博热门话题

热门话题榜可以帮你发现微博上正在热议的新鲜话题。话题榜除了会考量话题的真实阅读传播覆盖能力外，还会注重话题在传播过程中引发的用户参与度（如讨论人数、微博数等），以及话题参与用户的群体特征。

• 如何找到热门话题

（1）单击微博顶部导航的“发现”或微博首页右侧“热门话题”，可快速查看当日热门话题。

（2）发微博加上“#话题词#”，发布成功后单击该“#话题词#”，可以进入该话题页面。

（3）使用微博搜索“#话题词#”，单击任意一个“#话题词#”，也可进入该话题页面。

• 借势热门话题

在微博营销过程中，为了增加曝光度，增加微博阅读量、转、评、赞，常常会借势热门微博来植入我们的产品，重点是文案的编辑和图片的选择，还有发布时间段的考虑，这是大家比较常用的推广方法。

话题榜

3.8 借势“热门话题”全攻略

借势热门微博、热门话题的玩法由来已久，春节过后，大家“蹭”热门话题的热情高涨，有一些朋友私信问我如何“蹭”热门话题更有效果，我才开始测试热门话题，效果还不错，分享给大家一些个人经验。

3.8.1 热门话题的选择

我没有选择大的话题，大的话题更具争议性，且很容易使阅读量达到成百上千万。我喜欢玩小话题，也就是温馨、温暖、直击人心底的，我更愿意关注一些关于人内心深处的一些东西。大家看那些做得好的、常上热搜的知名微博账号发布的一些文章都是很接地气的。比如，“思想聚焦”这个微博账号大家都很熟悉，微博连续发布很多篇文章都是关乎人内心的各种情结的。例如，“爱情最好的样子”“不要熬夜”等话题，就很容易引起粉丝共鸣。

很多微博大号都是有文章来源的，可以付给作者一定的稿酬来授权发布，这是运营账号的一种方式。如果像我们这种草根类的微博账号，只想吸引多点粉丝关注、卖商品，或者想做自媒体，发布一些电商相关的内容，满足申请微博签约自媒体时有阅读量的要求，那么大家可以尝试做一些热门话题，但不要每天发很多条，因为这样会影响到你整个微博内容的比例。因为申请微博签约自媒体要求相关度高一些，玩1~3个微话题足够了，如果做好一条，阅读量几百万的非常厉害了，多数朋友只能做到阅读量1万~50万左右，这也很好了。

给大家的建议就是，你的微博大号，少做一些热门话题，1~3个话题就足够了，可以经营微博小号，练习借势营销。有的朋友拿微博小号测试，只靠这个方法就可以涨粉几百。随着网感越来越好，靠这个方法也是涨粉的一个很好的渠道，这比自己加一些粉丝、互动加粉好一些，好在哪里呢？这些粉丝是因为你的微博内容而关注到你的，可以说都是有共同的兴趣爱好的，比较精准，这就要求你在做热门话题之前做好定位，找话题开始的时候可以找综合类热门话题练习网感，等找到感觉了，就做自己产品相关或者定位相关的话题，吸引精准粉丝。另外，好的话题可以带来很大的转、评、赞，不需要你自己去互动、抽奖、发红包等通过活动才能获得高转发，这是完全靠内容而达到的传播效果，我想这种才是真正的靠内容吸引粉丝。

关于热门话题的选择，大家可根据自己的理解、分析能力来做选择，如果你对某一件事有着独到的见解，并且这是一个会引起粉丝共鸣的话题，那么你可以选择参与讨论。我选择的小话题的阅读量，不会像大话题的阅读量那么劲爆．但是很有趣、很正能量。

借势热门话题实例如下。

大家看看我从春节（2015.2.7~2015.2.23）这段时间所做的借势热门话题的效果，大约14条，我做了统计表格，这样可以更直观、更清晰地看出效果，其中最高的一条阅读量是137万，转、评、赞都很高，其他的小话题阅读量都在30万以内，如果是大话题阅读量会冲刺到百万左右，这里只拿小话题来举例分析。

	热门话题	时间	阅读量	转发	评论	点赞
1	脸大的脾气都超好	2月19日	137.1万	782	229	753
2	暖男买花送全校女生	2月14日	26万	0	2	28
3	理想男友最低月薪	2月16日	19.2万	3	21	21
4	小七	2月20日	14.8万	8	2	110
5	追我的人排到法国	2月15日	13.8万	3	28	27
6	海豚湾恋人 半年夹3000多只娃娃 金星快本	2月22日	12万	5	25	57
7	爱情最好的样子	2月7日	11.8万	8	9	61
8	找女朋友 不爱化妆的	2月14日	3万	3	15	49
9	结婚证	2月14日	2.4万	1	5	8
10	一屁股坐饺子上了	2月8日	6664	2	12	21
11	可以控制自己体形的人	2月18日	5164	2	5	15
12	秀恩爱的最高境界	2月14日	5066	2	6	23
13	男生从鲜肉变腊肉	2月18日	2668	2	8	11
14	不再建设封闭住宅小区	2月22日	1995	3	2	2

借势热门话题统计数据

» 以图取胜

#脸大的脾气都超好#，这个热门话题赢在配图，我在网上搜索了关键词“脸大”，找到9个图，非常搞笑的，每个图代表一种脸大的解释，都很正面。这样的优势在于，大家可以对号入座，而且粉丝在评论中还会互相聊天，一条内容，转发700多，随着转、评、赞增多，被系统选为“精选”微博，这两个字相当于排名，当有人搜索这个热门话题时，这条微博是最靠前的，是在首页的位置，那么就增加了我的微博账号曝光的机会。所以，大家参与热门话题的时候，配图非常重要，通过关键词先找到合适的配图，有的时候，是图片先映入眼帘的，然后再和文字对应，不要平铺直叙，一种调侃、幽默、诙谐、正话反说的一种搞笑、娱乐效果会更加吸引人的眼球。

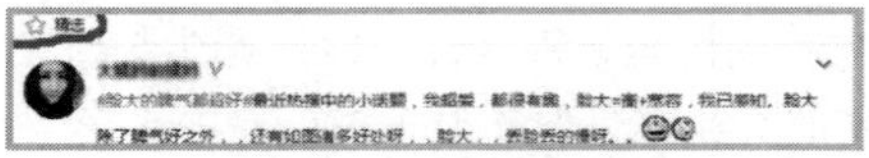

被系统打标“精选”微博

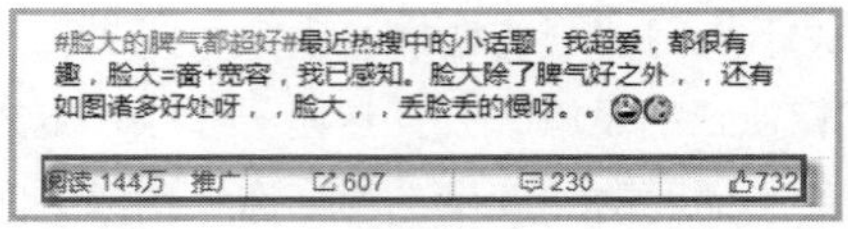

热门话题#脸大的脾气都超好#

借势热门话题可以一直持续做，每天微博都会推荐一些有趣、好玩的小话题，大家每天发1~3条就可以了，这样对提高微博整体阅读量是有好处的。

» 植入产品

#主要看气质#，这个热门话题大家再熟悉不过了，有一天我刚好买了面食“糖三角”，由于以前卖过女士内裤，于是灵机一动，把这两张图片放在一起，糖三角的形状和内裤的图案很像，拼图效果发布微博，粉丝们就感觉非常有趣，很有创意，于是纷纷转、评、赞，然后我又写了一句话：“论一条‘内内’的前世、今生”，这条阅读量1.6万。举这个例子就是让大家了解如何结合自己的产品来做，把产品很自然地植入到热门话题中，很巧妙，又不生硬，依然是图片取胜，因为一条微博，大家先映入眼帘的是图片的视觉冲击力，然后再根据配图，写一句很应景的话就非常完美了。

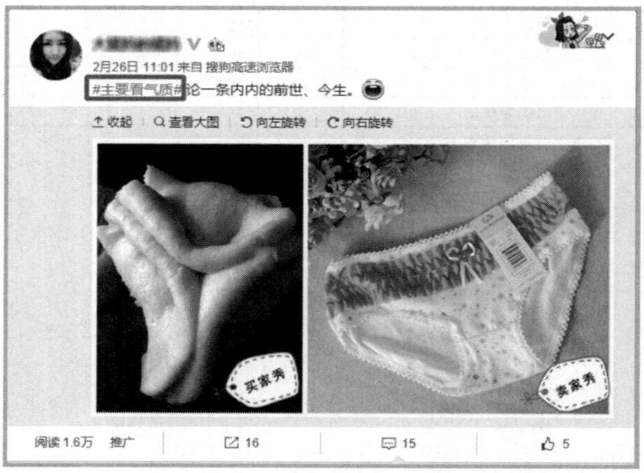

热门话题#主要看气质#

» 多个热门话题结合

前两个微博示例都是借势一个热门话题，我曾经测试过一起加3个热门话题，大家看图，看看效果，但平时我们玩话题的时候，不建议一条微博加太多热门话题，一个话题就足够了，因为你很难将几个不同类型的话题串联到一起，我的这条微博阅读量近13万，点赞量61。大家可以看出，但凡涉及明星的话题，点赞量都很高，因为明星人气高，粉丝多，所以做明星类的热门话题，点赞量是高于其他类型的热门话题的。

多个热门话题结合

» 借势情感共鸣类型的热门话题

借势引起情感共鸣的热门话题效果也不错，如#暖男买花送全校女生#、#追我的人排到法国#、#理想男友最低月薪#、#相处不累才重要#、#这辈子不结婚怎么办#，这几个话题都是从人的情感诉求出发的，得到很多人的关注，最高的阅读量达27万左右。这种类型的话题发布的时间点很关键，一旦“微博搜索框”或“实时热搜榜”出现该话题，就立刻找素材来及时发布微博，通常一个恰当的配图，加上一段言之有物的文字，简单点即可。

热门话题示例

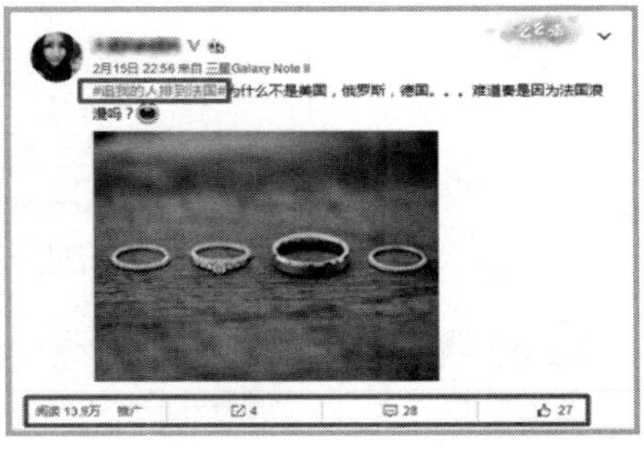

热门话题示例

热门话题示例

热门微博示例

热门微博示例

» 热播剧/人气明星热门话题

大家都知道，明星在微博的人气都超高，只要你的微博中出现某个或者某些明星的名字、动态都会有很高的阅读量和转、评、赞，但是建议选择积极、向上、正能量的话题来做，否则会遭到他们的粉丝团来你微博“黑”你。我曾经发布了一条关于热播剧《太阳的后裔》的微博，第1次没加话题，直接写的内容，带有剧名和剧评，阅读量近52万，点赞居然高达300多，然后我转发了这条微博并加上了#太阳的后裔#这个话题，热度就不如第1次发的高。所以，我们做热门话题，一个内容发一次为好，两次同样的内容，阅读量和转、评、赞差别也会很大。

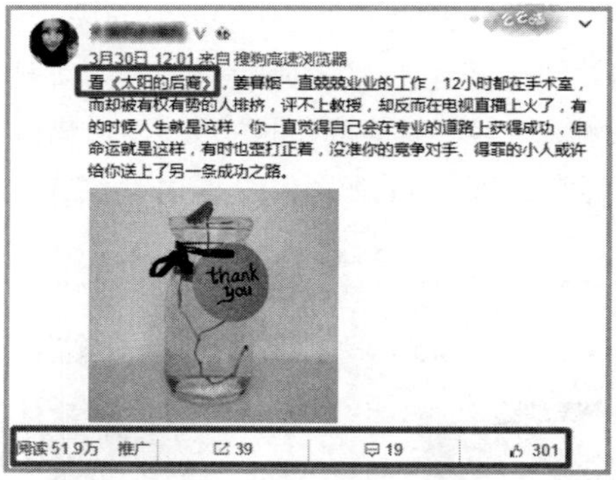

热门话题示例

我测试的都是小话题，大家平时“蹭”热门话题的时候，如果能够抓住微博某个时间段发布的热门话题时，一定要及时发话题微博，如物理学家霍金开微博、官方的530网络红人节等都是全员参与的，热度很高。

3.8.2 借势热门话题的技巧

如何找到、选择热门话题，如何编辑文字、搜索配图、选择最佳的发布时间，这几点非常重要，大家要多练习、找感觉，因为不同类型的热门话题，做出来的效果是不同的。总体来讲，争议性的大的话题阅读量会超高，但也会引来许多网上的人谩骂，而小的话题更温馨、更有趣，但阅读量肯定没有大话题高，这个尺度的把握要根据自己的需要来选择。

• 及时性

通过搜索框或者实时热搜榜，找到你想参与的热门话题，一定要紧盯搜索框，及时性很重要，实时热搜榜每天都有更新，大家可以根据热度来选择，系统也会在热度高的话题后面加个“热”的图标，实时热搜榜会显示10条热门话题，单击右上角的“更多”会出现其他的话题，选择其中1~3个热门话题参与即可。

微博实时热搜榜

• 找配图（建议9宫格图）

通过热门话题关键词搜索配图，或者以“搞笑图”为关键词搜有趣、好玩的图片，建议选择9宫格的图，因为微博对9宫格的图、视频都有加权，尤其是新浪微博版本升级后，微博配图有大图显示的效果。所以，大家一定要重视图片的选取，图片的选择要有一致性。很多美图App、美图网站上会有很多漂亮的图片素材，如果大家平时要注意素材的积累，发微博时就不用再去找了。

配图（9宫格）

- **文案的编辑**

文字不要太多，这要考虑到大家不爱看长篇文字，一小段话说清楚观点就足够了，以搞笑、幽默的方式更好，可以使用一些网络流行语，如“主要看气质”“且行且珍惜”和“世界那么大，我想去看看”等网络流行语，自己的话加上网络流行语，语言就会变得生动、有趣。

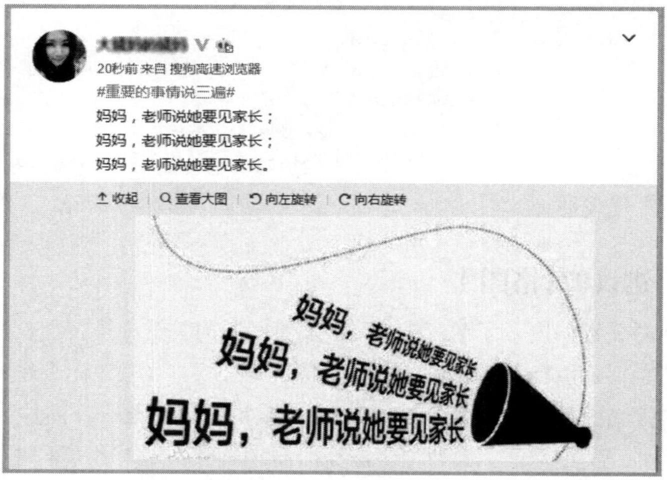

热门话题文案的编辑示例

- **时间段的选择**

根据大家的上网习惯，上班前的这段时间（6:00~8:00），这是第1个刷微博的时间段；中午吃饭时间（11:00~13:00），这是第2个刷微博的时间段；晚上的时间最佳，从下班后到吃完晚饭后（19:00~2:00）是刷微博的高峰时间段。可以在这3个时间段内各选择1~2个热度较高的热门话题进行参与，自己也可以测试观察哪个时间段效果最佳。

- **植入产品**

如果遇到与自己产品相关的话题就更好了，如热搜中出现#痛经假#这个话题，我们完全可以结合痛经类产品来参与话题讨论，在这个话题的主页面多数是有痛经情况的女性，大家就可以在这个页面中找一些精准的粉丝，在她们发布的相关博文中与之互动、交流，在这个过程中便把自己的产品推广出去了。这种方法相当于站外交流，如果你有淘宝店铺，用这种方法便会将微博粉丝引流到淘宝店去购买产品。

热门话题页面找精准粉丝

3.8.3 借势热门话题的好处

（1）培养网感，活跃思维。很多热门话题很有趣，先看看大家都如何编辑文字并配图的，学习、尝试。

（2）自然涨粉。目前阅读量过万容易，而涨粉还需要功力，文案写得好，符合大家的兴趣，自然就会关注你。

（3）微博签约自媒体认证，有一项是阅读量要求，这样的阅读量如果算在内的话，很快就会满足条件。

（4）精准营销，热门话题是只有喜欢这类话题的人，才会参与其中，也就意味着大家有着共同的兴趣、爱好。譬如，有个热门话题是“痛经假”恰好与痛经类产品相符合，就可以找到一些精准客户群体了，接下来就是互粉、互动、转化的问题了。

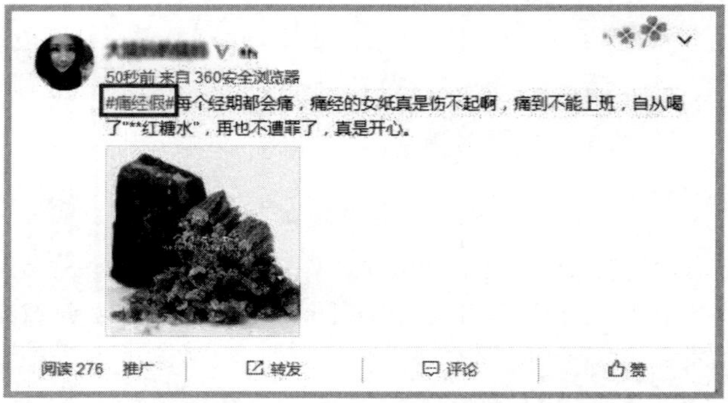

借势热门话题精准营销

借势热门话题不必刻意，在玩微博的过程中，看到感兴趣的话题参与一下就好，往往不经意间的效果反而更好，相信大家都会在不断的尝试中找到感觉，这是我最近一段时间的测试经验，分享给大家。圈子里有很多朋友玩得不错，这里只是我的个人观点，我也会继续尝试别的类型的热门话题，与这种小话题做对比，看一下各自的效果，再与大家分享。

04

MICROBOLOG MARKETING
EVENT PLANNING

微博营销活动策划

- 微博营销活动策划流程和形式
- 微博营销活动玩法
- 微博 / 微信 / 淘宝 /QQ 联动营销
- “姨妈公社”微博联动营销活动

提起“活动”两个字，大家并不陌生，无论企业还是个人卖家在进行网络推广的时候，搞活动是经常的事，像淘宝的“双11”，已然成为一种购物习惯。同理，微博营销也一样，除了前面所讲的最基本的账号设置和常见玩法之外，贯穿微博营销始终的就是微博活动，我们在刷微博的时候，可以看到各种微博活动充斥眼球，各式各样，眼花缭乱，可见活动依然是现在微博营销的一个利器。微博营销活动无外乎是希望通过微博活动的刺激或者非物质的情感共鸣来达到增加粉丝、扩大自身影响力的目的。

4.1 微博营销活动策划流程和形式

微博营销活动是微博运营中很重要的一环，它能够在短时间内聚集到大量的关注和人气，而且还能够增强博主和粉丝之间的互动。活动的类型多样，不同的活动目的也不同，目前微博上最常见的活动目的就是增加微博的活跃粉丝和推广产品，可以自己组织策划活动，也可以联合其他一些博主共同组织策划活动，且企业和个人可以根据实际情况来选择策划哪一种类型的活动。

4.1.1 微博营销活动策划流程

微博活动看似简单，很多朋友觉得不就是写一段文字，配几张图片吗？其实不然，一次有效果的微博活动在活动前、活动中、活动后都有很多细节需要注意，文案中的每一个字都不是废话，都会引流到其他平台，每一张图都会冲击路过的人的眼球，每一个奖品的设置都要具有诱惑力，每一次活动数据的分析都要为下一次活动提供依据，每一次奖品的及时发放都是信任的建立，每一次粉丝晒单都会形成二次传播、扩散、购买。可以说活动中的每一个环节都至关重要，都会影响活动的效果。

- **确定活动主题**

活动的主题方向设计对整个活动的导向、最终效果发挥着至关重要的作用，所以在策划每一次微博活动前都要先确定活动的主题，之后的所有活动方案都要围绕这个主题来做。只有主题明确了，才能吸引对其感兴趣的粉丝参与其中，并快速形成话题口碑传播，无限地转发、传播、扩散下去。

可以选择节假日来做活动主题，如春节、情人节、端午节、中秋节、国庆节等，这类节日通常都是大家集中做活动的时间节点，此时人气聚集，关注度高，属于大众话题类，人人都可以参与，只要你的话题有趣、可参与度高即可。而且整个微博平台也会有很多关于节日的热门话题，此时做活动，是增加曝光的最佳时机。除了传统节日，企业和个人也有属于自己的纪念日，如企业创建周年纪念日，个人涨粉的纪念（如涨粉到10万，可以策划一次粉丝福利活动），以及其他时间节点的粉丝福利活动，类似这样有纪念意义的日子都可以策划微博活动，可以持续做一段时间，这样更容易培养粉丝习惯，到时间就会来你的微博参与活动。

活动主题实例如下。

（1）#爱在情人节#浓情蜜语中，某相机定格幸福时刻。活动期间，购买某相机的客户，欢迎参与#爱在情人节#话题，说说情人节要和谁一起过，朋友还是TA？转发此条微博，即有机会赢取50元优惠券奖励回家，中奖概率高，美美带回家，情人节更多优惠，猛戳：此处可加链接。

（2）#姨妈粉丝回馈活动#【第1天】互动话题：微博中，你最喜欢的小伙伴，@出TA，并送出中秋节的祝福，我将从所有评论中，抽取10位评论最温暖、最感动的，送出10个私人定制手机壳，可以自用，也可以送人哦，微信号：123（领奖专用号）。

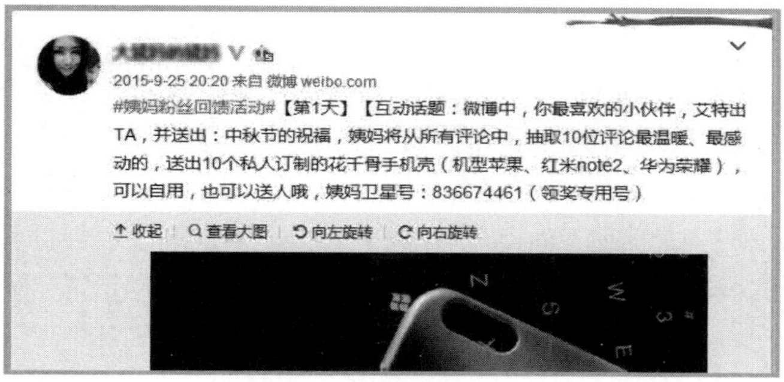

微博活动示例

这是我微博做过的一次粉丝福利活动，活动持续一周，每天晚上20:20准时发布带有互动话题的活动微博，然后从评论中选择获奖人，领奖品时加微信，这样就为你的微信增加了粉丝，一天抽取10人，一周就增加了70个粉丝，而且你留微信号，其他粉丝即便没有兴趣参与，也有加你微信的，所以微信粉丝增加数量不止70人。如果你赠送的奖品是你要在微博推广的产品，就在转发过程中形成传播，我这条活动微博旨在小范围玩一玩，调动粉丝的积极性，与粉丝保持很好的互动，有益于拉近距离，增进情感，所以转发环节设计得比较简单，只需要@出你想送祝福的人。那么这种情感的传递，尤其是在中秋节这样的时间节点，很容易引起共鸣，如果送的奖品与中秋节相关会更好，如送月饼礼盒，或者可以将奖品送给你要祝福的人，为其带去惊喜，这些环节都可以根据自己的实际情况来设计，需要考虑的是，一是中秋节情感共鸣，二是通过礼物表达心意。

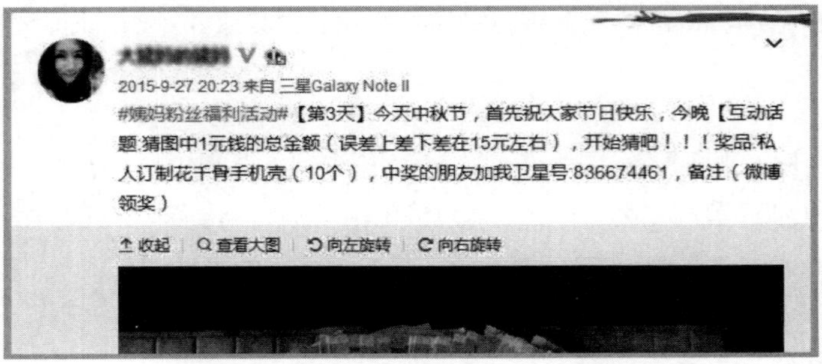

微博活动示例

这个活动的主题不变，就是#姨妈粉丝福利活动#，互动的话题每天不同，如第1天中秋节向朋友送祝福，第3天猜中图片中晒的钱的金额可以获奖，类似这种有趣、可参与度高的小话题即可。

除了节假日、各种纪念日的主题活动，还可以想出很多类型的主题。

（1）**季节性的主题**：春季：#我和春天有个约会#、#幸会暖春嘉年华#、#春天有梦来#、#***春季美妆节#；夏季：#约惠夏天#、#夏日话清凉#、#冰爽夏日 激情回馈#、#夏天这样瘦#；秋季：#最美秋天#、#秋天 橘子熟了#、#金秋感恩伴你同行的Ta#、#***金秋送礼#；冬季：#那年冬天风在吹#、#冬季女神必备礼#、#冬季恋哥#、#这个冬天你恋爱了吗#。

（2）**公益性的主题**：#冰桶挑战#、#大手牵小手、圆梦微心愿#、#公益是一种职业#。

（3）**比赛性的主题**：#搞笑红人大赛#、#舞技大赛#、#萌宠睡姿大赛#、#六一卖萌大赛#、#明星仿妆大赛#、#电商帅哥大赛#、#电商美女大赛#、#清唱大赛#、#端午节秀图大赛#。

（4）**各种晒图主题**：#晒单有奖#、#晒大长腿挑战#、#晒萌娃福利连环送#、#晒出明星童年照#、#晒晒马甲线#、#晒晒我的男神女神#、#晒效果 赢大奖#、#晒旧照#。

大家看看，这些主题活动都非常有趣，有的很具体，只要我们开动脑筋，集思广益，就会有无穷多的主题任由我们来玩，但前提是一定要结合自己的实际情况，是为了推广产品，还是为了增加粉丝，不要只顾着有趣、好玩而忽略了根本。微博营销活动的策划都是一环套一环的，有引导作用，如可以将微博粉丝捎带着引导加微信、加QQ，淘宝去拍单等都是可以结合在一起操作的。

• 明确活动规则

每天微博的信息是海量的，玩微博的朋友也是刷得很快，一扫而过，所以我们做活动的时候，力求简单，尤其是活动规则一定要简单明了，操作步骤不要太烦琐，粉丝们看到活动后能够容易操作，并快速参与进来，而不是还要花太多的时间去细看活动规则。现在的人大多是没有耐心的，尤其是一些粉丝数量较多、账号优质的博主们，更不愿意停下来去研究你的活动规则，除非中奖党、福利党、红包党来者不拒。

» 常用“关注+转发+@好友”的形式

目前大家采用的最多的是“关注+转发+@好友”的形式，也已然形成了习惯，无论谁做活动，大家的第一反应就是需要关注博主指定的微博账号，并@几个好友，通常是@1~3个好友，这样操作，一是为了涨粉，二是撬动粉丝的粉丝转发，这样会无限传播、扩散下去。

不建议大家玩得太复杂，如“转发并评论内容”，这样会影响转发的速度，通常大家转发的时候，只需要简单评论一句“支持博主”或者“帮扩散”或者干脆直接就评论一个“广播的表情”，然后@好友即可，如果必须评论一段文字内容，大家还需要思考、需要打字，会占用一定的时间，没耐心的人会选择放弃参与活动。转发重在快速形成连锁反应，快速扩散，才能达到预期的效果。

如果想通过微博活动带动自己创建的微话题一起操作的话，可以在规则上说明，需要加上某个微话题，例如“转发+微话题#***#”。如果微话题热度够高，很容易冲上整个平台的话题榜，增加此微话题页面内容的曝光度。一般节假日做这样的活动比较好，在整个平台关于节日的微话题也比较多，即使你自己创建的微话题，只要带有像“春节、端午节、中秋节、国庆节”等关键词，就会被用户搜索到，也有机会获得系统推荐，这样会吸引一部分粉圈外的人参与其中，扩大了活动受众面。

» 活动时间、活动奖项的设置

活动规则中一定要说明活动开始和截止的时间及活动奖项的设置，目前各位博主做活动的时间3~15天的居多，活动奖项通常以实物和现金为主，现在官方的转发抽奖新上线了现金抽奖，有资金实力的朋友可以选择这种方式，现金抽奖不用到最后一天才抽选，可以随时就抽选，随时公布某一天的获奖名单，避免了粉丝转发疲劳感，刺激了他们渴望获奖之心。

活动规则实例如下。

①关注@***，@***，@***。

②转发本微博。

③并@3位你的真实好友。

（温馨提示：3个条件缺一不可）

某月某日将通过@转发抽奖平台抽取幸运粉丝***名，每人将获得现金***元。

中奖者会收到由@微博抽奖平台，自动发出的私信中奖通知，本活动由微博官方唯一抽奖工具@微博抽奖平台监督，已备案。

活动规则分析如下。

此活动规则是“转发抽奖”形式，通常关注1~3个微博账号，可以根据自己的实际情况来定，必须转发并@好友，这样才可以无限传播下去，@好友建议1~3人，目前大家都选择3个人，保证3个人中有人继续转发，为了保证@好友的真实性，这里很多朋友在活动文案中会加上一句：被@的人也会获得奖金多少元，这样转发的人肯定会@与自己关系不错并且真实的微博账号，而不是随意@微博账号，这么操作保证了转发人员的优质，传播、扩散面会更广。通常活动规则会以图片的形式发布，你也可以设计两张图片，一张图片是活动规则介绍，一张图片是需要关注的微博博主情况介绍，或者公司产品或服务的简介，让那些走过、路过还不是很熟悉你的人，对你有一个初步的了解，知道你是做什么的，关注的几位博主是做什么的，简单一段文字介绍即可。当粉丝们对这种形式多参与几次，只要你发布活动通知，大家就知道怎么操作了。培养粉丝习惯需要靠一个长期的、持续性的活动来引导。

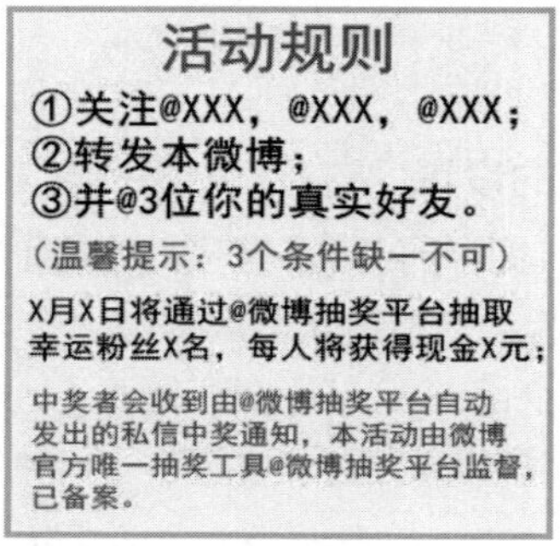

活动规则示例

这是现金抽奖实例，需要备案，当然也有博主会做转发抽奖送实物的活动，把实物的实拍图上传即可，让大家看到送的奖品是什么，如果大家感兴趣也会转发，但目前来看，现金抽奖的诱惑力更大一些。

• 编辑活动文案

活动文案至关重要，同样也要简单、清晰、一目了然，文案中主要把活动主题、活动规则、活动时间、活动形式、活动奖项说清楚，告知给大家即可。通常活动文案采用短微博的形式，内容要新颖、有趣、可参与度高，不要太生硬，活泼、轻松、接地气最好，可以搭配长图，图文结合，互为补充，效果更佳。

活动文案中最关键的地方就是活动主题，直接影响用户对活动的第一关注印象，一个好的主题，尤其是具有诱惑力的主题能瞬间吸引粉丝积极参与。

» 现金抽奖文案主题，突出金额，吸引粉丝

2016年下半年最火爆的转发抽奖形式就是现金抽奖了，可以在奖金额度上吸引粉丝关注。

文案示例："有钱任性10万元抽奖""10万元任性送""今晚8点用平台从转发中抽一名朋友送1000元红包"。

» 实物抽奖文案主题，突出情怀，引起共鸣

一般节假日、某个纪念日，以情怀式的主题做活动最容易引起粉丝共鸣。文案示例："#我和电影的故事#，转发抽奖送50张全国通用电影票"，大家都喜欢看电影，每个人都能说出许多感人的故事，所以参与的人很多，诸如此类的，送书、送演唱会门票、送明星签名照、送自己设计、绘画的漫画、头像等。当然，这要结合自己的微博定位，如果你的微博主要做明星粉丝后援团，你的粉丝受众群体就是喜欢明星的粉丝，那么这么做活动是很受欢迎的，如果你是作家，你可以送书，来作为粉丝福利。

» 新品试吃、试用主题，强调免费，收集反馈

通常我们做微博活动不仅仅是涨粉丝，更重要的是通过活动，把自己的企业或个人产品推广出去，在开始的时候，一般都采用免费送的形式，然后让大家晒单，进行口碑宣传，尤其是对一些比较适合晒单的产品，采用这种形式效果很好。我们做活动，重点强调"免费试吃、试用"，意思是连邮费都由博主承担，所以大家不用花钱还能吃到、用到产品，当然愿意参与了，卖家朋友也可以通过试吃、试用活动，收集体验者的反馈，进而调整、改进自己的产品，这是一种多赢的活动形式。

活动文案参考如下。

“某月某日开业试尝大会，***个免费试吃名额等你来拿”“***私房菜：扫码免费试吃美味，我在***等你来”和“***小火锅，免费试吃你来不来”等。通常这类活动是线下实体店通过微博做试吃活动，吸引同城人到店试吃，然后拍照发微博晒一晒，适合一些餐饮业，而微博上卖农产品的朋友们做试吃、试用活动，重点要做好晒单，引起其他粉丝消费是关键。

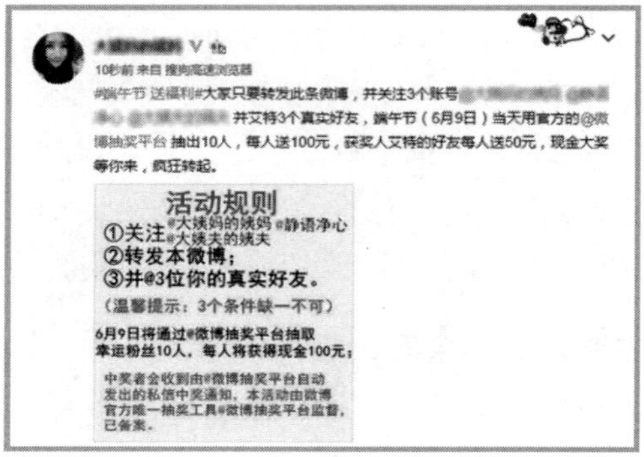

微博活动文案示例

• 活动数据分析

在微博运营过程中，不会只做一次活动，几乎每隔一段时间就会做活动。小型的活动，平时可以随时做；大型的活动，一般节假日、纪念日，或者按周、按月形成规律，如每隔两周做一次主题活动，每隔一个月做一次大型活动。每次我们都要对活动的一些数据进行整理、归纳、分析，以便调整下一次活动的方向，根据数据分析本次活动哪里做得好，哪里有不足，各个细节的把控哪里还需要提升，这些数据分析是非常重要的，那么，我们要对哪些活动数据进行分析呢？

» 转发、评论、点赞量的统计分析

转、评、赞数量是一定要分析的，我们可以制作一个统计转、评、赞数量的表格，将每一次的活动转、评、赞数量记录下来，不依靠工具，自己统计，这样更清晰、直观。如果某次活动转、评、赞数量不理想，都很低，那么就要分析哪个环节影响到了传播，如提醒大家必须@1~3个好友，你要求@几个人。如果@1个人肯定没有@3个人的传播速度快、传播面广。另外，奖项的设置力度是不是不够大，不足以吸引大家关注转发，再者就是发布的时间是否是平台人气聚集的时刻，一般晚上吃过晚饭后，大约7:00以后，开始刷微博的人陆续多了起来，还有团队之间的协作、联系大咖帮忙转发等很多因素都会影响转、

评、赞数量的高低。通过几次活动数据做对比分析，就可以找到原因，然后重点分析转、评、赞高的那次活动数据，再次尝试这种形式，再分析数据。如果持续这样操作，那么就证明，转、评、赞最高的那次活动思路是符合你的微博定位和粉丝群体特征的，所以以此为例坚持做这种类型的活动即可。

» 粉丝传播深度和关键传播点分析

不同的粉丝转发活动帖子的效果是不同的，与他们的影响力大小、粉丝数量等有关。例如，大咖们参与活动转发，他们会带动他们的粉丝转发，因为粉丝们信任大咖，所以很积极地支持他们认可的、参与的活动，而且他们有很多“节点粉丝”。也就是说，粉丝也有各自的小圈子，所以就会产生裂变式的传播效果，这个数据我们可以点“转发”，查看每个博主下方的转发数据，对于二次转发量高的粉丝可以重点维护，加到一个“优质粉丝”分组中，下次活动重点联系这些博主，那么通过他们形成二次转发，甚至多次转发的机会要大于其他粉丝相对较少、没有太大影响力的博主。另外，也可以查看每位转发博主评论“被点赞”的情况，如果“被点赞”多的博主，那么证明此博主受到的关注多，有一定的影响力，这些都作为我们辨别转发粉丝是优秀的博主、优质的微博账号的依据。

大家看图中数据，因为转发抽奖（现金形式）近期才上线，所以官方很扶持，一般都会转发，此图官微转发后，通过他的微博，再次转发的数量近694、点赞数量186，普通粉丝也不错，无数个这样的粉丝累积，就促成了活动的高转发。

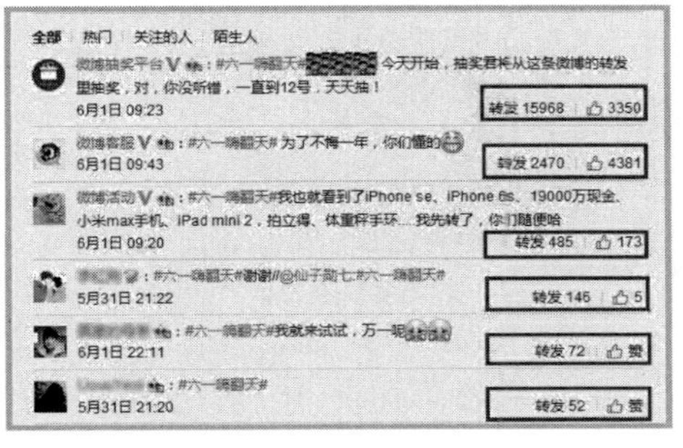

活动数据分析

» 参与转、评、赞的粉丝群体特征分析

我们可以从转、评、赞的粉丝中选取一定的比例来做分析，如选择“节点粉丝”，就是通过他们进行二次，甚至多次转发量高的博主，再选择一部分转、评、赞数量居中的粉丝，最后选择到他们这里就没有再传播下去，二次转发为0，无人点赞的粉丝，三者结合

来分析，从他们最基本的信息：粉丝数、关注数、发微博次数、转发次数等开始，然后通过他们的个人资料信息，可以了解其性别、爱好、所在地区、关注内容等。从诸多数据分析中可以看出自己微博活动引起哪些人的兴趣，是男粉丝关注多、还是女粉丝关注多，喜欢你微博活动的人都分布在哪个城市，他们喜欢的微博内容和你的活动内容结合点在哪里，如果他们平时就喜欢关注一些感兴趣的博主，如电影、读书、健身等，那么你做的活动内容恰好要送出电影票、图书、健身器材等，两者就一致了，所以他们肯定会参与你的活动。反过来，通过数据得出的结论，可以为下一次活动的策划做铺垫，就很具体、很有针对性了。

» 活动奖品发放

活动奖品的发放代表着诚信，你是否遵照活动规则完成奖品的发放工作，及时、准确地发放能够快速在粉丝间树立良好的口碑，你下次再做活动就有更多人愿意参与。因为大家已经信任你了，我们可以把活动奖品发放情况通过微博展示出来，这不仅仅是通知获奖人领奖，也是给其他粉丝看，证明你的活动是正规的、是信守规则的，信任的建立由此而来。

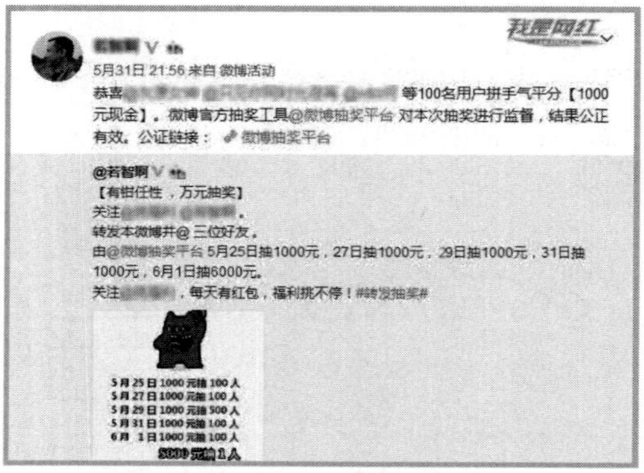

活动奖品发放示例

• 活动后续晒单

无论是现金奖还是实物奖，获奖人“晒一晒”是非常重要的环节，一是证明活动的真实性，让其他人看到后产生信任感，等下一次活动他们就敢于参加；二是尤其是实物晒单，拍出精美的照片晒出来，会引起从众购买效果。当发起活动方再转出这个晒单就更加真实，可以快速建立信任，几次活动做下来，粉丝的参与习惯就会养成，以后只要你有活动，他们都会纷纷参与。

晒单环节，也可以在活动文案中说明，如晒单有奖、晒单加微话题会再送一份礼物都是可以的。一般关于晒单的微话题可以自己创建，也可以直接使用平台已有的话题，晒单微话题示例：#晒单有奖#、#晒单有礼#、#我们爱晒单#、#听说晒单会走运#、#晒效果赢大奖#等，这些都是平台已有话题，为了将自己的粉丝聚合在一个微话题页面，可以自己创建关于晒单的微话题，取名时晒单两个字是要带的，其余的字可以加品牌名，示例：品牌名+晒单。也可以具体到某一类群体，示例：宅女晒单、时尚红人晒单、幸福妈妈晒单，微话题取名结合自己的实际情况来定就可以，简单、易记、易传播的话题最好。

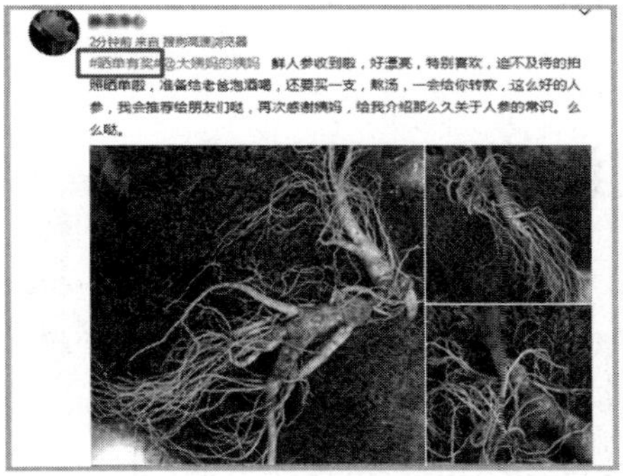

活动后续晒单示例

• 活动效果分析

一般一次微博活动的时间7~15天，活动后要对活动效果进行分析，以便为下一次活动提供参考。前面已经提到一些转、评、赞的数据。除此以外，还要对微博账号的涨粉情况、活动期间订单情况、晒单后产生的订单情况、各个店铺拍单情况以及引流到其他账号涨粉情况等进行细致的统计分析，因为我们做活动主要有以下几个目标。

（1）**涨粉**：不仅微博账号涨粉，如果想引流到微信、QQ，那么在活动文案中可以进行说明，如加微信还会有“红包雨”，加QQ还会有不定期的“白菜”（特价、低价）福利活动，通过这样的利益引导其加其他平台账号，几个平台账号通过一次活动同时涨粉丝，这样操作的话，需要活动期间团队安排好分工，否则，粉丝们纷纷加你微信、QQ号，没人进行加人、管理、维护也是不行的。

（2）**推广产品**：以此为目标，希望在活动期间有订单，那么活动文案中就加上店铺链接，淘宝店铺、微博橱窗、微店的链接都可以，这样操作会为这些店铺积累基础的销量，有了基础销量，自然平台排名靠前，从而有了自然流量。如果活动订单较少，那么这次活动也算是一种产品推介，向大家告知，你们企业或个人所销售的产品是什么，以后有需求，自然有印象，就会找你订购。

（3）**粉丝回馈**：通常粉丝较多、有一定影响力的博主会不定期地做粉丝回馈活动，重在向一直支持自己的粉丝朋友们表示感谢，拉近与粉丝之间的距离，使感情越来越深厚。

不管是哪种目标，我们根据本次活动效果分析来为下一次活动做铺垫，好的地方保留，欠缺的地方改进，积累多了便成了经验，不断地组织活动、不断地分析、总结，一次会比一次好，微博活动就是这样，需要在实践中总结经验。

4.1.2 微博营销活动常见形式

微博营销活动是贯彻微博运营始终的，所以每次做微博营销活动，都要设定一个清晰的目标，初期都是为了涨粉，随着累积了原始粉丝之后，就要考虑到粉丝转化的问题，所以从初期的有奖刺激粉丝转发，到后期产品的推广，引流到店铺拍单，或者引流到微信，进行管理、维护，再从微信进行转化，又或引流其他渠道都是可以的。目前微博平台也有微博橱窗，也可以直接在微博平台内部成交。

进行微博活动策划的方式有很多，但围绕着增加曝光率、提高品牌认知和忠诚度是不变的，所以，做微博营销活动的核心就是一切活动的对象都是产品的潜在消费者。微博营销活动的常见形式主要有以下几种。

- **转发抽奖**

转发抽奖是目前采用最多的活动形式，只要粉丝们通过转发、评论、@好友就有机会中奖，这种形式是最简单的，粉丝们也会积极参与其中。随着转发抽奖的活动形式被广泛运用，众多营销者也相应提高了中奖门槛。除了转发之外，还必须关注活动发起人指定的微博账号，关注1~3个微博账号较常见，并且还要@1~3个微博好友，同时满足这几个条件才可以参与抽奖。

转发抽奖也与时俱进，不断升级，从最初送些简单的礼品，吃的、穿的、用的，还有送一些虚拟的，如送“微博会员”，做一次活动不需要投入太多，又到送苹果手机，投入成本逐渐提高，再到现在的现金抽奖。2016年5月新浪官方新上线，为了更好地规范微博有奖活动，根据《微博商业行为规范办法》——有奖活动管理办法——第七条：以现金或现金转账作为奖品的有奖活动，备案完成后必须使用@微博抽奖平台进行抽奖，动辄1 000元、5 000元、上万元，奖金额度越来越大。做一次活动的投入越来越多，真的可以用“简单、直接、粗暴”来形容。但是，从效果上来看，一些有影响力的大咖帮助他人做的现金抽奖活动，涨粉确实不错，所以很多有资金实力的企业和个人纷纷加入到现金抽奖的大军。

转发抽奖设置步骤如下。

（1）登录新浪微博，进入微博个人主页，单击“管理中心”按钮。

（2）在新页面左侧找到“营销推广”并单击，找到“抽奖中心”并单击。

（3）在页面右侧即可看到抽奖设置，你的每条微博只要有转发，都可以设置“抽奖”。

（4）选择你要做微博活动的那条微博，然后单击“抽奖”按钮（或者直接通过链接导入）进入新页面，开始填好各项要求，抽奖设置中包括奖品名称、奖品类型、奖品数量、@好友数、过滤垃圾用户、公示微博样式、更多增值功能包的设置，全部填好后，单击“开始抽奖”按钮即可。

抽奖设置步骤 1

抽奖设置步骤 3

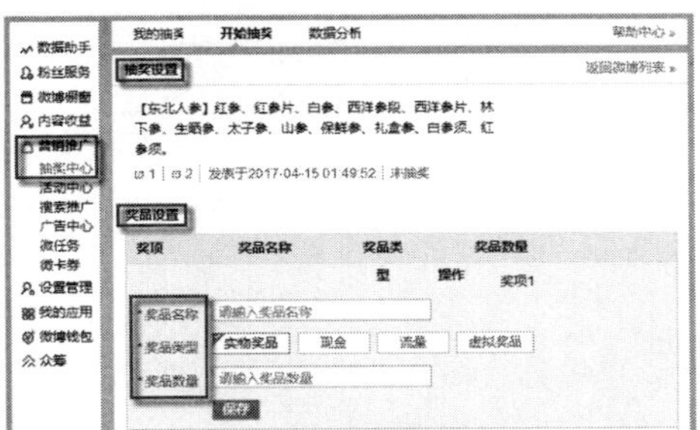

抽奖设置步骤 2

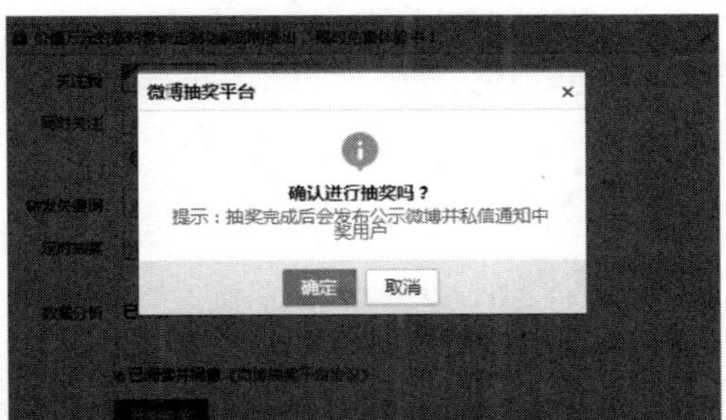

抽奖设置步骤 4

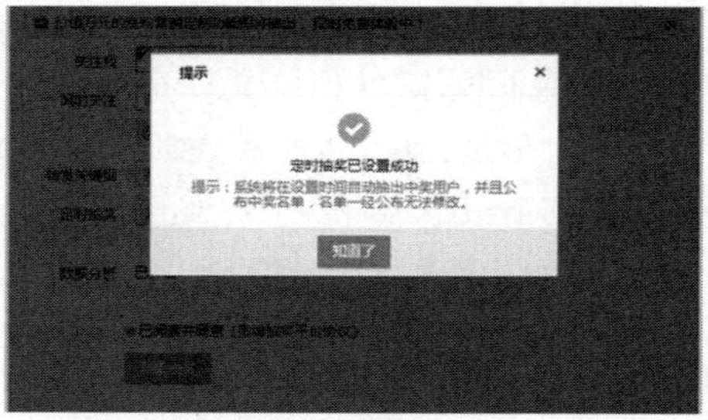

抽奖设置步骤

奖品类型中包括实物奖品、虚拟奖品、现金三项。目前来看，使用现金抽奖形式的人逐渐增多，越来越受粉丝们的追捧，而且无论是从涨粉，还是从品牌、服务推广上来看，效果都是立竿见影的，就是成本投入越来越高，只有资金实力雄厚的博主才能经常性地做现金抽奖，而且需要官方备案。有的现金抽奖活动也会得到官微转发，从官微再次转发的数量是非常高的，如果奖金额度够大，转、评、赞都会很高，阅读量也超高。

现金抽奖玩法有定额和拼手气两种，根据自己的实际情况来设置就可以，而且现在可以对用户进行深度过滤，避免太多中奖党，真正让粉丝获得福利。

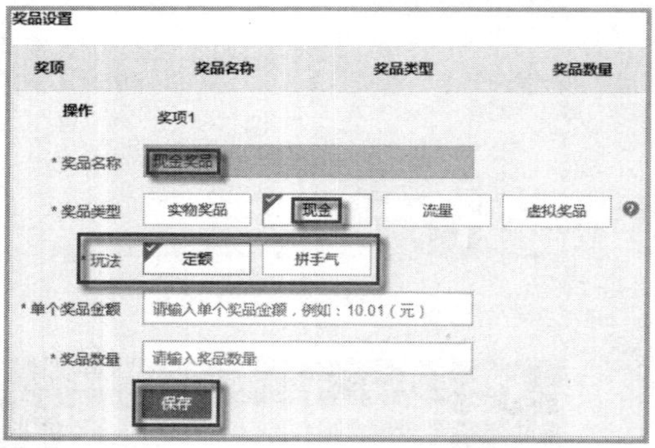

现金抽奖设置

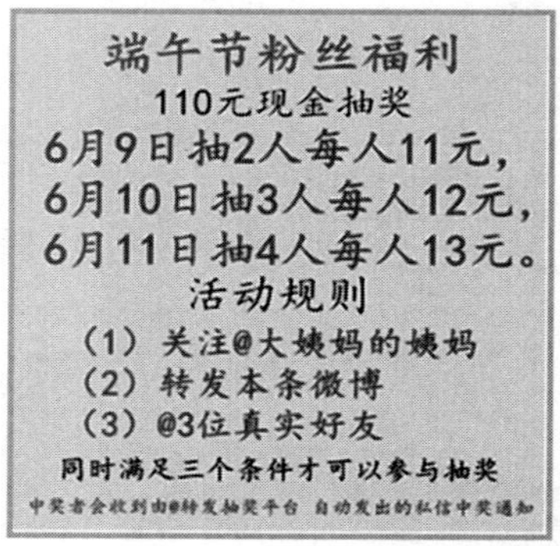

现金抽奖示例

• 微话题活动

微话题活动最常见，可参与性强，传播速度快，可以结合微博“热点”，也可以围绕企业主推关键词、营销活动或者品牌来创建活动，热门话题自然会迅速获得众多人士的关注、转发和评论，而非热门话题就需要提前组织粉丝圈子的朋友助力，也可以联系行业大咖、达人参与其中，使这个微话题迅速扩散。

» 微话题活动实例

聚美优品的微话题活动做得非常成功，像“聚美301换头像赢现金卡”活动，从企业高管到员工统一换成活动的Logo，从视觉效果上引起关注度，醒目、吸引眼球，而且十分有趣，号召大家换头像，这招非常有用，并且所有人抱团，互相转发，从企业到合作方，再到微博人脉，还有粉丝们积极转发，形成一种视觉冲击力，这种集中爆发式推广确实很有震撼力。

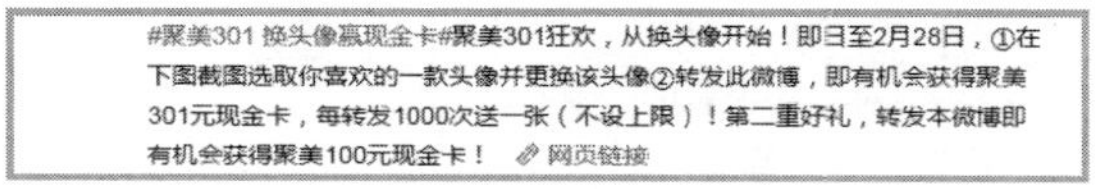
#聚美301 换头像赢现金卡#聚美301狂欢，从换头像开始！即日至2月28日，①在下图截图选取你喜欢的一款头像并更换该头像②转发此微博，即有机会获得聚美301元现金卡，每转发1000次送一张（不设上限）！第二重好礼，转发本微博即有机会获得聚美100元现金卡！ 网页链接

聚美优品微话题活动示例

“聚美优品集星卡活动”也十分有趣，可以获得聚美大礼包，所以粉丝的积极性很高，这个活动与明星结合在一起，有一些粉丝也是这些明星的粉丝，所以他们乐于分享关于明星的一切，因为微博活跃度最高的也当属明星及其粉圈了，所以聚美优品恰好抓住了这一点，极大地调动了喜爱诸多明星的粉丝的积极性，这个微话题活动也相当成功。

» 实例分析

聚美优品的两个微话题活动，我觉得非常有趣，从企业创始人到高管再到粉丝参与人，全部换成统一的头像，集体出现在大家的视线范围内，试想一下，视觉冲击力有多强。而且提供了几个头像设计供大家选择，可以选择自己喜欢的，又满足了粉丝不同喜好的心理。而集星卡活动，同样是抓住了粉丝们追星的心理，要知道微博上明星的影响力和人气是超越其他群体的，所以明星粉丝团人数众多，从这一点上自然就会得到大家关注，进而参与到活动中来。从这两个经典活动我们可以借鉴的就是，在设计活动话题时，不能只考虑自己微博的一亩三分地，而是要考虑如何借势整个微博平台来造势，引起广泛的关注，活动会事半功倍，取得好的效果。

• 其他活动形式

微博营销活动最常见的活动形式就是转发抽奖，目前现金抽奖形式效果最好。除此之外，还有一些活动形式，例如，有奖转发、有奖调查、限时抢、幸运转盘、预约报名、预约抢购、免费试用、有奖征集等。这些玩法要具体结合自己的实际需要来做，假如你的企

业有新品上市，可以选择免费试用，这种活动形式会很快收集到产品效果反馈，如果大家想尝试这些玩法，可以到“活动中心”进行一些设置。

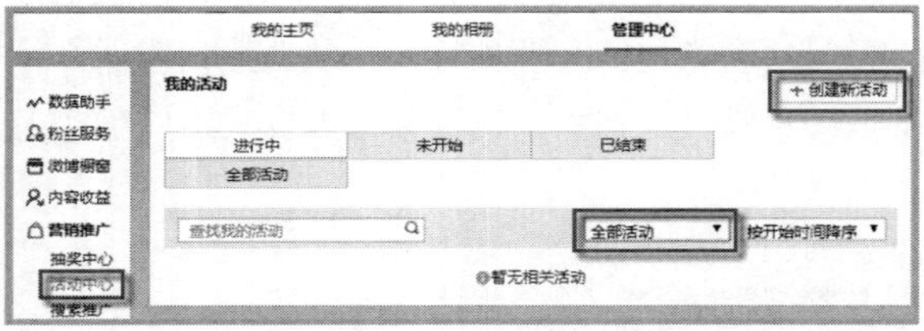

其他活动形式（免费试用等）

免费试用示例

4.2 微博营销活动的玩法

微博营销活动玩法多样，一定要根据自己的实际情况来灵活运用，否则即使活动方案做得再好，也不会有效果。例如，同样是转发抽奖这种活动形式，不同的人做，效果会相差很大，这种情况在平时我们玩微博的时候很常见，有一些朋友便不知道是哪里出了问题，阅读量、转、评、赞都很少，影响传播效果。所以，除了做好活动方案，还要思考如何将活动做出效果，我们可以自行组织活动、也可以联合组织活动，还可以直接联系行业大咖帮忙做活动，常见的就是这几种玩法。

4.2.1 自组织活动

无论是企业还是个人，如果在整个微博或圈子中有一定的影响力和知名度，并且有一定的粉丝基数，保证帖子能够快速转发、传播、扩散出去，都可以自组织活动。优势是全部的活动策划方案由企业或者个人独立完成，活动的相关流程自己说了算，自由度更大一些。劣势是传播范围有限，面向的受众群体是自己的粉丝，影响面小，只有少部分人参与活动，效果不如联合组织活动共同发力，转发、传播、扩散面广。

4.2.2 联合组织活动

联合组织活动可以按圈子来做，如电商草根圈子、各个培训组织等。他们围绕着一个共同的主题来策划，可以主推一家企业或个人的产品，也可以共推几家的产品，集合所有参与人的资源、人脉来共同完成转、评、赞，扩散范围更广，由某个行业领域的大咖转发，信任感更强。这种活动通常集中在某个时间段来做，爆发力强，更吸引眼球，效果非常好。

• 微博助农活动

微博中卖农产品的卖家越来越多，有的是企业，有的是个人，尤其以电商草根圈子最活跃，其中也不乏一些助农组织联合一些新农人共同发起活动，线上、线下联合式活动比较多。因为农产品、生鲜水果之类的产品特别适合线下展现一种纯天然、无污染的一种生长环境，走到田间地头、果园拍一些视频、照片传到网上，或者使用最新的直播形式，这样更直观、更场景化的让粉丝们看到农产品从种植到采摘的全过程。这种活动玩法越来越多的人效仿，以某个行业大咖带头，共同来推广新农人的农产品和各种水果，效果非常不错。

微博助农，还帮助很多滞销果农卖水果，通过微博的传播力量，引起社会各界广泛关注，并且联系一些线下媒体共同报道，解决了果农的实际问题，这就是微博上草根电商新农人的爱心与力量。

• 赞助式的活动

赞助式活动通常由一个比较有影响力的博主发起活动，其他人自愿参与其中，可以赞助其所销售的产品，在活动中集体展示。如果赞助的人少，可以直接在文案中写上：本次活动由@张三、@李四提供，关注两人即有机会获得奖品等。如果赞助的人多，可以制作一个长图，在图片中将赞助商、赞助产品一一标注清楚，文案中直接写：本次活动所有奖品，由以下一些朋友提供，当然文案怎么写，可以根据实际情况来编辑。通常这种赞助式的活动，很多人愿意参与的原因是可以借助大咖的影响力，将自己的产品扩散出去，而且可以通过大家集体转发，受众面会更广，在这个传播过程中，也会产生订单，就相当于为一些产品免费做个广告。也有一个人提供赞助产品或现金给一个圈子里比较有影响力的人，由他们发起活动，这种可以在配图中做一个长图，把企业的产品介绍一下，在传播过程中，就相当于一个广告的效果，只要产品够吸引人，就会获得高转、评、赞，但是你送一个手机壳，那就不用这么大费周折了，这和送一个苹果手机的效果是不同的。所以，大家在策划活动的同时，也要考虑到活动奖品对粉丝的吸引力。

- **线上、线下活动相结合**

目前微博中有很多圈子，通过线上结缘，因为有着共同的兴趣、爱好，做同样的事业，所以大家在线上沟通交流、学习。尤其是一些草根圈子非常活跃，他们会在某个时间组织一次线下聚会，如有付费形式的“电商干货分享聚会”，通常由一个有一定人脉、资源、影响力的人组织，也有做农产品的朋友们组织的以所销售的产品为主题的线下聚会，如“草莓采摘节”。无论哪种形式，都会把线下聚会的一些场景再发布到线上，形成线上、线下同时互动，让没有走到线下的网友们也可以看到实况，而且积极参与到话题讨论中来，通常都会先设置一个微话题，所有人都以微话题的形式发布微博，这样参与的人多了，微话题的阅读量就高，就会增加被官方推荐的可能性。另外，线下活动，也可以撬动纸媒、电视、广播等媒体的关注，形成持续的关注和报道，这对于目前做农产品这块的电商朋友提供了一种可操作的方法。

4.3 微博/微信/淘宝/QQ联动营销

微博营销只是全网营销中的一环，它并不是孤立存在的，可以与微信、淘宝、QQ联动营销，相互导流，效果非常好。因为微博最大的特点就是开放性，所以会有源源不断的新粉丝，通过微博累积基础粉丝，再把粉丝导入微信、QQ，这些是比较容易实现的。

4.3.1 微博引流

以微博为中心，累积粉丝，提高影响力，结缘更多的朋友，然后通过一些基本的设置、微博活动等引流到微信、淘宝、QQ等平台。

- **引流到微信**

做出影响力的朋友，只需要把微信加在简介或者关注时自动回复里就可以了。粉丝朋友基本都会加的。无论玩什么，粉丝数量是做一切的基础，可以做活动，加微信是很快的，活动加的有一部分是中奖党或福利党，但是这里也是存在购买概率的，可以单独注册一个微信号，重点维护这部分粉丝。另外，将在一个圈子中互动较多，相对熟悉的粉丝加入到该微信号中，因为已经有了信任基础，所以产生购买的概率较大。

- **引流到淘宝**

微博和淘宝是可以绑定的，那么这里有一个需要注意的地方，就是有的人愿意绑定，这样给店铺增加浏览量，有的人不愿意绑定，因为这些人只是点击看的，形成无用的浏览量，会影响到其他数据。关于这一点，保留一点意见，大家可以探讨一下，加之现在微博的新内容——微博橱窗，可以和淘宝好好地联合一下，将淘宝的卖家积极性调动起来。当然也涉及一部分做淘宝客的，再有就是微博自发组织活动，加一些淘宝店铺的链接，这里直接单击购买，或者做赠送，做基础销量，用这种方法都是可以的。

- **引流到QQ**

QQ最大的优势，就是人群聚集、精准，尤其是各种活跃的群，进行空间营销还是不错的，微博的朋友加到QQ，是非常有信任感的，这个与直接在QQ内部加是完全不同的。所以说，一切基于信任之后，才有了其他交流等方面活动。

4.3.2 微信引流

微信引流到微博、淘宝，此处主要讲朋友圈引流，通常微信加粉丝的来源比较杂，有从微博加的、有从微信群加的，还有其他渠道加的。所以，微博与微信粉丝不重合的粉丝有之，可以将其引流到微博或者淘宝。

- **引流到微博**

可以在资料中直接写上新浪微博@***，这样别人看你资料时，如果玩微博的就会关注你。另外，在朋友圈里每天可以推2~3次自己的新浪微博账号，也可以通过微信活动，如加微博关注可以有什么优惠或者礼物等。

- **引流到淘宝**

在微信中打开淘宝链接是比较烦琐的，但是有店铺号是比较不错的，直接用手机淘宝搜店铺号，或者直接扫描店铺号名片，都是可以的。这是为了给淘宝做基础销量用的，如果没有淘宝店的就不用了。

4.3.3 淘宝引流

将淘宝新、老客户引流到微博、微信进行管理、维护，进行二次开发，是解决流量贵的最佳方法。所以，这对于很多开店多年、拥有大量客户基础的卖家是非常有优势的。

- **老店引流**

将淘宝多年积累的老客户引流到微博、微信和QQ，并创建社群，进行管理和维护，调动老客户的积极性，让他们帮忙推荐朋友来购买产品，定期在群里发布新产品，刺激老客户再次消费，同时可以采用赠送礼物、发红包、打折、抽奖和会员积分等形式来做活动。

- **新店引流**

新开的淘宝店，一定要在最初就做好客户的管理维护工作，不管是咨询的、有意向购买的，还是已经购买的人，客服在与之交流的过程中，就要提醒他们如果加微博、微信等账号，可以优惠的价钱，或者可以参与积分、抽奖等活动，这样不仅可以把他们加入微博、微信进行管理维护，还可以通过发微博、朋友圈来推广产品，刺激他们再次购买，产生持续的复购。

4.4 “姨妈公社”微博联动营销活动

“姨妈公社”是我在2015年组建的一个小团队，成员都是微博中结缘的朋友，当时我们做过一些微博活动，现在将活动经验分享给大家，主要是微博、微信、QQ联动营销的思路。

4.4.1 活动团队的组建

无论是企业还是个人，如果想让微博的活动做得成功、有效果，首先要发挥人脉的作用，因为社交营销就是这样的特点，无人不传播。所以，企业首先是“公司员工团队+网络合作团队”形式，个人就是能玩在一起的朋友自行组建的小团队。“姨妈公社”属于后者，团队成员不用多，20人左右作为骨干力量，其余的人员均是平时搭建的社群，每次活动时只需要告知消息就可以了。

“姨妈公社”是由微博结缘的朋友，以微信群的形式沟通、交流，所有的活动方案、流程的确定均在群内讨论完成，因为都同时玩微博、微信，所以对一些活动形式都非常熟悉，只要在创意和分工上多沟通就可以，所以每次活动的效果都不错。

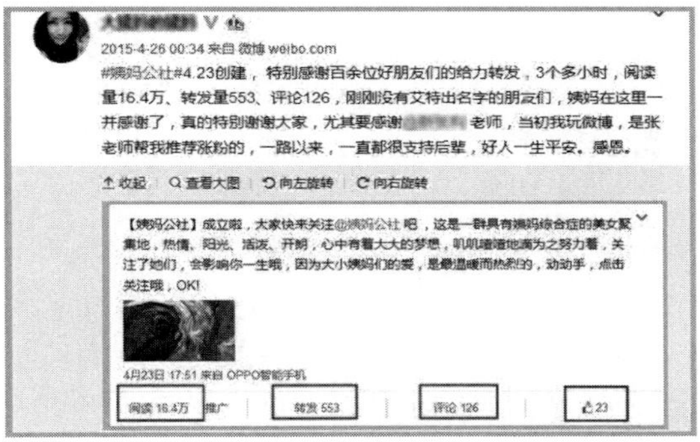

团队初建

4.4.2 活动方案的确定

我们先从内部成员开始，选择一个成员的淘宝店铺为其做基础销量。大家都知道，现在流量贵，所以对于淘宝店铺来讲，站外引流很重要，于是我们通过微博的活动来为其淘宝店铺引流。这个店铺是主营零食的，我们集体讨论的活动方案是，先确定以“零食福袋”的形式来销售，选择49元（8种）和69元（10种）零食搭配，再考虑到面向的受众粉丝群体特征是草根电商圈子，所以定价不高，49元和69元两个价格自由选择，并且拉来3家赞助商，也是微博圈子中的卖家朋友，由其赞助活动奖品，因为他们在圈子中也比较有人缘、非常活跃，所以联合起来，转发、扩散又增添了力量。在把产品、价格、赞助确定好之后就是具体的活动文案的编辑、活动图片的设计以及活动规则的制定了，团队分工来完成。

微博活动文案/配图示例

4.4.3 活动引流的方法

我们团队的所有微博活动由统一的官微@姨妈公社来发布，并且创建了微话题#姨妈公社#，避免了和其他个人账号混淆，差异化定位。官微主要用来做活动，个人账号用来互动、转发，形成每个团队成员与官微转发、成员与成员之间再互相转发的形式，相当于一个小型的矩阵式微博，所有的团队微博活动都集中到#姨妈公社#这样一个唯一的微话题页面，经过多次的累积，增加话题阅读量、粉丝和讨论量，有利于冲进整个平台的话题榜，如果排名靠前，会有更多的展现机会。活动当天团队的所有成员在微博、微信、QQ同步发布活动信息，大家可以想象，聚集所有人的力量是多么强大，比单打独斗的效果要好很多，而且所有成员当天持续不间断地转发活动微博，始终让活动的帖子出现在大家的视线范围内。

姨妈公社官微

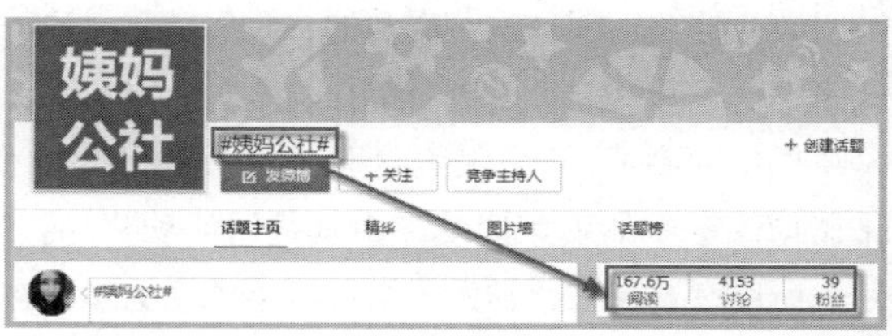

#姨妈公社#话题页面

活动引流思路主要是在活动文案中加上淘宝链接，在活动图片上说明加微信可以加红包群领红包，前者引流比较清晰，一目了然，直接点击进入淘宝购买即可。当时还没有微博橱窗，现在如果想做销量，加微博橱窗或者微店的链接都是可以的，都是为其做基础销量，有了基础销量，你的店铺淘宝排名就会好一些。而且一般微博朋友购买的评价都不错，这样也会给其他通过淘宝搜索的买家一个参考。对于引流到微信，这里只是在配图中加以说明，留下微信号。当时红包的吸引力还是很大的，那时正是红包最热的时间段，于是活动当天由我来负责微信这一块，没有想到效果出奇地好，太多参与活动的粉丝来加微信，于是我直接创建微信群，添加一个粉丝就拉进活动微信红包群，并给团队成员分工，也将团队成员拉进粉丝群，作为管理员来负责新进群修改群名片、发红包调动积极性等工作，当时连着加上200多人，全部加进群里，然后再让群内所有新朋友，到微博帮忙转发微博，以红包的形式来吸引。我们对其除了发放红包，而且还说明，只要进群的朋友就会参与我们以后的所有活动，每次我们都发福利、发红包，而不是一次就解散，所以大家都积极配合我们，也投入到微博转发队伍中来，在当天微博的转发中起了很关键的作用。

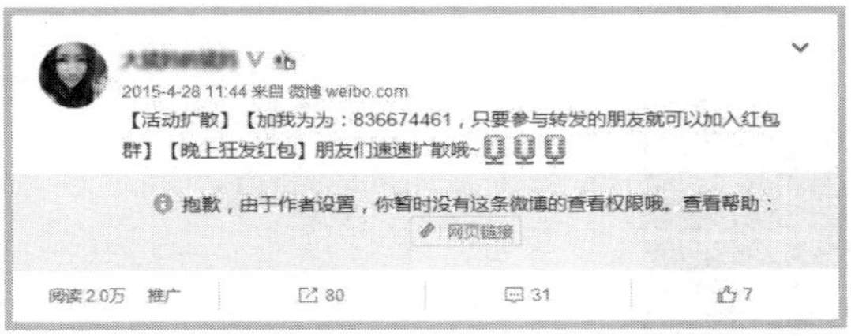

引流到微信

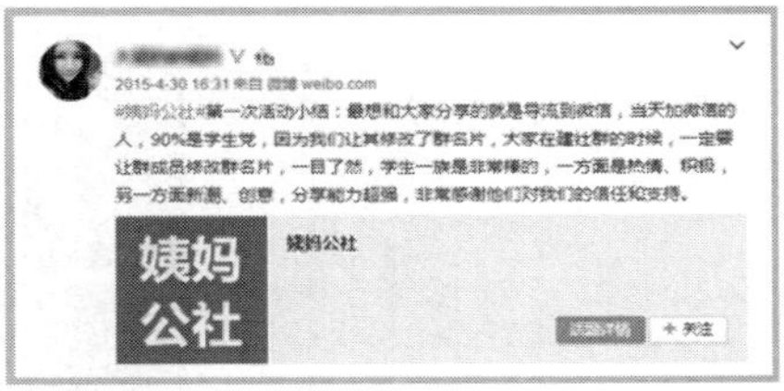

引流到微信

4.4.4 活动抽奖和晒单

由于活动时间不长，只有2天时间，所以我们很快就进行了抽奖和安排发放奖品的环节。活动抽奖那时还不像现在需要在官方备案，再由微博抽奖平台自动发私信通知中奖名单，我们采取的是视频抽奖，将参与转发的粉丝名单打印出来，剪成一个一个的名字，然后放在一起，由一位小朋友来抽取，然后拍成视频发布到微博。这样真实、直观地展现抽奖环节的公平、公正、公开，让人信服，抽奖完毕，就通知赞助商来安排发放奖品，再由获奖人收到奖品后，加话题，晒单，我们再转发、扩散。在这个环节中，可以为赞助商的产品再推广一次，所以很多朋友自己不组织活动，来赞助别人的活动，曝光的机会也很多，只要产品给力，也能出单。

4.4.5 活动效果分析

#姨妈公社#第一次团队活动总结如下。

（1）活动微博转发量588，阅读量15万，评论量303。

（2）微话题阅读量由11万涨到38.5万，目前看阅读量已经达到167万了。

（3）官方微博涨了近400粉丝。

（4）微信涨粉近200人，并建立红包群，当天给大家发了红包。

（5）共约280多位朋友参与转发，特别感谢姨妈团、姨妈群的家人们支持，感谢100多位新朋友。

活动效果分析

第1次团队微博活动初试结果非常满意，这一次熟悉了活动的全部流程，让我们团队的微博、微信、微话题全部涨粉，阅读量超出我们预期。关于活动转化的问题，我是这样考虑的，货源很重要，一定要选对适合微博活动的产品，另外我们已经将粉丝引导到微信维护，这是最有价值的，不断总结会更好。

05

MICROBOLOG MARKETING DEVELOPMENT STATUS

微博营销发展现状

- 微电商战略
- 头条文章
- 微博“一直播”

微博的诞生和发展是网络科技发展的一大进步，它使人们在网络的沟通和交流方面更加快速和便捷，使各种信息传播得更快更及时，有力地促进了信息社会的繁荣和发展。进入2010年以后，微博已经成为家喻户晓的互联网通信产品，微博时代自然形成，聚集了很多明星、名人以及各个行业领域的草根群体，微博已经成为我们日常生活中不可或缺的交流工具，随着微博的影响力的不断扩大，它在社会生活中发挥着越来越重要的作用。

5.1 微电商战略

新浪微博在2015年7月7日组织“微电商峰会”（电商微时代的新机遇），是一场电商盛宴，微博电商自媒体领军人物全部出席，深度探讨微电商的新机遇。微博发布了微电商战略，宣布将联合以阿里、微卖等为代表的重点第三方合作伙伴，共建以兴趣为导向的移动社交电商体系。今后，各垂直领域的2 000多万专业达人可使用微博发布器推荐商品，实现商品和消费者之间的高效连接。

社交应用将成为移动时代重要的流量入口，而传统电商平台仍将是移动电商时代的统治者。微博成立以来在电商领域做了“两次半”动作，第一次是接受“阿里巴巴”投资，与淘宝形成战略合作，半次是与支付宝合作推出微博支付，第二次就是新推出的微博橱窗产品。相比其他移动社交电商平台专注于交易，微博更侧重于商品推荐。目前，微博上有2 000多万各领域专业达人，并且已经与粉丝建立起以兴趣为纽带的关系链。他们通过情感、经验和专业知识对商品进行推荐分享，实现商品和潜在消费者的连接，这种弱关系对用户消费决策的影响反而更明显。在不同的消费过程中，消费者和达人的身份又是随时互换的，这也有利于保持交易的活跃度。

达人可以通过微博发布器直接发布自己推荐的商品，并添加推荐理由、库存量和商品链接等信息。目前商品链接必须来自天猫、淘宝和微卖等重点第三方合作伙伴，这些商品将在微博橱窗展示，用户可以在微博收藏商品或加入购物车，也可以通过中间页购买而无需跳转至其他应用。如果推荐的商品是其他商家提供的，可以根据事先与商家的约定获得分成，并且不参与交易过程，用户购买商品后的物流、售后等都由商家负责，这既给达人带来了更灵活的变现方式，又更好地保证了用户利益。

微电商是移动社交时代最重要的电商模式之一，微博将联合“阿里巴巴”“微卖”等合作伙伴，搭建移动化、个性化、社交化的电商体系。移动社交电商将进入规范化、平台化的发展阶段，微博推出以商品推荐为核心的微电商战略，不但与其他平台形成明显区隔，（界定目标市场和市场定位，从微博运营角度讲，主要是差异化竞争对手），也有利于建立“广告+电商”的商业生态，推动其商业化进程提速。

5.1.1 微电商达人

微电商，即微电子商务，是区别于传统电子商务的、崭新的电商模式，它不像传统电商一样过度依赖于平台（如淘宝、天猫、京东），而是以微博、微信等社交平台为基础，出现的社会化电商产品，特点是社会化营销、内容为主、营销为辅、互动及时、圈子传播，直接联系到客户，从而带来销量。脱离大平台，商家需要长期管理和维护客户关系，更重视买家之间的口碑相传，在买家的社交圈子中形成二次传播，吸引更多的客户。人的作用凸显，好人品卖好产品，更高的复购率、更高的品牌忠诚度，这就是微电商。

新浪微博于2015年9月22日推出了微电商达人招募计划，该计划的入驻门槛并不高，签约成为微电商达人后可以拥有专属身份，而且在微博橱窗发布商品微博的时候可获得相应的补贴，推荐其他人进入该计划可以获得推荐奖励。最值得关注的是，微电商达人可以获得官方资源的流量及变现扶持，微电商达人招募计划是帮助卖家或者达人在微博上能够更好地卖货和变现。

微电商峰会

• 被扶持的微电商达人认证需具备的条件

（1）关注粉丝超过1000人。

（2）有眼光和品味，热衷微博分享。

（3）有在售商品或者善于推荐商品。

微电商达人招募计划

• 申请微电商达人步骤

（1）发布3个商品到微博橱窗并分别截图保存，文案要编辑得详细一些，图片要清晰。

卖家如何发布商品：先打开微博客户端，单击“+”号，再单击“更多”找到“商品”，即可进入“商品发布”界面，编辑商品内容和图片、淘宝链接（选填），最后单击“发送”按钮商品即发布成功。默认发布一条带商品的微博。

（2）找到官微“微电商攻略”账号，打开“他的私信”，找到“报名入口”，选择“微电商达人报名”，单击进入“报名页面”。

（3）按照要求填写资料，将保存的3个商品图上传、提交，等官微私信通知即可，需要注意的是，上传的3张商品截图一定要清晰，写上推荐人。

（4）签约成功后，系统会在一段时间之后自动加上橙V认证，作为微电商达人标识。

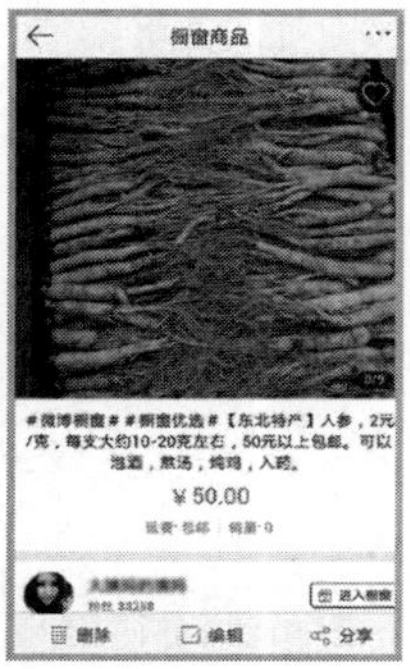

截图示例

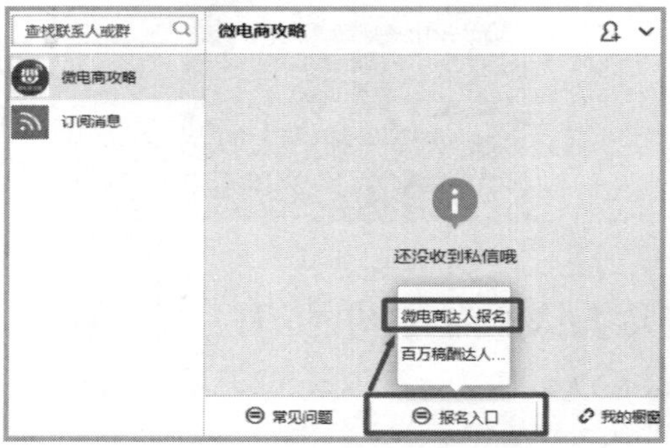

报名入口

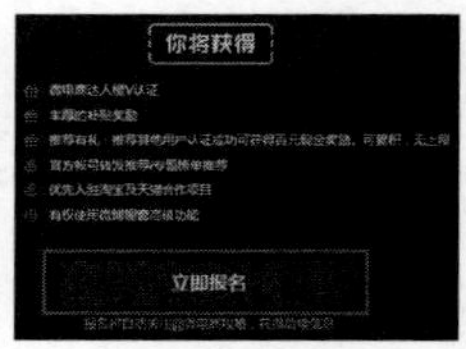

单击“立即报名”按钮

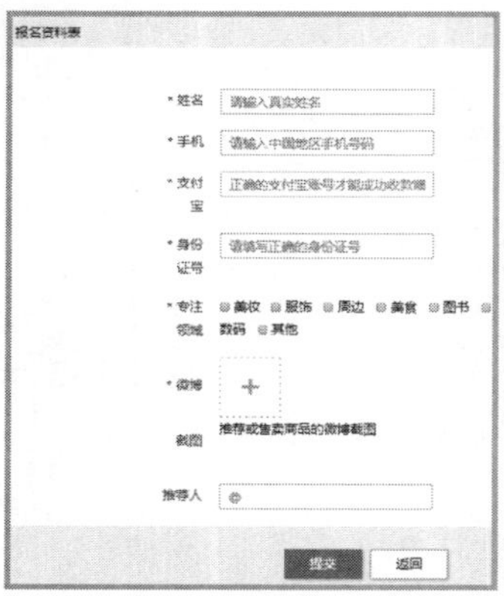

报名资料表

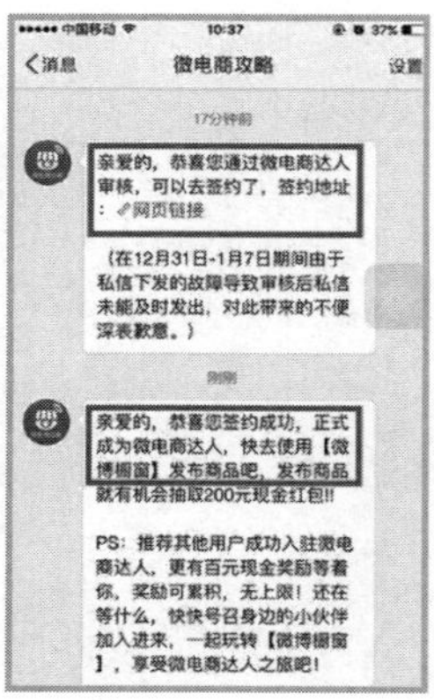

签约成功

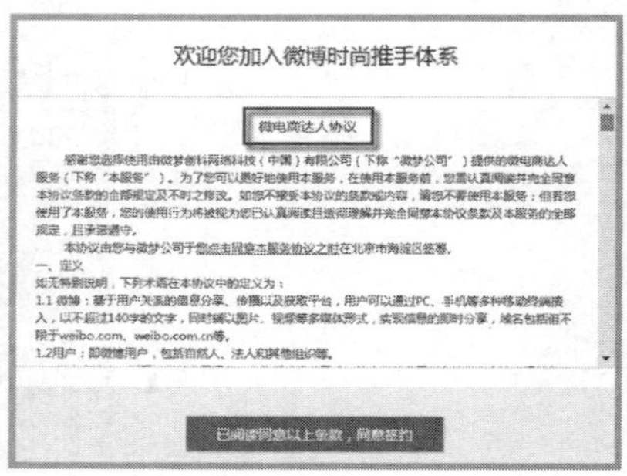

微电商达人协议

- **成为微电商达人能够享受的特权**

（1）微电商达人橙V认证。

（2）丰厚的补贴奖励。

（3）推荐有礼：推荐其他用户认证成功可获得百元现金奖励，可累积，无上限。

（4）官方账号转发推荐/专题榜单推荐。

（5）优先入驻淘宝及天猫合作项目。

（6）有权使用微博橱窗高级功能。

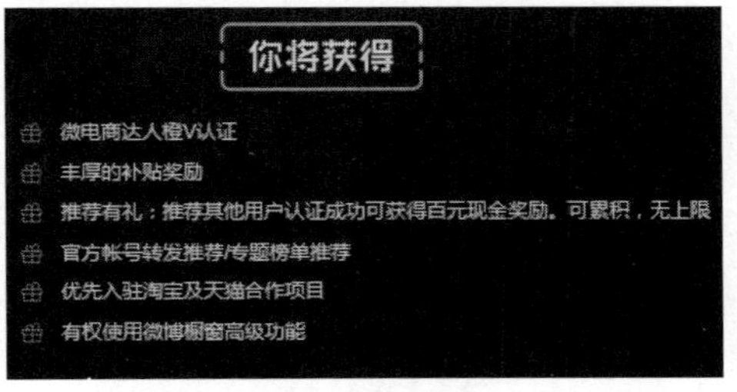

微电商达人特权

5.1.2 微博橱窗

2015年10月13日，微博发布客户端新版本，用户可以在客户端直接发布商品，通过微博微电商达人认证的用户还可以优先体验微博橱窗高级展示功能，在一条微博里最多可推荐9件商品。微博相关负责人表示，此次升级有望进一步激活微博粉丝经济，加强微博兴趣社交的关系黏性，同时完善微博“广告+电商”的商业生态，微博橱窗鼓励微博内垂直领域的达人发布优质商品推荐内容，从而实现微电商的个性化、社交化、移动化，提升交易效率和传播效率。

博主可以通过“微博橱窗”销售自己的产品，也可以推荐其他电商平台的产品，目前已接入的电商平台包括淘宝、天猫、微卖等，未来还将接入更多电商平台和品牌商家，操作简单，只需要编辑好产品文案，上传产品图片，填写好价格等即可。同时，可以加上官方的推荐的话题，如#微博橱窗#、#橱窗优选#等，会得到官方微博的推荐机会，博主可以一边刷微博、一边卖货，当销售成功一件产品时，会同时收到官方微博“微电商攻略”的私信告知所销售的产品具体情况，相当于淘宝的已卖出宝贝的旺旺提示。

5.1.3 微博橱窗的常见问题

- **发布商品步骤**

手机端发布商品，可以直接单击“+”号>更多>商品>发布商品即可。

单击“+”号

单击“更多”

单击“商品”

- **查看发布的商品步骤**

（1）在电脑端微博个人主页左侧找到“TA的橱窗”，即可进入TA的橱窗，查看博主发布的所有商品。

（2）打开微博客户端进入“我”页面>粉丝服务>微博橱窗，即可看到已经发布的商品。

（3）在个人页面发布的微博信息中，看到带商品链接的微博，即可看到已经发布的商品。

个人主页左侧查看橱窗

单击“粉丝服务”

粉丝服务>微博橱窗

带商品链接的微博

• 订单管理

打开微博客户端进入“我”页面>粉丝服务>微博橱窗>订单管理，即可查看全部订单（待付款/待发货/待收货/退款/售后）。

订单管理

全部订单

• 查看收益

打开微博客户端进入“我”页面>粉丝服务>微博橱窗>我的收入，即可查看全部收入。

查看收益

• 分享微博橱窗商品

（1）分享微博橱窗所有商品，单击“我的橱窗”主页右上角“…”号，可以将橱窗列表分享到微博、好友圈、私信和群、微信好友、朋友圈，还可以转发二维码到微博。

（2）分享单品到微博，直接单击单品右侧的“分享”按钮，可以在微博内容页面再添加产品图，或者微话题等，然后单击“发送”按钮即可。

分享微博橱窗商品

• 编辑/删除微博橱窗商品

打开微博客户端进入“我”页面>粉丝服务>微博橱窗，单击进入具体商品，在页面下端单击编辑/删除按钮，即可对商品重新编辑或者删除。删除商品，在30分钟后，微博计算机端主页左侧此款商品消失。

编辑/删除橱窗商品

• 买家购买商品步骤

买家进入商品页面，单击“立即购买”，可调整购买数量，填好收货地址，也可以给卖家留言，单击“提交订单”按钮，付款即可。

购买商品

购买商品>订单内容

关于微博橱窗的基本知识这里都讲到了，另外可以选填淘宝、天猫商品链接，不支持其他电商平台链接，而且一个微博账号对应一个微博橱窗地址，不能更改。目前平台很扶持微电商达人，官微经常做一些活动，譬如#橱窗优选#、#6月消夏橱窗#、#橱窗农产品#等微话题活动，大家要多参与官微的活动，会得到转发和礼物，曝光度很高，增加出单的机会。

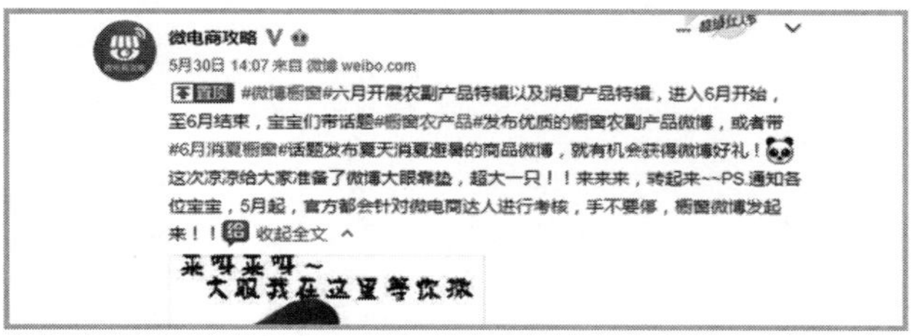

官微微话题活动

还可以利用微博橱窗做淘宝客，推荐他人产品赚取佣金。另外，除了发布一些实物之外，也有的朋友曾经发布过将你的微博置顶或者帮你转、评、赞，只需支付一定的金额，这种服务类型的玩法大家可以借鉴，尤其是对于一些会设计、会画漫画、会制作视频等的朋友，完全可以利用微博橱窗来接单，当然还有很多其他做法都可以尝试。

5.2 头条文章

微博头条文章是新浪微博的一个长文工具，2015年12月21日，新版长微博产品“头条文章”正式开放内测，它具有高效发布、阅读流畅、传播力强等特点，首批邀请部分媒体官微及微博签约自媒体作者优先加入体验。2016年1月26日，经过一个月的内测及调试，微博在2016年重磅打造的长微博产品“头条文章”正式上线，替代了原有的长微博。微博除了可以发布140个字，还可以发布超出140个字的短微博及头条文章，满足了用户的不同需求。平时互动，可以发140字以内的微博，方便大家参与；想具体陈述一些观点，可以发布超出140字的微博；如果考虑到微博内容在搜索、深度阅读等方面的需求，那么可以使用头条文章。大家平时发布微博时，三者结合，有所侧重即可。

头条文章内测

5.2.1 使用头条文章的优势

新浪微博将继续通过运营手段和商业工具提高垂直领域作者的曝光，仅账号推荐资源每月就会达到1.2亿次，预计2016年垂直领域作者的收入将超过4亿元，新浪微博签约自媒体规模将比2015年增长一倍。之前我们发布长篇都是使用“长微博”，打开速度慢，发布体验不友好，没有草稿箱等，头条文章正是为了解决这些问题而来。

- **传播更快/互动更强/权重更高**

头条文章内测期间数据显示，头条文章的阅读量较之前版本的长微博提升152%，互动量提升了33%，信息流加权提升5倍，给头条文章带来了更多的曝光与传播。需要重点说明的是，头条文章的信息流权重是全站最高的，所以想让你的博文得到更多的曝光，一定要多发头条文章，可以快速增加新粉丝。

（1）5倍：头条文章在信息流加权比旧版长微博提升5倍，展示权重为全站最高。

（2）152%：头条文章平均阅读量较长微博提升152%。

（3）33%：搭载头条文章的博文平均互动量提升33%。

（4）51%：搭载头条文章的博文平均点赞量提升51%。

- **用户使用体验更好**

（1）高效发布：微博双端发布器、WeicoNote App均支持发布。同时，新的文章格式协议将向第三方发布工具开放。

（2）阅读流畅：信息流大卡片展现，文章正文页极速打开。

（3）传播力强：信息流曝光提权（意指给予优质账号更多的曝光推荐和操作权限），文章被更多用户看到，并形成二次传播。

（4）影响力大：阅读数、互动量明显提升，为用户增加新粉丝。

- **多种变现形式**

长文写得好不好，不仅体现在阅读量上，变现是另一种认可。微博打赏、付费阅读、广告分成，是目前微博自媒体作者变现的三大利器，头条文章不仅会保留以上作者变现的渠道，还会优化上述的使用体验。如付费阅读，原先作者只能通过“管理中心”的“粉丝服务”进行编辑及发布，现在可以在头条文章的发布器上直接发布付费阅读文章，使用门槛更低了。此外，头条文章还准备了一系列大招，如原创版权保护认证、视频插入、定时发布、微博搜索提权、兴趣类精准用户内容分发等，最重要的一点就是后期还会支持微博橱窗的插入，这对于在微博上卖货的朋友们来讲，又为产品推广增加了一个便利的方式，这些大招都会陆续上线。

5.2.2 头条文章发布入口

“头条文章”上线之后，替换了原有的长微博的位置，并且以一个闪电式的图标显示，非常醒目，计算机端和手机端操作页面同步，非常方便。

- **计算机端发布微博头条文章的方法**

登录新浪微博，单击首页内容发布框下方的“头条文章”，进入文章编辑页面，添加封面图，输入标题、导语和正文，并且可以直接修改打赏文案、插入视频和链接，可预览文章。

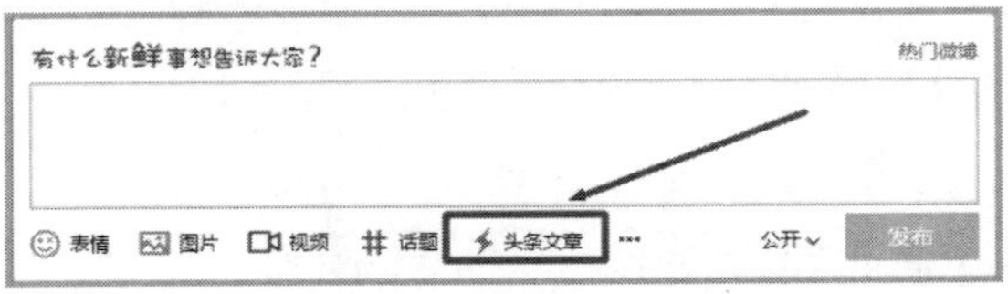

电脑端发布入口

- **手机端发布微博头条文章的方法**

登录新浪微博，单击“+”号，打开内容发布框，找到“头条文章”按钮，单击进入文章编辑页面，添加封面图，输入标题、导语、正文、编辑打赏文案和添加链接。

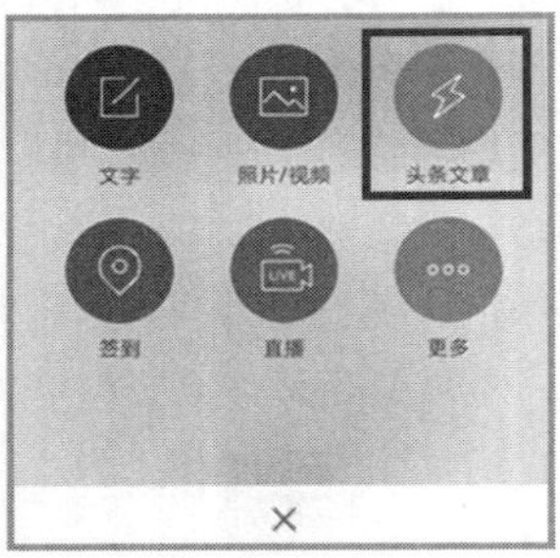

手机端发布入口

头条文章编辑页面

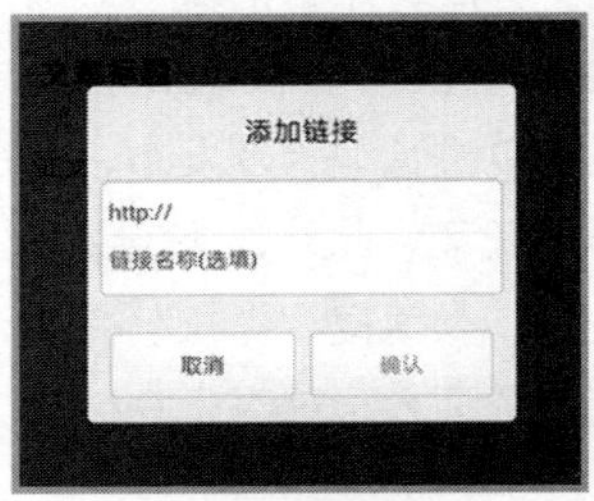

添加链接

5.2.3 微博开放头条文章与视频直播协议

2016年6月，微博正式向媒体、自媒体以及第三方内容合作伙伴开放头条文章和视频直播两大开放协议，成为国内首家对外开放直播资源的媒体平台。今后，越来越多的用户、媒体可以通过更多、更方便的渠道发布微博头条文章、视频直播等内容，媒体和第三方内容机构也将通过与微博的合作，为自身和用户创造更大的价值，微博要做的是传播有推动力的信息，推动有传播力的关系，为内容创作者和读者提供更优质的服务与体验，鼓励和扶持优质内容的生产。

- **文章同步头条文章/无需二次发布**

依据微博头条文章开放协议，媒体、自媒体及第三方内容机构可以将生产的内容同步至微博站内的头条文章，免去了二次发布的烦琐，同时获得更多的曝光机会。对于媒体而言，通过开放协议可以将发布后台与微博头条文章打通，媒体文章链接被发布在微博后，会自动转化为头条文章链接，免去了二次发布的烦琐，同时获得更大的影响力、传播力，以及丰厚收入。而对于第三方内容机构而言，旗下作者所发布的内容在微博上有了更好的展现与收益，可以在很大程度上提高用户的写作积极性。同时，通过第三方内容机构发布的微博头条文章，会在微博来源处显示机构名称，大大增加了其品牌在微博上的曝光。

- **开放直播资源/发力视频直播领域**

随着社交产品的不断升级，移动视频直播迎来新的风口，逐渐被大众熟悉、接受和使用。新浪微博也紧跟趋势，推出“一直播”平台，经过诸位明星以及网红达人的使用测试，直播数据非常不错，直播协议的开放也意味着微博成为国内首家直播开放平台，将率先支持硬件产品直播接入。视频直播已经是如火如荼，而巨头的入场将会推动行业迅速分化出领军阵营。微博作为国内最大的社交媒体平台，在明星资源、粉丝数量以及推广渠道上有着先天优势，再加上开放共赢的态度，势必将成为视频直播领域的收割者。

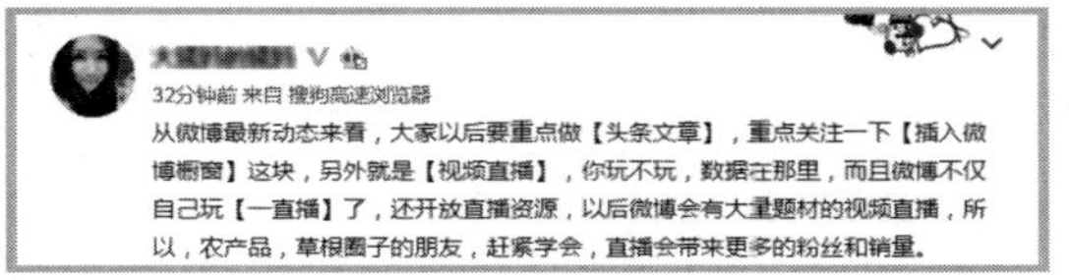

开放直播资源

综上所述，可见微博的开放共赢的格局，什么时代都是“内容为王”，微博开放头条文章与视频直播协议，既聚合了诸多优质内容，又紧跟视频直播新风口，将内容和直播都聚合到微博中来。毕竟大家现在玩什么的都有，现在的平台和App太多了，微信公众号、豆瓣、知乎、B站等，在这些平台或App有很多优秀的内容创作者，关注的面也会差异化于微博。而微博开放的格局，恰恰会聚合这些，会让整个平台内容更丰富，各行各业的关键词会更多，非常有利于我们做搜索推广。另外，视频直播的题材会越来越丰富，从现在各个直播平台和App的现状来看，以游戏和美女直播形式居多，而微博也通过和秒拍合作的“一直播”测试了相关数据，主要通过人气明星和网红达人完成直播数据测试，现在开放直播资源，无疑会让平台的视频直播题材更丰富，会吸引更多不同兴趣、爱好的用户。

简单地说，大家今后可以重点做“头条文章”和“视频直播”，前者权重高+插入微博橱窗，后者涨粉+导流+变现快，思维一定要转变，而且要紧跟平台趋势，大数据之下的决策就是趋势。

5.3 微博“一直播”

2016年4月13日，官微“微博直播”账号发布了一条消息，“您可以在微博进行视频直播啦，打开微博客户端发布窗口，如果看到‘直播’按钮，恭喜您，作为微博优质高粉丝用户，您的直播权限已开通，如果暂时没有看到，可以下载‘一直播’App，用微博账号登录会将直播自动同步到微博”。这条微博引起了广泛关注，转发近9 000，在微博联合秒拍推出“一直播”之前，很多直播平台和直播App已经十分火爆了，竞争异常激烈，面对井喷般崛起的直播市场，新浪增添直播功能却呈现出势在必得之势。与秒拍和微博的关系类似，一直播作为新浪微博的直播合作伙伴，既以一款独立App存在，又支撑微博线上的直播功能，所有微博用户都可以通过一直播在微博内直接发起直播，也可以通过微博直接实现观看、互动和送小礼物等功能。

5.3.1 微博“一直播”的操作

使用“一直播”平台，用户除了可以下载专属App在客户端进行登录外，还能直接用新浪微博一键单击进行直播，拥有小咖秀及秒拍的用户也能够在相应的App客户端看到一直播专属直播入口，单击即可直播。这种多款网络视频、社交应用共享用户资源的方式，让“一直播”拥有了更多精准定位的直播用户，扩充和整合了潜在的优势资源。而新浪微博也将借此丰富自己的泛娱乐内容并拓展自己在移动直播领域的影响力，移动社交直播的模式将区别于现阶段千篇一律的移动秀场直播模式，为行业掀开新的篇章。

直播操作步骤如下。

（1）单击微博客户端下方的“+”号，打开微博发布窗口，单击“直播”按钮。

（2）进入应用商店，下载安装“一直播”App，打开App后，使用微博账号直接登录“一直播”，不需要注册、审核，而且发布的直播会自动同步到微博上。

（3）开始直播，首先单击屏幕下方的按钮，然后单击“直播”，此时你需要选一个封面图片，如自拍照、美食照、宠物照等，这张图片会显示在你的直播微博中，图片越吸引人，越会有粉丝来看你的直播。同时，一定要打开屏幕中间的“将直播同步到新浪微博”，这样直播才会同步到微博上给粉丝们看到。此步骤完成后单击右上角的开始直播就可以。

直播中的设置，直播中单击“相机”图标，可以切换前后置镜头，单击“电源”图标，可以随时结束直播，直播时还自带美颜效果。

微博直播按钮

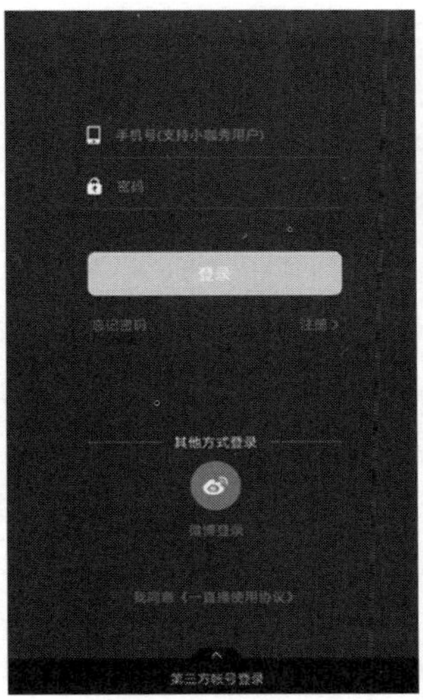

微博账号登录

完善资料

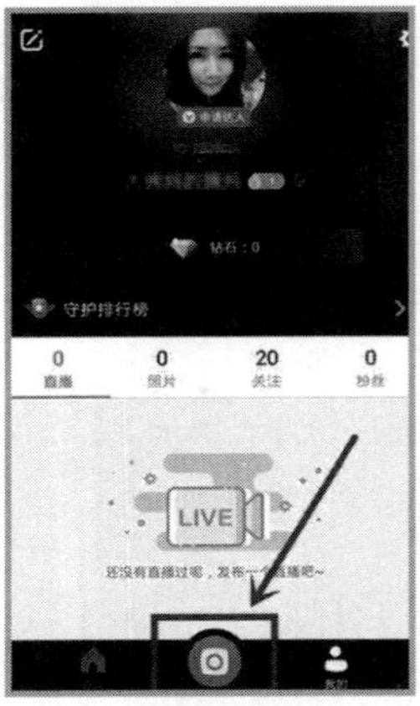

直播界面

达人/主播实名认证

5.3.2 直播中需注意的事项

（1）请尽量在4G或良好的Wi-Fi环境下开启直播。

（2）首次进入直播的朋友需要开启摄像头与麦克风权限，否则无法进行直播。

（3）直播时可以选择开启/关闭美颜键。

（4）直播过程中要多多和粉丝互动，这样直播热度会更高。如果收到粉丝的礼物，记得大声说出他/她的名字表示感谢，这样粉丝才会越来越支持你。

微博加入直播大军，最初依赖强大的明星资源和网红的直播来吸引用户，在“微博直播”和“一直播”两个账号推荐这些明星的直播，自然会受到很多人的关注。直播这种形式的实时沟通和互动性更强，具有更强的社交属性，快速拉近与粉丝之间的距离，即便是普通用户的直播，由于自带粉丝，也会受到一定的关注。据了解，目前“一直播”已有2 000多位大牌明星入驻，可谓占领了娱乐圈的半壁江山，这些明星、大V、媒体以及新兴自媒体带来的粉丝聚合效应和粉丝活跃度，必将会成为“一直播”最重要的赋能（商业词语）方式。另外，微博草根圈子也异常活跃，卖农产品的朋友们完全可以利用“一直播”来直播农产品从种植到采摘的全过程，展现一种纯天然、无污染、绿色、健康的生长环境，生活化、场景化将带给大家全新的视觉体验，“一直播”代表社交方向，更大的意义在于“直播社交模式”的开辟，微博凭借“一直播”的技术优势，微博团队成熟的运营经验、强大的流量支撑以及优质的明星资源，将快速实现微博与直播的有效融合，我们期待着更多的惊喜。

06

VARIOUS GROUPS OF PLAY HIGHLIGHTS

各种群的玩法集锦

- 微博群的玩法
- 微信群的玩法
- QQ 群的玩法
- 关于创建和管理微信群的经验分享

“社群”“社群营销”“社群经济”和“社群运营”4个词相信大家并不陌生，我们经常会看到一些电商类文章提及，随着各个电商平台流量越来越贵，社群概念兴起并存在着诸多玩法，越来越多的企业和个人开始尝试社群营销，效果非常不错。“社群”简单认为就是一个群，即是一群人的集合，大家有着明显的且共同的社交属性（共同的兴趣、爱好和需求等），遵守一定的群规，在群内进行沟通和交流。

6.1 微博群的玩法

微博就像一个“大广场”，微博群就是这个大广场内的“小空间”，我们既可以面向所有受众粉丝群体分享内容，也可以同步在微博群内进行小范围的深度交流，一个微博账号可以创建多个微博群，不同的群等级、不同的群定位，聚集了因共同的兴趣、爱好而结缘的诸多博主，由群主和管理员进行管理和维护，每天保持群的活跃度。目前活跃的微博群主要有：明星粉丝群、本地附近的群、各种兴趣群、草根群，玩法多样，接下来将一一介绍。

6.1.1 创建微博群

微博群最大的特点就是添加群成员时不需要他人的验证同意，可以直接筛选粉丝拉入群内，而且可以分享群链接到微博、好友圈，粉丝可以通过链接申请加群，群主同意即可入群，这是微博群的优势，前提是你已经有了一定数量的粉丝，在此基础上可以迅速加满一个群。从实践经验来看，分享链接让粉丝自愿申请加群比较好，你直接拉粉丝进群，如果他们并不喜欢你的群，那么就会退群。创建微博群的方法在计算机端和手机端是不同的，手机端的功能更多一些。

- **计算机端创建微博群**

操作步骤如下。

（1）登录新浪微博，进入个人微博主页。

（2）单击“关注”按钮，进入新页面，找到“群”按钮。

（3）在新页面中，单击右上角“新建群”按钮。

（4）单击“编辑”图标，修改“群名称”，保存名称。

（5）添加群成员，可以搜索查找联系人，也可以直接在最近联系人中选择粉丝，然后单击“确定”按钮，创建成功。

单击“关注”按钮

单击“群”按钮

单击“新建群”按钮

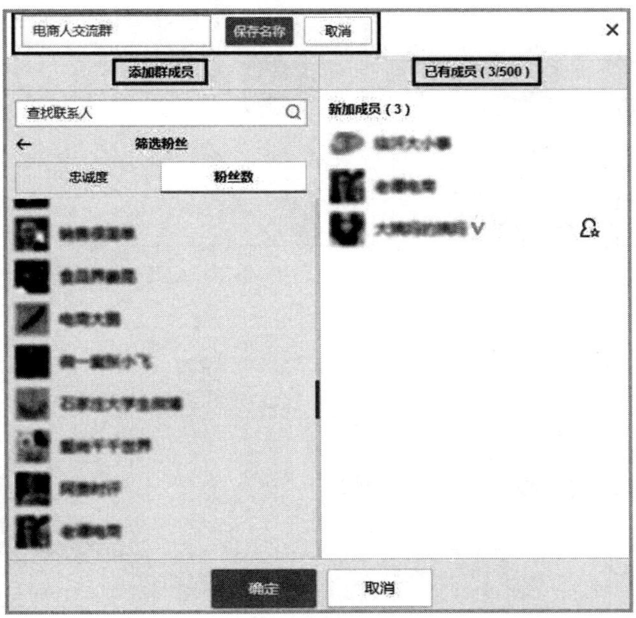

添加群成员

- **手机端创建微博群**

操作步骤一，如下。

（1）手机登录新浪微博，单击“消息”按钮进入消息界面。

（2）单击消息界面左上角的“发现群”按钮。

（3）单击发现群界面右上角的“新建群”按钮。

（4）填写群名称，单击“下一步”按钮。

（5）选择群地点，这里可以选择隐藏位置，也可以搜附近位置。

（6）创建成功，然后添加成员（选择联系人或直接搜索）或者分享此群即可。

单击“发现群”按钮

单击“新建群”按钮

填写群名称

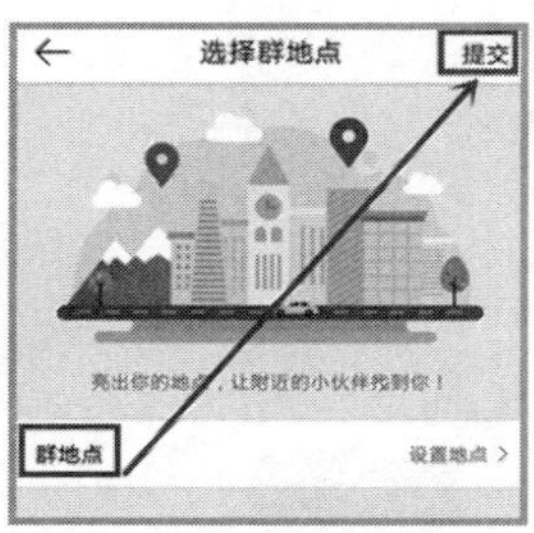

选择群地点

创建成功

操作步骤二，如下。

（1）手机登录新浪微博，单击“消息”按钮进入消息界面。

（2）单击消息界面右上角的“…”按钮，单击并找到“发起聊天”。

（3）在“选择联系人”界面直接搜索或者按昵称的首字母单击滑动查找添加群成员。

（4）选择完毕，单击右上角的“聊天”按钮，创建成功。

（5）单击右上角的“设置”按钮，进入“群信息”界面，可以进行修改群名称、群简介、添加好友、设置管理员、升级群等操作。

（6）单击“群信息”最下方的“群微博”按钮，可以发布内容（文字、相册、拍摄均可），单击“分享”按钮，可以分享群链接到微博、好友圈、私信和群、微信好友、朋友圈，还可以直接复制链接。

单击“发起聊天”按钮

选择联系人

单击“设置”按钮

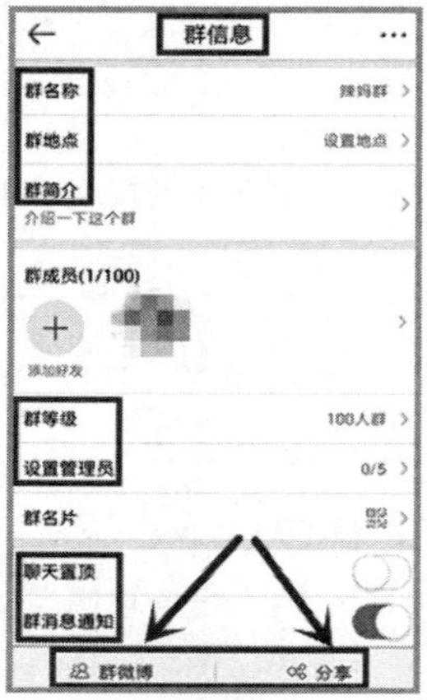

群信息界面

分享群链接

6.1.2 管理微博群

微博群创建成功之后，首先要对其进行一些基础的设置，如修改群名称、群地点、群简介、群等级、设置管理员、群消息通知等。等到一切都设置完毕，就开始推广群，添加群成员，以分享群链接或者群名片的形式，大家就可以根据你的群名及简介初步判断出这个群具体是做什么的。如果符合自己的需要，他们就会申请加群，像“互粉群”这样直接以互粉命名的群就一目了然，大家一看就是互粉专用群，可以涨粉，自然愿意加入，最后就是群的内容部分了，一个有价值的群才有生命力。

• 群名称

群名称至关重要，我们加入群的时候，首先看的就是群名称，从群名称就可以初步判断这个群是什么性质，根据群的定位取名，具体到某个行业领域，进行细分。在搜索群的时候，系统会出现分类提示：名人明星、行业交流、同城校园、女性时尚、生活、影视综艺等，大家再到每一个分类中去找寻自己喜欢的群加入。假如选择了女性时尚这个分类，那么出现的所有群的名称都是与之相关的关键词，例如，化妆、珠宝文化、潮人、潮铺、代购、育儿、美甲、护肤、造型等关键词。所以，在取群名称的时候，一定要带上大家常搜的关键词，一是让大家清晰地看出群是做什么的，二是增加被搜索到的概率。

搜索群

• 群简介

群简介就是你对群的简单介绍，包括群的宗旨、群内成员的共同目标等，当大家搜索微博群的时候，除了可以从群名称大概看出该群是什么类型的群之外，还可以通过群简介来了解该群的定位和目标，感兴趣的朋友就会加入群，群简介字数不宜过多，简短精练即可。

群简介参考，如下。

（1）***新农人联合会，为***新农人助力谋发展，结缘五湖四海的新农人朋友，共谋发展，互通有无。

（2）本群是电商玩家相互学习、技术交流的一个综合平台。

• 群规

没有规矩不成方圆，无论什么类型的群，都要有群规，在群成员共同遵守下，这个群才能长久做下去，否则就会变成广告群、垃圾群，慢慢失去它存在的价值和意义。

群规参考（明星粉丝群），如下。

（1）禁求粉刷屏、打广告、吵架。

（2）禁涉敏感话题，黑任何艺人及组织。

（3）群里除了***（某明星）相关链接，禁止发其他链接和二维码。

（4）***全球歌迷会，大家只能选择进一个群，进多群者会被全群踢出。

（5）群聊天记录禁止出群，截屏者自重。

（6）除管理员之外禁止私自拉人。

（7）希望大家积极在群里说话，群里会不定期清理长期潜水不活跃者。

6.1.3 玩转微博群

微博群主要包括明星、名人粉丝群、各种兴趣、爱好群以及草根群，常见的玩法主要有：互粉、互赞、互转等互助类的群，因为共同喜欢某个偶像而创建的粉丝群，因为共同的兴趣、爱好而创建的兴趣群，还有一些草根创建的行业交流群以及一些企业创建的产品（品牌）群，基本就这几种类型。一个群的价值，与群主及群成员的素质、能力等诸多因素都有关系，只有大家共同维护才能发挥微博群的最大价值。

- **互粉群**

在积累微博粉丝的初期，互粉是最基本的手段，尤其是对初玩微博、粉丝较少的朋友们来讲，更是一个快速涨粉的方法。首先选择一些人数多一些的微博互粉群加入，每天到群里去加粉，最好不要见人就加，尽量选择一些优质粉，可以先看看他们的粉丝和关注是否成比例、粉丝质量等再去关注，否则随意加，掉粉也很快。加粉过程中，还要注意一点的就是回粉率，大家先去加群内活跃的人，他们通常都会在群内发布互粉信息，这类粉丝非常活跃，先去关注他们，因为加粉是有限制的，我们加完这部分活跃粉，再去群成员页面加粉，根据群成员的名称、个人简介来判断是否优质。在有时间的情况下，可以进入他们的微博主页大概看看其微博内容，再决定是否关注。现在也有一些互粉群定位更具体，如“橙V互粉群”“电商人互粉群”“万粉以上互粉群”等，这样更具体的互粉群，一般很难进入，一旦进入加的都是非常优质的博主，通常都是在微博中玩得久的博主，积累了一定的资源，粉丝数上万后被拉入这样的群的机会较多，可以结缘更多的人。类似互粉这样的玩法，还可以创建互赞群，因为现在点赞多的微博可以冲热门，以及互转群，也就是互相转发，在最开始没有人气的时候，大家可以互相转发，这些都是非常不错的简单易操作的方法。

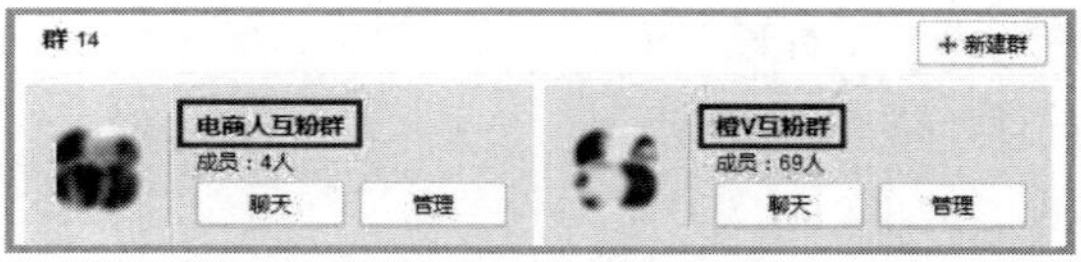

互粉群示例

- **粉丝群**

什么是微博粉丝群？粉丝群是微博推出的促进博主和粉丝互动的私信群聊功能，入口显示在明星、V账号或部分达人用户的个人主页的“聊天”页面下。博主可以自建粉丝群，将核心粉丝聚集起来，保持与粉丝的互动、促进活跃，粉丝也可以给自己喜欢的博主创建粉丝群，和三观相同的小伙伴们交友聊天。在这里，你可以在茫茫人海识得知己，能够有机会和领域达人一同探讨观点，更有机会体验明星空降带来的惊喜。

创建明星、名人的粉丝群的优势就是可以借助其影响力来吸引更多的人加入群，微博的很多人气明星的粉丝群会有很多个，你可以选择喜欢的群加入，也可以直接以某位明星的名字取名自建粉丝群，最有意思的就是会有“明星空降群”的机会，就是明星会在某个时间点真的来到群里与其粉丝互动，当然这样的机会不多，但确实能让喜欢明星的粉丝朋友们有个希望。

目前一些自媒体人、某个行业领域的大咖们，虽然粉丝数和影响力不及明星，但他们的粉丝通常都非常活跃，也会给他们创建粉丝群，入群的都是他们的铁杆粉丝，大家在一起沟通交流行业经验、互帮互助、联合做微博活动，因为群较活跃，所以在搜索群排名的时候，这类群基本都排在最前面，自然增加曝光度，吸引更多的粉丝加入，这也是一种涨粉的方法。只有不断地加入新鲜的血液，才能让群的粉丝结构更加多元化，群成员们集思广益，才能闪现更多的智慧和创意，这样的群才会更吸引人，因为在群里可以学到更多的东西，所以群的价值更大。

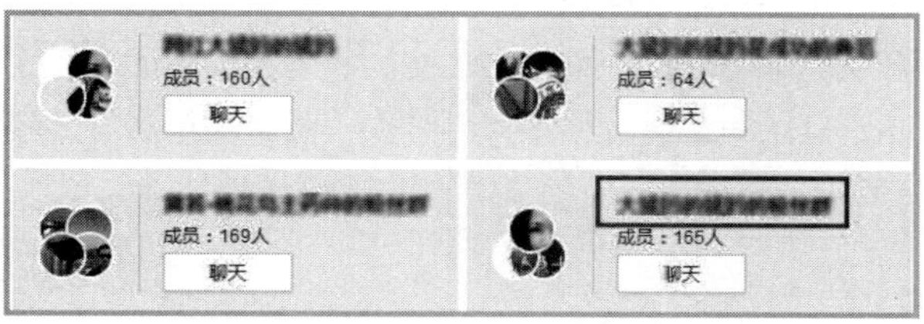

粉丝群示例

• 分享群

分享群是大家最爱加入的，因为有很多新手朋友们迫切需要学习微博营销方法，而一般创建这类群的博主都是玩微博有一定经验的人，而且有一定的影响力，大家愿意跟着学习经验，可以定期做分享，也就是约定好某个时间由群主或者群主邀请一些有经验的人做分享，也可以随时交流经验，群成员只要遇到不懂的问题都可以发到群里问大家，会很快得到满意的答案。这类群有免费和付费的两种，付费的群通常是由某个大咖创建，通过收取一定的费用来给大家做分享，只要能学到东西，大家也愿意付出一定的费用。目前来看付费的微博分享群不多，免费的草根分享群居多，“三个臭皮匠顶个诸葛亮”，其实草根的力量很大。

分享群实例，如下。

我创建了一个“电商人交流群”，因为现在微博群等级分为100人、200人、500人，升级后可到1 000人，一般一个微博账号初期建群时规模都是100人，如果觉得不能满足需要，可以开通会员或者年费会员进行升级，这样人数就增多了。我创建的这个群初期规模也是100人，先小范围交流，稳定下来之后再扩增群成员，而且将此群定位在“电商人”，人群固定。因为我的几万粉丝中，80%以上的粉丝是从事电商行业的人，有了粉丝基数，通常无需再推广这个群就可以快速加满。这个过程中我没有自己去拉人，而是通过把群链接分享到微博中，粉丝们看到之后就纷纷申请加入，我这边会收到群通知，大概看一下粉丝的个人资料，同意入群就可以了，觉得不符合我的群定位的粉丝就拒绝加入，因为你也要考虑到加哪些人会让这个群一直能够保持活跃，当然要选择平时经常玩微博，比较活跃、热情而且和大家相对熟悉一些的人，这一点在平时与大家互动过程中就可以了解得到，一天的时间我加了72人，100人满。初建群时不用节奏太快，需要把前期这些人稳定住，让大家觉得可以在这个群收获到自己需要学习的知识和经验，这样大家便不会退群。因为现在群太多了，大家可以自由选择，一定会保留有价值的群，否则信息过多，即使屏蔽了也会觉得很受干扰，待群成员差不多满了的时候，可以设置几个能力较强的人作为管理员来管理和维护群，制定好群规，大家可以在此群规下真诚交流。由于都是平时在一起互动的粉丝，所以都很自觉地维护群的秩序，这一点就比加一些陌生粉丝好得多。当然，如果你没有基础粉丝，需要推广群链接才能加满群成员的话，只能是靠内容吸引，对一些经常发广告、不活跃的粉丝进行移除，再替换一些优质粉进群，慢慢地打造一个优质微博群。

群等级说明

群通知示例

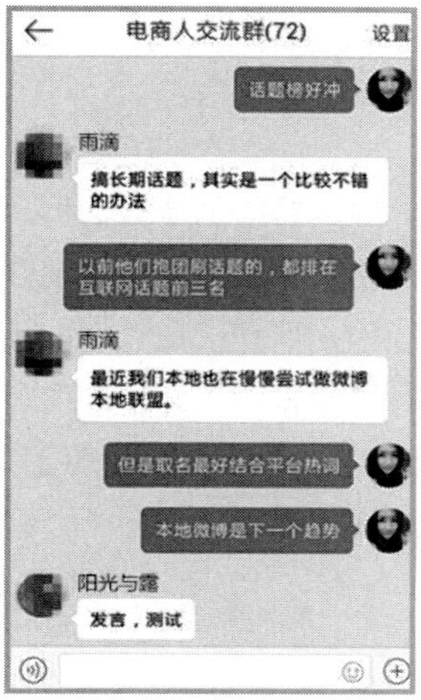

微博分享群实例（1）

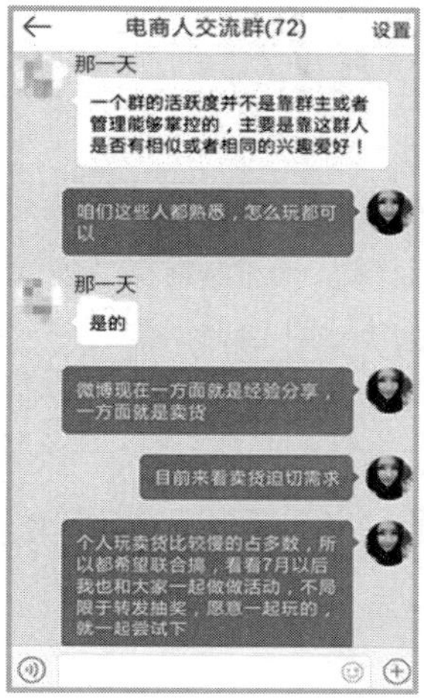

微博分享群实例（2）

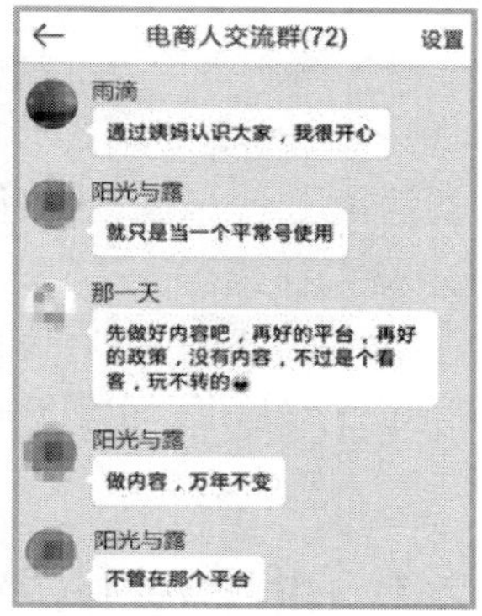

微博分享群实例（3）

除了互粉群、粉丝群（明星、名人）、分享群之外，还有一些以推广产品为主的产品群，通常大品牌的产品群交流更多的是产品的使用情况。现在农产品的推广群也很火，推荐一些地方特产等，群成员之间基于信任产生购买，最重要的是可以晒单，只要群成员晒单到微博引起关注，其他粉丝从众购买。现在玩微博群的人越来越多，一些基本的功能都有，所以为大家提供了便利，无需再去登录别的平台账号，一站式解决问题。

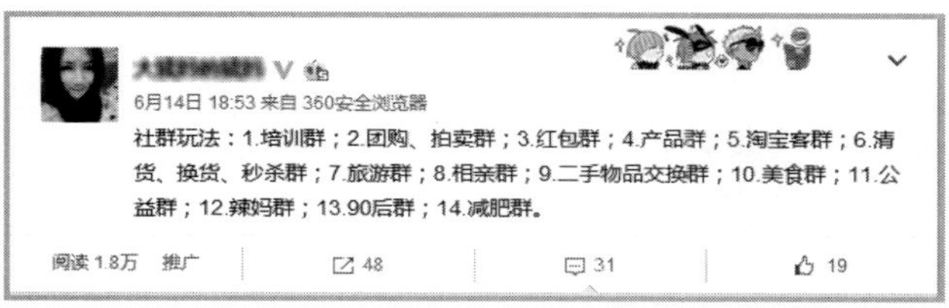

微博群的其他玩法示例

我们自建群的群成员多数是自己的粉丝，为了结缘更多志同道合的人，也可以利用搜索，找到不同兴趣、爱好的群，开阔视野，感受更多的新事物。不同的群定位，不同的人群，会带给你不同的经验和体会。在管理、维护好自己的群之后，我们再有选择地加入一些其他人创建的群，多学习、多互动、多与人沟通、交流，会进步得更快，而且可以合作的机会慢慢会变得更多。

6.2 微信群的玩法

微信、微信群给大家的业余生活平添了许多的乐趣，亲人、好友纷纷创建微信群，闲时聊聊天、抢红包，乐此不疲，而商家也开始在微信群吹起了号角，企业和个人纷纷开始通过微信群销售产品，一些行业大咖也开始在微信群分享行业经验，群在改变着你的社交格局，你的社交半径一下子拉长了，你认识的人，认识你的人，比原来多了许多。很多微信群依然很活跃，依然有很多朋友在微信群中玩着、学着、卖着、乐着，我也创建过诸多不同定位的微信群，在创建群和管理群的过程中感受颇多，有一些建群经验分享给大家。

6.2.1 创建微信群

微信群和微博群不同，群主只能直接拉入几十人，之后再想加入就需要对方的验证，被邀请人同意之后才能进群，否则加不进来，通常如果想增加群成员，都是发红包让群成员拉人进来，这样大家都拉人进来，群成员会很快满的。

创建微信群

目前微信更新版本是：6.5.10。

操作步骤一，如下。

（1）打开微信，单击右上角的+号。

（2）单击“发起群聊”按钮。

（3）勾选你的好友，选择完，单击“确定”按钮。

（4）微信群创建成功。

（5）完善群资料即可。

操作步骤二，如下。

（1）打开与一个好友的聊天对话框，单击右上角的“人物”图标。

（2）单击好友头像右侧的“+”号。

（3）同样进入勾选好友界面，选择完，单击“确定”按钮。

（4）微信群创建成功。

（5）完善群资料即可。

单击“+”号

单击“发起群聊”按钮

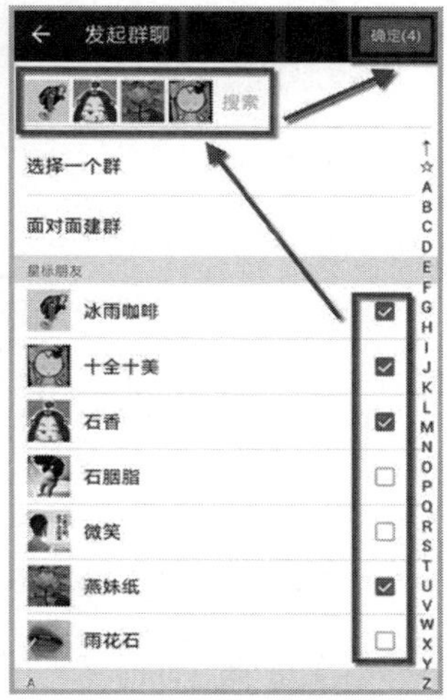

勾选好友

6.2.2 管理微信群

微信群创建成功之后，群主首先要做的就是把群的一些基础设置都弄好，如群的名称、群公告、保存群到通讯录等设置很重要，让刚进群的群成员知道这个群是做什么的，群规是什么等，方便群主管理、维护微信群。群成员会越来越多，如果基础的设置不在人少的时候就弄好，后面就更不好管理了，所以大家在创建微信群之后，一定要重视这块的操作。

• 微信群的设置

打开群聊对话框，单击右上角“双人”图标，所有的设置都在这个界面下边。

（1）添加/删除群成员。

所有群成员头像底端有“+”号和“-”号，分别是添加群成员和删除群成员的操作按钮，单击“+”号，进入勾选好友界面，选择后确定即可。单击“-”号，勾选要移除的群成员，单击“删除”按钮，出现“确定删除”提示，确定即可，这时群聊对话框中会出现“你将某人移出了群聊”的提示，所有群成员都可以看到群主将哪位群成员移出群了，但现在退出群没有提示了，以前退群会有提示，现在可以不顾忌群主面子，自由退群了。

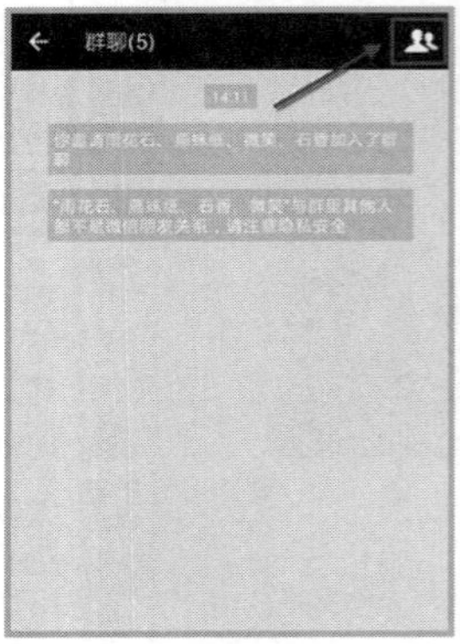

单击“双人”图标按钮

添加/删除群成员

（2）群聊名称设置。

一个群的名字很重要，群的名字就是群定位的体现，直接看群名就知道这个群主要是做什么的，譬如辣妈团（清货、换货、秒杀群）、微电商草根交流群、***产品代理群、***红包群、***设计群、电商人交流群等.，取好名字，直接在“群聊名称”里填好即可。

（3）群二维码。

群二维码名片，可以用邮件分享群二维码或者保存到手机，然后可以将之分享到微博、QQ等平台，让大家扫二维码加群，二维码7天内有效，重新进入将更新。通常新创建一个微信群时，你的微信好友不多，需要推广一下的时候，常常用到群二维码，扫码加群是很快的。

（4）群公告。

现在微信群多了一个群公告设置，很方便，以前都是需要一个一个@群成员才可以发布信息，现在只需要在群公告里编辑好你要说的内容即可，编辑完，发布即可，这样所有的群成员都会收到你的群公告信息，一般群主通知重要的事情的时候常常用到。

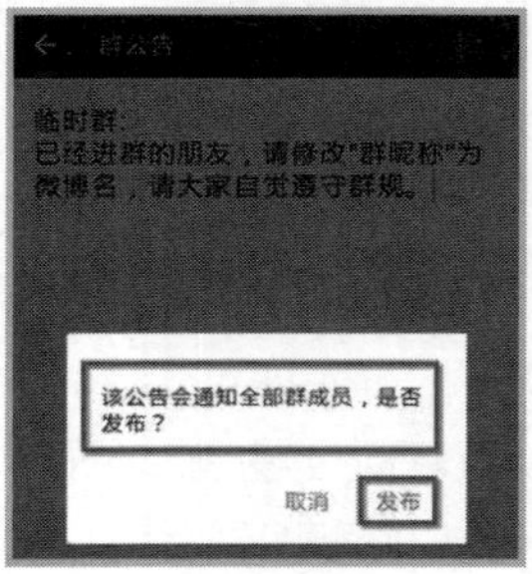

群公告设置

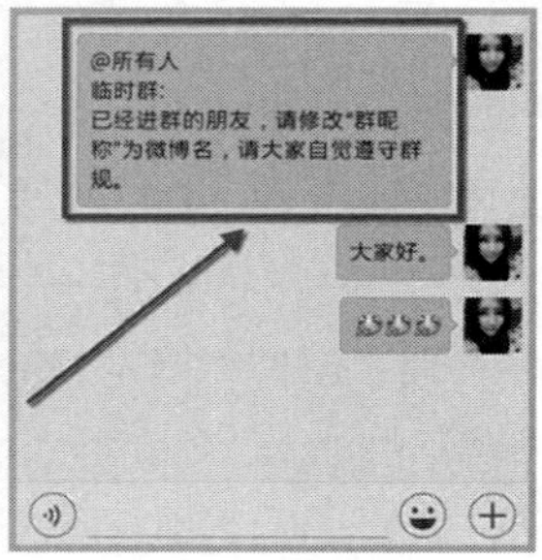

群公告显示

（5）消息免打扰。

向右滑动按钮，可以屏蔽微信群的信息，通常我们都会加很多微信群，当你不想被各种信息干扰的时候，可以直接在这里进行设置。

（6）置顶聊天。

单击置顶聊天后，你的群的位置就上升至信息页面最上方，这样就不会错过重要的群信息了，也可以在此处进行取消置顶的操作。

（7）保存到通讯录。

向右滑动按钮，可以将群保存到通讯录。在通讯录中单击群聊，打开之后就可以看到我们添加过的所有微信群了，如果不保存的话，即便你加入了某个微信群，在群聊中也没有这个群的显示，所以当有群邀请我们加入时，第一件事就是把它保存至通讯录，这样就可以随时查找这个群了。

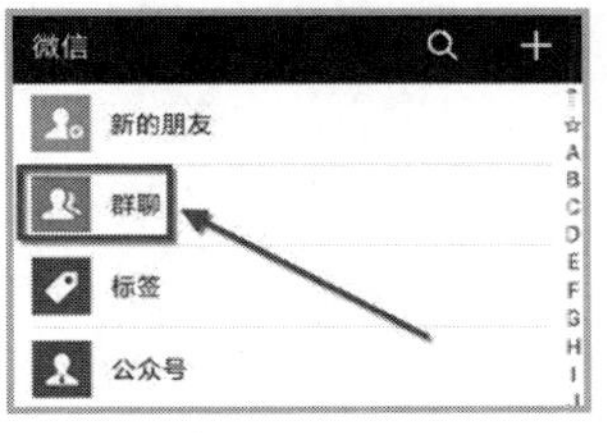

群聊按钮

（8）我在本群的昵称。

设置你在群里的昵称，这个昵称只会在这个群内显示，单击修改即可。这里应该重点注意，因为有一些群主为了便于管理自己的群，会有修改群昵称的要求，如统一修改为：微博名字（如果群成员多数是通过微博认识的，修改后方便群主管理和群成员之间微博互粉、互动），在修改过程中，常常发现有的朋友在“群聊名称”里修改，要知道“群聊名称”是整个群的名字，而不是你的名字，群主还要修改回来，所以大家在遇到群主要求修改统一的群昵称时，不要弄错了。

（9）显示群成员昵称。

向右滑动按钮，代表群聊对话框中会显示所有群成员的昵称，这样设置的好处在于你知道聊天的人是谁，而设置为不显示昵称只能看到头像没有名字，你不可能认识所有人的头像，所以最好设置为显示群成员昵称，方便大家互动交流。

（10）群主管理权转让。

以前是没有这个设置的，现在有了这个设置之后，当群主不想管理、维护群了，又不想解散群，那么你就可以在群成员中选择一个人作为新群主。

（11）设置当前聊天背景。

可以选择系统的背景图或者从相册中选择，还可以拍一张。群聊的页面背景建议使用纯色的，清晰不乱，因为当群成员聊天的时候，信息刷的是很快的，所以不要设置成为花哨的背景。

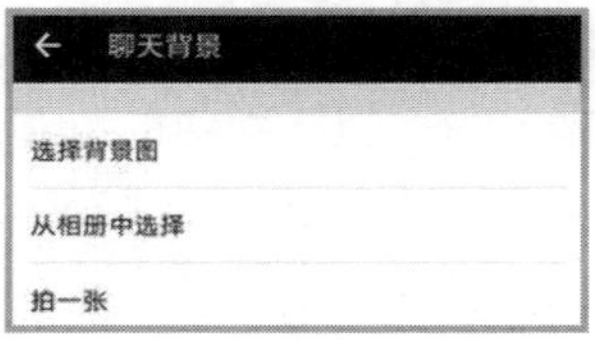

聊天背景设置

（12）查找聊天记录。

单击输入想要查找的聊天记录关键词，如电商干货，搜索页面就会出现所有带有“电商干货”字样的聊天记录，当你错过了群内分享的时间，又不想翻找所有的聊天记录，这样可以直接找到你最想看的那部分聊天记录。

（13）聊天文件。

单击聊天文件进入选择界面，所有的群内发布过的链接、图片都保存在这里，然后单击右上角的“选择”，勾选你要分享或收藏的图片或链接就可以将其分享到你其他的群或者好友中去，单击收藏就添加到你的收藏中。也可以对其进行删除操作，这个设置便于保存和分享群内有价值的资料和图片，也便于群主清理群内无用的信息。

聊天文件设置

（14）**投诉群。**

投诉原因有色情低俗、赌博、政治敏感、欺诈骗钱、违法（暴力恐怖、违禁品等），一旦发现这样的群，可以进行投诉。

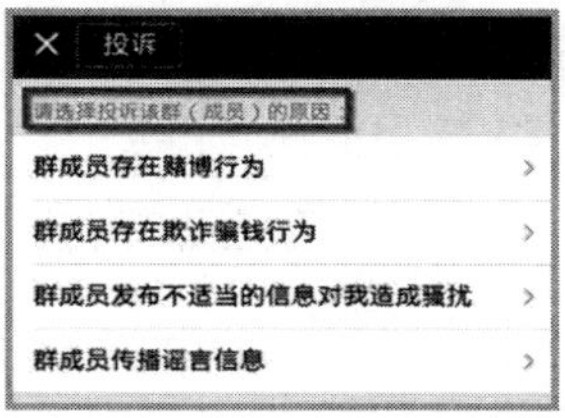

投诉原因

（15）**删除并退出。**

群成员退群直接单击这个按钮就可以了，如果你是群主的话，想解散这个群，你直接单击这个按钮。那么只是你自己本人退群了，而这个群还存在，那么我们通常是先移除群成员，单击“—”号，勾选你要移除的群成员，单击“删除”即可，直到确定剩下你一个人的时候，你再单击“删除并退出”按钮，确定后即成功解散这个群。

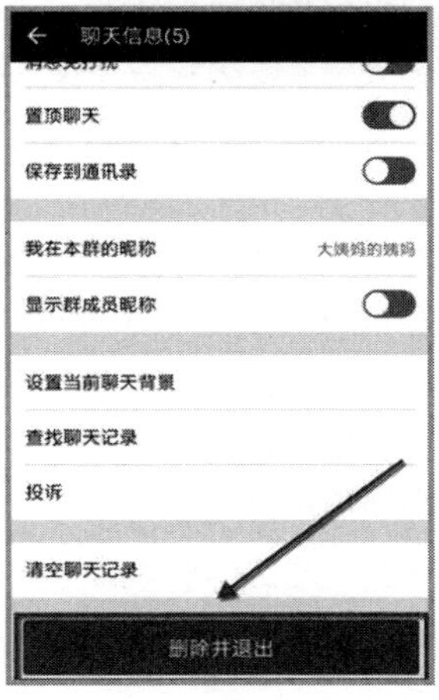

删除并退出群

• 微信群的管理

（1）制定群规。

（2）任命群管理员。

（3）统一修改群昵称。

（4）适度发红包，活跃气氛。

（5）定期组织群活动。

6.2.3 玩转微信群

微信群常见的玩法有：培训群、互粉群、红包群、产品群、团购群、拍卖群、分享群等，具体玩法也有重合，所以大家可以灵活管理和维护。

- **培训群**

微商都会通过微信群给代理们做培训，讲解产品和推广方法，还有一些行业大咖以收取一定费用的形式来分享干货，那么也会选择微信群，语音分享是很方便的。

- **产品群**

微信产品群通常都是由企业或个人所创建，主要以销售产品为主，定期推荐产品，给予群成员以优惠的价格，群成员也可以推荐新朋友进来，推荐新人进来再给奖励，这种类型的群也适合进行老客户维护，如可以将淘宝、天猫、京东等平台的老客户通过活动加到微信群，进行管理、维护，产生二次甚至多次购买，效果是非常好的。

- **团购/拍卖群**

团购/拍卖群通常以女性群成员为主，群主可以任命几个管理员，定期安排团购/拍卖活动，那么参团的人是需要付费给群主的，每次10~30元不等，然后填好固定的表格，由群主或管理员来负责安排你排在哪个时间段发布产品广告。在这个过程中，其他群成员如果看到自己喜欢的东西，便会私聊下单，他们会以团购和拍卖的价格买到产品，因为性价比高，所以很多女性朋友，尤其是辣妈群体是非常愿意参与其中的，如果大家觉得这个群不错，还会推荐他们的朋友进群，群人气会越来越高。

- **红包群**

红包群是结合其他营销活动一起玩的，如你在微博上发起活动，为了将微博的粉丝导流到微信来，你就可以在微博上说明，如果加微信群会有红包，大家会积极地加你微信，再由管理员每天进行管理、维护，平时也常发红包留住他们，下次再做活动，再引导这些群成员。如果去微博转发，群内还会发大红包，那么微博和微信之间联动的营销效果就产生了，而且十分有效。

- **分享群**

微信的分享群，通常都是志同道合的一些朋友自行创建的，群内成员之间可以分享经验，也可以由群主邀请一些有经验的人来给群成员做分享。这样的群是非常受新手朋友们喜欢的，因为他们迫切地需要学习营销经验。在高手之间，分享群用来探讨一些行业经验也是不错的。

6.3 QQ群的玩法

QQ群大家并不陌生，从我们开始玩QQ就接触，因为它的一些功能是微博群、微信群所不具备的，所以至今依然有很多朋友通过QQ群来做分享、做淘宝客，人气超高。

6.3.1 收费群

现在QQ可以创建收费群了，但需要满足一定的条件。设置完以后，在加群的时候就会看到收费提醒，进群收费多少钱。这类收费群通常都是兴趣、爱好相同的人，例如，老年人的广场舞群，大家可以在群内交流。如果开通QQ群会员，人数最高可加到2 000人，所以这也是一种赚钱的很好的渠道，前提是加进群能真的获得所需。

群主能赚钱了：腾讯全面开放付费入QQ群功能，用户申请加入QQ群时，需要向群主支付一定费用才行，金额在1~20元范围内的整数，多少由群主说了算。付费之后能直接入群，不再需要群主或管理员审核。目前，PC端、手机端QQ都已经开放了这项功能。想要建一个付费QQ群，还需要满足一些条件，如下。

（1）群等级不低于LV12。

（2）群信用星级不低于5星。

（3）群主QQ等级不低于LV12。

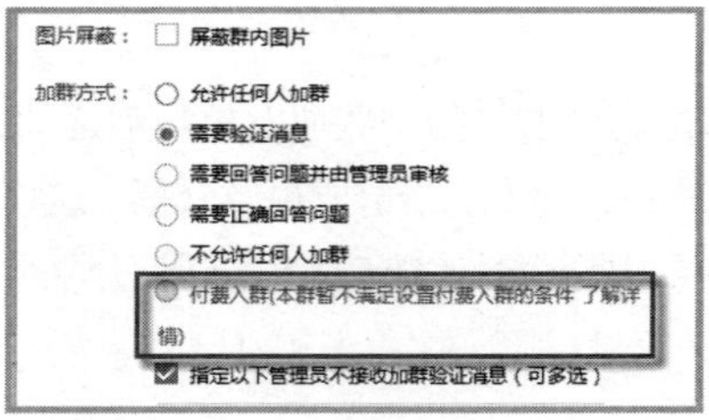

付费入QQ群

6.3.2 淘宝客群

利用QQ群做淘宝客的人太多了，而且一些老的淘宝客都通过QQ群积累了大量的资源，方法就是找到一些商家资源，或者直接与商家合作，将其设置好佣金的链接发放到群内，一旦群内成员产生购买，就可以赚取佣金的一种形式，多数淘宝客都会选择一些白菜价、秒杀价的产品，因为这类产品性价比高，最具吸引力。

淘宝客群招募

6.3.3 分享群

在QQ群做分享的优势：QQ群的功能很强大，有很多设置是微博、微信没有的，便于管理和维护。例如，可以将分享的资料上传到群空间保存，群成员可以随时查看等，也可以进行禁言等设置，所以很多朋友还是喜欢在QQ群做分享。

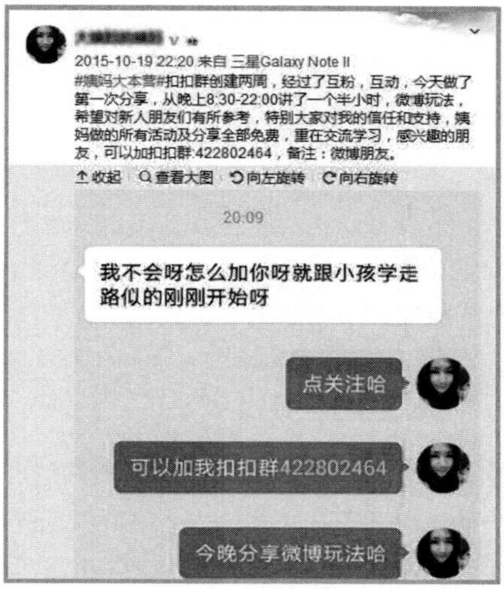

分享群示例

6.4 关于创建和管理微信群的经验分享

我是2014年11月才开始玩微信的，初玩微信时，对于一些界面、功能还不熟悉，后来慢慢熟悉、研究，一共建了几个群，在这里与大家分享一下我的建群经验。建群之初，我是没有任何经验的，最初只是把玩得好的微博中的朋友加到一个群里，没有想好任何的群定位，只是尝试一下微信群究竟该怎么玩。在经历第一个微信群解散后，我第2个“姨妈团”微信群，群成员之间建立了深厚的感情，而且感情与日俱增，我相信我们一起经历了那么多的美好瞬间，现在已经成长为一个非常有凝聚力的群，在我心里，真的就像是一家人。尤其是在我新建的群里，姨妈团的家人们在我没有提前交代任何事情的时候，自发地帮我维持新群的秩序，做着群管理的工作，帮忙整理分享的资料，给新人发福利，这些都是情感最真实的表现。

6.4.1 创建微信群需注意的事项

我们一定要有自己的“母群”（大家关系最好的一个群），这里面的每一个成员都会成为以后扩建的群的管理员，也就相当于打造一个群管理的小团队。

- **群的定位**

群定位很重要，不同的定位吸引不同的人群，可以是分享干货群、交友群、相亲群、红包群等，便于在发布招募的时候，吸引来的都是认同的人。

- **群成员的选择**

建群之前，不要随意拉人，要将你所加的人员好好地筛选一下，等着加进去了发现不是很适合在这个群，再往出踢人就不好了。群成员整体的素质对一个群很重要，在微博这样开放的平台下，是看不出一个人具体的性格的，只有在微信群这样一个小空间范围内，人的性格、心理才会被无限放大，而且是非常自然、真实的。最初我是什么样性格的朋友都加，慢慢我发现因为每个人对一件事的看法是不同的，他们加群的目的也是不同的，有的是为了互粉而来，因为大家知道，现在加到活跃粉就相当于获得潜在销售机会，所以会非常积极地加入到各种群中寻找、加粉，另外还有一部分人的心理，就是为了红包而来，有的群是有大红包的，更多一部分朋友是想学习网络推广经验。我在一次又一次的建群中，筛选出真正想学习的人，做到心中有数，踢掉一部分发广告的，踢掉想拉人到自己团队的，所以每一次都会留下一部分真的想学习，和比较平常心的朋友。我很喜欢那些默默努力着的人，我一般都会把这些非常认真的、人品好的群成员加到一个重点维护的群，进行深度交流。

6.4.2 管理微信群需注意的事项

- **群管理员的任命**

群管理员是重中之重，一些分享的流程，包括整个群的氛围，都是由管理员来协助群主完成的，提前做好文档，等分享开始的时候直接复制到群里即可。经常玩群的朋友都会自发遵守群规，要选择一些时间比较多的朋友，这样才能保证他们有足够多的时间在群里，现在大家都是工作之余来做微商，所以选择一些大学生比较好，他们不仅时间多、积极性高，还聪明、灵活，一般都能胜任这部分工作。

除非买卖的群，微信群最多有500人，其他形式的群不会这么多，通常在200人左右，那也是需要群管的。因为群主不可能总在群中，一般两个群管轮流管理群足够了，分时段发群规，提醒大家注意些什么，等大家都自觉遵守后，就可以松一些，不要过于严格，过于严格，大家就会失去在这里玩的兴趣，觉得受了拘束。所以一定要把握好度，适度地调动一下气氛，一定要加一些能调动群的气氛的人，这样才能带着不爱说话的人一起互动。制定群规不易烦琐，简单几点注意事项写清楚，也便于大家记忆和遵守。

• 群的内容

群的内容决定群的生命周期长短，可以定好时间分享或者在哪个时间段可以群内卖货，形成一个好的习惯之后，大家就知道到什么时候该做什么事了。例如分享群，因为有很多做笔记的朋友，他们会及时整理分享资料，然后将其发送给我，每次都有几个朋友能快速完成这个工作内容，这是让我最省心的地方。也特别谢谢他们从来不用我每次叮嘱谁去整理，都是自发的，所以说一个群的成员素质很重要。在群里也可以适当地做微信互粉，目前我的微信群，重在情感交流，微信互粉是在分享之后，大家最愿意做的事，因为大家都知道人脉很重要，其实我只起到了一个桥梁的作用，我所选的成员都是微博、微信里很活跃的朋友，互粉后对大家都是有帮助的，大家可以在微信群里互相加好友。

• 固定群深度交流，临时群分享后就解散

固定群都是平时比较认可的朋友，也就是了解更多信息的，因为一个群加一个人要对其他群成员负责，所以我一般都是选择我了解这个人的品行、平时和谁交流的多、大概是哪种性格、在从事什么工作、大家对其评价如何，在这些信息我都了解的基础之上，才把大家聚在一起，所以作为一个群主必须要严格要求自己，对群成员负责。而为什么建临时群要两天时间就解散呢，也正是上述原因，一是我的群多，没有足够的时间、精力去维护；二是有些人我还不是很了解，只是有意愿想进群来学习，那么学习的愿望满足他，或者也互粉一下，解散后再通过微博多互动，如果再次认可，那么下次我还会加大家进群，进而有可能成为我固定群成员之一。

- **群的更新**

一个群的活跃度会慢慢下降，要替换掉一部分不说话的人，加进来一些新人，这样时刻保持新鲜感，会有新的火花。现在的群有免费的、有付费的，大家可以从做免费群开始，积累经验，在各个群中玩耍的时候，不要只抢红包，要看这个群主是如何管理群的，每个群都有值得学习的地方，把你所加的各种群好的地方都记下来，然后在自己建群的时候，把这些方法都用上，就会避免很多问题。

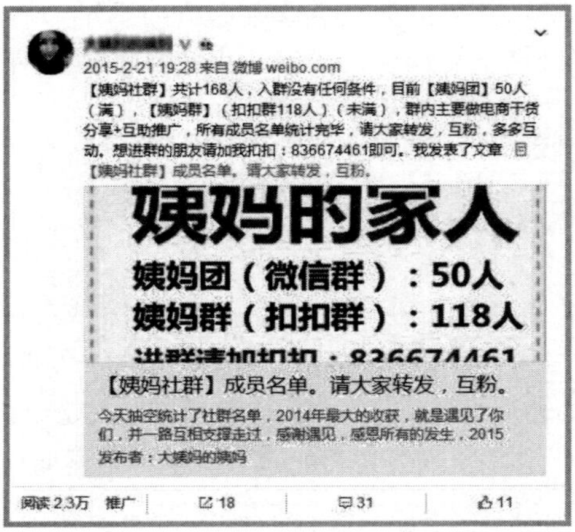

微信群实例

管理一个群，好比带一个团队，首先是群主要有一定的威信，自己要求别人做到的，自己一定要做到，要严格要求自己，言必信，行必果，不要伤群成员的心。有的时候，我也做得不完美，因为每个人的性格、品行都是不同的，这就需要在平时互动过程中，多去观察、多去体会，清楚地了解每一个人，你才能做到将什么样的人才放在什么样的位置，做什么样的事。所以建群、管理、维护群不是一件容易的事，需要付出很多的时间和精力，这里就要看大家各自的目标是什么了。

在建群的过程中，我不断地尝试、不断地调整、不断地改进，把最好的一套方法写出来分享给大家，希望大家在我建群的这些思考中能得到一点帮助，对于我来讲都是有益的，我自己也在尝试一种团队管理的可能性，希望自己能做一个有力量的社群，哪怕人不多，但是从效率上、从互助上、从思维的方方面面启迪中都能有收获。

07

MICROBOLOG MARKETING
CLASSIC CASE ANALYSIS

微博营销经典案例分析

- 热门话题 # 我有 A4 腰 # 一夜爆红
- 短视频营销传播的魔力
- 微博“一直播”——微博视频直播的时代到来了
- 新浪微博“530 网络红人节”之网红经济
- 蘑菇街如何利用微博等社交媒体导流量

互联网已经全面进入微博时代，作为社会化媒体的微博是目前最具人气的平台，聚集了诸多明星、名人、网红、达人、草根等群体，相当活跃。微博是天然的营销平台，具有成本低、覆盖广、传播快、效果好、操作简单、互动性强的特点，所以很多企业和个人开始利用微博作为产品推广的一个渠道，其中不乏一些经典的微博营销案例，像小米手机、聚美优品、凡客诚品等企业的微博营销都做得风生水起，以及一些网红、微电商达人、自媒体人通过打造个人形象来推荐和销售与自己微博定位相关的一系列产品。随着关注的人越来越多，人气越来越高，影响力越来越大，营销效果越来越好。

7.1 热门话题#我有A4腰#一夜爆红

微话题营销在微博营销中的效果异常突出，任何微博活动的策划都离不开微话题这一环节，尤其是像#我有A4腰#这种全平台的热门话题的影响力、传播力更广，因为热门话题通常都会有明星、名人、网红、达人、草根等参与其中，有的微话题属于公益性的，有的微话题属于企业或者个人组织策划的。微博平台每天都会推送一些热门话题给网友，我们可以在“实时热搜榜”或者“微话题”中直接找到热度较高的话题进行参与即可。

7.1.1 类似#我有A4腰#的热门话题

2016年3月15日，当人们都在关注品牌曝光的时候，“A4腰”一夜爆红，继“反手摸肚脐”“锁骨放硬币”“酒窝放笔”和“一元硬币手”之后，成为社交平台上的“爆款”话题。“开始流行A4腰了”和“我有A4腰”分别霸占社会和运动健身类话题的首位。

#我有A4腰#这类引起微博平台全员参与的爆款话题并非首例，在这之前的#冰桶挑战#和#反手摸肚脐#两个微话题就引起了广泛关注和参与，持续了好长一段时间，类似这类的话题共性就是有趣、好玩、有创意、可参与度高，所以大家玩得不亦乐乎。

- **#冰桶挑战#微话题（公益性）**

“冰桶挑战赛”全称为“ALS冰桶挑战赛”，规定被邀请者要么在24小时内接受挑战，要么就选择为对抗“肌肉萎缩性侧索硬化症”捐出100美元。微软联合创始人，曾经的全球首富比尔·盖茨为了帮肌萎缩性脊髓侧索硬化症患者募捐，让一桶冰水倒在自己头上。该活动旨在让更多人知道被称为渐冻人的罕见疾病，同时也达到募款帮助治疗的目的。“ALS冰桶挑战赛”在全美科技界大佬、职业运动员中风靡。2014年8月18日，冰桶挑战赛活动蔓延至中国互联网圈，多名科技界大佬被点名参与了这一活动。

#冰桶挑战#话题主持人是新浪公益，截止到目前为止，话题榜：阅读量是49.4亿，讨论量是452.1万，粉丝数是6.2万，这个微话题活动持续了很长一段时间，越来越多的人参与其中。#冰桶挑战#热潮成功引起人们对一个罕见疾病的关注，大量捐款更有实际的帮助，社交网络在进行慈善筹款方面的作用凸显。

#冰桶挑战#微话题页面

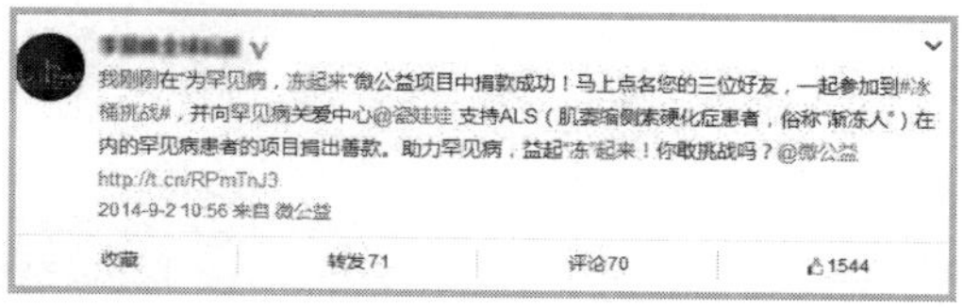

#冰桶挑战#助力罕见病

#冰桶挑战#的这种点名3位好友的传播方式，让此条微博无限传播、扩散下去，这也是微话题的魅力所在，因为每个博主都有各自的好友和粉丝，好友和粉丝还有他们的好友和粉丝，就这样不间断地传播、扩散下去，扩大其影响力和传播力，引起越来越多的人关注并参与，并且和慈善募捐一起做，非常有意义。

- **#反手摸肚脐#微话题（娱乐性）**

2015年6月，#反手摸肚脐#的话题火爆网络，这个所谓的测试好身材的标准主要考验的是手臂关节扭曲度、臂展，特别是手臂以及背部肌肉的柔韧性。测试方法：如果测试者能反手摸到自己的肚脐眼，就说明有个好身材，摸不到则需要减肥了。为了证明自己拥有苗条的身材，很多女性纷纷参与挑战，不乏一些男士以搞怪的形式参与，全员参与、热情高涨。据悉，这一微话题生成后，很快阅读量就达到了上亿次，不少明星也加入其中。一些反手摸不到肚脐的明星也大方晒照，使得此话题大有病毒式传播的趋势。也就是从这个微话题开始，一系列的类似大秀身材的微话题纷纷登场，像#锁骨放硬币#、#一元硬币手#、#反手抓胸#等微话题，大家玩得不亦乐乎，但都不及#反手摸肚脐#这个微话题火爆。直到2016年3月#我有A4腰#这个微话题的出现并一夜爆红，再次将秀身材推上了一个新的高度。

#反手摸到肚脐身材好#微话题页面

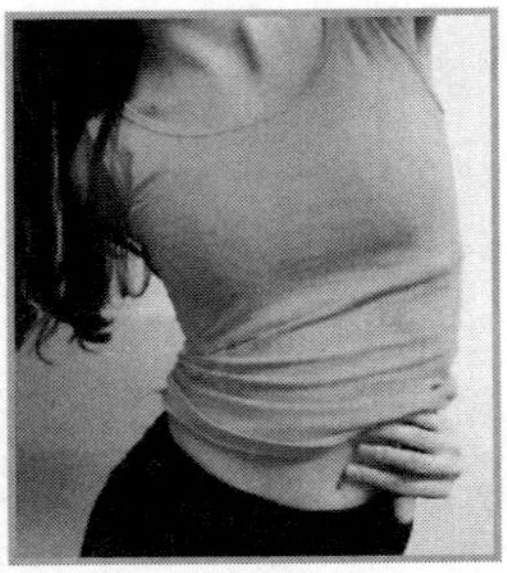

反手摸肚脐，炫“腹”

截止到目前为止，#反手摸到肚脐身材好#这个微话题阅读量是3.7亿，讨论量是41.3万，粉丝量是1.8万，也是话题榜中的佼佼者了，而且是迅速引爆，快速达到这样的传播效果。分析原因，这类话题可参与的门槛低，谁都可以拍照参与，哪怕摸不到肚脐，也可以秀一下、晒一下、玩一下，比较有趣、好玩。而且这个话题比较有讨论性，反手摸到肚脐真的就说明身材好吗？身体越瘦就越健康吗？不是身体越瘦越健康，一个人过于消瘦、无腹肌也没有美感，所以养成合理的运动习惯，合理饮食最关键。大家看一个话题，并不仅仅只是大家的参与、围观，还会引发许多人的思考，一个微话题会引起人们多角度看待问题，这是非常有意义的。

7.1.2 #我有A4腰#微话题火爆的原因

什么是A4腰？比A4纸还要窄的小蛮腰称为A4腰，A4腰将成为衡量尤物的终极标准。A4纸是由国际标准化组织的ISO 216定义的，规格为21cm × 29.7cm，所以腰的宽度小于21cm，都可以称为A4腰。一夜之间，A4腰风靡微博，话题如此之热，连女明星及个别健身有成的男明星都纷纷晒出自己的A4腰，一时间，被网友们晒出来的各种“小蛮腰”刷屏了。#我有A4腰#为何迅速引爆，简单分析如下。

- **取一个有趣的微话题名字**

一个好的名字就像一根“导火索”，网民的最大特征就是爱玩、爱娱乐八卦、爱参与有趣的活动，就像我自己玩微博的过程中，刚看到#我有A4腰#这个话题时，首先脑海中想到的就是：什么是A4腰，然后再看大家发的图片，就会明白了，就是拿A4纸来测试身材的方法。也许是有了前面#反手摸肚脐#的影响，现在大家都知道怎么参与了，一通百通，可见名字的吸引力是一个重要的因素，而且当你创建这个微话题的时候，一定要把微话题的页面导语写好，把话题主持人都申请了。到目前为止，#我有A4腰#这个微话题的阅读量已经达到2.1亿，讨论量是17.9万，粉丝数是1.1万，取名时需要注意趣味性，这样可以吸引人，字数为4~5个为最佳，容易被大家记忆。一个微话题火了，大家就会蹭话题，创建相近的微话题是一个紧跟热点的方法。#我有A4腰#和#A4腰#这两个微话题仅仅差了两个字，阅读量都是2亿左右，可见大家参与时加这两个话题的都有。

#我有A4腰#微话题页面

#A4腰#微话题页面

• 找准微话题发布的时间点

选择发布微博的时间点很重要，像#我有A4腰#恰逢3.15来临之际，大家都在积极关注网络上的品牌曝光相关信息，人比平时的时间多。另外，3月正是春季，网络中流行"三月不减肥、四月徒伤悲"这样一句话，爱美的女性们都开始蠢蠢欲动准备减肥，因为夏季来了，谁都不想肉嘟嘟见人。此微话题既抓住了人们想减肥的心理，又赶上了3.15平台人气较高的时间点，此时发布，时间点刚刚好，所以迅速引爆话题。

• 明星效应/达人参与/媒体助推/机构借势

#我有A4腰#这个微话题最开始由几位美女明星晒照参与，其中某位美女明星微博加的话题是#开始流行A4腰了#。到目前为止，该微话题的阅读量是1.1亿，讨论量是2.1万，粉丝数是375，已经相当高了，她的这条微博转评赞也很高。

像这样的话题，少不了一些媒体、企业、机构的参与，其中微博健身（微博赛事健身官方账号）发布微博：“凡带话题词#我有A4腰#晒身材或转发此条微博，即有机会获得一份奖品，小伙伴们赶快来秀吧。”这条微博转评赞分别为：295、185、555，新浪湖北、武汉达人会、山东大学、优酷、沃尔玛等纷纷发布与话题相关的内容，从不同的思维角度对其进行阐释，如把A4纸横过来，拥有A3腰、A4脸、B5腰等相近的话题纷纷登场，越玩越有趣，话题持续发酵，引发了很多人的关注和参与。

#开始流行A4腰了#微话题页面

从几位明星的参与来看，首先他们的人气都是很高的，粉丝量都是千万级别的，影响力是很大的，要知道粉丝的背后还有粉丝，无限地转发、传播、扩散。而且他们此条微博的文字简单、自然，重点是配图，都是两张图，前面手拿A4纸拍一张、背面手拿A4纸拍一张，而且拍照背景清晰，这些都是很重要的，看上去有美感，让大家有跃跃欲试之感，有的网友拍照背景就比较乱，影响视觉效果。

7.1.3 #我有A4腰#另类的“秀”

一般像#反手摸肚脐#、#我有A4腰#更适合女孩子们参与，但身材不好的怎么办？男性们也想秀身材怎么办？高手总是在民间，于是微话题活动持续发酵，出现好多有趣、好玩的另类的“秀”。

- **A4腰的新解读（水桶腰）**

按正常思维谁能想到以物来衡量，我们都在围绕着人来秀，于是网络又疯转其他另类的图。A4腰也叫水桶腰，这是对A4腰的另一种解读，脑洞大开，奇思妙想。

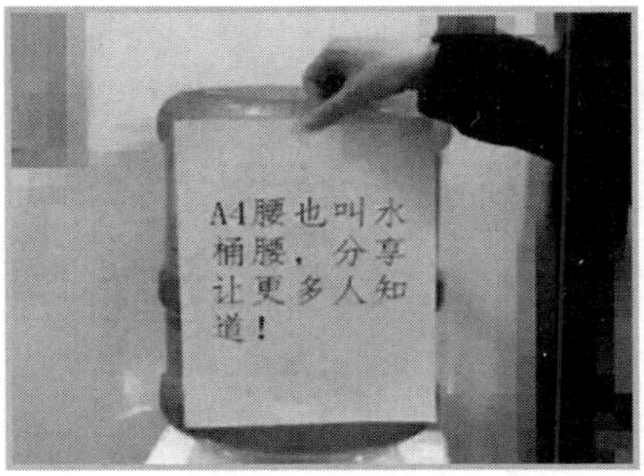

#A4腰#新解读（水桶腰）

- **A4腰的新解读（风湿膏）**

有才的人太多了，这是我看过的最搞笑式的解读A4腰，真是脑洞大开、奇思妙想。“听说流行A4腰，斗胆露出小蛮腰，照着样子做一下，好像贴块风湿膏”，很有趣、很搞笑、很形象。一个彪形大汉的后背贴了一块风湿膏，配上这段文字，与A4腰形成鲜明的对比，这种反差式的解读再一次将A4腰这个话题传播、扩散。

#A4腰#新解读（风湿膏）

7.1.4 借势#我有A4腰#这类热门话题的技巧

微话题营销不仅仅是企业或者个人自组织策划进行，也可以参与到他人组织或者平台的热门话题之中，自组织的微话题活动影响范围不大，而一旦微博中出现类似#我有A4腰#这种明星、名人、达人等全员参与的热门话题时，一定要及时跟住热点，对阅读量的提高、产品的曝光、微博得到更多人的关注都有帮助。

- **植入产品广告及生活常识**

针对微话题本身，植入与话题相关、相近的产品，如#我有A4腰#这个话题，更适合植入减肥、健身类产品。如果按照独特的思考角度，例如，“听说流行A4腰，斗胆露出小蛮腰，照着样子做一下，好像贴块风湿膏”这句话，完全可以植入一款“风湿膏”产品，趁着热点，增加产品的曝光度。

有一些朋友借势热门话题结合产品就非常自然，例如，“给蜂蜜加点料，喝出A4腰”，让大家一看，一点都不觉得有广告的嫌疑，很贴近生活、很自然，很巧妙地借助热门话题推荐了蜂蜜这款产品。除了在文案上结合热门话题关键词，在配图上也可以结合产品做推广，如在A4纸上打印产品信息晒出来，但不要复杂、字不要多，简洁、直观就好，通过配图来达到产品推荐的效果。

除了个人炫“腹”之外，大家在A4纸上也下足了功夫，如将其横着、竖着放，来形象地表达胖与瘦，还有一些博主通过在A4纸上打字，来提示大家一些生活中需要注意的常识性问题，如防诈骗。

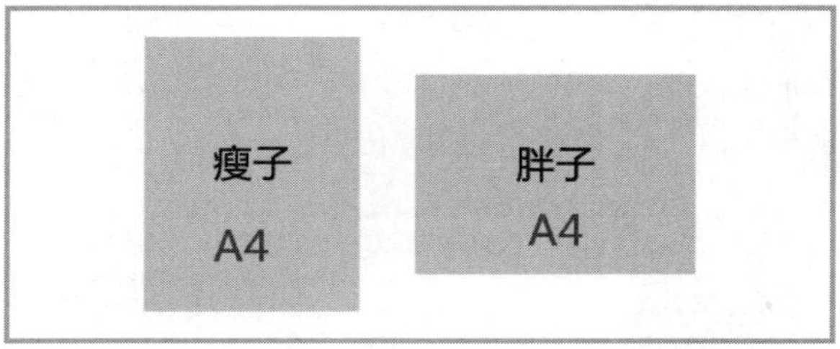

以A4纸竖着/横着放表达瘦与胖

• 直接借势热门话题再自组织活动

你有粉丝，粉丝的背后也有粉丝，完全可以借势热门话题，在自己的微博中组织微博活动，例如，“秀出你的A4腰有奖活动”，让你的粉丝也开始参与进来，先创建一个结合热点的微话题，只要带有#A4腰#就可以，这样你的微话题页面在大家都搜索A4腰时也会有曝光的机会，然后设置活动的规则、奖项等吸引粉丝们来参与。这就相当于大的热门话题带动小的微话题，效果也是不错的，当然也可以直接以此热门话题为主，来做转发抽奖活动。

借势热门话题自组织活动

• 创建与热门话题相近的微话题

以上都是围绕A4腰来进行借势，那么我们完全可以独立地创建一些与热门话题相近的微话题，如#B5腰#、#我有B5腰#、#我有A4脸#等就是从不同的角度来思考的，这样大家会觉得，A4腰没有了，还有A4脸，于是就参与到你新的微话题活动中来了。

#B5腰#就是更瘦的身材了，更能激发大家秀的心理，这个微话题到目前为止阅读量是2 100多万，这个数据作为一个借势话题也是不错的。当然，还有一些视频网站，快速作出反应，以视频的形式借势，视频是分享如何画出B5腰的一个技能，非常有创意，也得到了网友们的广泛关注与转发。

实时热搜榜#B5腰#

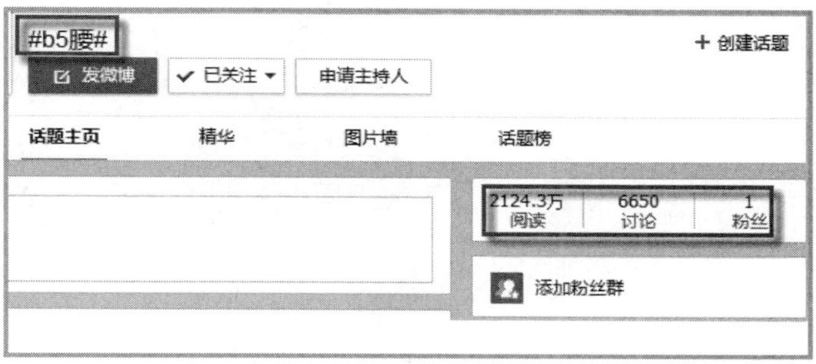

#B5腰#微话题页面

#我有A4脸#这个贴近#A4腰#的微话题，阅读量120多万，你有A4腰，我有A4脸，结合得非常巧妙。不知大家注意没有，这个话题给那些不愿意露脸的人提供了绝佳的参与机会，用A4纸把脸一挡，秀出来，也过了一把参与活动的瘾。其实大家在创建这些微话题的时候，一定要非常巧妙的结合，而不是生搬硬套。

#我有A4脸#微话题页面

● 结合热门话题制作表情包

现在流行表情包，发微博、微信配图时都可以使用，一般会选择一些名人、明星或者影视剧的人物来制作，将热门话题关键词设计到图片上，既有趣又推荐了产品，人们也容易接受。

制作话题表情包示例

● 综艺节目引用热门话题，话题的持续性

一些综艺节目也会引用这些玩法，他们还会通过节目的官微来发布，再次带动粉丝传播。最近有很多综艺节目，再次出现#反手摸肚脐#和#我有A4腰#、#A4脸#的画面。可见一个热门话题不是一时的，而是持久性的，虽然话题热度不及当时，但微话题页面的阅读量会持续增高，排名都会上升，增加了此话题的微博排名，进而引起更多的人参与关注，这些都是环环相扣的。

综上所述，微博话题营销在微博营销中占据着非常重要的位置，每一次微博活动的策划都离不开微话题的创建，只有一个真正有趣、好玩、可参与、有价值的话题才会有一个好的传播效果。爆款式的热门话题不是天天都有，有时鉴于企业或个人需要，需选择一些微话题来推广自身产品，此时可围绕企业主推产品关键词、营销活动或者品牌来创建微话题，个人也可以尝试一些贴近行业的微话题，例如，电商美女大赛、我是美食控等，虽然不如热点话题那么火爆，但是还会有一定的受众群体，先引爆自己的粉丝扩散、再联合大咖、好友们一起扩大其影响，传播、扩散出去。要想通过新浪微博的微话题引爆微博圈，除了及时关注平日的热点、热议、八卦等话题之外，还需积累一定的大V等人脉资源，这样在做活动时充分整合资源，会事半功倍。

7.2 短视频营销传播的魔力

提到短视频，相信大家会和我一样，第1个闪现在脑海中的人一定是Papi酱，是她让我们看到了短视频的魅力所在。2016年刚开年，互联网上出现了1个引爆各大社交平台的话题——Papi酱凭借自编、自导、自演的短视频一夜成名，在短时间内Papi酱微博粉丝就从1个月前的200万暴增到540万，而今粉丝数已达到1 600多万，微信阅读甚至篇篇都是10万以上，并在3月份拿下了1 200万投资，成为估值3亿的顶级网红。4月21日，她的广告拍出2 200万，堪称“新媒体第一个标王”。一个又一个不俗的数据，彻底震惊了一直以文字和图片所见长的人们，谁都不会想到，短视频这种形式居然有这般爆发力。自此短视频营销方式开始被诸多企业和个人所运用，加之当下的“直播”又全面开花，出现锦上添花，“短视频+直播+移动+社交”这股新浪潮给互联网行业带来了新的活力，出现是百家争鸣、百花齐放的局面，但核心不变，只是媒介变了，营销渠道也更加多元化，呈现出从静态到动态，从点到面，再到立体的发展趋势。

短视频营销所花费的成本和预算相对低廉，尤其适合资源有限的中小企业。作为视觉营销的一种形式，短视频营销更契合人类作为视觉动物的信息接受习惯。除此之外，更有适用于移动端、有利于搜索引擎优化、分享便捷、反馈即时等优势，短视频未来或许会成为企业社会化营销的重要平台，给企业和个人带来前所未有的机会和挑战。

7.2.1 短视频的概念和特点

短视频是相对于长视频来讲的，长视频播放时间长，用户黏度强，像影视剧、综艺节目视频等均属于长视频；短视频播放时间短，但数量繁多、内容丰富，能够产生较高的浏览页面数，加之当下智能手机的普及、碎片化时间，人们更喜欢在移动端看一些短视频。短视频的播放时间短、随播随看，内容的多元化，恰好满足了用户的不同偏好，已经被用户接受并深受用户喜爱。

- **短视频的概念**

短视频是一种视频长度以秒计数，主要依托于移动智能终端实现快速拍摄与美化编辑，可在社交媒体平台上实时分享和无缝对接的一种新型视频形式。

- **短视频的特点**

（1）视频长度短。一般控制在30秒以内，可以说，短视频的出现标志着视频进入“读秒时代”。

（2）制作门槛低。无需传统的专业拍摄设备，依托智能终端就能实现即拍即传，拥有傻瓜式的操作，人人都会，简单可行。

（3）社交属性强。短视频的传播渠道主要为社交媒体平台（如微博、微信等）。

7.2.2 短视频的发展史

目前，短视频是最受互联网使用人群喜爱的内容形式，与文字、图片相比，短视频更加直观、形象、生动，包含的信息量更大。收看短视频所花费的时间更少，很多时候，一千张图片也未必抵得过一段十几秒的视频，这就是短视频的魔力。当下网络带宽的提高、智能手机的普及使得每个人拍摄、制作和收看短视频的门槛大大降低，加之碎片化时间，人们更愿意在移动端收看短视频，随播随看，十分方便。短视频这个概念出现的具体时间不详，最早见于国外，而国内大家是从美拍、微视、秒拍等开始接触短视频的，各有特点，但共性都是播放时间短，内容更加丰富，主题内容多为日常生活和恶搞，主要传播渠道为社交平台网站和朋友圈，有的搞笑短视频播放次数成百上千万，可见它们的受欢迎程度之高。

- **国外的短视频应用（Vine/Instagram/Snapchat）**

国外的短视频应用主要有Vine、Instagram、Snapchat。国外的用户相对于国内的用户来讲更开放，他们更喜欢通过这种短视频的形式来展示自己的生活和工作，所以，国外的一些短视频应用深受大家的喜爱。

» Vine

Vine是微软公司开发的基于地理位置的SNS系统，类似于Twitter服务，2009年4月28日Vine在西雅图公开测试，2013年1月24日，Twitter旗下短视频分享应用Vine上架苹果商店，Twitter正式推出iOS版视频分享应用Vine，用户只能使用Vine应用拍摄、分享视频，不能导入已有视频，通过Vine，用户可以拍摄6秒长的视频短片，并无缝地嵌入到Twitter消息之中，不同的是，有别于大部分视频分享应用，Vine 支持断断续续的视频拍摄——也就是说，Vine 可以把几条连续拍摄的视频片段自动拼接起来。2015年，Vine月活跃用户数超过了2亿，且Vine向娱乐网络发展，淡化社交元素。

» Instagram

相信大家对Instagram并不陌生，它是一款非常火爆的“图片”应用，尤其国内有很多明星都很喜欢玩Instagram，这里相对于微博等社交平台更私密，只有铁粉级别的粉丝才会随同偶像一起玩Instagram，可以获得大众粉丝不知道的偶像动态。

随着Vine短视频应用的火爆，Instagram也不甘落后，随即也推出了视频功能。与Vine不同的是，Instagram推出的视频分享功能，支持视频时间最长为15秒，是Vine的2.5倍。在Instagram CEO Kevin Systrom看来，经过大量实验后，发现15秒是最合适的视频时长——上传时间不长并且时间足够讲完一个故事。同时，Instagram视频的时长也有一个最低要求——不少于3秒。加入视频功能的Instagram将在拍照按键旁边设置视频按钮，按住视频按钮即可录制。类似Vine，Instagram可以将不同的15秒的视频分段录制，最后拼接在一起。与Vine上不断循环播放的视频不同的是，Instagram上的视频只播放一次。当然，Instagram不会忘了它的老本行，目前有13种滤镜可供选择。升级后的Instagram还加入了Cinema功能，方便用户像专业人员一样录制和编辑视频，它会帮助你创造艳丽、稳定的视频。视频制作完还可以分享到Facebook的时间轴里，就像之前分享照片一样简单。2016年3月30日，Instagram允许广告主将广告视频延长至60秒。目前，Instagram也面向普通用户放开了这一限制。

» Snapchat

提到Snapchat，给我们第1印象就是“阅后即焚”这个词，每个应用都有自己独特的定位，Snapchat也不例外，定位非常清晰。Snapchat的主要用户群体是在13~25岁之间的青少年。Snapchat是一款“阅后即焚”照片分享应用，该应用主要的功能是所有照片都有一个1~10秒的生命期，用户拍了照片发送给好友后，这些照片会根据用户所预先设定的时间按时自动销毁，如果接收方在此期间试图进行截图的话，用户也会得到通知。2015年11月，Snapchat视频日浏览量突破60亿，直追Facebook。SnapChat透露，该平台上观众每天收看的视频大约有80亿之多，这个数据和Facebook旗鼓相当——但是别忘了Facebook的用户数可是SnapChat的10倍。对于北美地区的年轻人来说，玩SnapChat已经从一种潮流，几乎变成了标配。Snapchat在去年完成了最新一轮的融资，对该公司的估值达到160亿美元。

• 国内的短视频应用（美拍/秒拍/小咖秀）

国内的短视频应用太多了，我们熟知并常玩的主要有美拍、秒拍、小咖秀、微视、啪啪奇、玩拍等。最初我们接触短视频是美拍，曾风靡一时，后来明星们又开始疯狂玩小咖秀，再到当下大家都玩秒拍，美拍和秒拍现在又都增加了直播功能，这三者有一个共同的特点，就是都可以分享到微博等社交平台，尤其是明星、名人的短视频会引起粉丝们的疯狂转发，转、评、赞都超高。这是国内短视频的一大特色，它们不仅仅是独立的短视频应用，还与社交平台结合应用，获得持续的关注与转发。

» 美拍

美拍是美图秀秀出品的目前最火的短视频社区，是全球首批适配Apple Watch的应用，拥有的特效能让普通视频一秒变身唯美韩剧、清新MV、怀旧电影等。美拍iPhone版上线仅1天，即登App Store免费总榜第一。2014年5月全球iOS应用下载排行榜中，美拍下载量排名第一，席卷亚洲。2014年12月，美拍荣获2014年度App Store年度应用。

美拍能够如此火爆与其精准的定位是分不开的，用户以爱自拍的女性为主，而且操作特别简单，人人都可以学会，并且可以拍出很唯美的效果，为其配上背景音乐，呈现出“大片”的效果，还可以分享到微博等社交平台，满足了用户爱美、爱秀、爱晒的心理。

» 秒拍

秒拍，10秒拍大片。众多明星、美女都在玩的新潮的短视频分享应用，全新的炫酷MV主题、清新文艺范的滤镜、电影MV特效，让你的视频一键变大片，并支持视频同步分享到微博、微信朋友圈、QQ空间，和更多好友分享你的视频。秒拍独有的视频编码技术，10秒视频不足600K，仅相当于4张照片。苹果应用商店拍摄类突破前10名，明星单条视频单日播放量突破500万，秒拍视频上传量超过微博网页版视频上传。上传视频时长增加，最多支持15分钟超长视频，拍摄视频全面开放，最多支持1分钟拍摄。

秒拍之所以成功占据了短视频应用的大部分市场份额，与它牵手新浪是分不开的，秒拍与新浪微博相结合，创造了一种轻松分享短视频的新生活方式。秒拍拥有2 000万用户，其中以年轻人居多，又以女性用户为主，用户群体是购买主力，众多明星大咖都在使用，用户可以关注他们，随时随地与明星互动，突破了流量、传播速度、成本的瓶颈，并借助新浪微博平台，成为视频播放次数最多的短视频平台。

» 小咖秀

小咖秀是一款自带搞笑功能的视频拍摄应用，用户可以配合小咖秀提供的音频字幕像唱KTV一样创作搞怪视频，同时小咖秀还支持视频同步分享到微博、微信朋友圈、QQ，可以和更多好友分享你的视频。

小咖秀真是火爆一时，有一段时间，微博上诸多人气明星疯狂玩起小咖秀，大有PK之势，像小咖秀之橙汁，就有很多明星参与，非常有趣、好玩，在微博上引起了广泛的关注。小咖秀的成功原因有两个，一是社会引爆点，二是微博的强大支撑。小咖秀的火爆可以算得上是今年的一大热门事件，从5月上线到日活跃用户突破500万，只用了2个多月的时间，随着4G网络的覆盖，秒拍和小咖秀这种短视频模式终于爆发。

7.2.3 短视频在营销中的运用

短视频的出现是对社交媒体现有主要内容（文字、图片）的一种有益补充。同时，优质的短视频内容亦可借助社交媒体的渠道优势实现病毒式传播。短视频营销，可以理解为企业和品牌主借助于短视频这种媒介形式用以社会化营销的一种方式。在国外，视频营销已经成为一种主流的营销方式，而国内也掀起了利用短视频进行推广企业产品以及分享各种经验的浪潮，并且取得了不错的效果。

- **推荐产品**

每个短视频应用都有自身独特的特性，营销人在制作视频和利用其进行营销活动策划时，需要考虑各自的属性特点，才能最大限度地发挥其作用。根据其拍摄时长、主要用户的群体特征来选择推荐适合的产品。例如，美拍的用户群体主要是爱美、爱自拍的女性，所以可以推荐一些时尚女装、包包、化妆品，建议以秀、指导的形式来植入产品的效果最好。假如你们企业是做化妆品的，就可以拍一些化妆小技巧类的短视频，例如，化妆教程之烟熏妆、化妆教程之动画妆、化妆教程之眼线如何画、新手化妆教程、双眼皮贴攻略等。类似这样针对某一个具体的方面来指导，也可以形成一个短视频系列，每天持续发布，也会聚集很多精准人群，在指导的过程中，你所使用的化妆品就顺便推荐给大家了，水到渠成。

- **分享经验**

分享经验类型的短视频是最受粉丝们喜欢的，各行各业，方方面面的经验都会拥有一大批拥护者，因为大家对有价值、实用的经验都很青睐，喜欢通过学习、交流让自己进步。例如，你在线下有一个健身场所，想提高其知名度和吸引一些客户过来，就可以通过注册微博账号或者微信公众号，以健身教练的身份在社交平台上发布一些健身类短视频，非常有专业性、权威性的短视频是深受粉丝们追捧的。例如，2分钟消脂健身操、4分钟高强度间歇暴汗燃脂运动、8种最扎实的减肥法、7天虐腹计划等，这类短视频的标题也非常重要，一个好的标题点击率会很高。我们可以选择在短视频中植入产品，也可以在发布内容时，以“文字+图片+短视频”相结合的形式来做推荐，这样也容易被大家接受。

这是我在秒拍中发布的短视频截图，主要分享“如何申请微电商达人”的内容，12万热度，1 677人点赞，评论65人，并将短视频分享到了微博，阅读量3.7万，转发量94。可见以短视频的形式分享一些行业领域经验获得的关注要高于文字和图片，不仅可以观看，而且可以听见声音，在一种轻松的环境下学到一些方法和技能是非常好的。

分享经验的短视频

短视频分享到微博

• 产品演示

有些产品适合用短视频的形式进行场景化、生活化的展示，让不了解的朋友们亲眼看到其制作过程、生产过程以及种植过程等。例如，咖啡的制作过程、鞋子的生产过程、水稻的种植过程等，通过观看视频，有如身临其境之感，让大家对产品有了一定的了解，进而进行购买。

这是我在秒拍中发布的一个关于“如何做海带”的方法的截图，2.9万热度，317人点赞，并将其转发到微博，阅读量1.4万，转发量26。如果大家所销售的产品是农产品、生鲜水果，完全可以拍短视频，教大家如何食用。美食的做法是非常受粉丝们喜欢的，因为现在吃货是很多的，食材就是你销售的产品，感兴趣的粉丝就会直接联系你订购了。短视频拍摄完，一定要同步分享到微博、微信、QQ等社交平台，再加上话题，让更多的人看到，转发、传播、扩散出去才会有效果。

产品演示短视频

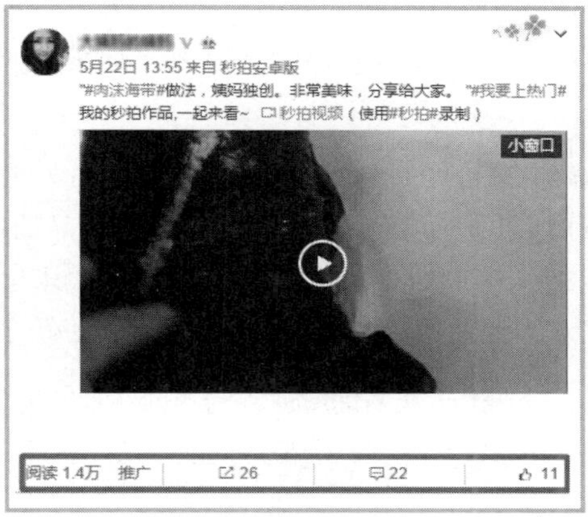

短视频分享到微博

• 视频抽奖

在大家平时组织策划营销活动环节中，最后都会有一个抽奖环节，为了体现公平、公正、公开性，有一些企业或个人也会以拍摄短视频的形式来展现抽奖的过程，让大家真实的看到抽奖的过程，这样在以后组织类似的营销活动时便会有更多的人参与。

• 粉丝参与

积极调动粉丝们的积极性，可以让粉丝们添加统一的活动标签来发布短视频，再从中选择优秀的短视频作品制成视频合辑，这类形式比较适合企业的周年纪念日、老客户的感恩回馈、粉丝福利活动等，通过送祝福等形式来拉近与客户或者粉丝之间的距离。

• 视频造星

当下的网红大多都会借助短视频、直播的形式来销售产品、展示才艺，塑造个人形象，进而获得广告、打赏、产品推荐佣金等收入，这是最快打造超级网红的方式之一，很多人气网红都将“视频+直播+社交”这种形式运用得淋漓尽致，更近距离的与粉丝之间进行互动。

7.2.4 短视频营销的发展前景

短视频营销相对较于微博、微信这类社交平台，聚集了一批喜欢看视频的群体，形成了一个独特的生态，并且通过标签和频道的分类，形成了各具特色的圈子，像秒拍就有“精选”“同城”和“热榜”等分类，细分到“搞笑”“现场”“明星”和“时尚”等分类，可以快速找到自己喜欢看的视频，粉丝特别精准，这是企业或者个人进行精准化营销的基础。

短视频营销只是产品全渠道营销中的一环，如果单独依赖这一种形式是不行的，而且由于短视频时间短不可能完全阐述清楚一个产品的所有内容，需要长期坚持不断地做下去，才能形成一个统一的整体，视频内容的质量永远是观众们关注品牌的唯一要素。社交平台上的视频，必须内容清楚，创意鲜明，让观众们能够分享，并且提升你的品牌质量。

短视频风口催生了众多优质视频内容创作者的诞生。2016年3月28日，微博正式开启短视频作者扶持计划，首先官方会帮你认证，认证后还会获得粉条、涨粉、变现等扶持资源。

主要短视频领域分类如下右图，请根据你发布视频的类型，选择对应的领域（领域后续将应用于资源扶持的投放上）。

微博短视频扶持计划

分类	视频类型
搞笑	幽默搞笑、鬼畜等相关视频
综艺	综艺八卦相关视频
电影	电影片段等相关视频
电视剧	电视剧片段等相关视频
资讯	社会现场等相关视频
美女	美女相关视频
舞蹈	跳舞相关视频
时尚美妆	时尚类、美妆类相关视频
帅哥	帅哥相关视频
美食	美食相关视频
动漫	番剧、动画、二次元等相关视频
音乐	音乐片段等相关视频
萌宠	可爱萌宠等相关视频
宝宝	宝宝、育儿等相关视频
泛科普	科技：数码、科普等相关视频
体育	体育赛事、健身等相关视频
游戏	游戏攻略等相关视频
涨姿势	技能、纪录片、公开课、教学等相关视频
财经	财经类相关视频
旅行	旅游类相关视频
汽车	汽车类相关视频

短视频领域分类

随着直播的全面开花，为短视频锦上添花，而且今年网红超级火，她们通常会选择短视频、直播这种形式来积累粉丝、销售产品、做出影响力，并将其短视频、直播分享到微博等社交平台与粉丝之间互动。将来“视频+直播+移动+社交”这种形式应该会成为主流，以网红为主体、以短视频应用、直播App为工具，这才是真正的粉丝经济。所以，短视频在营销中的应用远不止这些，期待它更大的改变，为企业或个人创造更大的价值。

7.3 微博“一直播”——微博视频直播的时代到来了

互联网发展太快了，进入2016年，什么比较火？相信大家会异口同声地说：直播。玩过直播的朋友都会有这样的感触，太有趣了，太好玩了。直播相对于我们之前习惯了的文字、图片形式，这种直播形式更真实、更直观、互动性更强，所以越来越多的人开始玩起了直播，并且通过直播可以获得一定的收益，直播越来越受青睐。目前直播的平台很多，像映客、花椒、水滴，较早的YY直播平台都非常火爆，当下正处于一个野蛮发展的阶段，竞争也很激烈，在这样的背景下，微博怎能落后，2016年4月微博也推出了自己的视频直播App“一直播”，并且由官方账号“微博直播”来运营、管理、维护，手机端可以下载安装“一直播”App。

2016年4月13日，微博直播官微发布消息，“还在发照片晒美食、晒旅游、晒男女朋友？你OUT啦，现在，微博视频直播的时代来了！恭喜您，作为微博优质高粉丝用户，已经为您开通视频直播权限。您可以在微博客户端打开发布窗口，如果看到‘直播’按钮，您就可以在微博上进行第1次直播啦！”这一条微博的发布代表着微博也可以视频直播了，以前都是在别的直播平台玩，然后再分享到微博上，现在有了微博自己的“一直播”，可以直接在手机客户端点击直播按钮随时随地的发布。官方的这条微博阅读量高达10万+，转发8 000多，可见大家对直播的关注度之高。

微博直播官微

“一直播”官微

“一直播”伊始

7.3.1 微博“一直播”的用户使用现状分析

“一直播”伊始，主要是通过明星、名人、达人们转发、传播、扩散的，因为毕竟当下直播平台和直播App有很多家，像我们常用的秒拍直播、映客直播、花椒直播以及较早的YY直播等，它们已经累积了一定的人气，而微博“一直播”才刚刚开始，不过微博用户众多，并且不用切换，直接在微博页面就可以单击“一直播”按钮进行操作直播，直接分享到微博平台，这对于玩微博的朋友们是非常方便的。

● “一直播”微话题获得高关注度

短短几个月的时间，“一直播”的微话题阅读量高达47.7亿，讨论量达390.6万，粉丝2.9万，在这个页面可以看到有很多人气明星在直播，非常热闹，就像明星在身边一般。直播拉近了明星与粉丝之间的距离，通过视频直播还可以看到明星们的生活状态，他们的团队、朋友也一同出现在画面中，让我们多维度地了解他们的日常生活。

“一直播”微话题页面

● 人气明星使用“一直播”引粉丝追捧

微博平台最大的优势就是聚集了很多明星，超高人气的明星又有很多追随的粉丝，明星玩什么，他们就会跟着玩什么，所以明星开始使用“一直播”，无疑会快速地打开市场，直播除了展示明星个人生活以外，有的明星还将直播礼物收益用来做公益，这也是非常有意义的，传播正能量。

» #爱心一碗饭#爱心益直播活动

由@免费午餐@微公益共同发起的#爱心一碗饭#公益活动，挑战者选择直播做饭或直播吃一碗饭，并@ 1~3位微博好友参与接力，参与公益直播产生的所有收益将全部用来为

贫困地区的学生改善午餐营养。与爱为伍，合伙同行。（注：带上#爱心一碗饭#话题进行直播，将默认直播收入参与公益捐赠）

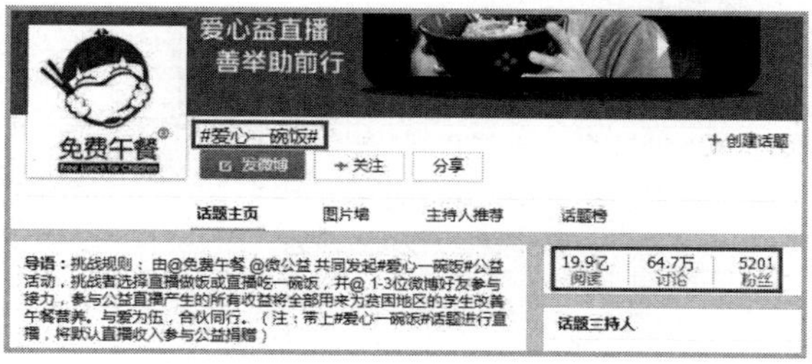

#爱心一碗饭#微话题页面

» 明星公益探访直播

某两位明星首次使用移动直播平台“一直播”直播此次公益活动，仅仅30分钟这两位明星的公益行为在“一直播”平台和新浪微博引起了广泛关注，参与观看人数达到134.5万，最高在线人数33.4万，共计10.05万元公益基金，这两位明星团队和一直播团队，将所有获得收益全部捐献，网友纷纷为此点赞，共计获得超过1 137.3万赞。这是两位明星首次使用手机直播。这种全新的实时直播方式，让公益事业变得更加透明、高效。作为通过直播平台完成公益传播的第一人，他们在直播的同时，和来自微博、一直播观看的网友进行积极的互动，让更多的人关注到残障儿童的成长需求，这是非常有意义的。

明星公益探访直播

• “网红”使用“一直播”人气暴涨

2016年网红们在微博做得风生水起，积累了成百上千万的粉丝，包括时尚达人（KOL）、知名博主、草根大咖等，人气和影响力超高，所以微博也通过推荐网红们的微博“直播”来推广“一直播”，像网红“林珊珊”使用“一直播”直播的时候，就获得了官方的推荐，只要使用新浪微博的用户，很多人都收到了“林珊珊”直播的这条信息提示，引起了很多人的关注。

微话题#女神八点见#，4月15日起每晚八点@微博美女将邀请一名重量级女神开启主题直播，阅读量13.8亿，讨论21.1万。

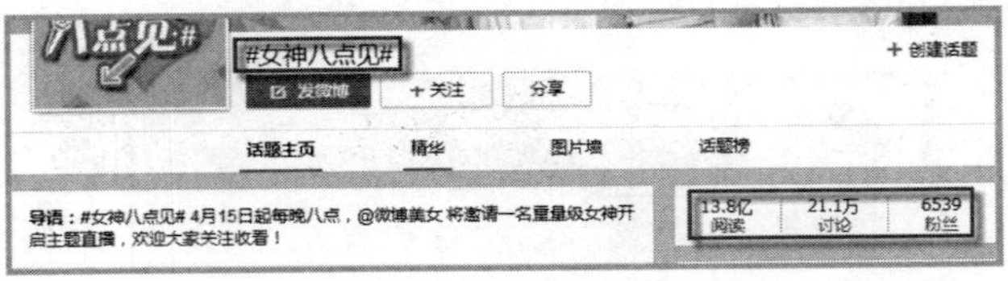

#女神八点见#微话题页面

7.3.2 微博“一直播”的直播内容思考

当下有很多直播平台和直播App，那么选取什么样的内容才能够吸引人呢？从目前情况来看，颜值高的美女天然就自带高人气，美好的事物人们都爱看，幽默、搞笑类的直播也能吸引一漂粉丝追随。微博“一直播”也一样，除了初期明星、达人带动使用之外，普通的用户该发布什么样的直播内容才能吸引大家关注是我们首先要考虑的问题。

- **知识经验分享型内容**

我们在微博玩直播，最大的优势是已经拥有了粉丝基数，粉丝群体对你已经有了一定的了解，以前只是通过文字和图片来了解你的兴趣、性格、能力等特点，而今通过直播，面对面、近距离的接触，会拉近博主与粉丝之间的距离。

对于一些颜值不高，也就是没有颜值，但可以靠才华的人来讲，选择分享你所擅长的知识、经验来做直播内容比较好，具体化一点更好。例如，美食类分享：蛋炒饭的做法、红烧排骨的做法；手工制作类分享：宝宝毛线鞋如何钩织、矿泉水瓶如何制作小摆件；电商类干货分享：如何开淘宝店铺？如何玩微博？如何做微商？怎样成为微电商达人等，就是将内容具体化，然后每天或者每周某个固定时间段来做直播，分享得有趣、好玩一点，会吸引你的粉丝关注并转发、传播、扩散出去，可以做知识类型的直播达人。

- **各类达人推荐型内容**

» **时尚达人**

提到时尚达人，我们通常会想到有颜值、有气质、时尚的女孩，这类女孩都爱美，所以很多网红都有很多粉丝追捧，由于天然自带高人气，而且受众群体多为女性粉丝，那么在做直播内容的时候，可以选择一些女孩子们所喜爱的事物来推荐，如直播“服装如何选款”“介绍一款鞋子”和“如何化彩妆”等，也就是针对某一个具体的事物来做直播，通常这个类型的直播较好“变现”，因为可以直接推荐自己所销售的女装或化妆品。在直播互动过程中，如果有人喜欢你推荐的产品，就会下订单购买，所以直播与电商的结合相对于传统营销方式是一个巨大的进步。

» 健身达人

现在微博定位在健身方面的微博也很火，如今不像过去，吃饱穿暖就可以了，随着生活水平的提高，人们越来越追求精神上的享受，对美的概念有了新的意识，像很多朋友圈的人都在晒在健身房健身的视频，“打卡了”之类的。如果你恰好是健身教练或者在健身方面颇有心得，你完全可以直播你的健身过程，相信会有很多喜欢健身的朋友们关注，告诉大家如何健身是正确的，像“如何练出马甲线”“如何瘦腿”等都是可以的。

» 美食达人

天下唯美食不可辜负，吃货的眼里只有吃，相信每个人都喜欢给自己贴上“吃货”的标签，所以如果你擅于发现美食，如果厨艺还不错的话，可以直播你正在吃的美食或者烹饪的整个过程，教大家做美食，尤其是现在“烘焙”很受女孩子们喜爱，美观又美味，这类直播很火的。有的主播直播自己吃饭的过程，相信大家在新闻报道中也都看过，一边吃一边与粉丝们互动，这是很有意思的。

做某个行业领域有所擅长的达人型主播也是非常受欢迎的，如旅游达人、星座达人、钩织达人等，可以将自己的兴趣、爱好发挥到极致。微博直播也要注重定位，垂直类的内容吸引的粉丝会很精准。

• 搞笑娱乐型内容

生活需要“娱乐”，茶余饭后就是休闲，所以大家都会选择一些轻松的视频直播来观看。如果你自带幽默细胞，天生具备搞笑因子，直播的内容完全可以以诙谐、幽默为基调，但难度在于素材的选取，个人觉得紧跟热点来做就可以，可以借势提高曝光度。譬如弄个“***小剧场”“***乐翻天”等，平时注意搜集素材，工作、生活中发生的有趣的、好玩的事都可以作为直播素材来与大家分享，或者化妆扮丑、搞怪一点的都可以。

综上所述，除了以上提到的直播内容之外，比较火爆的还有游戏直播。不同的直播平台，定位也不同，其实目前这几个直播平台还是差异化一些的，但目前来看，作为秀场的较多，颜值高的美女受追捧的多，有一部分主播是通过自己的兴趣、爱好、技能获取一定的收益。直播变现目前主要有打赏、广告以及个人销售产品的收入，直播导流到微博、微信，涨粉是非常快的，直播的形式、内容和变现还有许多上升空间可以做，甚至与电商的完美结合。微博直播会越来越火，无论是企业或者个人，我们都要先学习再使用，将其作用发挥至最大。

当下农产品、生鲜电商比较火，微博上也聚集了超多的“新农人”，在微博平台销售地方的土特产品，以蜂蜜、苹果、茶叶、土鸡蛋、大米等居多，我们完全可以好好使用微博“一直播”这个工具，将家乡的美、家乡的土特产生长环境、种植过程等以直播的形式展现出来，这样更生动、更真实，让大家看到这个农产品真的是纯天然的、绿色的，向大家传达一种健康的观念，回归自然、吃出健康。让更多的人了解农村、农民、农产品，这是一件非常有意义的事。微博“一直播”才刚刚开始，相信以后会有更多的人使用它，让我们看到一个场景化、直观、真实的世界。

7.4 新浪微博“530网络红人节”之网红经济

2016年5月30日，微博举办的活动称为“530网络红人节”。5月16日~5月30日，微博首次网络红人同台集中亮相，超百位影响力大咖云集，直播红人周，精彩直播不打烊；时尚红人周，女神店主好货全网首发；视频红人周，造星计划火力全开。

2016年6月16日，超级红人节，线下盛典在上海举行，星光熠熠，史上最大规模的一次网红集结，诸多人气网红悉数亮相。

7.4.1 微博举办“530网络红人节”的背景分析

从2015年阿里“双11”之后，网红开始火了，尤其是以时尚达人类（KOL）网红为主，这类网红通常都由团队运作，在电商平台（淘宝、天猫等）有店铺，然后依托微博、微信等社交平台导流量，在微博注册账号，塑造一个时尚达人的形象。他们每天通过文字、图片、视频、直播等形式来展示自己的产品，多数为女装、包包、化妆品类，粉丝群体特征多为年轻、时尚的女粉丝，非常忠诚，特别精准。他们基本都是源于对博主推荐的产品的喜爱而一路追随至今，基本都是消费能力很强的人，每次推荐新品，都会果断出手购买。

网红经济可以说是社群经济、粉丝经济的范畴，网红概念也从狭义的时尚达人网红扩展到诸多行业领域的达人，更加细分，如有短视频网红、直播网红、微电商达人网红，甚至连电商自媒体大咖、知名博主、段子手等都可以称之为网红。但凡在各个社交平台中有一定的人气和影响力的人，我们统称为“网红”。现在各个平台都在争抢网红，因为网红一个很明显的特征就是自带流量，他们拥有成百上千万的死忠粉追随，形成了一种不可小觑的力量。

新浪平台不遗余力地对其进行扶持，2015年12月16日举办的“微电商盛典”，时尚达人类网红齐聚盛典，新浪微博评出了“年度十大时尚红人”，并对其进行颁奖，还公布了一组数据：活跃在微博上的时尚红人微博阅读量超过1 500亿，互动量高达323 491 416，可以说这是第1次将时尚红人带到公众的视野，原先都不知道有他们这样一个群体。他们微博基本的运营模式就如前面所说，还是以销售自己的产品为主，为电商平台店铺导流。

时隔半年，恰逢2016年刚开年，papi酱又火了，微博连续一段时间几乎都是关于她的内容，她是通过玩短视频火起来的，并获得投资，又创下广告拍卖2 200万的纪录，一时间，从关注时尚网红到关注papi酱。互联网世界变化太快了，随后没多久的时间，“直播”又全面开花，先是各个直播App的火爆，再到新浪联合秒拍推出了“一直播”，新浪视频直播时代的到来，又是明星、网红们开始先使用，前面获奖的网红们又开始通过“一直播”来与粉丝之间互动，也创下了不俗的数据记录。

7.4.2 微博“530超级红人节”的盛况

这次微博举办的红人节活动线上、线下同步，线上红人节时间是从5月16日~5月30日，为期15天的时间，主要分为3部分：直播红人周、时尚红人周和视频红人周。线下网红盛典时间是6月16日，诸多网红齐聚上海，年度大盘点，颁发各种奖项。这次盛典不同于之前的微电商盛典，上次只是给时尚红人颁奖，这次邀请了几乎全领域的网红，都是当下人气超高的博主，粉丝有的达到千万级别的，而且微博运营内容千差万别，有的主要发宠物、有的主攻短视频、有的以漫画为主、有的是时尚达人，还有一些新生力量以直播为主，后来居上的年轻一辈，一些打造网红的机构也参加了盛典。这次真是人气网红聚集最全的一次盛典，从幕后走到台前，粉丝们终于看到每天与之互动的博主的庐山真面目，拉近了与粉丝之间的距离。

超级红人节

• 线上红人节

“超级红人节”从5月16日持续到5月30日。微博与直播、视频和时尚3大领域的网红经纪公司合作，推出直播红人周、视频红人周和时尚红人周和3个主题活动，有1 000多位网红在红人节期间同台竞技，并获得微博的流量支持和官方资源推荐。

（1）直播红人周。

24小时精彩直播不打烊，红人招牌动作，等你强势围观；明星火辣点评，与你近距离互动。

（2）时尚红人周。

初夏蜕变，女神店主稀缺好货全网首发，独享折扣，整点上新，晒单抽奖等，和女神的衣橱来一次亲密接触吧！

（3）视频红人周。

造星计划，视频红人学院火力全开，微博全平台合力打造网络IP星势力，不怕有缺点，只怕没特点。

• 线下盛典

截至2016年第一季度，微博月活跃用户达2.61亿，尤其是三四线城市用户占比大幅提升，用户结构多元化使不同类型的网红都能在微博获得粉丝。微博强大的裂变式传播能力，则有利于网红快速积累知名度和粉丝，为商业变现奠定基础。微博还给网红提供了丰富灵活的变现方式，目前红人在微博可以通过电商、粉丝赠送虚拟礼物、广告分成等不同方式获得收入。为更好地构建行业生态，微博还将与各行业专业机构在内容生产，账号成长，收入变现等多方面展开深入合作。

6月16日微博举办了“超级红人盛典”，邀请了知名投资机构和投资人到场，与各领域专业机构、网红代表共同探讨网红经济的发展趋势，并为网红经纪公司和投资人搭建近距离沟通的平台，帮助网红经纪公司获得快速成长的机会。超级红人节期间涌现出的顶级网红悉数亮相，微博为网红颁发奖项。

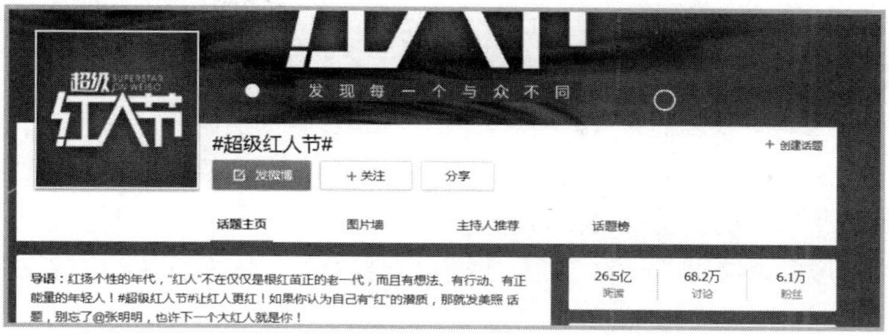

超级红人节

随着微博垂直化战略的深入，在很多领域中都成长起一批以微博为主要社交平台和流量入口的用户，例如，如星座类的代表人物：同道大叔；漫画类的代表人物：王尼玛；还有以发布宠物为主的代表人物：回忆专用小马甲。他们都是当下人气很高、影响力很大、经常上热搜的知名博主，而且有的博主还获得了投资。他们通过与粉丝分享生活方式和生活态度而成为网络红人，并依托微博上的粉丝实现商业价值，与传统的网络红人和意见领袖相比，网红具有更强的网络原生性，并且其用户和变现渠道都高度依赖互联网。可见，网红们不管在哪儿变现，基本上都需要从微博上来提升影响力和获取流量。微博成为网红打造个人IP的重要平台，同样网红们也会为平台吸引来更多的用户，这也使微博成为国内最大的网红聚合平台。

7.5 蘑菇街如何利用微博等社交媒体导流量

本章将蘑菇街作为经典案例进行分析，虽然它是因互联网而生的企业，但像企业微博矩阵玩法、从微博导流玩法都值得传统企业领导者及微博运营人员借鉴和学习，思路都是一通百通的。

在微博、微信营销火爆之前，除了淘宝、京东等纯电商的购物平台之外，知名的平台就属美丽说和蘑菇街了。蘑菇街创办初期，定位于女性购物导购网站，主要依附淘宝平台的大流量支持，收入也主要来自淘宝的交易佣金。2012年，随着导购类网站的形态日益做大，隐隐不安的马云开始收紧淘宝对导购类网站及应用开放的API接口，这让当时的美丽说和蘑菇街始料未及，两者在生存环境堪忧下不得已向自建平台转型。2015 年春天，蘑菇街开始了从女性垂直电商到B2C＋C2C 的“社会化”电商转型，可见，蘑菇街从“社区”起家，发展出“社区电商”这个全新的商业模式，通过社区互动激励意见领袖发表高质量的内容，吸引海量用户访问，然后通过电商平台满足用户的更深层的需求并实现商业价值。而我们在微博上常见的玩法也与之类似，有一些微博网红（KOL）、时尚达人、意见领袖就通过打造个人形象来销售自己的产品，主要以女装为主，依托于淘宝店铺成交。

7.5.1 蘑菇街的定位决定其引流渠道

蘑菇街有自己的官网和手机App，除了一些付费推广形式之外，主要依赖微博、QQ等社交媒体导流量。相信我常玩QQ空间的朋友都会有印象，蘑菇街的推荐总是以瀑布流图片墙的形式出现在QQ空间，视觉冲击效果极强，QQ是蘑菇街早期很重要的引流渠道之一。在2009年8月，新浪微博上线，并迅速成长为中国最具影响力的微博，加之智能手机的普及，移动互联网的快速发展，信息的碎片化，微博、微信的出现及迅猛发展，越来越多的用户聚集于“双微”，蘑菇街再次抓住机会，在微博2011年最火的时期，将微博引流做到了极致，而今蘑菇街又开始了一系列新的动作，与美丽说合并，微博又更换了新头像，原来是字的图案，现在是蘑菇的图案，更接近自身的调性。

蘑菇街的定位决定了其必须依赖其他平台引流才得以实现变现，像淘宝这种纯电商的平台，依靠自身的流量就可以生存，而腾讯系本身就以社交为最强项，所以也不缺流量。其他平台，如京东、一号店等购物平台都能获取自己的流量，只有蘑菇街除了依赖自己的网站一部分流量之外，大部分流量来源于QQ、微博等社交媒体的引流，其中这两者占的比例最大。

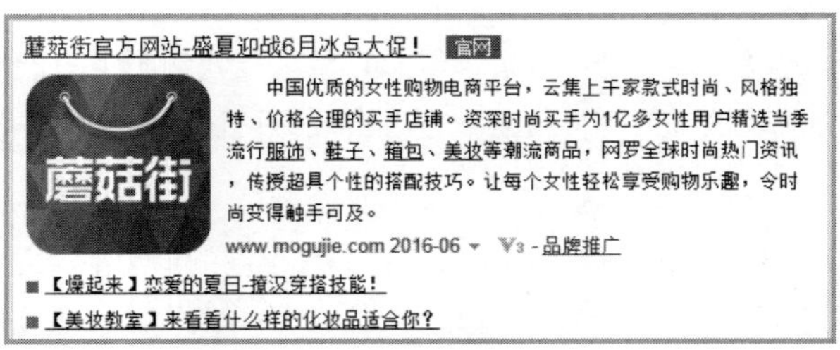

没换Logo之前蘑菇街的官方网站

7.5.2 蘑菇街利用微博引流的方法

蘑菇街通过微博引流是较早的，最初的时候开发了一些微博平台第三方应用，后期通过创建多个微博账号，并成功策划一些微博活动、微话题活动，聚集了大量的精准粉丝。从2015年8月中旬开始，蘑菇街又开始和明星合作，通过明星的超人气影响力再次聚集粉丝，并且取得了很好的效果。接下来，我们将具体分析蘑菇街的引流常用的几种方法，而且这些方法，各个企业和个人都可以借鉴，可操作性强。

• 开发微博平台的第三方应用

为了推广蘑菇街的微博账号，蘑菇街的创始人鼓励公司的技术团队做了很多接入微博平台的第三方星座、运势小测试，每个测试完成后用户都会被推荐关注蘑菇街微博，因为这些测试好玩、有趣，又满足了大家的好奇心，所以很多人愿意参与进来。蘑菇街逐渐开始在年轻女孩中流行开来，至今也有很多企业通过测试来加粉丝，想要看测试答案只有关注后才可以，有的人想知道答案，于是就关注了微博账号，这无疑是一种吸引用户、加粉丝的方法。但现在的微博用户更多的都在看视频，这种需要花一点时间测试的不像最初蘑菇街使用时有效，但也是一种积累最初粉丝的方法。

• 企业微博账号矩阵吸粉法

在蘑菇街首页，单击登录，可以使用新浪微博账号登录，微博成了蘑菇街最大的用户来源。

蘑菇街官网可使用新浪微博账号登录

蘑菇街在微博有一个蘑菇街主账号，还有几个子账号：“蘑菇街团购”“蘑菇街星探”“蘑菇街美妆教室”“蘑菇街招聘”和“MOGU娱乐”（蘑菇街的手机客户端官方微博）。2016年，蘑菇街更换了微博头像，其中主账号蘑菇街、子账号蘑菇街团购、手机客户端“MOGU娱乐”都换成了新的头像——一个蘑菇的图形。

蘑菇街各个微博账号情况，认证蓝V，到目前为止的数据如下。

主账号：蘑菇街，粉丝数：794万，关注：215，微博数：6万多条；

子账号：蘑菇街团购，粉丝数：21万，关注：44，微博数：7 000多条；MOGU娱乐，粉丝数：4万，关注：112，微博数：1 200多条；蘑菇街星探：粉丝数：6万，关注：656，微博数：4300多条；蘑菇街美妆教室：粉丝数：1万，关注：149，微博数：500多条；蘑菇街招聘：粉丝数：1万，关注：205，微博数：800多条。

蘑菇街一共有6个微博账号，从公司业务倾向和需要来看，主账号蘑菇街和子账号蘑菇街团购、手机客户端MOGU娱乐3个账号最重要，6个账号粉丝总计：827万，共发布了73 000多条微博，可见蘑菇街官微的超高人气和活跃度。

蘑菇街主账号引流的几个设置：首页左侧企业资料的位置友情链接了蘑菇街官网、蘑菇街APP、小店App，这是导流的设置。另外，左侧还关联了几个子账号，只要关注主账号便会看到这些子账号，粉丝们不想错过关于蘑菇街发布的任何动态信息，便可能全部关注这些子账号，这就为子账号增长了粉丝。同样道理，子账号也关联主账号，那么也会为主账号增长粉丝，互相导粉，这是很重要的一个环节。

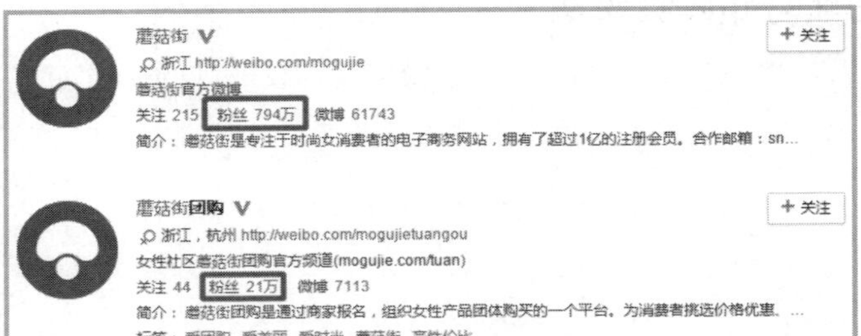

蘑菇街/蘑菇街团购微博账号

蘑菇街手机客户端微博账号

蘑菇街其他子账号微博

我们再看蘑菇街一个重要的子账号“蘑菇街团购”，蘑菇街的这个子账号定位精准，就是团购，而且在简介中把官网的网址加上了，这样粉丝们可以直接去搜索，也可以通过简介中的友情链接单击进入，这是从微博导流的两处重要设置。

直接通过这两处设置进入蘑菇街自己的官方网站，然后我们再看官网首页有“团购”的突出显示，单击进入团购的页面，每日10:00开抢，产品的展示，到这里就完成了从微博引流到自己的官网购买的一个全过程。反之，也可以从官网反馈回微博，就像我们做淘宝店的朋友们，从微博导流到淘宝，再把淘宝的客户引导到微博晒单，这是可以互相操作的，增强与粉丝之间的互动。蘑菇街也同理，只需要一个活动的引导就可以完成微博与官网之间的导流与互动。

蘑菇街团购账号简介中加官网的网址

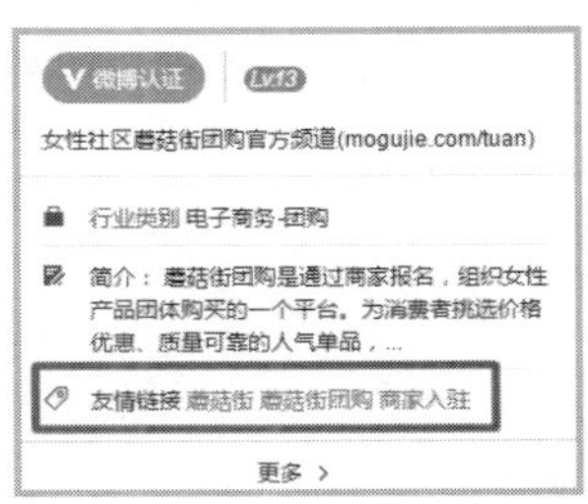

蘑菇街团购账号左侧友情链接

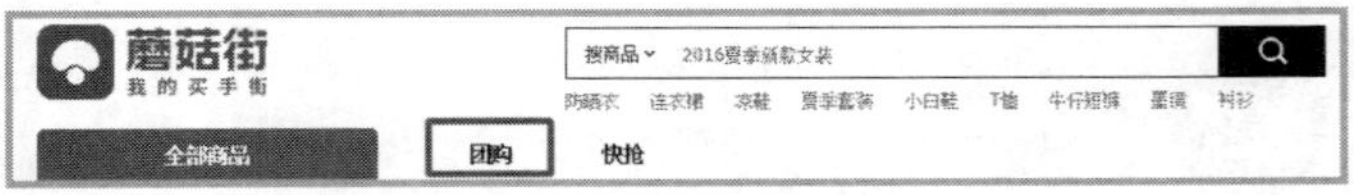

蘑菇街官网的“团购”两字突出显示

蘑菇街官网/团购页面

• 策划微博活动吸粉法

因为微博的开放性特征，所以对于企业的品牌传播的效果是非常好的，这种传播通过各个企业策划的活动来得以完成，一个好的活动会引爆很多用户的积极参与、转发、评论、点赞，也是企业官微吸粉最快的一种方法，蘑菇街也同样抓住这种机会和时间节点，去策划一些适合受众群体的活动。例如，2014年中秋节，蘑菇街策划的“MOGU中秋送福利啦！转发赢取***屏宝”活动，效果就非常不错。

策划一次成功的微博活动，活动时间的选择、活动规则的制定、活动奖项的设置、活动文案的编辑、活动配图的设计、活动微话题的创建等都是非常重要的。通常企业会选择一些节假日或者企业成立周年纪念日来做活动，蘑菇街的这次活动就选择了中秋节。活动的时间不宜设置过长，以2~7天为宜，蘑菇街的活动时间从9月4日~9月8日，5天的时间刚刚好。一般做大型的活动，奖项一定要有吸引力，否则大家参与的积极性不会很高，像平时一些企业送苹果手机，大家便很积极的参与，万一中了呢，所以转、评、赞都很高，蘑菇街的最高奖项价值为999元的***屏宝套装，吸引力也足够大。活动规则的制定一定要简单、清楚，不要过于冗长，让参与的人一看就明白如何操作就有机会赢取，而不是花很长时间去看规则，这样很容易让人放弃。蘑菇街的活动参与方式很简单：一是关注两个微博账号，二是转发并@1位好友，通常粉丝不多的账号做活动的时候，一般都是选择@3位好友，这样就有更多的人参与、传播、扩散，而蘑菇街粉丝基数大，选择@1位好友即可，同时不要忘了创建微话题，蘑菇街创建的话题是#中秋，远隔万里也要全家福#，引起粉丝们的强烈共鸣，直戳心底思念家乡、亲人之情，于是都积极参与。

蘑菇街策划的微博活动页面

活动时间的安排

9月4日 18:45 至 9月8日23:59。

活动文案的编写

中秋假期小长假，我们要怎么和自己的爸妈拍全家福呢？蘑菇街携手***屏宝，为大家送来倾心的中秋礼物～只要关注并@蘑菇街 @***屏宝官方，转发并@ 1位小伙伴，就有机会获得中秋节全家福定制版***屏宝，详情戳长微博：***网页链接。

活动配图的设计

活动奖项的设置

活动话题的创建

#中秋，远隔万里也要全家福#，粉丝参与时加这个话题，进入这个微话题的阅读量近7万。

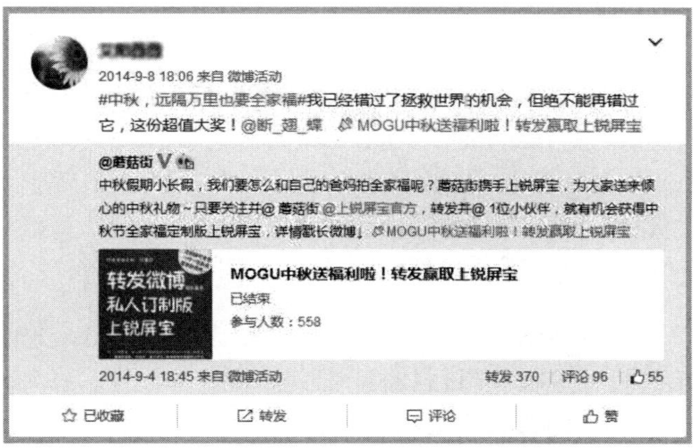

蘑菇街活动的微话题

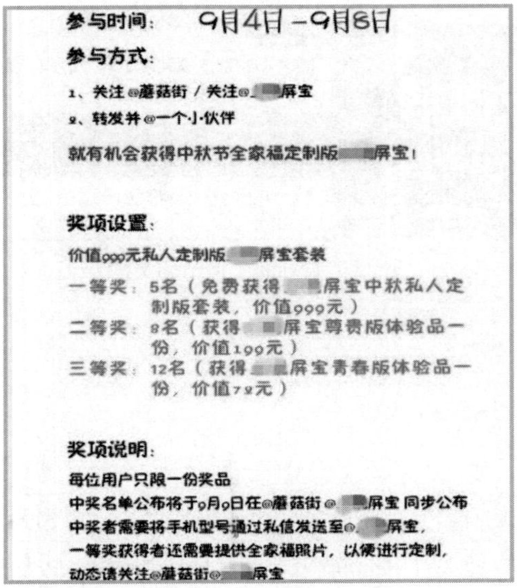

蘑菇街策划的微博活动详情页面

活动效果分析

一个完美的微博活动策划案，通常包括时间的选择+文案＋配图＋奖品＋话题＋@的人＋关注发起微博的账号几个部分，每一个细节的设计都会影响到这条活动帖子的传播速度和范围，所以从活动效果来看，5天内此条活动帖子转发量近400，评论96，点赞56，558人参与，效果还是不错的。

在文案编辑中，首先要结合节日来引起粉丝共鸣，每逢佳节倍思亲，因为字数有限，所以尽量简短而又能表达其意；其次就是提醒大家只有关注发起活动的微博账号和赞助商的账号才有机会获奖，可以自己自发组织，也可以拉赞助，拉赞助商可以合作一起推广，共赢；再有就是需要考虑将此条微博扩散出去，那么就要求只有@1位好友才可以，当然这里也可以要求@2~3位好友，这样就有更多的人参与扩散了；最后加上一个活动详情介绍的链接，大家设计活动的时候，可以加上自己的店铺链接或者微博橱窗链接，这就把微博的流量引入到了其他的平台交易了。

从活动配图来看，蘑菇街的设计背景色依然是统一的粉色调，一张图片简单、明了，涵盖了活动的内容。另外，在奖项设置位置也有单独的具体说明，最突出的一点就是话题的设计，#中秋，远隔万里也要全家福#，很有共鸣的一句话，因为整个微博中会有很多关于中秋、中秋节的微话题关键词，如果参与蘑菇街中秋活动的人多，很容易被推荐为热门话题，这也是吸粉的关键所在。大家在设计活动的时候，一定不要仅考虑自身，而是要放眼整个微博来运作，才可以达到一个非常好的传播效果。

• 策划微话题活动吸粉法

除了转发抽奖活动之外，微博话题玩法也是非常受粉丝朋友们喜欢的，所以蘑菇街的话题比较有趣，取的名字都是与蘑菇街这个名字相关度很高的，如主账号的3个话题“菇morning”“菇night”和“蘑菇街的买手集市”，让粉丝们参与到话题的讨论之中，一方面增加用户黏性，另一方面越多的粉丝参与这个话题，话题的阅读量越高，在整个微博话题榜的排名越靠前，增加曝光或者被推荐，这样会被更多的人看见，进而吸引粉丝关注。蘑菇街的几个话题，阅读量都很高，其中，“菇morning”阅读量26.8亿，“菇night”的阅读量28.9亿，“蘑菇街的买手集市”阅读量是4 000多万，新微话题“MOGU猜猜看”的阅读量6.3亿，这在行业内都是很高的话题阅读量了。

蘑菇街除了主账号的话题之外，子账号也有各自的话题，如#MOGU资讯#、#MOGU小技能#、#MOGU夜话#、#MOGU茶话会#等，这些话题的各个账号都可以加，所以喜欢不同话题的粉丝，可以自发参与进来，粉丝也是可以加这些话题发博文的，这样相当于大家共同维护一个话题，增加其话题阅读量、讨论、粉丝量等。

以上蘑菇街的微话题都是长期维护的，也可以临时策划微话题活动，像2月14日这一天是情人节，刚好又是蘑菇街的“5岁”生日，于是在蘑菇街主账号策划了一次以#写了五年的情书#为话题的活动，既贴近节日气氛，又让一直伴随着蘑菇街成长的粉丝们有了归属感，各个子账号转发扩散。这个话题的阅读量高达1 300多万，8 300多人参与讨论，蘑菇街擅长选取中国传统的节假日来做活动，话题更容易引起粉丝们的共鸣。

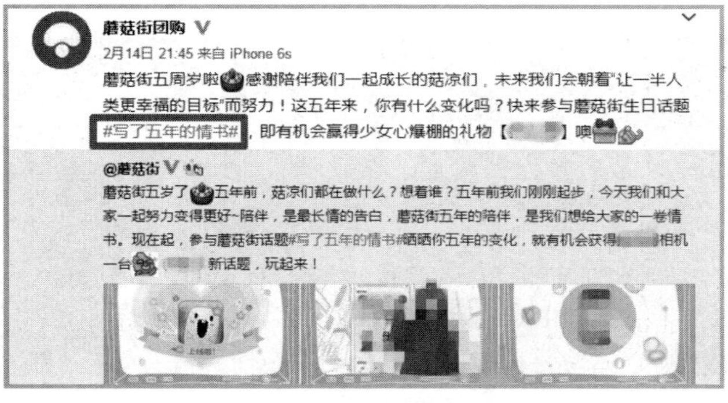

蘑菇街策划的微话题活动

蘑菇街微话题活动的页面

蘑菇街的这次活动转发量高达600，评论近300，点赞600，当你打开#写了五年的情书#这个话题页面，你会看到很多粉丝朋友们积极、认真地参与活动，有很多文字很感人。

蘑菇街官微首页轮播图有两个微话题图片，有一个与明星合作的粉丝专区图片，点击图片就可以进入到相关页面。最新微话题#MOGU猜猜看#，阅读量高达6.3亿，6 000多人参与讨论，看看微话题页面导语，就感觉很有趣，愿意参与，大家看一下微话题导语，写得非常好。

导语：hi 蘑菇街的菇凉们，欢迎关注我们的互动话题#MOGU猜猜看#，每周我们会和大家一起玩猜猜看的小游戏，猜品牌、猜电影、猜明星、猜单品，不怕猜不到，就怕不参与！猜对的菇凉，我们会随机挑选幸运儿送出精美奖品~等你来玩。

这个微话题是每周都有的互动活动，培养用户习惯，知道每周都来这参与活动，就有机会中奖。有的微话题活动是持续几天的，活动结束后，粉丝也就关注其他的了，而这种长期的微话题活动，对于维护粉丝很有用，这一点值得我们借鉴。

蘑菇街微话题首页轮播图

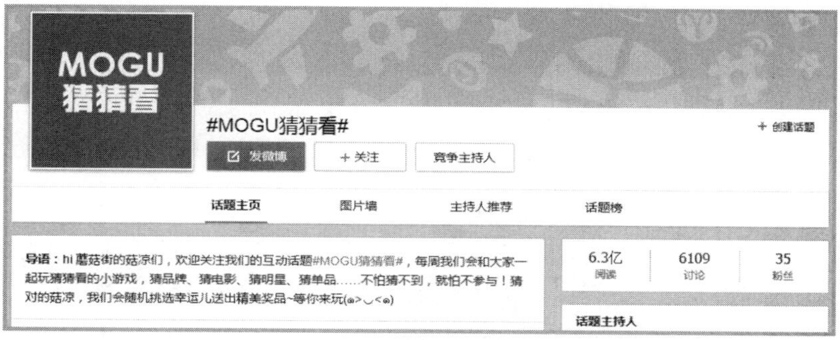

蘑菇街新的微话题#MOGU猜猜看#页面

• 关联企业创始人微博

根据企业的实际情况，可以创建唯一一个官方微博，也可以创建几个微博账号同时运营，然后企业创始人单独注册微博账号，官微主要用于宣传推广企业的产品和公司动态信息，而企业创始人微博通常以打造个人形象为主，像聚美优品的陈欧、360的周鸿祎等，都是个人魅力十足，然后创始人微博主页关联企业的官微，从个人微博为企业官微导粉丝，因为有的粉丝是因为创始人的个人魅力而加关注的，进而关注到企业微博。反之，官微关联了企业创始人账号，也会为个人微博导入粉丝，这是相互的。

蘑菇街官微首页左侧关联了3位创始人，这样官微和创始人微博相互导粉，创始人微博内容是官微的一个企业动态的补充和个人形象的展示。阳光、积极、正能量的形象会让粉丝们相信其所做的事业，进而建立信任感，同样关注官微的粉丝也会关注企业创始人。所以，一个企业的创始人个人形象在微博上越来越重要，如果创始人在圈子中的人脉广，发布的内容便会引发大V们的转、评、赞，进而形成连续的传播效果，并吸引很多粉丝关注，形成路人转粉的效果，所以越来越多的企业创始人开始单独开博，与官微分开。新浪官方每个月都会有互联网高管排行榜进行推荐，这又增加了创始人微博的曝光和吸粉。

• 与明星合作吸粉法

现在当红的明星粉丝是非常疯狂的，几乎掌握所有他们喜欢的偶像的动态，所以与明星合作同样会吸引他们粉丝的关注，如近期蘑菇街的微博封面图是某明星，这位艺人现在很火，那么喜欢他的粉丝自然会关注他与蘑菇街合作的一切动态。2015年8月15日，凌晨00:00，正是往常一天的热闹后逐渐归于平静时段，此时，在各大社交网络、应用市场，突然涌进了一波又一波访问，流量曲线瞬间逆转，国内最大的女性社交电商平台蘑菇街，正式宣布了某艺人代言的消息，并推出全新广告语："逛蘑菇街，每天至少爱一次"。这场在午夜时分正式宣布的代言消息，引发了粉丝和用户疯狂的传播。在这位明星代言活动的前后5天内，蘑菇街App在苹果App Store及各大安卓应用市场的下载量，已经突破千万次，新增注册用户近千万。

蘑菇街非常重视与明星的合作，从微博页面、微博内容就可以看出来，在微博中发布这位明星的相关动态信息。而且粉丝之间也可以互动、交流，参与人数都超高，因为喜欢这位明星的粉丝多数为年轻的女孩，恰好与蘑菇街的定位相符，针对时尚女性的社区电商，蘑菇街的应用开发能力是很强的，所以每个页面设计得都非常好。

蘑菇街的首页轮播图

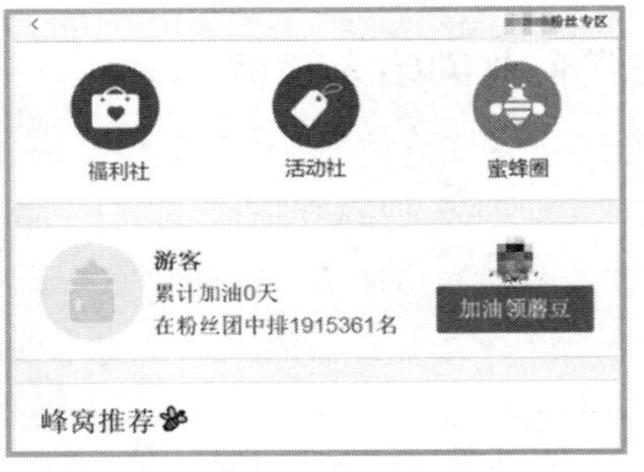

蘑菇街峰峰粉丝专区

由于明星的超高人气和影响力，一些铁粉追随偶像而来，其中一个粉丝发微博："蘑菇街太狠毒了！买！买！买！"还加了一个可爱的配图，并且自带了#明星#这个微话题。

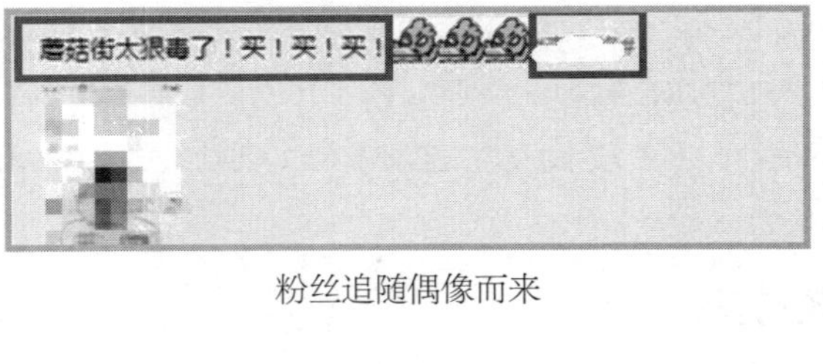

粉丝追随偶像而来

• 微博工具的运用

利用微博工具，将微博和蘑菇街官网连接起来，"对微博渠道的深挖一定要双赢，不能光把微博的人往自己网站上拉，而是要让两边的行为互动起来"。在蘑菇街国庆假期活动策划中，用户通过发微博@蘑菇街的方式，生成蘑菇街的长假专辑，同时把蘑菇街上的互动可以及时反馈在微博上，两边都互动起来，大家都会很开心。而微博上有一些工具可以实现加一些链接，如粉丝服务菜单以及一些轻应用，在粉丝服务菜单中包括今日团购、每日上新、人气榜单、达人推荐、美妆特卖，还包括手机App的下载，这样直接链接到蘑菇街官网去，微博粉丝就通过单击链接引导到蘑菇街官网去购买，进而实现变现的过程。

» 轻应用

单击蘑菇街官微首页，找到“服务”按钮，单击进入看到页面左侧“轻应用”按钮，单击进入该页面，即可看到蘑菇街当下使用的“轻应用”是“投票调研”，如下图所示。

蘑菇街使用的轻应用界面

» 自定义菜单（电脑端）

可以通过“管理中心>粉丝服务>自定义菜单”进行设置，最多可以创建3个一级菜单，每个一级菜单下最多可创建5个二级菜单，其中菜单内容可以选择“跳转至网页”，增值功能包免费体验中，可以使用站外链接，这里就可以将自己的网站和微博连接起来了，这也是很重要的通过微博引流到其他平台的设置。

蘑菇街之前就设置过“粉丝服务菜单”，可以自己命名，蘑菇街设置了“发现美丽”“逛蘑菇街”和“投诉建议”3个一级菜单，每个一级菜单下最多创建5个二级菜单。例如，“发现美丽”下又设置了5个二级菜单“今日团购”“每日上新”“人气榜单”“达人推荐”和“美妆特卖”。“逛蘑菇街”下又设置了1个二级菜单“下载App”。“投诉建议”下又设置了3个二级菜单“自助服务”“联系客服”和“帮助中心”。我们在PC端，首页“服务”中可以查看到这个“粉丝服务菜单”。建议企业和个人最好都设置这个自定义菜单，可以连接到站外，这是一个很重要的微博引流设置，大家按照步骤操作就可以了，很重要的一点就是“跳转到网页”，这里会为你们的网站、网店、微店、微博橱窗或者微信号、公众号等带去很多流量，并涨粉，效果很好。

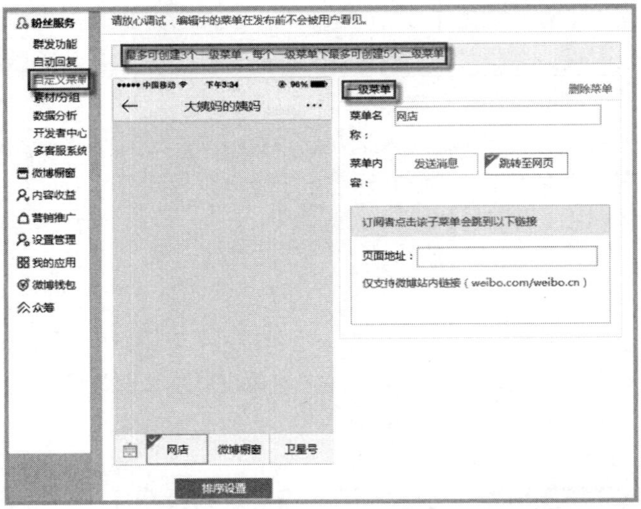

自定义菜单的设置

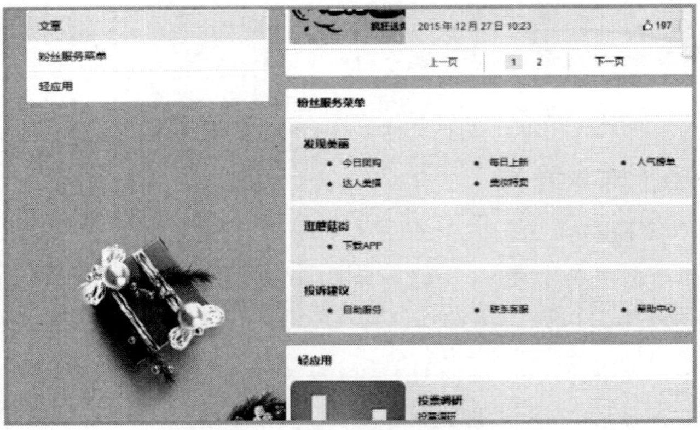

蘑菇街设置的粉丝服务菜单

综上所述，大家可以看出，蘑菇街将从其他平台引流做到了极致，以上7种吸粉方法是微博引流中最常用的，一些企业或个人微博都可以参考借鉴。当然，蘑菇街微博引流的方法不仅仅局限于这些，还有一些其他推广渠道，这里不再赘述。另外，微博内容的编写很重要，一条好的微博内容也会快速引爆转发传播，甚至于一些微博大号的转发都是可能的。每个企业在发展过程中都会面临着机遇和挑战，2016年，蘑菇街和美丽说的合并，或许会给蘑菇街带来更多的改变，我们拭目以待。我会持续关注蘑菇街的动态，相信会越来越好。

ISBN 978-7-115-53772-0

9 787115 537720 >

定价：49.80元（附小册子）

选择自己

如何让时间变现，
成为更有价值的自己

Kyle 著

人民邮电出版社
北京

图书在版编目（C I P）数据

选择自己 : 如何让时间变现，成为更有价值的自己 / Kyle著. -- 北京 : 人民邮电出版社, 2020.7
ISBN 978-7-115-53772-0

Ⅰ. ①选… Ⅱ. ①K… Ⅲ. ①成功心理一通俗读物 Ⅳ. ①B848.4-49

中国版本图书馆CIP数据核字(2020)第058164号

内 容 提 要

本书从新媒体创业者 Kyle 的真实经历和个人成长路径出发，用真诚的语言与年轻人分享 Kyle 对于个体成长的认知和思考。

本书从认识自己和认识世界，到时间、精力管理，再到持续行动，讲述如何应对社交和亲密关系，如何实现个体成长和打造个人品牌，并提供了大量的实例和分析以及实践练习，希望以此鼓励和帮助更多的人都能成为更好、更有价值的自己。

本书将帮助迷茫的年轻人找到精进的正确打开方式，让各行各业的你都有机会成为更厉害的人。

◆ 著　　Kyle
责任编辑　李永涛
责任印制　王　郁　马振武

◆ 人民邮电出版社出版发行　北京市丰台区成寿寺路 11 号
邮编　100164　电子邮件　315@ptpress.com.cn
网址　https://www.ptpress.com.cn
北京鑫丰华彩印有限公司印刷

◆ 开本：700×1000　1/16
印张：11.25
字数：227 千字　2020 年 7 月第 1 版
印数：1 – 20 000 册　2020 年 7 月北京第 1 次印刷

定价：49.80 元（附小册子）

读者服务热线：(010)81055410　印装质量热线：(010)81055316
反盗版热线：(010)81055315
广告经营许可证：京东市监广登字 20170147 号

前　言

一切都要从2013年说起。那一年我本科毕业，在一家外企从事管理培训生的工作。由于职位的原因，我有机会在8个月时间内在公司的6个重要部门轮岗，由于工作表现和外语水平还不错，所以由我负责公司从国外引进新技术项目的工作。我在负责新项目的过程中，了解了从基层员工到CEO不同阶段的人对一种新事物完全不一样的看法，这帮助我在短时间内就收获了丰富的职场经验，但在这个过程中的频繁应酬让我开始质疑自己。

在老板的40岁生日宴会上，公司一位资深的前辈趁着酒意对我说，要想在公司晋升快、发展好，不仅要学会喝酒，还要会喝不同颜色的酒：色的啤酒、黄酒，红色的葡萄酒，无色的白酒和绿色的药酒……边说边给我递来5个装有不同颜色液体的杯子，并且先喝为敬。我知道，从小酒精过敏的体质并不能成为拒绝的理由，不喝就是不给领导面子。晚上回到公司宿舍，从嘴唇到喉咙再到胸口，全都是高度酒精带给身体的灼烧感，身上也产生了过敏反应。我彻夜难眠，品味着领导跟我说的这番话，思考着眼前我努力争取来的一切，这是不是我发自内心想要的？

为了找到答案，我开始大量地看书。每个月初发了工资，第一时间给父母转一笔生活费后，我会定投一部分基金，剩下的就是用来买书了。为了提高学习效率，我系统地研究了时间管理理论并付诸实践，将自己每天下班后的时间空出3~5小时用于提升自己并严格执行。一般的安排是运动1小时，学习专业知识1小时，阅读1小时，练习英语1小时，写作1小时。我原以为如果自己能把工作做好，将自己打理好，身边的朋友会很羡慕我，会向我请教与成长相关的问题，我会达到工作和生活的平衡，等待我的应该是更好的未来……然而现实并非如此。

当时公司有3名管理培训生，人事总监会带着我们去吃午饭，以了解我们的工作和生活情况。他问我们下班后会做些什么，我刚想分享时间管理的心得，另外两名同事轻描淡写地说：没什么，就炒炒股，打打游戏，看看NBA呗。逼得我硬生生地把想说的话咽了回去，我意识到自己可能不够合群。总监看我没说话，就拍着我的肩膀说：“Kyle，你怎么不说？不过没关系，反正我是不相信你们下班后会看书学习的，我知道那样对你们来说太难了。”然后他又说：“我知道你们都挺上进的，但是在公司工作不要心急，能在7年内做到经理已经是最快的速度了，一般人都花了十多年时间。你们就不要想着能在一线城市买房了，因为我也买不起。”那天我们4个人吃的是虾蟹鸳鸯锅，但食物的美味却掩盖不了我内心的五味杂陈。我终于得到了答案，原来我跟他们不一样，他们不理解我。我不属于这里，我只能离开。

2014年是我几乎每天都坚持时间管理的一年。年底的时候，我将这一年1000小时的时间记录写成了一篇文章《当你下班时，你需要忙些什么？》发在豆瓣上。我想在网络世界里找到理解自己的人、找到同类，也算是给自己一个交代。我的高中同学是《城市画报》的忠实读者，毕业后已经很多年没有联系了，因为她在《城市画报》的公众号头条看到了这篇文章，署名是Kyle，阅读量超过10万次，于是她问我这篇文章是不是我写的。这让我们再次联系上对方，这也是我第一次意识到新媒体的神奇力量。后来事情的发展的确出乎我的意料，文章发出后的半个月内，我收到了上百名读者的邮件，豆瓣吸引了上万人关注，还有几百个新媒体账号找我授权转载这篇文章，于是诞生了多篇阅读量超10万的文章。我的作品成了那几个月全网的爆款，总计阅读量应该是千万级别。这件事给了我很大的鼓舞，原来自己的努力能得到很多人的认同和共鸣，这和我之前所处的环境完全不一样，太奇妙了！这为我后来从事新媒体行业埋下了一颗种子。

大部分读者发来的都是求助邮件，当我认真回复完后，大部分却没有了下文，更不知道有没有后续的行动。这让我很沮丧，不确定自己是不是真的能帮到他人。就在此时我收到了一封特别的邮件。

2014-12-26 **17:17**

Hey kyle，看到你写的时间管理文，非常喜欢，也非常敬佩。不知道能否交个朋友？我最近一段时间都在广州天河区，我是一个做IT的创业者，希望有空可以跟你多聊聊。我的英文不错，知识面也比较广，想必读书之类的心得也可以交流不少。

有机会加我微信：xxxxxx

再次表达对你的欣赏。

我迫切地希望离开当下的环境，却没有想好去哪里。换另外一份工作？像大学一样折腾一点小生意，靠小聪明混两口饭吃？还是听父母的话回家帮忙，证明自己无法自食其力？这些对于我而言都不是好的选择。文章的意外走红让我见识到互联网的神奇力量，也让我对这个行业充满了好奇与好感。而来自互联网行业的这位读者，给了我对未来的希望，哪怕只有一点点。

第二天，我们约在广州天河城吃广式茶点。我们从哲学聊到了互联网趋势，从三观聊到了时间管理，最后还与对方分享了自己觉得最好的书单。她是浙大的学霸，毕业后放弃国外深造的机会到乡村支教，随后回杭州创业，她的设计公司已经拿到了千万元融资。她退出原来的公司后，来到广州打算二次创业，我算是她在广州认识的第一个朋友。当天晚上回到家，我将我们聊天的内容整理成笔记，给她回复了邮件，内心不禁感叹："真希望多认识几个这样的朋友。"

后来我们陆续见过几次面，每次都是在交流书单的完成情况和对最新趋势的一些看法，我更多是一个倾听者和执行者。我就像一块无限吸收的海绵，她讲的每件事我都牢记于心，并且高效地执行，以期下次见面交流成果。她是我见到的同龄人中特别优秀却又很乐于分享的人，我很珍惜这种亦师亦友的关系。

2015年，我迎来了人生中的重要转折点。我离开了原来的公司，打算换个赛道重新开始。当时我对互联网行业跃跃欲试，但是我没有任何相关经验，也不知道从事什么职业适合自己，担心瞎折腾几年，自己也就彻底废了。有一天晚上，这位朋友给我发来了微信，她决定二次互联网创业，邀请我加入她的初创团队。父母觉得是骗局，这种好事怎么可能落到我的头上，毕竟我只是一个比大多数人勤奋一点的普通年轻人而已。

我父母一直以来都是谨慎派。我第一次跟网友见面的时候，我爸生怕我被别人骗了，还想跟着我一起去饭店，后来被我拒绝了才没有跟着来。当父母知道我打算创业，而且是跟陌生人在一起做互联网时，他们极力反对。我跟他们说："真的，这可能是我进入互联网行业的唯一也是最好的机会了，哪怕失败我也认了，但如果你们不让我尝试，我一定会后悔的。"也许是说这番话时我的眼睛泛着泪光，也许是我的坚持改变了他们的看法，后来我妈对我说："孩子，你去闯吧，失败了也不要紧，你还有家。"这句话给了我战胜一切的力量。

我花了15分钟，做了这个改变我人生的重要决定，答应这位朋友进入互联网创业公司，成为合伙人。很多人将这个机会称为运气，其实运气的背后是接近3年的积累，是海量的输入和输出，是从不间断的每日精进，是念念不忘必有回响。

2015年，我们4个人撑起了一家公司：CEO负责战略和融资；一位有10年互联网经验、来自微信的前辈负责产品和设计；一位采访过多位中外大咖、有丰富媒体经验的朋友负责内容；而我负责运营和一些其他的事情。

团队优秀不代表你也优秀，我逐渐意识到自己和优秀伙伴们的巨大差距。不想被落下？那就比其他人勤奋几倍吧！

为此我执行了一个"疯狂"的时间管理计划：

时间	分类	任务
7:00-8:00	唤醒时刻	起床，洗漱，吃早餐，听国外创业者的采访
8:00-9:00	运动时刻	跑步，洗澡，同时听国外创业者的采访
9:00-9:30	通勤时刻	在印象笔记中写下10个灵感，整理笔记
9:30-17:30	工作时刻	全情投入，确保工作质量，当日事当日毕
17:30-18:30	分享时刻	当天消化早上学习的内容，并做团队分享
18:30-20:00	通勤时刻	吃完饭，回家，阅读国外创业者的博客和书籍
20:00-21:30	听课时刻	听大咖分享，学习互联网知识，立刻输出思维导图与笔记
21:30-23:30	写作时刻	整理自己的学习心得，写成文章，排好版，更新公众号，回复留言，维护读者社群

创业的前半年，由于融资还没有到位，公司暂时没有进账。我们的办公室用的是投资人的场地，每个人都在花自己的积蓄，但艰苦的条件并没有消磨我们几个人全情投入的创业热情。有的时候，我们会去附近的餐厅一起吃饭，吃完就现场开会，一起聊公司的发展方向，连午觉都不睡，下午回去直接实践；有的时候，我半夜睡不着时涌现一个有价值的灵感，因为怕忘记，会立刻记录下来发到群里，10分钟左右就会收到其他几个人留下的几百字长的回复，最后还有“早点睡”三个字。那个时候不知道未来会怎样，但每一天都带着希望开启和结束。

公司第一个20万元的收入来自付费社群的灵感，那时我们参加过一些线下游学私塾项目，在几个城市完成了不同模块的学习，还收获了一个高质量的圈子。我们在知乎和豆瓣上也有一些影响力，所以我们决定做一个属于我们自己的游学私塾项目，CEO负责内容，我来负责总体运营。一切都比想象中顺利，这个项目从构思到实施大概花了1周，有40个人报名，最后付费的有20人，每人收费1万元，6个月在6个城市一起学习4个模块的知识。我们做完这个项目的半年后，“知识付费”这个词才开始出现，这也给我后面做知识付费埋下了伏笔。

后来公司拿到了一笔7位数的融资，我们终于拥有了独立的办公室，团队也顺理成章扩张到了10人，其中一半人有海归背景，一半人是研究生毕业。同时，我们也面临着公司发展的拐点：究竟是做一家值钱的公司，还是做一家赚钱的公司？公司和投资人希望先做值钱的事情，烧钱做App平台，拿更高的估值，赚钱不着急。商人家庭出身的我，直觉上认为正向现金流更重要，应该先保证公司的存活，再考虑发展。内容变现有流量获取和变现的双重红利，现在是最好的时机。

如果做知识付费，我能替公司创造更多的价值，当时的我们属于最早一批走通知识付费用户增长和变现的公司。而在做App平台拿融资的模式中，我感觉我能帮到团队的地方只会越来越少，我的处境也会很尴尬。因此，在公司熬过了资本寒冬、融资到账后，我向CEO请辞。

这一年多的时间里，我已经用最快的速度往前冲；也许方式不对，速度还不够快。对于我而言，我只想保留这段创业经历的美好；第一个加入团队，第一个离开，也算是急流勇退吧。

为什么我更看好基于新媒体的知识付费呢？

我在2015年9月注册了“选择自己”。这个公众号的名字来自我很喜欢的一本创业书*Choose Yourself*，书里的主人公詹姆斯·阿尔图切尔（James Altucher）是一个连续创业者，他创业成功过，也失败过很多次。他写过很多书，有自己的博客和采访名人的脱口秀。我也想和他一样做一个优秀的创业者，影响更多的人。我当时组织了几个“选择自己”的社群，给大家做分享。后来我分享的内容讲完了，我就请我的老师们来讲课，提供优质的信息源给我的读者，结果公众号很轻松地增长了几千用户，而且他们还很愿意为老师付费，认同度也很高。

2016年是公认的知识付费元年，和家人在澳大利亚度过一个漫长的春节后，我决定二次创业。当时我在家中的房间里待了一个月，组织了线上团队，请几个老师做个人成长的分享和课程，同时还在更新原创文章，结果一个月就增长了10万用户。因为免费报名的人太多，我怕服务不过来，就干脆组织了第一期时间管理训练营，我讲3节课，收费99元，结果竟然有400人报名，上完课之后的口碑还特别好，那时是真正的红利期。我的直觉告诉我，这个需求是可以被放大的。

2016—2018年，是我坐上“火箭”的3年。

这3年，从默默无闻到打造了全网千万用户新媒体矩阵。

这3年，从知识付费领域的无名之辈到跟700多个老师合作，打造了多个100万元销售额的爆款课程，我们的平台“一起听课星球”也成为知识付费领域的知名品牌。

这3年，从3平方米的办公室搬到了超甲级写字楼500平方米的办公室。

这3年，从一个人到领导一支近百人的团队，每个成员都越来越闪亮，能够独当一面。

有人会埋怨自己出身不好，天生就是一副烂牌，没有办法改变。我认为每个人都有机会选择更好版本的自己，因为我就是他们身边的例子和榜样。在故事的开

始，我拿着一副很普通的牌，每走一步都是靠自己去争取机会，至少每一步靠的都是自己的选择和努力。虽然现在的我并没有取得多大的成绩，但的确鼓舞了很多年轻人，让更多的人成长、变好，也许这就是我写这本书的初衷吧！

Kyle

2020年1月

目 录

第1章

选择自己，让世界发现你

1.1 如何逃出“越勤奋，越失败”的怪圈

最近几年，我们在互联网上经常看到普通人凭借一项技能成为了自由职业者：一个视频收获了千万粉丝，广告接到手软，通过写文章彻底改变了自己的人生，实现了财务自由……逆袭这种事情在现实生活中发生的概率太低了，在生活中，我们经常遇见想改变自己，最后却收效甚微的情况。

例如读书，对于很多人来说，每次都在网上购物节买一大堆书回家，但是一年过去了，买回来的书尚未拆封，各种App里的读书会员已经提示续费却还没打开过几次，报名的线下读书会也因为各种理由没去参加，反倒是失眠的时候，拿一本床头书看看能起到助眠的奇效。

例如健身，男的想练8块腹肌，女的想拥有马甲线，通常的解决方案都是花大几千块办健身年卡，上1小时几百块的私教课程。本来以为花钱能买来专业的指导，同时找一个人监督自己出效果，结果健身房的教练一拨一拨地换，好不容易到了健身房锻炼，想用一下跑步机还要排队，排上队还要接受销售的二次骚扰，再加上每次锻炼至少1~2小时的通程时间，还要配合高蛋白饮食，这才知道要成功健身是有多么难。

例如学英语，这是很多企业老板、职场白领、全职妈妈、在读学生的共同愿望，我自己就经历了从英语小白到畅读国外原著、无压力看懂国外期刊的过程，还在工作的时候主导过一个跨国技术项目。我很清楚为什么有的人虽然很努力地背单词，下几十个英语学习App，甚至花费不菲上私教课，成绩依然没有起色。

我真的比别人差吗？为什么我花几倍的时间和金钱，别人能轻松达到目标，我却屡战屡败？

其实，你只是不懂如何真正地改变自己。

现在的世界正处于“VUCA①时代”，易变性（volatility）、不确定性（uncertainty）、复杂性（complexity）、模糊性（ambiguity）是常态。人的真正自我改变需要依赖内外稳定的双系统，即既要有足够的内部动机，又要有足够的外部行为。所以，塑造自己和应对世界，是每个人成长过程中挥之不去的两大难题。

使用时间的方式决定了一个人塑造自己的时间

我在招聘员工的时候特别重视一个人下班后的时间分配，我并没有要多管闲事的意思，但如果站在一个公司老板的角度，你更愿意培养一个下班后回家看书以精进自己的员工，还是一个回家后玩游戏的员工？

很多人不明白，为什么同一个学校，甚至同一个寝室的人，毕业10年后的发展天差地别。如果只看毕业的时候面试的公司、上班的时间，这些变量的确太少，难以造成天大的差距，但如果一个人下班后平均用3小时时间进行自我提升，另一个人则用这3小时时间娱乐，这样算下来，10年之后，他们的差距是1万小时，这还没有算上在这个过程中，因为不断的精进让自己的认知水平得到提高后产生的复利效应。

一个人从什么时候开始系统管理他的时间，就从什么时候真正开始他的人生。

人在年轻的时候往往通过售卖自己时间的方式谋生，在这个模型里，很多人选择卖更多的时间，却很少有人懂得提高时间单价，更少有人懂得用时间换空间、花钱买别人的时间等更高级的操作。

举个例子，假设我们生活在小山村，每天喝水需要到几公里外的井去排队提水喝，每次最多只能提两桶，每隔两天就要去提一次水。

第一类人，每天排队打水，但是觉得一次性提两桶水太辛苦，最后决定每天只提一桶水回家，第二天再来，这类人永远只活在今天。

第二类人，每天勤奋地提水，还组成专门的队伍排队打水，送水的队伍将井水以几倍的价格卖给没有时间提水的人，这类人是在用体力换小钱。

第三类人，想办法筹集资本铺设管道，将最近运河的水消毒后通过管道引入各家各户，从此大家不再缺水喝，这类人是在用智力换大钱。

---

① VUCA：这个术语源于军事用语，并在20世纪90年代开始被普遍使用。宝洁公司首席运营官罗伯特·麦克唐纳（Robert McDonald）首次借用这个术语来描述新的商业世界格局。

第三类人积累的财富可能是前面两类人的万倍，第二类人是我们生活中觉得过得还不错的朋友，第一类人是沉溺于各种游戏和消费中不能自拔的平凡的大多数。

这个故事想告诉大家的是，当我们缺水喝的时候，不要着急去提水，而是要停下来思考：解决一个问题有多少种方法？什么方法更高级？确定自己的战术和打法没有问题后再动手才是上策。

选择难一点的那条路，长远来看收获往往更大。

塑造自己、应对世界，
难一点的路，长远收益更大

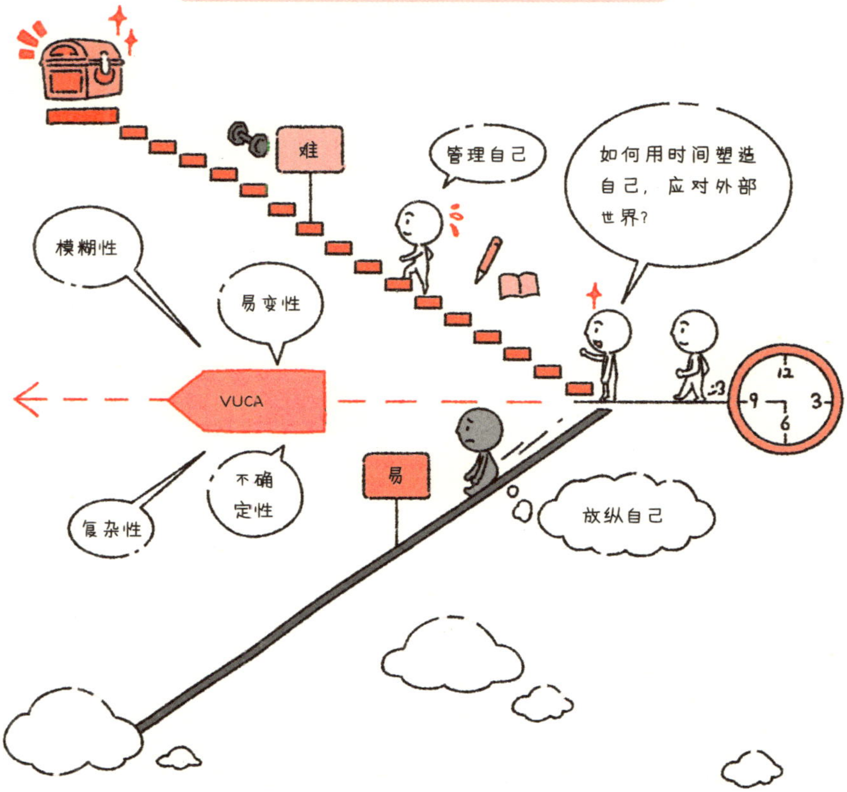

一个人对外部世界的态度决定了他的应对方式

不知你们有没有留意到一个奇怪的现象：学习成绩好的、循规蹈矩的三好学生们，其中很多人毕业后过得中规中矩；班里那个坏坏的、离经叛道的同学，毕业多

年后却混得风生水起。真相是这样吗？

我认为一个人是否成熟，在于他是否开始理解，这个世界不再是二维线性的，而是多维非线性的，并且学会应对。

以前我们认为，好好读书就可以考上好大学，然后就可以找到好工作，最后就能赚很多钱，过上美好生活。现在，我们才发现，原来社会更需要那些脑子活、有创意、敢打敢拼的新一代年轻人，温室里的花朵虽然长得好，但生命力却差了一些。

最近几年，互联网、新媒体发展迅猛，当优秀的年轻人还在世界500强企业、公务员体系里混得不好不坏时，很多条件没那么好的年轻人正在用所有青春豪赌一场，赌赢了，年入百千万；赌输了，也似乎没有损失太多。

优秀的人容易受限于机会成本，总觉得自己什么机会都能沾上边，但是市场需要你孤注一掷、剑走偏锋的时候，很多人就认输了。优秀的人才更应该去做创造财富的事情，而不是去做分配财富的事情。

没有人是完美的，但是如果有人鼓起勇气认识这个世界的全貌，善意地接受外部挑战，用自己的方式努力，让这个世界变得更好，这样的人应该过得更好，难道不应该吗？

心理学家维克多·弗兰克尔曾在“二战”期间被关进集中营，在里面度过了3年时间。这段时间里，他的父母、妻子都惨遭杀害，亲属中只有一个妹妹幸存下来。在集中营的惨痛经验，反而让他发展出积极乐观的人生哲学。他提出，无论外部环境如何，人的意志是自由的。世界再糟糕，我们对待生活永远拥有选择的权利。

杀不死我的，必使我更坚强。

我们对待生活永远拥有选择的权力

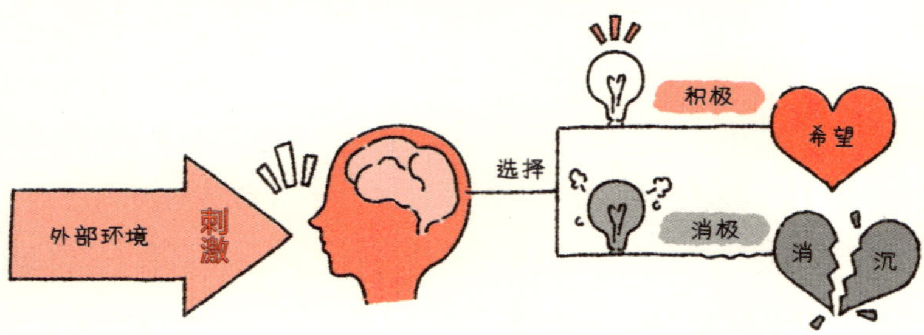

1.2 

你和人生赢家的差距，跟钱没关系

人与人的真实差距不在于财富、地位、智力、体力，而在于认知决定的持续行动之间的差异。

这几年互联网创业很火，我比较幸运，在身边的朋友看来，属于创业还算小有成绩的。在有次聚会上，一位朋友说，某件事情的红利期已经过了，其实他早就想到了，可惜当时没钱，否则今天创业成功的就是他了。

我认为创业只有做成和没做成两种结果，做是关键，只有做了才知道成败，创业可不是靠嘴说出来的。

话说回来，你认为这位朋友离创业成功差的只是钱吗？

我想起了以前看过的一篇报道：2008年的时候，在绍兴打工的25岁湖南小伙陈某买了两注福利彩票，中奖1000万元，奖金纳完税后，他将其中300万元用于投资生意（房地产、空调销售、采砂场都因经验不足而投资失败），还将120万元用于在老家买房买车，100万元用于跟老婆离婚，剩余的钱用于吃喝嫖赌，一场赌博至少搭进去几十万元。不到4年时间，陈某不仅将奖金挥霍干净，反而还欠了银行19万元，他被警方抓住的时候身上仅有80元。

也许有人说他笨，为什么不存起来云云。其实，当你不具备管理这么大一笔财富的能力时，天来横财可能会毁了你，当时你是不自知的，正如当事人陈某说，他好像做了一场很长很长的噩梦，终于要结束了。

我认为，一个人做成一件事情靠的不是运气，而是一种累积的效应，“冰冻三尺非一日之寒”。有的钱就得你挣，有的事就得你做，因为你在做这件事情之前，已经在相关领域积累了大量经验，只需要掌握新的工具，就很容易做起来。

为什么微博大V转到微信公众号平台依然是大V？为什么现在出名的自媒体人越来越多是科班出身？这些例子都在告诉我们，当你在某个领域深耕足够久，你

去做相关领域的事情时成功率会高很多，因为这种累积起来的能力能够从一个领域轻松迁移到相似领域。所以，多多去积累吧，实践是检验真理的唯一标准。

有没有一种可能，一个人在很年轻的时候，迅速积累了比别人更多的经验，就能提升自己的竞争力？就能过得更好一些？我认为搭建稳定的认知体系非常重要。

如果将我们的人生比作牌局的话，提升认知能力相当于提升牌技，在我们不能改变手上拥有的牌的情况下，提升牌技成了唯一出路。

斯坦诺维奇的《超越智商》里提出了认知升级的“三重心智加工模型”：自主心智、算法心智、反省心智。这个模型将人的大脑比作一台计算机，通过信息输入、信息处理，最终输出结果来工作，大脑的思考过程就是信息的处理过程。

三重心智加工模型——成为赢家的理论支撑

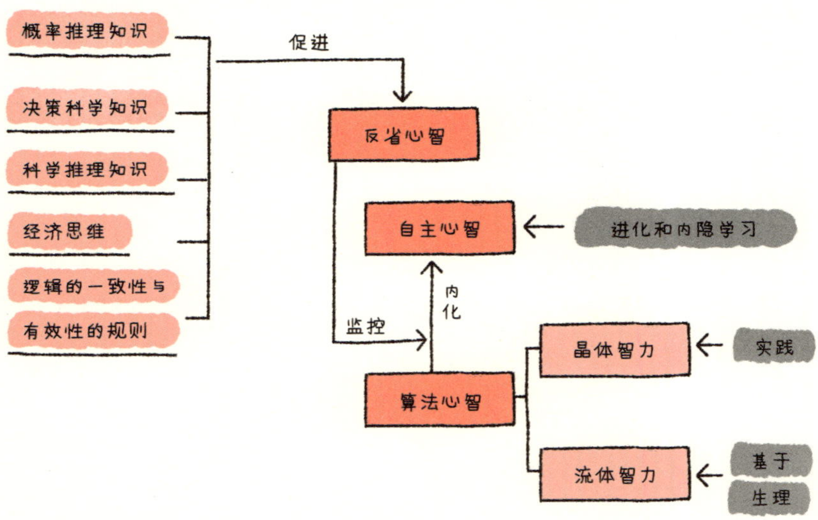

自主心智

自主心智通过进化和内隐学习习得，包括进化而来的本能反应、情感化反应，以及后天习得的自动化反应与条件化反应等。例如，大部分人站在悬崖边上会害怕，大部分人天生就喜欢吃甜的，讨厌吃苦的……这些都是进化习得的行为。简言之，自主心智就是一种肌肉记忆，只要我们面对相关情景，肌肉本身就会自动反应，不需要消耗任何认知资源，我们完全是在无意识地操作全过程。

我在本书中特别推荐以时间管理技能作为基础技能，延伸培养各种优秀习惯，最后实现行动体质的更换，让一个人脱胎换骨。要提升自控能力，一开始需要有人监督，用App辅助，做记录复盘。当你坚持多年后，你会慢慢体验时间在流动的感觉，在和他人合作的时候，别人问你多久能完成某件事，你能很快得到精准的答案，并且让自己按照计划去完成。各种优秀习惯的培养和优质信息源的摄入，在其他人眼中是压力，可对你而言则像呼吸一样，趋于本能，不消耗精力。

算法心智

算法心智属于传统智力研究的领域，分为晶体智力和流体智力两种，对应的知识分别是陈述性知识和程序性知识。

晶体智力是指在实践中以习得的经验为基础的认知能力。我们从课本上学习知识就属于晶体智力的范畴。

流体智力是与基本心理过程有关的能力，是一种以生理为基础的认知能力，如知觉、记忆、运算速度、推理能力等。例如，人年纪大了之后记忆力没有年轻时好，就是流体智力的范畴。

我们学习新事物时，调用的就是算法心智，这需要我们把全部的认知资源都集中于此，包括注意力、意志力、理解力等。学习的本质就是通过算法心智，经过多次刻意练习，最终内化为自主心智，达到能够随时自由提取的状态。

反省心智

反省心智是对心智过程进行监控，帮助执行决策与判断的心智加工过程，就好像是放在我们身后的一部摄像机，时时刻刻对我们的行为进行监控，判断算法心智做出的决策是否合理、是否有遗漏或存在偏差。

反省心智是传统智力研究忽略的地方，也是聪明人有时候做“蠢事”的根本原因，因为聪明人虽然算法心智快，但是不反思就无法知道算出来的结果是否符合事实、是否正确。

两次的创业经验让我认识了很多人，其中不乏高学历高智商的“聪明人”。他们往往会把闲置资金用于投资理财，买股票、基金还有各种理财产品。如果做一个大数据分析，分析学历、智商不同的人的投资成功率，得出来的结论可能会让人大

跌眼镜。我是一个基本不懂投资理财的人，因为我觉得没有任何产品或平台比投资自己更加划算。2018年，投资的坑实在太多了，P2P公司爆仓了，可能一夜之间就跑路；虚拟币不被法律所认同，其价值可能瞬间全无；至于传统的股票基金的投资，不要说跑赢通货膨胀，不亏损就已经很难得。当整个大盘市场都在下跌的时候，你不做任何的操作，反而是最后的赢家。人很容易陷入路径依赖，例如过去5年我通过买股票赚了钱，可能是因为天时地利人和，现在我再用同样的方法，可能带来的是巨大的亏损，因为大环境的前提已经改变，路径依赖却没有摆脱。所以，我们是非常需要反省心智来帮忙的。

了解哪些知识可以提高反省心智呢？主要包括以下5类知识：

1. 概率推理知识：如明白概率计算的影响因素；

2. 决策科学知识：如明白决策偏好；

3. 科学推理知识：如明白自变量、因变量与控制变量，能区分相关与因果的不同；

4. 逻辑的一致性与有效性的规则：如明白证伪、证据的不同层级、个人经验等作为证据的不足性；

5. 经济思维：如明白什么是机会成本、沉没成本，什么是指数增长。

自主心智、算法心智、反省心智彼此互相联系、互相补充。学习就是一个把算法心智内化成自主心智的过程，全过程由反省心智监控。了解这个概念后，就有了可操作性强且科学普适的自我提升方式，距离你成为一个厉害的人也就更进一步！

1.3 拒绝瞎努力，让你迅速脱颖而出的3个秘密

创业的几年时间里，我认识了很多厉害的人，总结下来，他们有3个共同特点：情感能量充沛、系统思考周全、持续行动给力。

假设我们是一座漂浮在海洋上的冰山，海面下是看不见的进步，露出海面的部分则是大家看得到的成绩。大家都喜欢看得见的部分，而人与人之间的差距还在于那些隐藏在海里看不见的部分。

情感能量

你可以用能量、元气、动力、渴望、勇气、韧性来形容情感能量，它和你的个人品质有关。情感能量的高低，决定了你做成这件事情的意愿有多强，你能克服多少困难，以及你能否培养好习惯。

我认识一个胖胖的女生，她曾经因为身材不好而失去了一份感情。前任嫌她胖，找各种理由分手："你什么都好，温柔体贴又可爱，可惜就是胖了一点，我喜欢有马甲线的姑娘。"

果然，没过多久，她前任跟一个身材苗条的女生在一起了，这对她简直是天大的打击。她暗地里发誓一定要把自己的身材打理好，让前任后悔。从此她坚持健身400多天，从140斤减到80多斤，马甲线清晰可见，追求者一下多了起来。

同样是健身，如果只是嘴里喊喊口号是没有效果的，但是恰恰是感情上的问题极大地激发了她的情感能量，最终促使她实现了深远而持久的改变。

大部分人没有将一个好的习惯培养起来，问题不是出在行动层面，而是没有保护好、利用好自己的情感能量。每个人的情感能量都是有限的，我们需要学会保护自己的情感能量，不要随便让别的事情来消耗自己的情感能量，同时还要学会增加情感能量的存储度上限，并且掌握如何将有限的情感能量投入到更有投入产出比的事情上。

系统思考

系统思考是为了找出实现目标的最佳路径。系统思考能力的高低，决定了你对事情的判断力和做事情的效率。当我们有了充分的情绪后，需要学会系统的思考来辅助我们的行动。

如何进行系统思考呢？这里分为4个步骤。

1. 找方法

找方法是系统思考的第一步，当你对各种方法有一个大概的了解后，后续步骤进行起来就方便多了。在这里，我们要找的方法指的是实现目标的各种路径。例如，你可以做主题阅读，去百度找文章，去图书馆借书，看教学视频，下载App，去“在行”约专业人士咨询，在“分答”提问相关问题，加入技能学习社群与同频伙伴共同成长……实现目标的方法数不胜数，“条条大路通罗马”。

同样以减肥为例，通过以上的方式，我们会发现，要想实现减肥的目标，我们可以去健身房请私教，在家里跟着运动App做健身练习，通过跑步减脂，抑或是改善饮食结构……方法很多，尽可能地头脑风暴起来吧。

要注意的一点是，找方法的阶段其实就是输入的阶段，此时你需要放下个人的主观想法，学会给自己的大脑清零，不要被成见所限制。

2. 分析方法

找到了各种实现目标的方法之后，我们要对它们进行分析，判断这些方法是否适合自己。也许在海量的方法中只有两个方法适合你，那你可以把它们的优缺点记录下来，各取其中的优点，融合成自己的一套体系，这是一个筛选信息源的阶段。

3. 怎么做

找到适合自己的方法后，接下来就要把它拆解成具体的实践步骤，将它变成下一步的行动。拆解的过程中，要思考这个行动我能不能坚持？需要付出的代价是什么？将方法具体化，才能使其落实到行动中。

还是减肥的例子，经过前面的找方法、分析方法之后，你确定利用跑步减肥是目前最适合你的方法。此时我们需要对它进行拆解，使其变成具体的行动计划。例如，我们知道跑步要在40分钟以上才可以更充分地燃烧脂肪，那我们就需要确定每天跑步的时长、时间段、在哪跑、穿什么装备跑，如果遇到坏天气应该怎么做……

这都是在对方法进行具体拆解，告诉自己接下来到底要怎么做。

4. 求反馈

当你不断地实践，你会得到一些反馈，有积极的，也有消极的。这些反馈能给你的系统思考提供有价值的信息，帮助你在行动中不断调整方案，优化方法路径，从而形成一个不断迭代的系统思考闭环。及时有效的反馈有助于系统思考闭环的形成，从而避免我们做无用功。

持续行动

经过系统的思考之后，我们已经有了可落地的行动计划，此时按照计划去行动，往往会事半功倍。光靠行动就可以完成自我改变吗？不，你需要的行动是持续行动。“三天打鱼两天晒网”，永远没有办法成功。坚持做一件普通的事情，时间久了也就不普通了，这时的你，才是真正完成自我改变的你。

拿我们从头说到尾的减肥作为例子，你的跑步方案已经制订好了，但如果你仅仅跑了3天就放弃了，你永远只能是个胖子；而如果你能做到持续行动，在每天的跑步行动中不断发现问题，改正问题，坚持下去，1个月后，半年后，1年后，你会收获更有魅力的自己，完成令人惊艳的自我改变。

持续行动的成功案例屡见不鲜。时间管理专家战隼老师研究习惯培养12年，自己成功培养20多个习惯。他发起了“100天行动”挑战，旨在通过选择合适的目标并制订计划，每天按时完成简单动作，持续行动100天，从而养成固定习惯。他在过去几年内已经帮助十多万人完成“100天行动”挑战，并影响了更多人加入这个行动。

我有个朋友叫Scalers，他是清华大学计算机系研究生，也是游走在口译世界的IT从业者，他从2014年开始践行“1000天写作计划”，至今已经完成目标。他最初的文章以英语学习为主，后面切入口译学习训练，之后涉及求职、计算机技术、成长、持续行动及一些观点和概念的辨析。经过1000天的持续写作练习，他由一个写不出长文、写文拖沓、耗费时间久、表达能力差的人，转变为篇篇3千多字、每日一更、半小时内即可完成1000字文稿，且篇篇思路清晰、干货满满的写作者。3年下来，他累计创作的文稿已经有100多万字，其中不乏10万多阅读量的爆款，现已出版第一本书《刻意学习》。

由此可见，持续行动带来的好处显而易见。

系统思考之后，你会获得比较系统的方法，踏上一条更容易实现目标的路径。此时行动，你需要关注以下几个概念。

1.什么时候该坚持，什么时候该放弃

有一些习惯，长期坚持的收益比较大，如跑步、健身、读书。有一些习惯是阶段性的，坚持不一定就是好的。很多人喜欢用背单词软件备考四六级，这对考试的确有用，利用它可以养成背单词的习惯。但当你拿到四六级证书或大学毕业后，如果还继续用背单词软件学习英语，就没有什么意义，不如把这个时间拿来看英语新闻、阅读英文原著。一旦通过考试，应试英语的那一套方法就要果断放弃。

2.分阶段自我鼓励

如果你想坚持一个好习惯100天，可以在10天、20天、30天、50天时，分别给自己一个小奖励，物质或精神奖励都可以，它们可以让你更好地坚持下去。

3.不要太在乎试错成本

我们去尝试一个新事物的时候，有可能会成功，也可能无法坚持下来。你明明知道坚持下来会有很好的效果，但是偏偏就是做不到，或者说你明明觉得这个事情是对的，但做的时候发现是错的，此时你不可避免地会担心自己付出的努力都白费了，反而不敢继续迈出前进的步伐。

但无论如何，我们在培养好习惯、想要达到某个目标时，不要太在意自己是对是错，重要的是去做并且得到反馈。请不要在一开始就追求完美，因为没有天生完美的人，但是如果你不能从不完美踏出第一步，你就很难真正向完美靠拢。

4.学会制订计划

我们要学会制订计划来控制行动，这个计划可能是1小时、1天、1周、1个月、1季度、1年、一辈子。自我改变不是你今天看了1本书就改变了，那也太过容易了些。你可以给自己制订一些长远的计划，并按照这个计划不断行动，这样，你的改变就完全在你的掌控范围之内，你也能更快地实现自己的目标。

知道了自我改变的底层逻辑，你是准备像以前一样，嘴上喊喊口号、行动上寥寥草草地“改变自己”，还是准备开始尝试理性思考，持续行动，从而“改变自己”呢？一切的选择权，都在你手里。

深远持久的改变

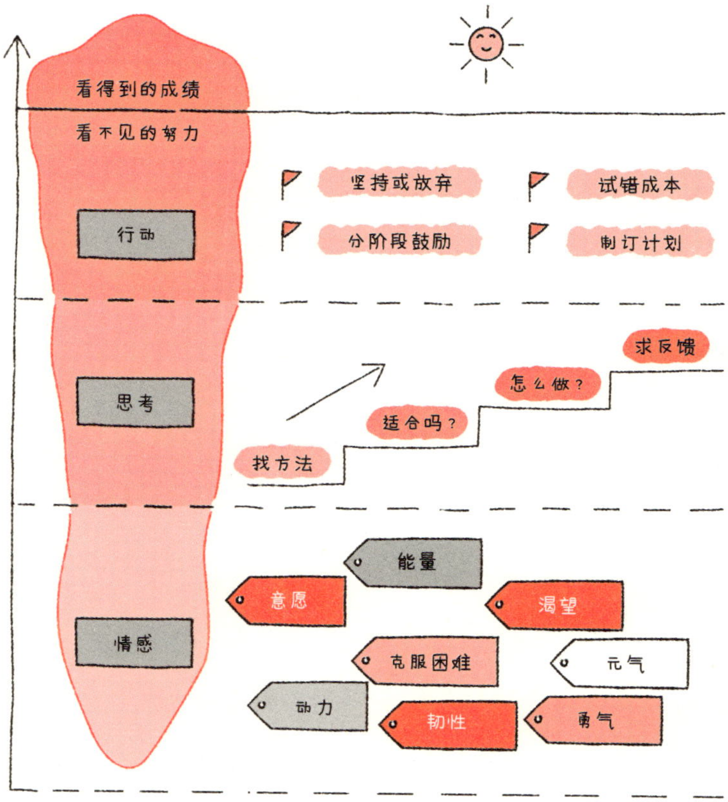
看得到的成绩
看不见的努力
行动
坚持或放弃
试错成本
分阶段鼓励
制订计划
思考
求反馈
怎么做？
适合吗？
找方法
情感
能量
意愿
渴望
克服困难
元气
动力
韧性
勇气

1.4 

分心是魔鬼，专注是恩赐

当我们专心致志地做一件事时，我们会处于一种奇妙的状态，我们感觉自己极度专注而愉快，这就是“心流”的感觉。你可以简单地把心流理解为大脑的高潮。积极心理学家米哈里·契克森米哈赖在大量案例研究的基础上，开创性地提出了“心流”的概念。处于心流状态时，无论你是阅读、跑步，还是学习，你会沉浸其中，听不见周围人的喊话，几个小时往往在不知不觉中就过去了，效率还会特别高。如果你要成为更好的自己，时间的质量是非常重要的，如果你能在做重要的事情上开启心流的准备，意味着同样的1个小时，你的状态会更好。

很多人发邮件问我如何培养一个习惯，或者如何学好一项技能？我都会问他们一个问题：你是不是发自内心地喜欢这件事情？因为这个问题的答案是影响我们最终能否坚持下来的最重要因素。

当我们从零开始习得任何一件事物时，难度本身并不是最大的拦路虎，将我们置于门外的是我们无法在这件事情上找到乐趣，乐趣是进入心流状态的前提。

你真正喜欢的任务才会让你进入心流状态

对你来讲，如果一个任务很无聊，它是没有办法帮助你进入心流状态的。但是请注意，无聊是一个形容词，是一个主观的词，没有任何一件事情在客观上是无聊的，因此我们判断一件事情是否无聊，其实与自己的主观意识有关。可能对于很多人而言，每天做同样的事情会很无聊，就以蛋糕店的烘焙师为例，如果只是每天做同样一款蛋糕，他可能会觉得很无聊。但是如果他在做蛋糕的过程中每天都能有新的发现，今天发现原来是我烤箱温度不够高，导致它的口感不大好，明天他调整一下，后天他又发现烤箱加热的时间是有一些小技巧的，日积月累，他很有可能会烤出别人烤不出的美味蛋糕。带着爱心或带着兴趣去做一件事，与盲目地、机械地做

一件事，收获的结果很可能完全不一样。

任务要有挑战性

如果你做一件事情时感到非常困难，完全没有办法实现，那么对于你而言，你会觉得没有意思，没有意思就进入不了心流的状态。相反，一项任务如果太简单也不能让你进入心流状态。举个例子，如果你跑步的最终目标是跑完一次马拉松，假如教练让你第一天跑20公里，你可能会觉得太难了，没有办法去完成；如果教练只叫你跑100米，跑完就回家，你会觉得太简单。这两种情况都不利于培养心流状态，系统备战马拉松的人，往往都是从自己认为适合的强度开始，慢慢地去挑战更多的跑步里程，慢慢地去挑战自己的极限，直到最后顺利地完成马拉松。

回想一下，你上次的心流体验发生在什么时候？你会经常处于心流状态吗？

也许是阅读时，也许是运动时，也许是烹饪时……如果你成功想到了，恭喜你，你是一个幸福的人，因为你拥有了这些你既能做得好，又能让你幸福的事情。如果你已经很难想起上次心流的体验，我能给你一点启发，让你逐渐拥有心流状态。

我们能不能一直处于心流状态呢？不能，但是我们能主动创造心流。我在阅读的时候比较容易进入心流状态，在那个时候，我感觉自己与作者是在进行灵魂层面的交流，完全沉浸在了书的世界里。但是，这种体验稍纵即逝，每天两个小时的阅读中，心流时间的占比屈指可数。

我们不得不承认，人的精力是有限的，心流状态带给我们的巅峰体验对精力的消耗是巨大的，但是我们可以通过学习对精力的分配，来系统实现心流状态。我们应该怎么做呢？

让你进入心流状态的触发器

德勤领先创新中心的联合主席约翰·哈格尔三世说道："公司高管报告，当他们处于心流状态时，效率会提高5倍。"那么，我们有没有什么方法来打开心流的开关呢？心流基因组计划告诉我们，原来心流真的有触发器，一起来看个究竟吧！

环境触发器

心流的环境触发器是指能够驱使人们沉浸到更深层次的心流当中的环境品质。

1. 敢于冒风险

当我们极其专注时，心流会伴随而来。当我们敢于冒风险时，我们的专注力就会自动被调用。只有当我们承受了某种程度的风险，无论是智力的、情感的、创造性的、社会性的，我们才更容易进入心流的状态。

很多成功的企业家在事业上源源不断的动力竟然是来自年少时，他们冒着被身边的朋友、家人、同学不理解和小看的风险，一直坚持下来，也让我更好地了解了“没有被人当过傻瓜的人生是不圆满的”这句话。

2. 丰富的环境

丰富的环境包括了新异性、不可预测性和复杂性3个元素。如果你一直待在同一个环境中，你会发现自己很难达到心流状态。比较好的方法是，尽量去获取更多新的体验机会，无论是工作还是旅游，我们可以通过这些机会认识新的人，从而创造出新的可能性，这些可能性会让事情足够复杂，帮助你更容易进入心流状态。

3. 深层体验

很多人不明白为什么自己能记住，还要记笔记。可是“好记性不如烂笔头”，如果从探索心流的角度来看，记笔记就是为了获取深层体验。边学边实践是最容易得到深层体验的方式，当我们学习一门学科时，比较好的方式：理论学习+实践+分享。

▶ 心理触发器

心流概念提出者米哈里·契克森米哈赖早在20世纪70年代就找到了触发心流最关键的3个因素。

1. 明确的目标

如何定义一个明确的目标，并不是看你的目标多宏大，而是看你的目标能否分解成最小可执行的任务单元，每个任务单元都有对应的目标。

如果你要写一本书，你每天晚上坐在电脑前面跟自己讲，我要写一本书，这样肯定会完蛋。比较好的做法就是，今天我就写一篇文章吧，压力一下子小多了，你才愿意坐下来写，才会有心流的产生。

2. 即时反馈

我们做一件事情，即时反馈是十分重要的，反馈周期越长，你的事情越难办成。吴伯凡老师讲精益创业的内容时说，做产品时，产品迭代就好比一个口吃的

人跟别人聊天，因为口吃，别人听不懂，然后就会问它什么意思，一来一回，如此循环。

因为你听不清楚他在讲什么，你问他，他停下来重复了，然后你就清楚了，这就是即时反馈的力量。

3. 挑战/技能比

调查发现，任务的难度与我们的能力存在着某种特殊的关系：

如果难度太大，我们就会焦虑；

如果难度太小，我们就会厌烦。

心流一般出现于厌烦和焦虑之间的中间值附近，在心流通道上，任务的难度足以激发我们去努力克服挑战，同时又不会让我们产生畏难情绪。

社会触发器

有一种心流叫群体流，也就是集体版的心流。事实上，除了运动员外，在一个初创公司，群体流是十分常见的！因为初创公司每天都面临着不同的可能性，有利于产生心流。如果你的创业团队能创造出越多的心流，你们成功的机会可能就越大。

1. 亲密感

一个组织如果有了共同的语言与知识库，内部的交流也是建立在相互理解的基础上的。在面对新的见解时，大家总能达成共识，而不是进行无休止的解释。

2. 集体交融

当不同的人同时专注于一件事情的时候会产生一种集体交融，所有人都能参与进来，贡献力量。

3. 控制感

你有自主权，自由做你想做的事情，同时也有自我掌控权，做好你想做的事情。

当你主动选择了自己想要克服的挑战，更容易获得必要的技能。

4. 深度交谈

当你跟别人进行深度交谈时，有没有一种酣畅淋漓的感觉？你不需要思考下句话怎么接、问题怎么回答，口上说的，就是心里想的。

5. 做加法

互动的时候，你不需要去争谁赢谁输，而是努力完善对方的观点，为对方做加法。

创新总是产生于不断放大彼此的想法和行动的过程中。好比你跟你的异性朋友吃完烛光晚餐去散步，她说：“今晚的天空好美啊，很浪漫。”然后你很不识趣地说：“这么多乌云，一点儿都不美呀。”其实你这样做是亲手扼杀了一段你们之间的心流。

你可以换一种方式说：“对呀，今天晚上和你一起看天空真的好特别！”

触发你的心流

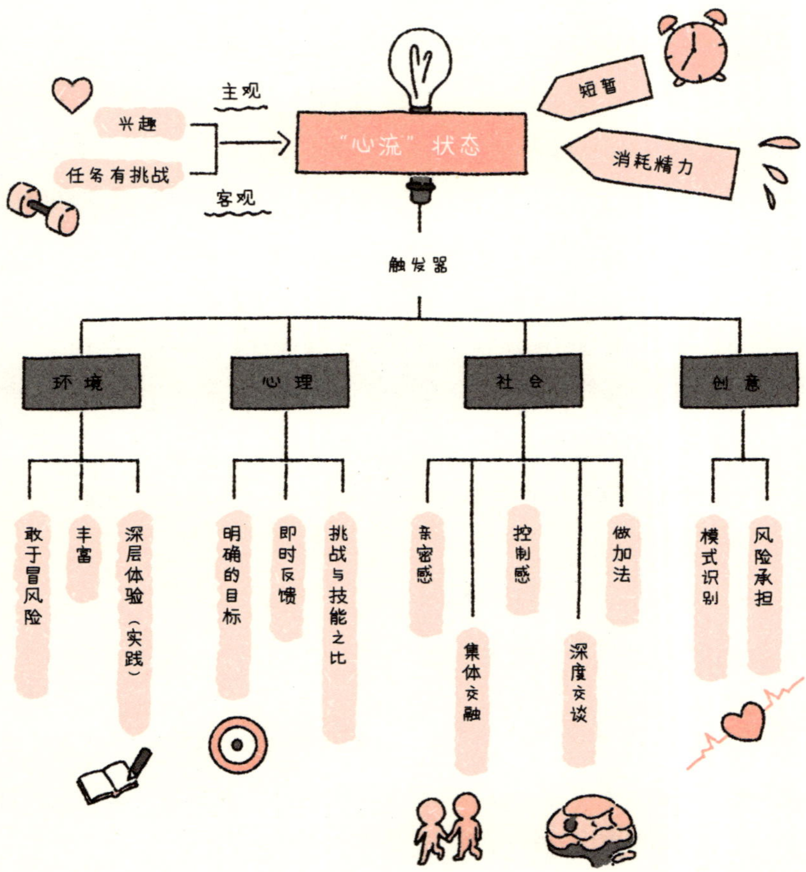

▶ 创意触发器

创造力的本质是模式识别和风险承担。模式识别是指大脑把所有新想法连接起来的能力。风险承担是指大脑把这些新想法呈现给这个世界的勇气。这两种体验都会产生巨大的神经化学反应，帮助我们进入心流状态。

1.5 

过于迷恋高效的方法，反而是你低效的根源

我在几年前开始接触番茄工作法时还是一名时间管理小白，接触到它之后，感觉发现了一个大宝藏。很长一段时间，我都是按照“25分钟专注+5分钟休息”的原则来执行，每天都在努力多啃几个“番茄”，晚上打卡的时候成就感真是满满的。但是，很多人却说番茄工作法不好用，或者说对自己没有效果，今天我就来谈一下自己对番茄工作法的一些理解。

番茄钟是有适用范围的，用错地方会弄巧成拙

番茄工作法由弗朗西斯科·西里洛创立，其中，一个番茄钟=25分钟专注+5分钟休息。进行每个番茄钟的时候，我都会非常焦虑，一旦走神或被电话、信息打断就担心时间又过去了多久，造成输出的效果很不好。很多用过番茄工作法的人应该也有跟我一样的经历。

在职场中，特别是对职场新人来说，他们的时间大部分都不是自己的，事情经常接踵而至，结果就导致他们很难有属于自己的整块时间，这样一来，使用番茄钟似乎是一种奢望。

其实，番茄钟只适用于一个人处于一个独立空间的情况。一旦出现干扰，比如有人找你聊天，或者肠胃不适必须要去趟厕所等，计划就很容易被打乱，打乱后人会焦虑或不爽，影响后面的计划也就不足为奇了。

我们的时间分为碎片时间和大块时间，每个番茄钟30分钟，表面看起来适合运用碎片时间，实际上恰恰相反，番茄钟是为大块时间准备的。

一个正常人切换状态是需要时间的，很多人很难做到上一秒还在哭，下一秒就笑得阳光灿烂。同样，我们也没有办法在刚刚结束一局精彩的游戏后立马投入考试的准备当中。要提高碎片时间的效率，需要学会“一心多用”。例如，我每天两个

小时的学习时间是从上下班的通勤、运动、中午吃饭、做家务甚至是洗漱的时候挤出来的。由于要“一心多用”，我一般会把听作为主要的学习方式，你可以听播客节目、付费专栏、TED演讲，或者学习音频课程。知识付费的崛起，跟碎片化学习的场景分不开，很多人会在上下班的路上或做家务的时候戴上耳机收听课程，生活学习两不误。

由于大块时间非常稀缺，一天下来我们大概只有2~3小时是精力充沛的独处时间，我们需要将这部分时间投入到对我们的未来更有价值的事情中，如备考CPA，为自己的简历添砖加瓦；学习一门语言，为升职做准备；精修一门技能，提升业余收入；写一本书和准备一节课等。要想在一个重要的考试或某个领域取得突破，可能需要投入100小时以上的高质量时间。番茄钟的作用是将100小时通过游戏化的方式变成200个番茄，做任务立马就从一项痛苦的马拉松式的准备，变成了“打200个怪”就能升级的简单模式。我们其余需要做的，只是确保每个番茄钟的质量。

番茄钟不应是机械的倒计时，要照顾精力的损耗

我们在规划任务时，番茄钟的单位不应是固定的时间，而应该按照精力来调节。例如，早上8~10点是大部分人专注力比较高的时候，如果你能坚持40分钟的专注时间，恢复10分钟，又可以继续保持专注的状态，那我们就按照这个节奏走。但是到了下午一两点、精神变差时，我们可能只能专注15分钟，然后需要15分钟的恢复，这时就不能勉强自己像上午一样专注40分钟。

这样看来，“25分钟专注+5分钟休息”的搭配显得有点儿死板。正如没有人愿意吃烂掉的番茄，当你精力匮乏的时候，我建议还是先休息一下吧。

我认为，番茄钟表明的其实是对待时间的态度，这种态度是以维持精力的平衡为基础的。如果你是一名时间管理的新手，严格按照“25分钟专注+5分钟休息”去执行，虽然效率不一定最高，但能最大概率地帮助你成功培养使用番茄钟的习惯，这是新手入门的好方法。当你理解了游戏里升级打怪的基本操作和逻辑后，接下来就是各个玩家大展拳脚的时候了，这个时候你大可以放开计时器，用心去感受自己的精力状态。精力状态好时，可以提高专注时间，一旦留意到精力有加速下降的趋势，就去休息；当你的精力或精神状态差时，可以停下手头的学习任务或工作，出去走走，洗个脸，打个盹儿，或者听一会儿音乐，等精力恢复后再继续。

慢慢地，通过实践一个又一个番茄钟，你会逐渐掌握快速切换状态的能力，我将这种能力称为“快进快出”。一个人如果长期处于压力的状态，可能会产生抑郁情绪或积累到一定程度爆发，我们需要宣泄的通道。快进快出鼓励我们：学习的时候沉浸进去，认真学习；工作的时候极度专注，不开小差；娱乐的时候不瞻前顾后，放心去玩。这样做会慢慢培养我们对自己的情绪、精力状态的管理能力。

我们大部分人都清楚地知道自己的钱包里有多少钱，但是很多人却不太清楚自己精力的真实状态。由于存在社会学中所说的自我认知偏差，我们总觉得自己比想象中厉害。因此，在设定计划时，明明只能做到6分，很多人在做之前都以为自己能做到9分，结果为了兑现承诺，弄得自己筋疲力尽。

我建议大家先把自己对过去的认识清零，把每天精力最好的时间（通常是早上8~10点）用在最重要的一件事情上，完成后再根据重要性往后挪，一件件执行。我们无法完成所有的任务，我们能保证自己做好对自己来说最重要的几件事就很好了。所以，要用好番茄工作法，就要懂得取舍，在自己精力最好的时候去做对自己

避免自我认知偏差，正确使用番茄钟

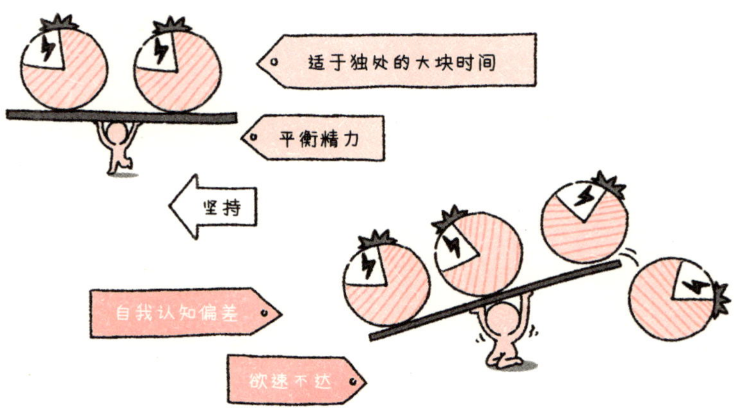

最重要的事情；在精力特别好的时候，就适当延长专注的时间。这样，我们才能让自己的单位时间价值最大化。

慢慢地，我们能学会估算自己每天大概有多少精力、能做几件事情，最终学会取舍，明确一天的产值。然后，我们再去践行周计划，月计划，季度计划，年计划，3年、5年、10年计划……我们与更好的自己差的可能只是若干个番茄钟而已。

我记得自己刚进大学的那一年，辅导员师姐来宿舍跟我们交流，问我们有什么理想。当时的我说希望在30岁前能有自己的品牌和公司，能影响到很多人。当时师姐惊呆了，说我是很有目标的人，这很难得，因为大部分人到毕业的时候还不知道自己想做什么，而我刚进大学就想清楚了。我是那种设定了一个目标，就会围绕目标倒推需要做什么，然后去做的人。我觉得一个人是可以有很强的适应能力和可塑性的，在年轻的时候，什么都不懂也没关系，立刻去学，当你学会了的时候你会发现，你依然很年轻。我特别感谢时间管理，感谢互联网带给我的一切，因为我在25岁那年创办了自己的公司，比原计划早了5年。同时，我对自己下一个10年提出了更高的目标，我也相信我会完成得更漂亮，给自己的人生交一份满意的成绩单。

大部分人都会高估自己一天能做的事，却低估了1年、3年、5年能带来的改变。

1.6 

别再为拖延找借口，不行动只因你不太想要

我每次做完时间管理的分享后，都会收集学员的疑问，我发现50%以上的问题都跟拖延有关。我们身边不乏这样的例子，某个女生想练出“马甲线”，就去家附近的健身房办了卡，最后只去了几次就放弃了这个计划，她把原因归咎于拖延。可心仪的男生约她出来吃饭或闺蜜想和她一起逛街轧马路时，她却每次都准时出现。领导安排做的工作规划迟迟不愿动手，但和好友约好出国自由行时，请假和攻略可能提前几个月就已经做好了。

我觉得这个世界上不存在对所有事情都拖延的人，一件事情你会拖，只是证明了它在你心中还不够紧急和重要。其实每个人心里都特别清楚自己想要什么，大部分人在代价面前，会选择把拖延拿来当挡箭牌。

拖延再正常不过了，不拖延才不正常

想象一下，如果这个地球上的每个人效率都极高，工作及时完成，下班后积极地自我提升，那这个世界会变成什么样？大概跟电影里面的机器人掌管的世界没有什么两样吧！人跟机器不一样的地方在于，人需要各种能量去支撑生存，努力只是生活中很小的一部分，我们还需要去思考，去找到生活和自己存在的意义。拖延，其实是大脑发出来的一种延迟信号，它想跟你再三确认，这件事情是不是值得你去做？如果不是，那就再等等吧。然后你会发现，大部分的事情，拖延之后并没有什么严重的后果。例如上面讲到的那位女生，虽然没有达成拥有马甲线的目标，但是跟心仪的男神吃了饭，跟闺蜜逛了街，她仍旧会很开心，对工作和生活会抱有更多希望，也就会更加努力。所以，在某件事上拖延未必是一件坏事。如果你有拖延的情况，千万不要觉得自己很邪恶、不够上进、不够努力。任何的改变都不是一朝一夕完成的，而是循序渐进地实现的。我们的目标不是要消灭拖延，而是学会与拖延

共处，找到生命的意义，将我们的时间留给重要的人和事。至于其他的事，拖延一下也无伤大雅。

从“我现在就想要”，到三年磨一剑

你想要最新的苹果手机吗？你想在公司升职加薪吗？你想拥有一份比本职收入更高的第二职业吗？你想拥有令人羡慕的身材吗？你想买一辆车、拥有自己的一套房吗？

你到任何一个分享会问以上这些问题，大家的回答都是“想要”。但其实更真实的答案是：“我现在就想要，得不到我可能就放弃了。”

这个世界，资源本来就很稀缺；今天的努力，带来的是明天的可能性，不是当下的结果。如果做很多事情都追求即时的回报，目光的短视会局限住我们，让我们错过长远的大蛋糕。谈恋爱也是一样的，如果你今天送了喜欢的人一份礼物，立刻就想让对方喜欢你，大部分人估计都会被吓跑。

有些人之所以拖延，原因之一是怕自己一旦付出了努力却得不到应有的回报，所以他们惧怕长线程的任务，更偏好有即时满足的任务。这样的拖延者大部分对生活愤愤不平，他们的不满可能有很多因素：公司福利不够好、上级给的压力太大、同事帮不上自己、一个人做几个人的事情……当你和他们共事的时候，他们总是显出一副很忙的样子，做事情前先找一堆理由，反正就是不想做，推进事情速度极慢，也不肯主动承担后果。他们不甘平庸又不肯持之以恒地行动，在自我矛盾中不能自拔。

其实我讲自我管理，是为了鼓励大家勇敢追求更美好的生活，否则打那么多“鸡血”却过得很苦，想着也是挺奇怪的。其中的关键在于延迟满足感。毁掉一个年轻人的最好的方式就是给他超越其能力该有的东西，然后再将它夺走。所以我并不鼓励年轻人进行超越自身能力的消费，尤其是奢侈品，它们就像潘多拉的魔盒一样，释放了人的物欲，可欲望一旦打开就很难收得住了。我们从成分上知道化妆品都差不多，但当你用惯了国际一线品牌后，就很难回到用便宜货的时候了。如果这时候自身的能力跟不上，为了保持生活水平，就不得不求助于父母或他人，这离独立和优秀又远了一步。延迟满足感指的是，我们在现有的环境中，努力给自己能力范围内好的选择，但我们知道努力之后会有更好的结果，能接受花较长的时间去实现这个结果。能延迟满足的

时间长度越长，这个人将来做的事情往往会给人越多的惊喜。所以，当你面对一件事产生拖延的想法时，你可能是不太想要它，而让你不太想要它的最大障碍很可能是你还没有培养起延迟满足的能力。当你具备了延迟满足的能力，哪怕追逐目标的时间很长，哪怕要面对很多困难，你也会变得更加有韧性，更加愿意忍受默默无闻与痛苦，因为你能看得到最后的大蛋糕。

找到你的底层驱动能量

每个人都有属于自己的驱动力，有的人的驱动力来自内在，有的人的驱动力来自物质。内驱的人在乎事情的意义，外驱的人在乎做好了有什么奖励。可能是因为害怕被社会淘汰，可能是因为身边有榜样受到了鼓舞，也可能是希望另一半能看到更好的自己，当你足够在乎的时候，身上的每个细胞都会变得异常敏感。假如你很胖，别人一提到跟胖有关的信息，你都觉得可能在说自己，这种难受会驱使你立马去做一些改变，比如晚上回到家后默默跑步3公里。如果你是一名管理者，你要清楚你的团队成员的驱动力在哪里，然后去鼓励他做得更好，他们一定会很感激。

自我管理的关键在于延迟满足感

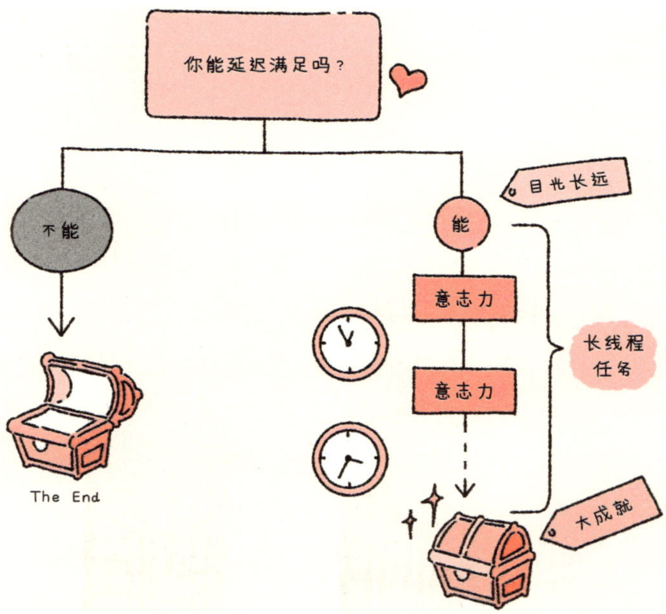

拖延比坚持还难受

万事开头难，但是一旦养成习惯，拖延比坚持还难受。如果你每天都坚持写一篇文章，从不间断，读者也喜欢看你写的东西，这个时候有人对你说给你100元，让你不要再写文章了，你会答应吗？由于你已经养成习惯了，而且你知道这个习惯带给你的价值远超100元，所以哪怕有人给你钱让你偷懒，你都会主动坚持下去，不坚持反而难受。实际的情况是，写好一篇文章给我们带来的价值远超100元，它很可能价值十万、百万。

所以，学会与拖延做朋友，把精力放在有价值的事情上，才不辜负我们这一生。

第2章

像巴菲特做投资一样管理时间

2.1 越忙越迷茫，这些事让你的努力贬值

你之所以管理不好时间，也许有以下3种原因。

第1种，不知道时间管理是什么。

第2种，听说过时间管理，但不知道怎么做。

第3种，知道了理论方法，但就是做不到。

如何针对这3种情况对症下药，做好时间管理呢？

第1种情况，不知道时间管理是什么

如果你对某个概念不了解，你首先要做的是通过各种方式搜集并进行学习。在这里，我推荐跟书学、跟人学、实践这3种方式。

▶ 跟书学

所谓跟书学，就是通过主题阅读的方式，对相关书籍和文章进行系统而深入的阅读与学习。

我在2012年第一次听说时间管理，那时国内知道时间管理的人不多，优质的培训比较稀缺，价格也不是我能承受的，因此我花了6个月左右的时间做了“时间管理”的主题阅读。

首先，我在网络上搜索跟时间管理有关的书籍，筛选出30多种书，一部分从图书馆借，借不到的直接买，花了几个月时间一一读完，并且做了读书笔记和实践感悟。

其次，我观察了一下国内的时间管理圈子，比较出名的有张永锡老师、易仁永澄老师及战隼老师，这些老师在时间管理方面有大量的干货文章，我几乎把这些文章看了个遍，以便摸透他们的时间管理理论，并提取出适合自己的方法进行实践、总结。

跟人学

除了读书籍、文章这种理论性很强的学习方式之外，跟人学也很重要。如果你不认识厉害的人物，不妨在生活中观察身边的两种人，从他们身上汲取更多的实践经验。

第一种人是职位跟自己差不多但表现最突出的同事。同样8小时工作时间，他的工作却做得比大多数人好，除去个人能力差异外，很重要的一个原因是：他比大多数人更懂得如何用好时间。

另一种人是你的老板。如果你不知道你想成为怎样的人，那么以你公司的老板作为对象往往不会错。如果你有更高的目标，那当然更好。

通过观察身边优秀人士的时间管理方式，相对于书籍、文章来说，对我们的实践更具有借鉴和指导意义。

实践

经过学习理论和观察他人的经验之后，我们可以尝试做一些简单的实践，以加深对时间管理概念的理解。

一方面，你可以对从书中、实际观察中发现的方法进行实践；另一方面，你可以尝试运用一些辅助工具帮助自己进行时间管理。我当时就在微软、安卓、苹果对应的操作系统中搜索时间管理软件，逐个试用，最后将所有的软件分为了6类，我将在后面向大家一一介绍。

通过以上3种方式，你可以建立起对于时间管理的系统认知，从而让你的时间管理之路走得更加顺畅。

第2种情况，听说过时间管理，但不知道怎么做

书很多，好像看过几本；文章很多，好像刷过几篇；名人很多，好像认识几个……当你真正实践的时候，却发现困难重重——为什么我照着书上的方法做，却达不到效果？为什么我学习身边优秀人士的方法，却总如隔靴搔痒？

其实，解决这些问题的关键在于打造属于自己的时间管理系统，找到自己的节奏，将这些时间管理的理论落地化。

我们可以通过“三步走”的方式轻松实现。

1. 分析自己的时间管理模型

你是朝九晚五的上班族，还是可以随心安排日程的自由职业者？你是以家庭为

重心的全职妈妈，还是无忧无虑的在校学生？你是落魄的新媒体人，还是燃烧自己的创业者？

不同的人生角色对应的时间管理模型是不同的，你需要观察的是跟你的角色、职业相似，同时又比你做得更好的人，而不要把关注点放在跟你完全不同的人身上，否则不仅没有可比性，还做了无用功。找到和自己类似的模型再去模仿，成长速度会比较快。

2. 根据模型找到适合自己的时间管理理论、方法和工具

每个人都在不断成长，没有一套方法理论是可以适用一辈子的，我们的时间管理模型也会随着年龄增大、角色改变而逐渐变化。因此，我们只需知道每个人生阶段所对应的时间管理模型是什么，然后找到对应的理论方法和工具进行实践，就能比较轻松地完成不同阶段的角色和时间管理模型的过渡。

3. 落地执行

找到适合自己的时间管理理论、方法和工具后，就执行起来并坚持下去吧。

3种情况，如何做好时间管理

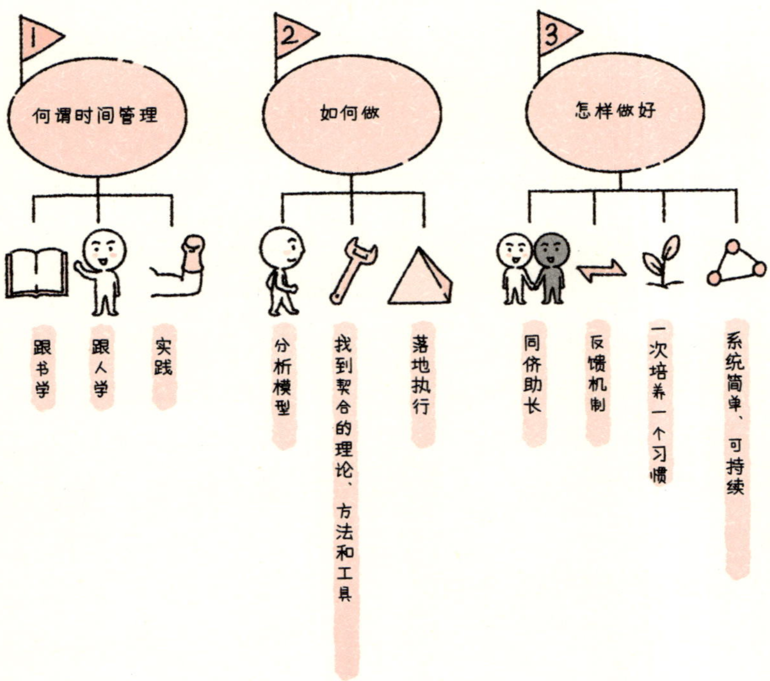

第3种情况，虽然知道理论方法，但就是做不到

你有没有在做事时总是“三天打鱼两天晒网”？

你有没有在培养某个习惯时因为见不到效果而轻易放弃？

你有没有尝试过拼命努力，回头却发现只有自己在孤军奋战，从而心灰意冷地退出？

此时的你不是不懂理论，你需要的是培养时间管理的习惯，学会打持久战。

在我的时间管理课程上有很多优秀的学员，他们非常主动、积极，一天花五六个小时做自我提升，又是健身，又是学英语、写作……什么都做，有的学员甚至每天给我发私信打卡。看着他们如此努力，我的内心却感到担忧。我很欣赏他们的上进，但问题在于，你把时间安排得这么满，看似勤奋，但能坚持多久呢？你能坚持10年吗？大部分人可能坚持一两个星期就放弃了，但一个好习惯如果不能坚持1年、5年、10年，它对你来讲又有多大价值呢？

采铜老师曾经提出收益半衰期的概念。半衰期是物理学中的概念，指的是放射性元素中半数原子核发生衰变所需要的时间。半衰期越短，衰变得越快，反之越慢。将这个概念迁移到衡量一件事情是否值得去做时，我们可以通过衡量做这件事情的收益大小，以及该收益的半衰期（即这项收益随时间衰减的速度快慢）长短，来决定这件事是否需要做、是否需要长期做。

众所周知，像健身、阅读、写作、跑步等，都是收益值低、收益半衰期比较长的事情，它们对我们的影响是潜移默化而又深远持久的。拿健身这件事来说，短期内是看不出明显效果的，但是如果你能将这一习惯坚持5年、10年，它带给你的健康身体不仅能帮你赚钱，同时也能帮你省下跑医院的冤枉钱。

我们都知道这些习惯好，但是坚持不下去，问题的根源在哪里？在于我们没有一个良好的时间管理习惯来帮助我们管理好自己、培养这些好习惯。

我的好朋友Scalers说过，持久比峰值重要。短时间内的刻意行动质量虽然高，但收益却远不如稳定的持续行动。那如何培养时间管理的习惯、打持久战呢？这里分为4个步骤。

1. 你的系统必须足够简单、可持续

如果你的时间管理方法很复杂，比如需要你每天花两三个小时去记录、收集、

反馈，这实在太浪费你的时间，同时也证明这套系统是失败的。为什么？它太复杂了，需要消耗的时间和精力太多，注定是坚持不了、不可持续的，谁有可能天天花两三个小时去做时间记录？

2. 一次培养一个习惯

这里讲的就是专注的力量。一次只培养一个习惯，可以让我们更聚焦，你消耗的每一份精力都是高质量的，同时也是最容易坚持的。

我们每个人的精力都是有限的，很多人往往会高估自己的精力，在培养习惯的时候多任务并行。例如，每天都想早起、冥想、跑步、读书、写作，如果你是这些方面的行家当然没问题，因为每件事情对你来讲难度并不是很大；但如果你是对这些领域一无所知的小白，每做一件事都会消耗你相当大的精力，那么多任务并行不仅让你得不到成就感，而且懈怠感丛生，又何谈坚持呢？

当然，并不是所有习惯的培养对你来说都很艰难，我们在做习惯养成时，在保证能很好地控制自己的时间和精力的前提下，除了保证一次只培养一个习惯之外，还可以采取大小习惯搭配的方式进行。我们可以根据消耗精力和意志力的多少，将习惯分为大习惯（消耗精力多的习惯）和小习惯（消耗精力小的习惯），在专注坚持一个大习惯的同时，搭配若干小习惯。

例如，健身对你来说是大习惯，而每天背10个单词、早上6点起床对你来说是小习惯，那你就可以将它们打包成习惯包，每天按时进行就行了。随着时间的不断推移，在你的坚持和努力下，对大习惯的感受也会由一开始的痛苦慢慢变为享受，大习惯最终变成了小习惯，此时你就可以去培养新的习惯了。

3. 建立自我成长的反馈机制

俗话说，没有记录就等于没有发生。自我成长、习惯养成同样需要记录。定期记录的目的在于通过量化的方式记录我们的成果和状态，并根据这些数据得到反馈。这个过程中有正面的反馈，也有负面的反馈，不断复盘观察，并且提出优化方案，才能更加精进。否则，我们是没有办法在原来的基础上进步的。

4. 利用同侪压力来坚持成长

在习惯养成的过程中，人的状态难免有高有低，有时遇到困难，对意志力的消耗也相当大，你会觉得孤军奋战、孤立无援。这个时候需要有一个人拉你一把，告诉你坚持下去，一起加油。

到哪里去找同侪呢？如果你喜欢健身，可以在健身房找到健身伙伴；如果你喜欢跑步，也许会在经常跑步的路线上找到跑友；如果你喜爱写作，可以选择加入一些写作的社群；如果你坚持早起，可以加入早起打卡小组，找到一同前行的伙伴。

跟志同道合的伙伴们在一起，你能看到别人的成长，也能得到大家的鼓励。坚持不下去的时候，有伙伴督促你；取得成绩的时候，有伙伴为你高兴；懈怠懒惰的时候，有伙伴的成就来刺激你……这就是抱团成长的好处，也是同侪压力起到的非常关键的作用。

读到这里，你知道自己管理不好时间的原因了吗？有行动思路了吗？赶紧行动起来吧！

2.2 年轻人交不起的是虚度光阴的学费

很多人对时间管理的认知存在许多误区，你对时间管理的认知是否也有误区和盲点？快来看看下面9个大坑，是不是你踩过的？

勿入时间管理的9个大坑

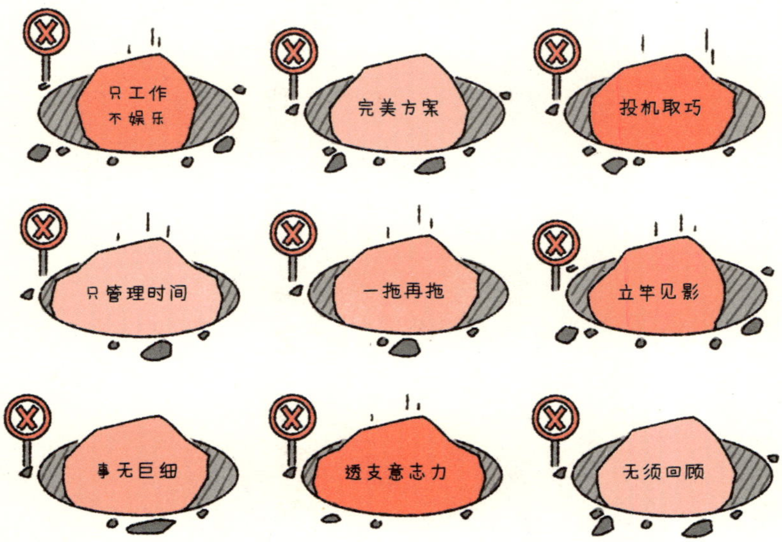

时间管理的9个误区

▶ 误区1　时间管理意味着我们要像机器人一样只工作不娱乐

在很多人的印象里，会时间管理的人就像机器人，在固定的时间做固定的事，不同时间段的衔接严丝合缝，好像永远不会累，也好像永远那么无趣。但时间管理并不要求大家像机器人一样只工作不娱乐，相反，它要求我们去培养一种快进快出

的能力。

快进快出指的是快速切换工作与放松的理想状态。

（1）工作时迅速进入状态，100%投入其中，高效完成公司安排的任务；和同事讨论工作的时候全神贯注，头脑风暴的时候灵感迸发，大家都觉得你的执行力超高。

（2）放松的时候完全抛开工作，远离工作压力。放松有多种方式，打游戏、看书、睡觉、聊天、旅游等皆可。

换句话说，快进快出就是让我们学会专时专用，工作的时候认真工作，放松的时候安心娱乐。不要在工作时想着怎么玩，也不要在放松的时候还挂念着工作，这样既能避免不必要的精力损耗，也能让我们更快进入状态。

有读者曾经问我："Kyle，你每天这么忙，有没有时间娱乐放松？"他不知道的是，我每个月都会去一个不同的城市品尝美食，我可以为了吃一顿火锅，从广州飞到重庆，顺便在那里过一下周末。今年，我随时可能出现在北京、深圳、上海、武汉甚至清迈、京都，可能是为了美食，为了美景，为了朋友……为了一切能让我放松的可能。我希望自己工作的时候是工作狂，放松的时候是会生活的人。

每个人都需要一个中断机制，要学会区分工作和生活，让紧绷的神经得到放松和舒缓。就像手机不可能永远都处在开机状态，人也如此。

误区2　一定要有完美方案才开始

总有人觉得，如果方案不完美，我做出来的事情自然也不完美，那为什么要开始呢？

实际上，完美主义是阻碍人类生产力的一大阻力。

我们会惊叹于一些天才的绝世之作，却忘记了他们也是从一无所有开始做起的。乔布斯设计的苹果手机现在好多人都在用，但请不要忘记，第一代的苹果手机仍有很多不足之处需要改进；达·芬奇的代表作《蒙娜丽莎》栩栩如生，但不要忘了，达·芬奇的绘画创作之路是从画鸡蛋开始的。你要求刚毕业的乔布斯直接设计出最新款的苹果手机，可能吗？你要求刚学会画画的达·芬奇画出蒙娜丽莎，可能吗？没有什么事情是一蹴而就的，也没有什么事情一开始就是完美的。

我们做时间管理也是一样，不能等到有完美的方案才开始。那我们应该怎么做

呢？答案是，培养一种设计思考的理念。

设计思考理念当中有一个概念叫作“最小化可行产品”（Minimum Viable Product，MVP），它指的是可以使用最少的资源、可以较快速地制作出来的、可执行基本功能的、能被用户使用的实验性产品。创业者应该尽快把最小化可行产品发布出去，然后根据用户的使用反馈来进行优化，并不断迭代更新，最终形成一个好的产品。

如何下手去找到这个最小化可行产品呢？这就要从你设计产品的目的出发。你设计某个产品，是为了达到什么目的？起到什么作用？我能不能先通过一些简单的方式来达到这个目的？

举个例子，如果我们要发明一辆汽车，第一步不是立刻去研制汽车本身，因为在缺乏相关知识的情况下，可能第一步就错了。我们需要做的是先去思考发明汽车的目的——为了载客到达遥远的目的地，满足出行需求。满足出行需求的不一定是汽车，自行车也可以做到，那么自行车就是我们的最小化可行产品。

根据自行车的使用体验反馈，我们可以进一步对它进行迭代升级，比如加上动力系统，它就成功地由人力驱动升级为机器驱动，成了一辆摩托车；在摩托车的基础上继续迭代，给它增加两个轮子，装上壳子，更换上更强大的发动机，它就升级为简单的汽车。在此基础上继续改进，比如加大车内空间、装上空调和导航系统……不知不觉中，我们就完成了由自行车到汽车的迭代，从0到1发明出了一辆实用性相当高的汽车。相比之下，刚开始就追求完美方案的人，可能还在原地踏步。

这就是最小化可行产品的魅力所在：以目标为导向，先满足基本需求，在过程中不断迭代、更新、蜕变，逐渐变得越来越完美。

学习时间管理也是如此，不要等到有完美方案才开始，否则只是一个幻想而已。我们要从目的出发，明确时间管理的目的是节省时间、用好时间，即使现在的方案不太完美，也要立刻开始，行动起来，你的行动与思考会帮助你从不完美蜕变到完美。

▶ 误区3　时间管理就是1小时顶3小时

很多人认为，时间管理达人都是非常高效的人，做事情的速度比别人快好几倍，但其实这种人不是时间管理达人，而是天才。对于普通人来说，时间管理并不

能让我们在1小时内做完3小时的事情，而是保证我们不把1小时可以完成的事情拖成3小时。

不知道大家有没有类似的经历：上学期间，平时不怎么学习，在期末考试前的最后3天连续干通宵，复习效果会非常好，1小时比平时3小时的效率还要高，最后的结果也比较完美，你顺利通过了考试，甚至取得了很好的成绩。这段经历也成了你日后向师弟、师妹侃侃而谈的自夸事迹。

其实这是一个非常负面的案例。一方面，“临时抱佛脚”的失败概率非常高，即使这一次运气好能通过考试，但同样的策略使用10次，还能10次都通过考试吗？这种方式的风险是相当大的；另一方面，高效的时间管理不应只看某个小时的效率，而要把目光放长远些。如果连续干通宵应付考试，却导致大脑在之后的一两个星期都处于混沌状态，则是顾此失彼，最终只会得不偿失。

大学时我也有过一段熬夜的时光，那时很年轻，身强体壮，第二天补一觉就能满血复活。但是现在工作了几年之后，特别是创业之后，感觉精力明显不如大学时期，现在熬夜需要很久才能恢复过来。

所以，时间管理并不是用1小时去做3小时的事情，那叫投机取巧。我们需要看长远的发展，学会劳逸结合，把每个小时要做的事情做好，合理安排时间，用持续的低强度行动来获得长久的益处。每天努力2~3小时，把时间拉长来看，坚持一两年，你绝对能把很多事情做得非常漂亮，取得很大的进步。

误区4　时间管理只管理时间

时间管理做得好不好，考核标准有两个。

1. 你花了多少时间。
2. 你做成了多少事。

如果花了时间却没有出结果，说明时间管理做得不到位。例如，甲乙两位同学去图书馆看书，同学甲去了两个小时，专注地看了100页；同学乙去了4小时，但他一会儿刷刷朋友圈，一会儿听听歌，一会儿到书架区瞎晃，一会儿打打瞌睡，4小时下来只读了10页。假设他们的理解能力相同，并且看的是同一本书，以一个量化的结果来看，同学甲两小时吸收的信息是同学乙4小时吸收的信息量的10倍。

用时少，收获反而多，这意味着时间管理不只是管理时间，还要管理精力。精力管理好了，你的效率自然就提高了。

人的精力在一天当中不同的时间段是不同的。精力的高峰值往往出现在你起床后的2~4小时，如果你在6点起床，那么你在8~10点的效率往往最高，一般早上受到的干扰最少，所以这是你的“黄金时间”。我们中午大约1点午睡，在3~5点，我们的大脑再次迎来精力峰值，虽然没有早上效率那么高，但也足够胜任大部分工作和学习了。

如果不懂得好好分配精力，将会出现在白天精力旺盛时浪费大量时间，夜间疲乏时却开始挑灯夜战的困境。这看似勤奋的举动，其实是在弥补自己在白天挖下的坑。

学会时间管理，把精力充沛时的大块时间用来做重要的事情，在精力匮乏的时候进行休息、娱乐、放松，这样可以轻松有效地提高时间的利用率，让你成为别人眼中的高效能人士。

▶ 误区5　等有时间再做时间管理

很多人知道时间管理重要，但却总是在说：“我现在没有时间，忙完这段时间，有空了再去学。”

时间管理的关键在于两点：其一，节省时间；其二，把时间用好。

很多人口中的“没有时间去做时间管理”其实是一个伪命题。“磨刀不误砍柴工”，如果因为“没有时间”而迟迟没能开始学习时间管理，只是因为决心还不够。

举个例子，如果我们花10小时阅读一本时间管理的入门书，或者学习一套时间管理的入门级课程并投入实践，通过这些知识给自己每天省出1小时用于自我提升，1年下来，就可以节省365小时，3年下来，就是1000多小时。利用这些时间做自我提升，1年的时间就可以与别人形成明显差距，坚持3年、5年，你早已把其他人远远甩在后面了。

我们投入的可能是10小时，将来的回报却是100倍、1000倍，甚至更多，这就是复利效应。这么优质的一款投资型产品，你还要等等再投资吗？现在，马上，立即开始吧！

▶ 误区6　很短时间就能看到效果

尽管我们很想取得进步，但坦诚地说，前期大部分的投入都是无法立即看到效果的。要想看到明显的改变，需要同时具备情感能量、系统思考和持续行动，并且

需要长期的持续投入。

大部分人在没有看到明显的变化时，误以为这些投入没有效果，于是选择了放弃。坚持是一场长期战役，单打独斗往往容易失败，如果能和同伴协同前进，在需要的时候互相鼓励、互相帮助，就更可能坚持下来。除此之外，我们需要将投入系统化、简单化，让习惯变得更容易坚持，并且给自己一定的试错时间。

以学习时间管理为例，我在学习时间管理时不断试错，走过不少弯路，花了3~6个月的时间，才打磨出一套时间管理系统的雏形。在这之后，我也在不断试错，不断调整完善，如今这套时间管理系统已经相当成熟，我已经从中受益很多。

再好的方法停留在纸上也只是方法，它需要你去落实、去践行。与此同时，在应用这套方法时，要结合自己的实际情况加以调整，并且给自己一定的试错时间。试错期可能是1~3个月，也可能是半年，而一旦等你培养起了这一习惯，它的收益会是巨大的！

▶ 误区7　所有的东西都要记录下来

《奇特的一生》中的主人公柳比歇夫花了几十年的时间，记录下每天所做的事情。柳比歇夫拥有高度的自律性，所以可以做到翔实记录每天做每一件事所花费的时间，但这对于绝大多数人来讲是不现实的，所以我并不建议像他一样记录下所有的事。如果我们为了做时间管理，每天花几个小时记录时间开销，那就本末倒置了。

我们只需要记录有价值、有产出的时间，如读书、学英语等这些对自我提升有帮助的事情所花费的时间，而打游戏、看电视这类休闲娱乐的时间则不需要记录。

举个例子，如果每天学1小时英语，一年将累计365小时；每天阅读1.5小时，一年将累计500多小时。通过这样记录每天有价值和产出的时间，积累一年，你会发现你学习了300多小时的英语，阅读了50~100本书，这些数据让你的投入和产出量化了，你能清晰地看到你的进步和提升。相比之下，打游戏、看电视对我们的提升并没有很明显的价值，所以就没有记录的必要。

▶ 误区8　意志力可以解决所有问题

很多人认为，我们之所以无法成为更好的自己，是因为惰性太强，意志力不够。而事实上，意志力并不能解决所有的问题，或者说，意志力能解决的问题其实很少。

意志力由我们大脑中一块很小的肌肉控制，这一块肌肉和我们身上的其他肌肉一样。笑的时候，脸上的肌肉会动，但如果被要求笑一整天，就会觉得很痛苦。肌肉的疲惫是无法通过意志力来解决的，所有的肌肉都会疲惫，意志力肌肉也不例外。

那我们该怎么办？

聪明人懂得善用自己的意志力。既然人的意志力是有限的，我们就要把意志力用在刀刃上，把意志力放在重要的事情上，杜绝意志力的浪费。例如，你最近想养成健身的习惯，这是一件很消耗意志力的事情，但如果你为明天早上上班穿什么这种小事而花精力去烦恼，你用来坚持健身的意志力就被提前消耗了，你哪还有精力去完成更重要的事情呢？

同时，我们要学会巧妙分配精力，一次培养一个习惯，防止透支。

每个人的初始意志力相差不大，但使用意志力的方式不同会慢慢拉开人与人之间的差距。因此，我们需要有规划、有技巧地使用意志力，不过度透支，从长远出发，一次培养一个习惯，维护良性的意志力生态，让意志力发挥出它最大的作用。

▶ 误区 9　做就对了，不需要回顾

很多人坚信行动的力量，认为只要去做就会有结果：我不需要回顾，持续行动就好了。但是，只有行动没有回顾，只会走得越来越慢、越来越艰难。

回顾说白了就是一种升级迭代的意识，就像前面提到的最小化可行产品，如果没有升级迭代的意识，最小化可行产品永远是最初级、最基础、最差的那一个，它永远没有机会成为人人追捧的完美产品。所以，每个人都需要培养升级迭代意识。

不妨把自己想象成一个App，比如微信；假设你现在处于功能有限的微信1.0版本，你身边的人跟你的日常交流相当于在使用你这个微信App，他们会给出很多反馈，如界面不美观、通话音质不好、无法及时接收信息等。他们是你的重要客户源，要想服务好他们，就需要结合反馈对应用进行升级。

当你推出2.0版本后，用户在使用过程中又会产生新的需求，你需要结合反馈不断升级以满足客户需求。如果在运行过程中能够不断回顾，不断升级，很快就会超越原来的版本。把自己当作一款产品来打磨，不断回顾、迭代、升级，你才能成为那款人人追捧的明星级产品。

2.3 做自己一辈子的投资人，时间是唯一的筹码

每个人都希望自己能早日实现财务自由，总在不停地学习如何投资理财，但是你是否想过，你的时间其实也是一笔有限而宝贵的财富。善用时间，也许会加速你的财务自由进程。这一节，我将带领大家用投资的眼光看待时间、管理时间，为财务自由的实现打好地基。

我们的时间和财富都极其有限

假设我们有80~100年的寿命，看似可以活很久，但换个角度看，其实我们只有30000天左右的生命。

一般情况下，我们20岁开始工作，60岁退休，如果你年薪10万元的话，40年的时间一共能赚400万元。在这个过程中，即使工资提升，在通货膨胀的影响下，涨幅也几乎可以忽略不计。大部分人一辈子创造的财富，甚至还不够买一线城市的一套房。

但是偏偏有人可以，他们在同样的时间长度里，活出了几倍于普通人的生命宽度，创造出了更大的价值。他们事业成功，生活如意，家庭和睦，早就解决了钱的问题，更重要的是，他们很自由。

这些人有一个共同的特质：能从投资的角度来看待自己的时间和金钱。他们有让自己更值钱的能力。

你的人生值多少钱，你说了算

我们经常用财富的多少来衡量人生的价值。每个人都希望成为有钱人，投资是让我们的财富增值的最好方式之一。

很多人在有余钱的时候会进行投资。小白只会用余额宝、财付通、银行理财，

用投资的眼光对待时间

行家们却会尝试投资基金、股票、保险、债券、信托、贵金属、古董、珠宝、房产等。

我们通常会用投资风险和投资回报率作为是否投资的判断标准，选择那些在风险可控情况下投资回报率最高的项目进行投资。

在投资过程中，一个不可忽视的要素就是时间。10年前的100元远比现在的100元“值钱”，如果我们挣了钱却不做投资，我们的钱其实在高速贬值。你20岁时挣到人生的第一个100万元，和40岁时赚到的100万元，性质能一样吗？

越早选择开始，你就拥有越多的可能性。想要更早地实现财务自由吗？想要拥有更高的人生价值吗？选择的权力就在你手里，你说了算。

如何选择投资回报率更高的人生

现在，你已经是自己的终生投资顾问了，你要毕生思考的是，如何将有限的时间花在那些更值得投资的事情上，从而获得更高的投资回报率。你的投资水平高低直接决定了你这辈子的富有程度。

如何衡量所谓“更值得投资的事情”呢？人生中的每件事情，根据其性质的不同，可以分为重要紧急、重要不紧急、不重要紧急、不重要不紧急4种类型。

1. 重要紧急型

重要紧急型的事件指的是需要立刻处理、不能拖延，否则后果不堪设想的事件。

如果你下个星期就要考试，这场考试没通过你就无法毕业，但你现在还毫无准备，这就是重要紧急型的事件。其实很多人在上学期间经常让自己处于这种状态，最常做的事情就是在考试前一晚“临时抱佛脚”，通宵突击，侥幸通过了就得意扬扬，但更多时候却为自己的不重视而付出惨痛的代价。对重要紧急型的事件，我们一定要立刻去处理，不能拖延，要尽量减少自己处于这种状态的概率。

我建议大家花20%左右的时间处理重要紧急型事件，并尽量减少让自己处于这种状态的概率。我不希望大家经常因为自己安排不妥当导致自己在事业上、生活上、学习上受到比较大的影响或损失。

2. 重要不紧急型

重要不紧急型的事件指的是非常重要，但还有一定的时间让你去做的事情。重要不紧急型事件经过拖延，就会变成重要紧急型事件。

然而，既然所有的紧急都是由不紧急拖延成紧急的，为什么我们不好好提前准备呢？

我们总对自己讲，有空多看一点书、多去学习技能、多去运动、多结识一些朋友……这些事情很重要。但每当要做这些事情的时候，心里却又总是有个声音说“没关系，还有时间”，以此作为拖延、不去做的借口。大多数人只有在要找工作了、身体出毛病了、遇到困难没朋友帮忙了，才开始懊悔当初为何不行动。

所以，对于重要不紧急型事件，我建议大家一定要好好提前准备，因为这些重要不紧急的事件可以在较长的时间内给我们带来巨大利益。因此，我们需要学会做计划，并且将计划落实到个人的行动中去。

我建议大家花70%的时间处理重要不紧急型事件。

3. 不重要紧急型

不重要紧急型事件指的是无关紧要、大部分人都可以做的事情。既然大部分人都可以做到，那就不一定由你来做。

如果你是管理者，考虑别人是否有空后，可以尝试安排给别人做，这是一个锻炼新人的机会，也可以帮助你积累管理经验。

但如果你是职场新人，请不要跟老板说时间管理。对于职场新人来说，你在公司的时间是老板付钱买来的，如何安排应该由他决定，所以新人要先把执行力提高，而不是拒绝行动。否则当你想升职加薪的时候，老板会认为你是个不服从安排的人，因此你碰壁的可能性会很高。

当然，对于一些职责之外的不重要紧急型事件，你可以根据自己的情况适当进行选择。如果手上事情很多、处理不过来，要学会适当拒绝，告诉对方你已经安排了自己职责范围内的工作，相信对方不会为难你的。

职场里的你跟老板的利益是绑定的，你的竞争者是和你同样岗位的同事，而老板都喜欢执行力强的新人。你的时间管理能力，可以在下班后和升职后尽情体现。

对于不重要紧急型事件，我建议只花10%的时间在上面。

4. 不重要不紧急型

不重要不紧急型事件其实就是鸡肋事件。它跟公司无关，跟你无关，跟别人有关。

举个例子，你在跟进的项目还有几天就结束，正是最后攻关的时候，你的一个不怎么熟的朋友让你陪她逛街。陪她，你的项目可能会受影响；不陪她，你会过意不去。那到底陪不陪？

其实每个人都有自己的生活，即使没有你，她也能找到第二个陪她的人。对于她来说，是不是你去陪不重要，重要的是有人陪她。但是你正在攻关的项目如果缺少你的参与，你也许就会失去一次加薪或晋升的机会。孰轻孰重，想必一目了然。

如果你对自己要做的事情不坚定，轻易被别人所动摇，你的付出永远是廉价的，你在别人眼里永远不会重要。你愿意把自己的时间花在这种不重要不紧急的事件上吗？

对于不重要不紧急型的事件，我不会花任何时间在上面，你呢？

要学会分析事情的种类，把时间投资在更值得的事情上，让你每做一件事所得到的收益和回报最大化。久而久之，你的生命宽度和厚度一定会逐渐增加，你就会成为更值钱的人。

投资回报比更高的时间管理方式

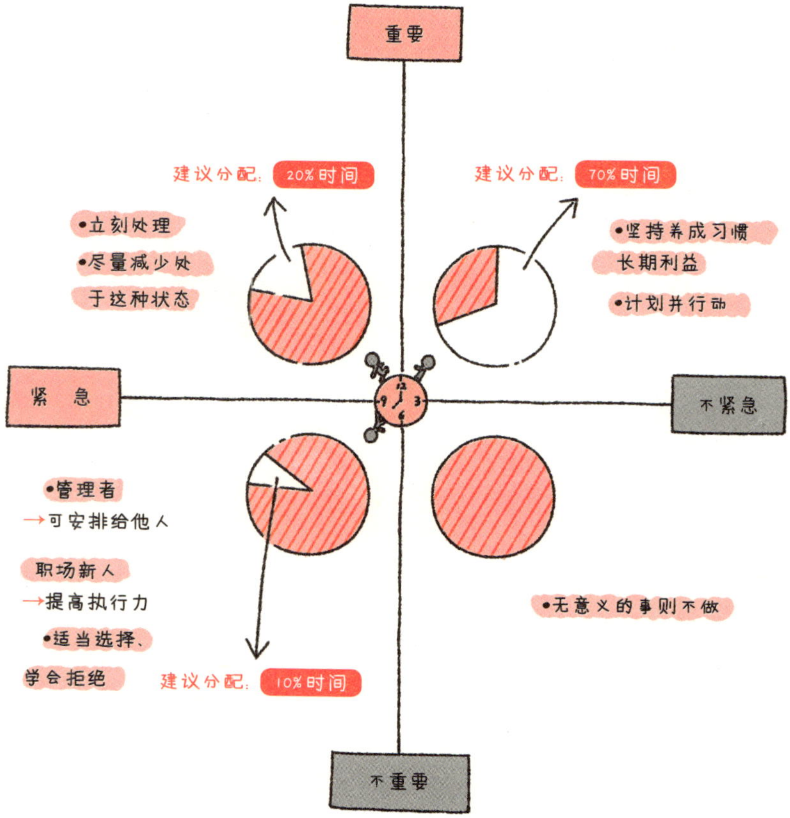

Tips

学会分析事情
→合理投资时间
→收益和回报最大化

2.4 

赢得人生掌控权，导演好属于你的青春剧场

所有人都可以管理好时间吗？不是。

对于大多数人而言，时间管理简单分为两大部分。

1. 工作中的时间管理

当你在职场当中还是一个执行者，特别是处于基层时，在你工作的时间段内，你首先要做的是提高执行力。执行能力的展现可以让你得到更多的机会，比如负责某个项目，或者升职成为管理者。此时，在项目的统筹规划到具体实践中，抑或是在管理他人的过程中，你才可以更好地运用你的时间管理技巧。

2. 工作之外的时间管理

工作中的8个小时看的是执行力，也就是你做成了多少件事情。在机会有限、能力相差不大的情况下，我们想要弯道超车，唯一的机会在于下班后时间的管理和利用。这个道理很多人都明白，但是只有很少人能做到。

一个人能否做好时间管理，主要取决于主观和客观的因素。

当我们有时间、很自由，但是自己却利用不好时间时，说明问题出在主观因素上；当我们由于出身、职业、年龄、性别、生活习惯等难以变更的因素，使得我们在工作中、工作外无法管理好时间时，说明问题出在客观因素上。

因此，一个人能否管理好时间，要从主客观因素来分析。这里涉及方方面面的因素，我们举几个客观因素的例子。

性别因素：女性做好时间管理的难度远大于男性

男性和女性因为性别的不同，所受到的限制也不相同。男性从20岁大学毕业到60岁退休，有40年的黄金时期可以为自己的事业而奋斗。二十岁出头刚进入社会的时候正是打拼的年龄，大多数男性的家人也不会限制他们的发展地域。虽然会

经历结婚、生子等人生重要阶段，但这些对男性职业生涯的影响并不是特别大，他们中的不少人甚至在成家之后更能沉淀下来专心做事业。

相对来讲，女性的限制则要多许多。例如，二十岁出头刚进入社会的女性，也许会因为家庭的压力而放弃去离家太远的地方发展；很多女性由于社会与家庭的压力，会在事业的黄金发展期选择结婚；女性结婚后会面临生育问题，一年左右的生育期可能会直接导致她们职业生涯的断层，等再次返回职场，许多机会往往早已离去。

由此可见，女性由于种种限制，做好时间管理的难度确实比男性要高。

但这意味着女性就比男性差吗？不是这样的。反观一些好公司的女高管，她们很多方面比同层级的男性领导者优秀很多。只要能做好生活和工作中的时间管理，依然能避开客观因素对自身发展的限制。

当我们面临结婚和生育，其实有不少保持甚至提高竞争力的做法。我认识的一个姐姐是很好的例子，她婚后为了有时间陪自己的宝宝，放弃了四大会计事务所的工作，在家写书，顺便经营公众号，现在已经有几十万读者喜欢她的文字。一年时间里，她已经成立了自己的工作室，所得收入早已超出原来的工资。对于她而言，工作只是自己的选择，而不是养活自己的必选项。

身份因素：大学生最适合开始时间管理

这个世界上有多少个人，就可以有多少个时间管理的模型。

不同的时间管理模型意味着不同的时间开销方式，在不同的群体中，大学生可能是最适合做时间管理的人群了。

大学是大部分学生第一次享受到“自由”感觉的地方，你可以选择自己想修的科目，你可以尝试做“学霸”，可以参加学生活动，可以做生意……你有各种各样的选择权。

在大学里，你有四年时间可以自由支配，学费可以通过兼职来挣得，生活压力比较小，试错成本很低，人才聚合度也比较高。很多厉害的人10年后、20年后做成事情，往往是从大学就开始的。

职业因素：自由职业，是天使也是魔鬼

很多人将自由职业者和自由混为一谈。自由职业者并不自由，只是拥有支配时

间的权利而已。没有公司会给自由职业者发工资，自由职业者本身就是公司。

为了养活自己，有的自由职业者每天只需要花2小时，有的却要花12小时。

想在有限的时间里创造更多的价值，这是每个自由职业者需要思考的问题。一个人的力量太小，一个团队的负担太大，很多人“自由”了几年后，又重新回归职场，觉得这样更落地一些；也有人一旦“自由”过，就再也不愿意受到束缚。

除了自由职业者有支配时间的权利，其他职业就没有选择的余地了吗？其实不是的。如果你是朝九晚五的上班族，你可以把握好下班后的时间；如果你是司机，你是不是也可以对等人的间隙进行利用和规划？

当然，除了刚才举例提到的性别、身份、职业等原因之外，像住宿条件、餐饮习惯等，都会或多或少影响我们进行时间管理的状态和效率。所以，时间管理不一定是人人都能做好的事，而是一门需要具体问题具体分析的技能。并不是所有人都可以管理好时间，但是每个人都有管理好自己时间的选择权。你会如何选择呢？

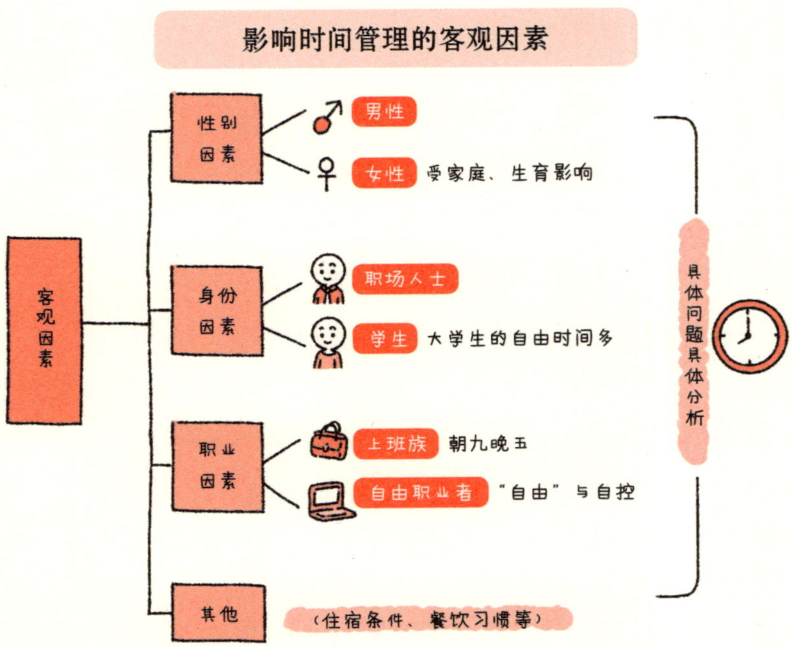

2.5 

破译幸福密码，让你的生命拥有无限可能

时间管理的时间是除去工作、睡眠等固定时间开销之外的时间，虽然一天有24小时，真正可自由支配的时间有多少呢？

▶ 问题1　你每天工作多少小时

以朝九晚五的职场人士为例，虽然有工作性质和工作强度的差异，总体而言，不考虑加班的情况下，我们每天要在工作上花费8小时。

▶ 问题2　你每天睡多少小时

你也许听说过一些特别的案例，有的人每天只睡4小时，第二天仍然精力充沛；有的人每天必须要睡够10小时，第二天才能恢复精力。

上述两个问题的答案，无所谓好坏，时间管理并不是比谁睡得少。一般而言，大部分人每天的平均睡眠是8小时左右。关于睡眠时间，我们无须刻意模仿他人，只需结合自身的特点，找到适合自己的最佳作息即可。

▶ 问题3　除去工作、睡眠，你还剩下多少小时

工作8小时，睡眠8小时，你的一天还剩多少时间？8小时吗？

除去吃饭、洗澡、通勤等固定时间呢？再除去心情失落时郁闷发呆想偷懒，心情大好时外出逛街聚餐看电影，还剩多少时间？

相信你也意识到了，虽然一天有24小时，可真正用于自我提升的时间是极其有限的。

时间是属于你的，不同的选择会形成不同的时间模型，通向不同的路。我们每个人都想成为更好的自己，但我们常常忽略一个事实：自我提升是在我们每天的可支配时间里完成的。

龙应台说："奔忙使作家无法写作，使音乐家无法谱曲，使画家无法作画，使

学者无法著书，奔忙使思想家变成名嘴，使名嘴变成娱乐家，使娱乐家变成聒噪小丑。”

忙碌让我们没有时间学习，如何优化每天的衣食住行，拥有更多时间来自我提升？

让我们从了解不同的时间管理理论入手吧。我把不同的时间管理理论看作不同的牌，境遇不同、年龄不同、人生目标不同的人可以根据自己的实际情况和具体需求来抽一张适合自己的牌。

第一种牌：效率

第一种牌代表效率，追求单位时间内有更多产出。

相信很多人都听说过番茄工作法。如果看到有人在朋友圈、微博上说今天吃了多少个番茄，意思就是他今天努力了多少个番茄钟。

番茄钟要求我们投入100%的精力专注于正在做的事。使用番茄工作法时，最好把手机调成飞行模式，以免受外界干扰。

一个番茄钟的默认时长是25分钟。选择一个待完成的任务，在这25分钟内，集中精力专注于这个任务，中途不允许做任何无关的事，25分钟结束后休息5分钟，然后进入下一个番茄钟，收获4个“番茄”后，可以休息15~30分钟。

番茄钟下的25分钟往往会比平常的25分钟更有产出。

第二种牌：效能

第二种牌代表效能，更关注做正确的事情。

如果说第一种牌代表的是快，那么第二种牌代表的是快、狠、准。两者有何区别呢？

例如，我们每天上班，到公司后首先会列一个待办清单。假如待办清单上列了8件事情，这时候就要根据SMART①原则对待办事项进行审核，衡量一下这8件事是否值得去做，尽量避免一开始就在错误的方向上努力。

① SMART：分别指Specific（目标必须是具体的）、Measurable（目标必须是可以衡量的）、Attainable（目标必须是可以达到的）、Relevant（目标必须和其他目标具有相关性）、Time-based（目标必须具有明确的截止期限）。

如果方向错了，效率再高也是徒劳。我们都希望自己做的事情是正确的，注重效能不仅可以帮助我们做得更快，还能帮助我们做得更准！

第三种牌：激发潜能

第三种牌代表激发我们的潜能，它能带动我们去思考什么目标对我们长期来说更有益。

前两种牌是从1天、2天的时间点出发，第三种牌则是从一段时间的时间线出发，从一个更高维度来看什么样的目标对我们长期来说更有益。

有些事情做了之后会立刻见效，而有的事情短期内很难看到效果，比如阅读习惯的养成，但如果能长期坚持，最后的结果会让我们终身受益。

第三种牌可以帮助我们发现蕴含长期价值的目标，这些目标虽然在短期内无法实现，但我们可以设置一个3~5年的期限，然后对这个目标进行拆解，对应到具体的年计划、月计划、周计划、日计划。这样一来，原本遥不可及的目标，就在我们每一天的推动下一步步变成现实了。

第四种牌：平衡

第四种牌代表工作和生活的平衡，它展现了大部分人追求岁月静好、现世安稳的一种生活状态。

很久之前，我也有这样的想法，并且在第一份工作时已经实现了。当时我在一家外企当管理培训生，每天下午5点准时下班。下班之后，我先去食堂吃饭，饭后散步回宿舍换上运动服，然后去打球或跑步。运动完之后，我会回宿舍休息半小时，然后开始学习。看书1小时，学英语1小时，写作1小时，之后还能匀出1小时左右的时间谈恋爱，当时的我的确实现了工作和生活的平衡。

这样的生活持续了近两年时间，直到我发现自己一点点陷入了舒适区，意识到自己开始跟外界脱节。为了避免自己失去竞争力，我选择了辞职，加入了一家互联网公司。

第五种牌：分享生活，共同进步

第五种牌代表的是分享生活，共同进步。

前四种牌的主体是个人，强调每个个体经过不断努力成为时间管理达人。但这种单个人的努力，容易让我们忽略身边的人。

学习时间管理的最终目的是为了掌控我们的人生，家人朋友是我们生命中很重要的一部分，我们要学会让他们参与到我们的时间管理当中，把他们列入我们的未来规划当中。

解读时间管理的5张牌

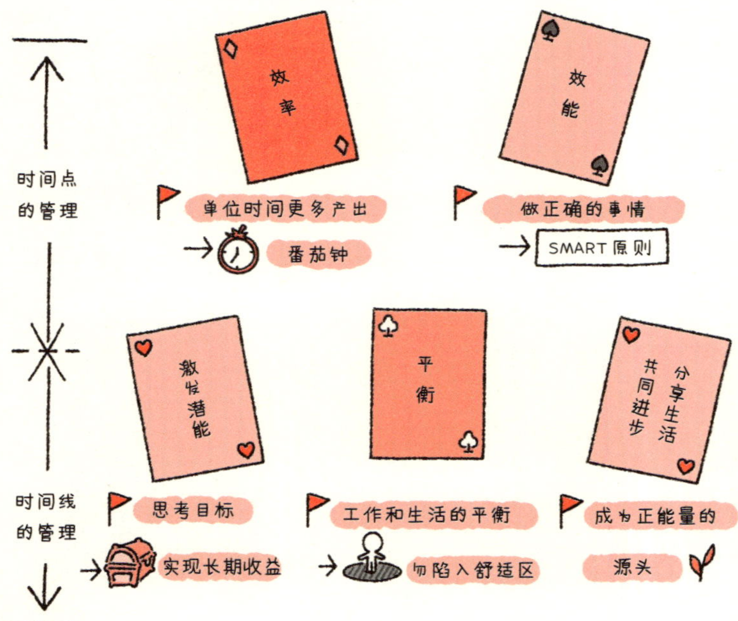

Q 24小时－工作时间－睡眠时间

≈你还剩下多少可管理的时间？

第3章

你的人生价值多少，由行动说了算

3.1 

请远离老是把“我没时间”挂在嘴边的朋友

有人说焦虑是“90后”的通病，他们在同学聚会互相寒暄时会顺便问一句：“最近在忙些什么？”很多人都会回答最近很忙，有点焦虑。但当问他具体在忙些什么时，他却说不出所以然来。

其实，大部分人的“忙碌”只是一种错觉，他们以为自己没有时间，实际上却浪费了大量时间。日常生活中，有很多时间是可以从饮食起居中节省出来的。以下的例子未必适用于每一个人，你可以选择适合自己的部分去实践，希望对你有所启发。

衣

有报道称，Facebook的CEO扎克伯格每天都穿“同一件衣服”。其实，并非扎克伯格不换衣服，而是他经常穿同一款式的衣服，他的衣柜里都是清一色的灰T恤。不止扎克伯格，奥巴马也总是穿灰色或蓝色的西装，系一条蓝色领带。

这些人为什么一直穿同一款衣服呢？是没有时尚品位，还是为了打造个人风格？都不是。答案很简单——他们不想做选择。

有关意志力的研究称，我们每天的意志力是有限的，我们所做的每一件事都会消耗意志力。每一个决定都会减少我们的意志力“血槽”；每一个决定都会让我们少一丝创造力、控制力和专注力。

奥巴马在《名利场》杂志的采访中提到：“我试着精简我的决定。我不想在吃什么或穿什么这些事情上做决定，因为我要做的决定实在太多了！”扎克伯格在一次采访中也表达了类似的想法：“我想通过清空我的生活来让我在除了如何更好地服务社会这件事情以外的任何事情上都做尽可能少的决策。”

决策疲劳每天都在影响我们的生活，无意义的决策会让我们的表现大打折扣。奥巴马、扎克伯格的做法确实行之有效。我们无须刻意模仿，把衣服都换成清一色

的灰T恤，但这至少给了我们一个启发：早晨是大部分人精力最旺盛的时候，我们完全可以把这段宝贵的时间花在最重要的事情上。

不在选择衣服上花过多时间不代表不注重形象。例如，我们可以请时尚顾问帮我们搭配几套能提高职场颜值的套装，从周一到周五按照固定搭配循环来穿。时尚顾问的专业指导，可以大大改善我们的穿衣品位，效果会比我们自己搭配好很多。或者，我们在买衣服时考虑好搭配，多买几套，每晚睡觉前，把第二天要穿的衣服整理好，第二天穿上就可以出门。仅此一个小小的改变，就能帮我们节省大量选择衣服的时间。

食

俗话说："人是铁，饭是钢，一顿不吃饿得慌。"一日三餐是每天的一个重要环节。

总体而言，中国人平均每天花费在做饭上的时间为1~2小时，这段时间对年轻人来说是很奢侈的。

从时间管理的角度来看，如果能把做饭外包出去，每天就能多出一个多小时的自由支配时间。外包的形式很多，如吃食堂、叫外卖、家人帮忙做、和室友合作轮流做，有条件的还可以请阿姨来做饭。如果家离公司不远，建议尽量回家吃，毕竟家人做的比较健康。

住

你是否每天精疲力竭地奔波在上下班路上，以至于花费在通勤路上的时间成为了你的心病？

1000元租住在离公司较远的郊区，2000元租住在离公司较近的市区，你会选哪个？

考虑到房租相差1倍，很多人可能会选择住在郊区。但如果加上花在交通上的时间和金钱成本，住在郊区的成本未必比市区低。

事实上，很多事业上成功的人都会选择住在公司附近。我有一个朋友，她把自己买的房子出租，在公司附近租了房。某个周末公司出现紧急问题需要立即解决，由于事发突然，其他员工都在家休假，只有她离公司最近，领导就给她打了电话。

她第一时间赶到了公司，把问题圆满解决了。由于响应及时，处理得当，给领导留下了深刻的印象，之后获得的发展机会也越来越多。

一个人租房和与别人合租，你会选哪个？有的人会选择合租来减轻一部分房租负担，但从时间管理层面上来讲，合租会大大减少可自由支配的时间。

回想一下上学时住的集体宿舍，舍友之间要互相照顾对方的作息时间，打电话、练口语、听英语电台等都会受到一定程度的干扰和限制。一个人住虽然要付出较高的房租，但时间非常自由，如果你想做好时间管理，拥有独处空间十分必要。

行

一天早上，当小林气喘吁吁赶到公司时，已经散会了，他错过了报告展示的机会。他对经理说："不好意思，今天我提前出了门，没想到还是因为堵车来迟了。"小林握着精心准备的报告资料，心里很不是滋味。

公司最近在推新项目，同一批进来的员工都在争取负责新项目的机会，小林也不例外。为了能提出完善的方案，成为项目主负责人，他请教了很多前辈，连续几天熬夜完善策划书，想在做会议报告时脱颖而出，没想到却因为堵车错过了会议。

小林住的地方离公司不算远，坐公交1元到公司，坐地铁3元到公司，他平常都会准点坐早8点的公交车去上班，偶尔堵车也不会耽误很久。但昨天早上，竟然堵了一个多小时。

上班路上，会有很多不可控的因素发生。选择稳定便捷的交通工具十分重要，像小林一样为了节省2元钱而错过报告展示的机会，得不偿失。

除了上班，外出旅行时我们也要选择交通工具。你可以选择坐12小时的火车去目的地，也可以选择高铁或飞机。就我而言，我一般会选择飞机，虽然飞机的价格可能是火车的两倍，但路上只需2小时，节省下来的10小时完全可以用来看两本书，或者尽情放松，享受旅行。

睡眠

时间管理的一个重要部分是管理好精力，而睡眠时长、睡眠质量直接决定了一个人的精力状态。睡饱之后精力充沛地去工作，反而比天天熬夜效率更高。对于普通人而言，最好每天保持8小时的睡眠，但如果睡眠质量不高，这8小时反而是一

种“浪费”。那么，如何充分利用好睡眠时间，保持最佳的精神状态呢？

保证睡眠质量

如果你睡了八九个小时，第二天还是昏昏沉沉，这时候很可能需要提高睡眠质量。

很多人习惯在睡前看剧、看小说，或者在睡前剧烈运动。看剧、看小说会让我们精神亢奋，剧烈运动会增加我们体内的温度，这些都不利于我们进入睡眠状态。

睡觉前，应尽量避免让自己处于兴奋状态，可以将手机关机或打开飞行模式，以免半夜被电话惊醒而影响睡眠。除此之外，我们可以把卧室布置得舒适温馨，通过关窗和拉窗帘阻隔窗外的噪声和光线。如果可以的话，放点舒缓的音乐，抛开工作压力，慢慢进入睡眠。

午休半小时，精神一下午

哈佛公共健康学院对2.4万名成年人的研究发现，与不午睡的人相比，午睡的人死于心脏病的可能性会降低40%。

关于人体生物钟的研究表明，中午12~13点，大部分人的体能都会出现明显衰退，最适合午睡。午休半小时，可使大脑和身体各系统都得到放松和休息，增强机体的免疫机能，延缓衰老。

俗话说“春困，秋乏，夏打盹”，上班族睡眠普遍不足8小时，经过了一上午的工作，大脑和身体都需要补充能量，恢复精力，以便下午更好地工作。中午午睡30分钟，就能达到这个目的，尤其在夏天，午睡的效果十分明显。

冥想5分钟等于熟睡1小时，如果来不及午休，我们还可以通过冥想来快速恢复精力。

社交

按照强度来分，我们跟周围大部分人的关系分为三类：第一类，亲密关系，如父母、伴侣、兄弟姐妹；第二类，强关系，如闺蜜、同事；第三类，弱关系，如素未谋面的网友。

我们都知道，应该把最多的时间花在亲密关系上，只在弱关系上花少部分时间。但事实往往相反，我们把大量的时间花在了弱关系上，真正留给家人的时间少

之又少。

我们可以适当减少花在弱关系上的时间，留更多的时间陪伴家人，毕竟他们才是那个无论我们将来是贫是富，都会在背后默默支持的人。此外，还要去照顾好身边的朋友、同事，互相帮助，一起抱团成长。

学会花钱买时间

每个人的时间都是有价值的，如果不懂得去花钱买时间，就永远都只是在为时间打工。学会花钱买时间，请专业的人做专业的事，才能双赢。

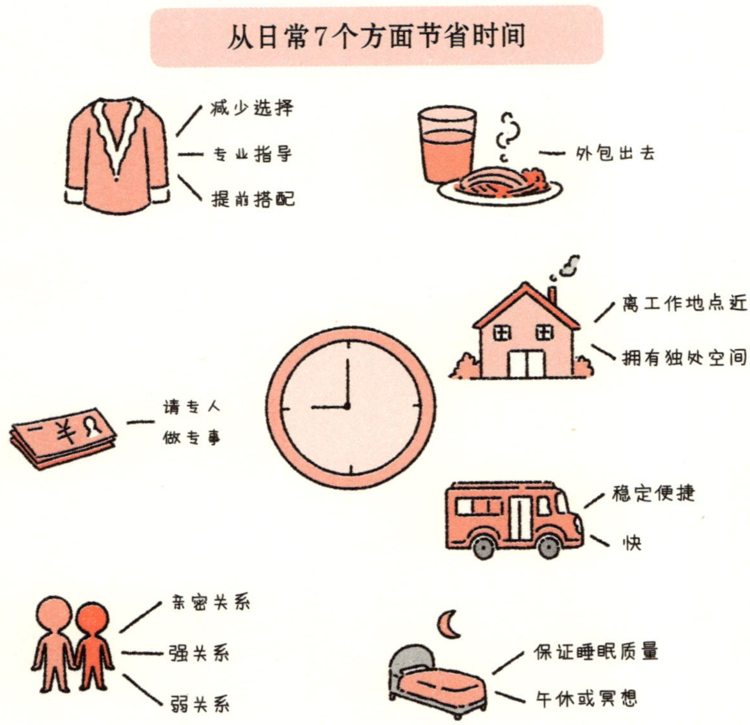

▶ 什么是花钱买时间

例如，你将进行一个重要演讲，追求完美的你想要一份特别精美的PPT，但是你的PPT技能有限，需要3天才能做出满意的效果，此时，是自己花3天时间去做，还是花钱请一位专业PPT设计师帮你做？

请专业PPT设计师虽然要付费，但是他几个小时就能搞定你3天的工作，而且

做得更漂亮、更专业。更重要的是，他帮你节省了3天时间，这就是花钱买时间。

花钱买时间有一个很重要的后续环节——如何使用买来的时间？如果利用这段时间看书、学英语，或者学习一项感兴趣的技能，是很有价值的，可如果用来睡觉、发呆、打游戏，则未免有些浪费。

从日常的衣食住行，再到社交和消费思维，如果每天能节约1小时，1年就有365小时。普通人看1本书平均需要7小时，365小时可以看完50本书。很多时候我们抱怨没时间学习，但是每天节约哪怕1小时，日积月累也会带来巨大的改变。

3.2 从日常生活中的零碎场景，挖掘到时间宝藏

我思考过这样一个问题：似乎大多数事情都在往好的方向发展，除了我们自己。

我们已经处于场景革命之中，生活方式正在发生前所未有的变化，很多方面都变得更方便了，事物与人、人与人之间的关系更加密切，场景之间的界限也越来越模糊，这里面产生了数不清的黄金机会。随便举个例子，你现在用的微信之所以强大，没有别的原因，就是因为微信已经成了你每天生活的一个必需场景，你可以说它方便了我们的生活，你也可以说它压缩了生活的其他部分。

太多人想将太多的场景植入我们的意识中了，我们的一天已经被不同的场景所分割，时间已经不再是连续的块状，而更像洒落一地的碎玻璃。那么如何在现在飞

零碎场景中的时间利用方法

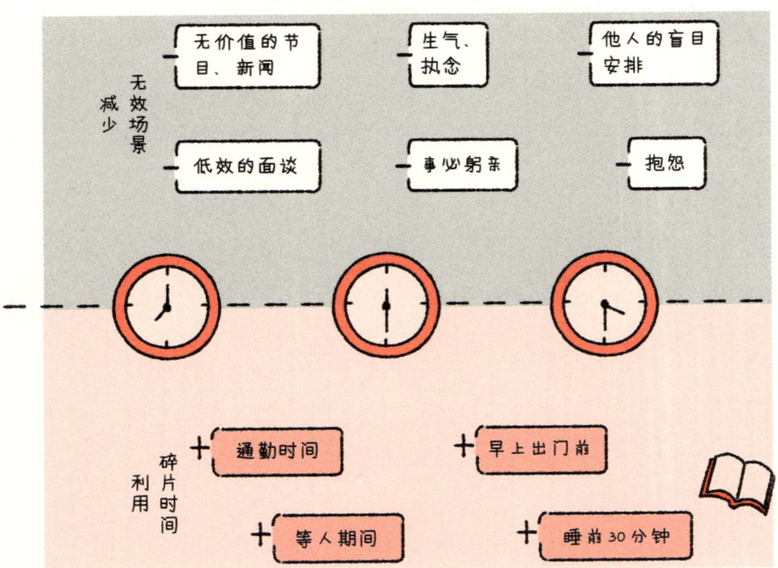

速变化的环境中构建适合自己的时间模板，学会利用场景革命带来的便利而同时抵制它对我们生活的全面侵占呢？

尽量减少无效场景

减少无效场景的目的是把时间留给更有价值的事情。大家可以算一下，每天除了工作、吃喝拉撒、处理人际事务后，真正属于你的时间有多少。为了增加自己的可支配时间，我会将下面这些事情列入“黑名单”。

▶ 电视节目

本来节目的质量就不高了，还要忍受各种广告，果断弃之……

▶ 新闻

留意热点是好的，但是朋友圈、新闻网站、报纸、App上面讲的都是同样的内容，你觉得还需要主动去了解吗？即使你一年不看新闻，但通过与身边的朋友交流，你甚至都不会错过任何大事，朋友简直就是我们的信息过滤神器。

▶ 生气

当一个人处于生气状态，他是没办法做任何事情的。生气会使脑细胞死得快，又会使容貌变丑，关键是，还不见得有人哄你。与其如此，还不如早点洗洗睡呢。

▶ 执念过去与结果

唯一有价值的时刻就是当下这一刻，而且这是唯一的，当我说完这一句话时，上一个当下已经过去，新的当下又来临了，所以我们要好好珍惜。

▶ 听别人的安排

永远记住，每个人都是按照自己的想法来安排事情的，换句话说，每个人都最珍惜自己的时间，而不会特别珍惜他人的时间。因此，你要找到自己的节奏，总是被别人牵着走，你的时间价值会变低的。

▶ 过多的面谈

没有事情是在吹牛的过程中做出来的。我们想干成一件事情，就需要一个独立的空间、一段独立的时间去干。整天跟人聊天，聊到最后，精力没了、时间没了，事情干不成，机会也就没了。

如果必须面谈，尽量限制一下时间。如果你在面谈中有主动权，请设定闹钟，尽量为自己多保留点时间吧。

▶ 事必躬亲

世界上最合算的买卖，就是用金钱换时间的买卖，只要汇率还凑合，我们选择时间，肯定没有错。因为时间是一种稀缺资源，过一秒少一秒，而金钱会随着你赚钱能力的提高而变多。

通过授权和外包，让专业的人做专业的事，你又多出了宝贵的几小时做更有意义的事情。

▶ 抱怨

用抱怨的时间行动吧。

有的人认为，跟别人吐槽你有多忙，自己会感觉很爽，甚至会引发共鸣。但是这真的只是一相情愿。试想一下，如果有人总是告诉你他很忙，而且讲了一大堆理由，你会跟他感同身受呢，还是觉得他其实不善于管理时间，甚至只是假装很忙？因为你看到他花费了大量的时间在各种群里闲聊，以及给别人的评论点赞。

我们的时间不够用，大多是因为选择失误。一种情况是根本没有做计划，即使你有大块的时间，也根本不知道用在哪里，最后导致这些时间都浪费掉了，造成时间不够用的假象。还有一种情况，就是本该拒绝的时候，你心软了，勉强承接了本不该承接的责任或任务，结果就是自己答应帮别人做事，为了不失信于人，哭着熬通宵也要干完，这真的好吗？

因此，我建议的方法很简单，其实就是一句话："少说话，多做事。"场景革命之下，能意识到场景的存在，能勇于脱离场景，秘密做几年事情的人，不就是以后别人眼中的厉害的人吗？

利用好碎片时间

▶ 通勤时间

很多人都会乘坐公交车、地铁、汽车、高铁、飞机等，这些通勤时间其实是很碎片的时间。很多人会在公交车里玩手机，在地铁里打瞌睡，在等飞机的时候发呆……其实这些碎片时间都是我们可以利用起来的。

如果你坐公交车上班，赶紧去配一个蓝牙耳机吧，特别是降噪的那种，这样你就可以在上班路上听书或在线课程。公交车比较挤，而且车子转弯力度大，所以我不建议你在公交车上看电子书、纸质书，因为这样对眼睛不好，而用听的方式来学习就不存在这个问题了。

地铁相对公交车来讲平稳一点。我比较喜欢在地铁上看Kindle。因为如果你一手拉着扶手，一手拿着纸质书的话，翻书会是个很困难的事情。Kindle的优势在于它很轻，你点一下就直接可以翻页，对眼睛的伤害也远远小于手机。

我喜欢带着笔记本电脑和纸笔去坐飞机，然后在等飞机或飞机起飞后进行头脑风暴。因为当你忙起来之后会发现，坐飞机的时间是极度宝贵的时间。为什么？在这几个小时中，没有任何一个人能通过电话或微信找到你，而且他们也不会因此怪你，因为你在飞机上。我有很多问题想不明白时，出去旅游一趟就想明白了。其实，除了旅游本身让我放松，飞机出行还会给我带来一来一回的整块时间，让我可以去做大量的思考。

早上出门前

每天早上起床到出门的这段时间，我一直有个小习惯，就是通过蓝牙音响来听电台广播。这样一来，你洗漱或吃早餐的时候就可以按照自己的需求来听新闻广播或英语广播。如学习英语，我就会在这个时候收听英语电台的新闻。我会轮番着来，这个月听BBC的，下个月听澳大利亚ABC的，再下一个月就听印度的。有的朋友就会觉得，这样听多了之后，自己的口音会不会也变怪了？其实我觉得口音可以通过刻意的锻炼去纠正。英语是一门实用型的科目，你多去听不同的口音对你学英语的益处要大于害处。举个例子，一个做外贸的人，要同时搞定美国客人、英国客人，有时候还得搞定印度客人，所以平时接触了很多不同口音的人在这时就会更加得心应手。因为外贸这份工作要求一个人要学会服务不同的客户，听懂他们表达的东西，帮他们做订单。如果这个人只看得懂邮件，只听得懂最纯正的美音，那如果遇到面谈或出国开展会，就会手足无措，当然没有跟任何人都能流畅交流的人有优势了。

等人的时候

等人的时间也是值得利用，我们经常要开会、跟客户见面、约朋友聊天等，其

实你可以好好利用一下这段等人的时间，把手机或Kindle上面的电子书拿出来看。我曾经跟一个朋友约好一起吃饭，结果他因为一些事情迟到了半个小时，他过来的时候感到非常抱歉。我说你干吗要抱歉？他说我迟到半个小时，耽误了你很多时间。我说你应该再迟10分钟。他说为什么？我回复说我还差10分钟就把这本书看完了。然后他更不好意思了。我想讲的是，即使你在等人的时候也是可以进行学习的，而不要一直用电话或微信催促对方："你来了没有？"如果对方真的被堵在路上的话，你问他100遍他也还是要很久才能赶过来。

睡前30分钟

古时候的人是没有电灯和手机的，他们日出而作，日落而息。我发现，自从我们有了电灯，人们普遍睡得晚了；当智能手机出现后，人们的睡眠时间更加往后推迟了。对很多年轻人来说，凌晨睡觉是很常见的现象。人们不仅睡得晚了，睡眠障碍也逐渐成为困扰我们的一大难题。我觉得这是因为很多人喜欢在睡前30分钟刷微博、玩微信，但是手机的屏幕会发射出蓝光，蓝光跟日光有点像，不利于睡眠。为了更好地保证睡眠质量，同时又利用好睡前半小时，我建议大家在床头放一本枕边书，比如说你想12点睡觉，那你就在11点半把手机关掉或开飞行模式，或者把手机放到房间外面，然后开始看书。等你有了困意，就可以美美睡上一觉了。

3.3 学会选工具，让你的努力事半功倍

时间管理工具主要有纸笔和软件两大类。纸笔是最常见的记录工具，笔记本、日记本、手账等都可以辅助我们进行时间管理；软件主要包括手机软件和电脑软件，相比电脑软件，用手机软件进行时间管理会更加便捷。面对各式各样的时间管理工具，如何从中选择适合自己的呢？

时间管理的关键是节省时间和用好时间，选择时间管理工具，也要先从这两点出发，看它能否帮助我们节省时间及用好时间。除了以上两点，选择时间管理工具还需要注意以下几个方面。

方便回顾分析

我们选择使用时间管理工具是为了提高时间管理能力，因此，在挑选时间管理工具时需要考量它能否帮助我们回顾分析，能否帮助我们提高，如果只有记录，没有回顾和分析，很难从中得到提高。

能实现数据多平台同步

如果用软件进行时间管理，能否多平台同步十分关键。多平台同步能够确保数据不丢失，如果设备丢失、出故障，同步功能可以在最大范围内减少损失。试想，如果记录了一年的数据因为意外丢失了，无法找回，对我们来说将是多大的损失啊。

根据个人喜好来选择记录形式

通过什么方式来进行时间管理更容易坚持下去？这一点见仁见智。对于一个喜欢画画的人来说，做手账可能是一个非常好的选择，因为他本身就很喜欢画画，他可以将时间管理和画画的兴趣结合在一起做手账，一份时间用成了两份，这就是非

常棒的。可是有的人没有画画的天赋，而是天然对数字比较敏感，比如我本人，就最好用软件进行记录。

假设你现在有一本时间管理的手账，因为这本手账非常精美，你花了比较高的价格将它买来，所以你在记录的时候可能会特别用心。例如，你会很专心地每天在上面花半小时到一小时的时间，去记录你今天的日程，并且用彩色的笔来标记一些比较重要的事件或体会。每隔一段时间，你可能会重复看一下这个手账。时间管理软件跟手账不太一样，时间管理软件更倾向于让你去录入相对应的文字、图片，其实它有点像我们现在的朋友圈，当我们打开这个App，我们所有的记录都在上面，哪怕这些记录非常杂乱。有些时间管理软件会主动地给我们做一些数据统计，比如说今天是你参加打卡或记录的第21天。

从回顾的角度来讲，我个人觉得回顾手账的感觉更棒，也更加赏心悦目。但是看软件的话，我们能看到数据，数据是不会说谎的，从分析角度来说的话，通过软件来分析无疑会更客观一点。

能与日常生活场景无缝衔接

我们一天中除了工作，还要生活，还要学习，还要社交……我们选择的工具能否适应不同的场景呢？比如我今天先去唱了卡拉OK，唱完后回来读书、跑步，那么我在记录的时候，这个软件能不能帮我将日常有价值的部分都记录下来？如果我有几天出差在外，是不是应该考虑一下时间管理工具的便携性？

使用成本低

使用成本不只包括金钱，还包括我们的时间和精力。我在后面会给大家推荐软件，其中有一些是免费的，有一两个是收费的，但是也不贵。我希望大家千万不要跟我说：“Kyle，那个软件要18元，我是一个学生，我没有钱，你能不能给我推荐一款免费的？”我能理解这种想法，很多学生为了显示自己的独立性而不愿意问家里要太多钱，会在各方面试着省钱。但我个人认为，在学习方面，也就是投资自己的方面，千万不能省钱。什么意思？ 18元的软件算什么，如果这个软件每天能帮助你节省哪怕1小时的时间，1年下来就是300多小时，难道抵不过18元吗？所以我觉得我们学习时不要计较太多金钱方面的花费，金钱的权重应该放低一点，应该

斤斤计较的其实是时间和精力。

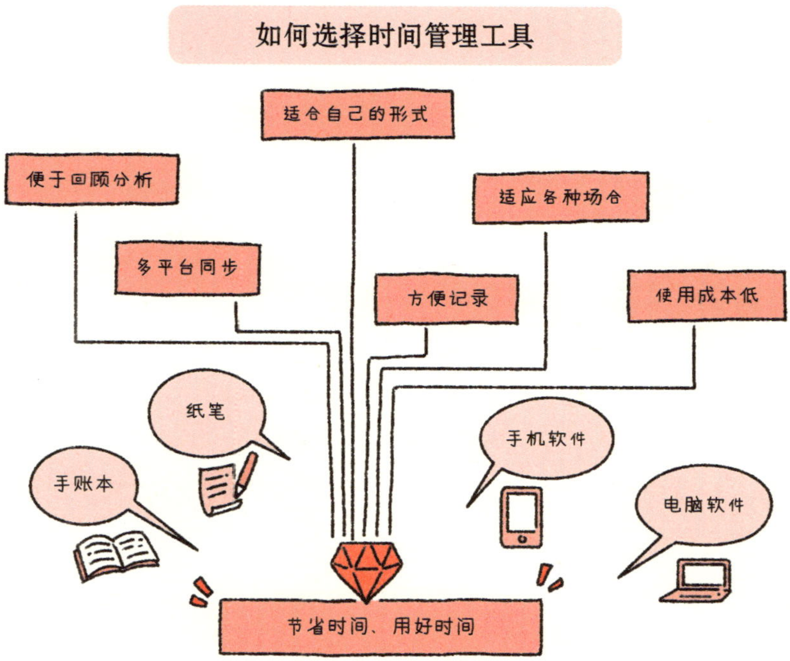

3.4 习得时间管理的“六脉神剑”，成为武林高手

待办清单类软件

待办清单类软件可以帮助我们做行动管理。这里推荐两款软件，一款叫奇妙清单，一款叫滴答清单。奇妙清单是一个全平台云同步的软件，无论你是苹果系统、微软系统还是安卓系统，它都能派得上用场。这个软件占用的内存不大，打开软件的时候，响应非常快。我们可以设定非常多的工作事项，它还有子项目的功能。这款软件的亮点是全平台云同步，比较好的应用场景是做旅游清单、购物清单或工作任务清单。举例来说，我自己会将旅游清单简单粗暴地分为4种：第一种是两天内的城市周边游；第二种是会玩个三五天的省份附近游；第三种是长距离跨省游，比如你从广东跑到新疆，再从新疆跑到北京；第四种是出国出境游。你可以看到，这4种情况需要你准备的东西完全不一样。如果你去隔壁城市玩一下，可能准备一两套衣服就够了，不需要带行李箱，背一个背包就可以走了。但如果你要出国旅居1个月或3个月，那你可能要带很大一个行李箱。所以我们可以通过待办清单来提前做筹备，这样一来，出门旅行的时候就完全不用担心丢三落四了。

日程安排类软件

说起日程安排，我通常推荐手机系统自带的日历。日历可以提醒我们未来的重要事项，当我们行程的小秘书，帮助我们为重要的事情腾出时间。例如，我们要去上什么课、做什么分享，或者什么时间参加某一个重要的线下活动……这些事情对于我们来讲可遇不可求，所以我们要为这些重要的事情腾出时间。为什么不在刚刚的待办清单里面去做？因为待办清单更多关乎我们日常的工作、学习和生活，杂

七杂八的事情全都记录在里面。同时，待办清单主要是以天为单位计算的，一般来讲你每天都要更新，一周去清空一次。而日程安排的话则是以月为单位，至少是一周作为一个单元，涉及日程时，你往往要看一下这一个月我有什么重要的活动？这个星期我安排了什么时间去跟谁会面？对于我来说，日程安排的应用场景主要是出差。我什么时候出差？我要标记出出差的时间段。拿我手机日历中2016年2月26日这一天举例，我趁在北京学习的间隙一天之内拜访了5位朋友，如果没有日程安排，我的行程肯定不会安排得这么充实，很可能我就只是去上个课，上完课就回来了，没有办法充分利用所有时间。

时间记录类软件

我们经常在网上看到某人在某个地方花了多少个小时，那个数字如果准确的话，一般来讲都是用时间记录类软件来进行记录的。时间记录类软件有数据导出功能，导出来就是一张Excel表，大概会呈现这样的效果：早上7：30~8：30，Kyle起床；8：00~9：00，Kyle在刷牙、洗澡、吃早餐……这类软件可以细化到每一个动作，记录它们花了多长时间，当你完整地记录24小时，就是记录了一天的时间流水。当然我个人认为没有必要做得那么夸张，我建议大家记录时间流水时只记录你有产出的部分。对于我而言，我去记录今天早上的早餐吃了多少分钟是没有必要的，我不可能因为我今天吃早餐多吃了5分钟，然后就不把那颗蛋吃完吧？我也不可能因为我今天吃早餐比平常快了3分钟，就欣喜若狂吧？有的时候你起床后胃口不好，那就吃慢一点；有的时候你胃口很好，你就多吃点、吃快一点，这都很正常，我们只要去记录真正有助于自我提高的时间就可以了。这里涉及一个叫作可自由支配时间的概念，强烈要求大家算一下你平均每一天有多少个小时的可自由支配时间。假如有4小时，我们就用时间记录类软件去记录这4小时当中你究竟用了多少个小时来自我提升。经过1个月的测试后，你可能发现你平均每天用两个小时自我提升，那么你的时间掌控力就是50%。一般情况下，我觉得能控制自己80%的可自由支配时间就已经非常厉害了。我认识一个朋友，他是成都“行动派”的核心成员，他利用时间记录类软件为自己制订了一个写作1000小时的计划，但是他发现自己写了300小时之后就达到了非常好的效果。现在的他会时不时做一些分享，而且已经有出版社在找他写书了。

里程碑类软件

这类软件在于帮助我们记录人生中的重要时刻。为什么我们每一年下来，到最后只记得自己的生日，尽管我们人生当中重要的时刻远远不止一个生日。假设你现在有另一半，你觉得你们俩的结婚纪念日重不重要？相识的纪念日重不重要？如果你现在创业，你公司的周年庆重不重要？如果你们达到了年度的小目标，这个小目标实现的日期重不重要？……你会发现里程碑事件其实还是挺多的。我们的人生其实就是跨越一个又一个的里程碑。如果你不希望自己成为一个很盲目的人，每天就知道工作而没有思考，你可以下载倒计时软件，该类型的软件可以帮助我们将重要事项进行记录，然后进行倒计时。每隔一段时间，你就打开看一下，因为这里记录的事件都很重要，但是很少有人全部记得。我给自己定的一个里程碑是而立之年，也就是30岁生日的倒计时，我每天都在鞭策自己：还有多少天，你就到30岁了。我发现一个人在30岁之前是可以做非常多的事情的，我也希望我自己能多做些事情，所以我就设立了一个倒计时。我大一的时候就做了这个倒计时，我深刻地记得，那个时候的我还觉得那是很长很长的一段时间，但现在已经剩下不到一半。在这个过程当中，我已经实现了非常多的目标，没有这一个倒计时，我可能没有办法取得现在的成绩。每当我忘记自己奋斗的意义时，我就会打开这个软件，当发现原来自己又老了一些时，就会重新打满“鸡血”，重新找回那种紧迫感。如果你现在是一名学生的话，你可以给你的四六级考试日期或你的毕业日设置一个倒计时，然后时不时打开这个软件看一下，你现在距离考试还有多少天？距离毕业还有多少天？这样，你的大学生活就不那么容易荒废。很多人在大学的时候，会很容易就沉迷于网络或没有好好利用时间，主要原因是他们觉得每天都一样，今天和明天没什么不同。但是当你使用了里程碑类软件之后，你会发现其实每天都不一样，你今天不努力，你努力的机会就少了一天。

时间监控类软件

这类软件能帮助我们去识别一些时间的黑洞。我们都说自己是“手机控”，你究竟每一天花多少个小时在手机上面？有可能远远超乎你的想象。我们前面提到可自由支配时间，很多人会残酷地发现，自己每天花在手机上的时间远远超过4小

时。知道了具体时间后，我们的心理会咯噔一下，下次用手机时起码会有意识地减少一点使用时间。电脑也是一样的，我们很多人每天的工作都是对着电脑。但有人对某外企员工做了一个简单的数据分析后发现，他们每天访问最多的网站竟然是淘宝，很多人会在上班的时候，趁着老板不注意，偷偷去淘宝逛一下。时间监控类软件可以记录你每天登录电脑，把时间花在了什么网站上面，你可能会看到，明明你打算写论文来着，结果你只花了5分钟时间找资料，却花了1小时逛淘宝。这就是我们的时间黑洞，我们的时间往往是不小心就进入了黑洞，然后你就完全看不到时间用在了哪里。时间监控类软件可以帮助我们，至少告诉我们，我们的时间被什么东西吸走了。

专注当下类软件

专注当下类软件也可以叫作习惯打卡类软件，我们用这种类型的软件主要是为了养成一些好习惯。这类型的软件其实非常简单，它就是让我们找到自己的兴趣爱

6类软件管理你的时间

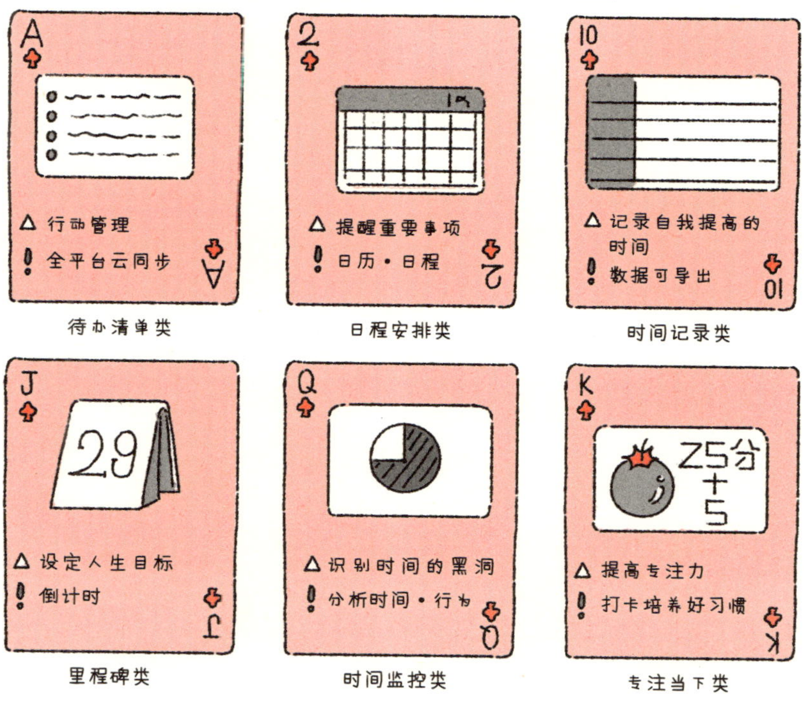

好并坚持下去，当你坚持了1天并打完卡的时候，有同样兴趣的人就会和你互动，给你点赞，给你留言。如果你连续几天都不打卡的话，很可能你就没有办法坚持养成这个习惯。你可以在App下载界面搜索“番茄工作法”或“潮汐”。番茄工作法的主要功能就是在25分钟的工作时间里面进行一个倒计时，它会提示你不要把时间用在别的地方，要专注。25分钟结束的时候，它会通过闹铃提醒你，你现在努力了25分钟，赶快休息一下吧，等5分钟的休息结束之后，它也会提醒你。潮汐的好处在于它创造性地将白噪声用于提高专注力和休息质量，在你需要专注的25分钟里，你可以听到一些海浪声或风声，这些声音是可以帮助你提高专注力的；当你需要放松的时候，它也会有相对应的音乐帮助你舒缓紧绷的状态。

3.5 不要为工作亏待自己，学会打赢职场精力争夺战

早睡早起

对于一个普通的上班族而言，要怎样做好一天的时间管理呢？我强烈建议大家，一定要睡够8小时，尽量地早睡。如果你不早睡，就没有办法做到早起，而早起是我们一天比较关键的一环，只有做到早起，你才能享受早起之后的那一块充满精力的时间。假如你9点钟上班，8点钟出门去坐车。如果你6点钟起床，你就有两个小时的大块时间，可以用来读书、跑步、写作。这个时候的你刚睡醒，正处于一天中精力最旺盛的时候；而你一旦晚睡了，这个大块的时间就完全没有了。这就是早睡早起的重要意义之一。中午的话，我们会有午饭时间，吃完饭之后，大家可以选择去午休一会儿。一般来讲，饭后30分钟之内不要午休，因为你的胃部需要消化，我们可以利用这半个小时的时间来进行碎片化的学习。如果你错过了早上的大块时间，剩下给你的就只有晚上的大块时间了，而晚上杂七杂八的事情会比早上多，你要洗衣服、做饭、洗澡……很多人还要刷会儿朋友圈，因此，很容易形成一个恶性循环。如果你有这样的倾向，那很简单，改掉原来的坏习惯即可，哪怕你晚上一分钟也不用来学习，没关系，你先把早睡做到了，把早睡早起做到了，把早上那大块的时间匀出来，我们再来讲自我提升。

除了早睡早起的好习惯，午睡对于上班族来说也是非常重要的。有没有这样一种体验：在忙碌了一个早上后，好不容易到了午休时间，跟同事吃完午餐后闲聊了一会儿，玩了两下手机游戏，刷了一下微信朋友圈，因为太困倦了所以在办公桌前趴下，结果趴了没多久，下午的工作安排已经汹涌而至，头脑发胀的你不得不熬过一个难受的下午。还有那么一部分人，他们知道午睡的好处，但是他们在办公室的

午睡时间却总是受到身边各种因素的打扰，下午工作效率大打折扣。然而，大家似乎不知道该怎么办。是否应该午休呢？吃完午饭需要运动吗？午休完毕为什么下午还是困呢？

浅谈午“吃”

▶ 千万不要吃完立刻午睡

倒不是因为吃完就睡会变胖……而是这样做的后果很严重。Kyle有段时间午饭总是吃到很晚，这种状态持续了大概1个月，然后肠胃就出问题了。身体是革命的本钱，照顾好身体，比一切都重要。

▶ 吃完主动“罚一下站”

以前，我早上一般坐地铁或打车上班，在办公室也是一坐就半天，回到家呢，自然也是窝沙发和床上的时间最多，这种生活方式的确需要做一些改变。我现在吃完午饭后，都会在公司找个好的位置站一下，跟公司的同事搭个讪、聊聊天，或者在公司周围散一下步。这样做有不少好处。首先，能减轻饱腹感，让午睡质量更高；其次，能缓解腰酸背痛；最后，还能和同事互相增进了解，从而建立良好的合作关系。

聊聊午睡

我在没有养成自己的午睡习惯前，有这么一种感受：睡是睡了，但是却有种醒不过来的感觉，午睡后，脑袋反而更昏沉了，要接近1小时才能缓过劲来。直到最近，我才知道原来是我午睡的“打开方式不对”。

西南大学的赵大勇做了一个有趣的实验，研究20分钟站着睡、20分钟躺着睡和20分钟趴着睡对专注力的影响。结果十分靠谱地显示，躺着睡的志愿者进入深度睡眠的时间更久，醒来时更清醒。

如果公司有空余的场地，赶紧带上一张折叠床，抢占你的地盘吧，这是一场精力争夺战！

平时多留意人流稀少的楼层、偏僻的会议室，这些都是很好的午睡地点，我一般不轻易告诉别人。如果只能趴着睡，应该怎么办呢？实验证明，趴着睡对比不睡，

对身体还是更有益处的。趴着睡的时间不要太长，尽量不要用手或前臂垫着睡，以免影响正常的血液循环和神经传导。我认为可以垫一个舒适的枕头或颈枕，用不用眼罩则视办公室的光线情况而定。

很多职场朋友说，公司没有统一要求午休，部分同事没有午休的习惯，会影响到自己的休息，但是碍于情面不好意思说出口，于是会选择戴耳机听音乐来覆盖掉其他杂音。但是问题来了，午睡时我们应该听什么音乐呢？大自然的声音、纯音乐或钢琴曲都比较适合午睡，我就特别喜欢听海浪的声音。

午睡后如何快速清醒

午睡过后的1小时是难得的清净时间，但是因为大家都处在头昏脑涨的状态里（过去我也是这样），效率也不是很高。有没有什么方法可以快速提神呢？午睡前喝一杯咖啡或茶即可。

午睡前喝吗？是的，我就是这个意思，因为咖啡因要发挥功效大概需要25分钟，所以提前喝，相当于给身体设了一个闹钟，25分钟后，你会感到神清气爽！不过咖啡因是有依赖性的，也有可能对晚上的睡眠产生潜在的影响。所以，我不建议经常这样做，但是在赶进度时可以采用这一招！

我最常用的方式是在午睡结束后洗脸，然后用水好好冲洗一下双手，时间是30~60秒，之后整个人会精神很多。

午睡技巧总结

以90分钟的午休时间为例，我推荐分成3个30分钟来安排。

前面30分钟：跟公司的帅哥美女一起吃午餐，靠颜值增加食欲！

中间30分钟：做帮助消化的一些小运动，罚罚站！

后面30分钟：来个美美的午间小憩！

午睡结束：提前喝咖啡、茶，或者通过洗脸和用冷水冲手来提神。

中午花时间小憩一下，下午的脑袋才会跑得快，希望各位读者可以和我一起实践。

工作生活两不误，职场女性如何高效管理时间

很多职场女性朋友问我怎么平衡工作与生活，今天我给大家展示一位时间管理

做得非常棒的职场妈妈白风小艾的做法，希望能给大家一点启发和信心。

白风小艾是一名8岁淘气宝宝的妈妈，她已经工作十多年。曾经的她经常不开心，身体处于亚健康状态，工作动力不足，甚至都有点轻度抑郁了。她决定要做出改变。从2013年8月开始，白风小艾便开始写时间管理日志，以下是她的一些经验。

我整理了下近期生活的主题，多于12个，包括工作、理疗、小孩教育、健身、家装及各种各样的学习。过了30岁，人变得容易健忘了，为了避免成为一个不靠谱的人，我必须借助高效的GTD（Getting Things Done，把事情做完）系统来保证自己的大脑是高效运转的。

经过长期的摸索和优化迭代，目前我自己的GTD方法是以垂直项目管理为主，日志为辅。日志只是作为每天的流水账使用，我的时间管理主要体现在定期对这些项目进度进行分项汇总和推进。效果还是不错的，2016年开年，我已经在其中几项获得了自己满意的成果。我觉得我的方法适合像我一样有点贪心，同时生活维度复杂的人借鉴。

如果你读过《奇特的一生》，你应该知道贪心不是问题，在我们的一生中，只要你愿意，你是可以在很多领域取得你想要的成就的。从理念上来说，我的方法是成就激励型而不是约束管理型，这点我会在后面解释。

总体来说，有道云笔记是我的主要工作平台，其他辅助工具有吾记、数据日志、苹果备忘录、滴答清单。

1. 有道云笔记：建立项目日志文件夹

目前我记录了上面提到的12个维度。这些我不一定每天都更新，但是有了进步就更新一下，让自己觉得努力都是有成果的。如理疗、装修类项目，如果分类记录，会看到阶段性的改善和变化。我最近达成的新成就是，春节期间学会了一种新乐器，更擅于集中精力了，而且利用春节假期改善了跟孩子的沟通。

2. 有道云笔记：建立月度日志文件夹

每月1篇，全年12篇，主要用于记录工作和琐事。对于已经结束的年度的内容，就转移到备份目录中去，因为去年的流水账在今年其实就没什么用了。

我刚开始是用1天1篇日志的方式记的，后来发现每天的流水账汇总下来也没多少内容，所以就改为每月1篇，包括月度目标、备忘，以及每天最新的记录（放在最上面）。不要以为流水账式的日志记录完全没有用，对于上班族而言，我们经常

丢失的已经不是小时，而是日子了。如果不做记录，有时候我真的想不起前一天发生了什么。记得有一次月底，助理说我某天缺勤，我翻回日志，发现那天去参加部门会议了，所以这个问题就迎刃而解了。我的每一天都是有索引的，这样让我充满了掌控感。

3. 用“吾记”这个App作为云笔记的补充

在手机上打开和建立云笔记还是稍微麻烦了点，而“吾记”可以秒记心得和一句话。

4. 使用苹果备忘录存常用信息

我会把常用的快递地址之类的信息存在手机备忘录里面，免得每次处理这类事情的时候要找半天。我也会把手机上不常用的联系人的电话号码和名字复制到备忘录，一来显得不那么冗余，二来可以防止被小孩子不小心拨出去而造成尴尬。其实后来你会发现，被你删掉的号码基本也用不上了。

5. 使用“数据日记”这个App作为另一种记录成就的方式

现在，我每天带孩子走2000步，做200个拉力练习。我发现自从我开始记录以来，孩子的积极性比以前更高了，他甚至会主动告诉我计数的方法和诀窍。

6. 用滴答清单作为任务采集箱

清单的主要功能是清空大脑，因为你可以把任何临时突发的待办事项快速记录到当天的日期下，像还月供、还信用卡之类的事情可以定一个月度循环的提醒。

为什么说我的体系是成就激励型的呢？因为后来我发现，对于一个像我这样容易紧张焦虑的人而言，时间记录并没有用，反而徒增负担。数据日记恰好可以起到正向激励的作用，因为通过这个体系，你了解的不是一天浪费了多少时间，而是达成了多少成就，并且你会很乐于推进新的成就达成。

如果你任性而多变，你更可以约定数量而不限定类别，除了必须要做的，最近喜欢做哪些就做哪些。例如，我同期推进的项目一般不会超过3个，同期目标也不会超过3个，因为超过3个我就容易手忙脚乱。

此外，约束管理的方式更适用于贪玩的孩子和初入职场的人。当你从执行阶段成长到更高阶段的时候，当时间记录对你来说只是常识的时候，你会发现，重点不是你做了什么、学习了什么、有没有坚持阅读和运动，而是你有没有持之以恒地在相关领域观察、思考、积累、领悟，而这真的不是坚持早起、加多待办事项、多读

几页书就能解决的问题。

如果你也像我一样有轻度的焦虑和抑郁，我还建议你为自己的内在小孩建立一份日志，经常从他们的角度来书写，记录他们的感受、他们的愿望、他们的快乐所在。比如，当我发现我第3次忘带健身卡而不能去健身房的时候，我聆听了一下内在的呼唤，听到内在的小孩对我说，其实我不想有那么多行程了……现在我只想安静地行走、呼吸和睡眠。于是我在午后的阳光中打了一小会儿盹儿，醒来后就快速完成了这篇文章。

我们必须追随内在的快乐，照顾好内心的孩童，否则GTD会成为新的意识牢笼，你会被清单驱赶，被成就诱惑，虽然每一天都过得明明白白，却又毫无意义，即使你收获一堆成就，却依然觉得匮乏不已。

3.6 如何打好时间这副牌，决定了你10年后的样子

每个人都是不同的个体，我们性格不同、身份不同、经历不同，所以不要拘泥于千篇一律的时间管理系统。哪怕是同一个人，在不同的阶段面对的任务和目标不同，也要学会运用不同的时间管理系统来实现自己的目标。

以我自己为例，在2014年，我花了940小时进行时间管理，你会看到我的时间分布比较平均，中文读写占26%，英文原著阅读占22%，英文听说写占8%，专业知识学习占18%，运动占21%，其他占5%。所以在2014年，我在中文读写、英语学习、专业知识学习和运动这4个领域都取得了非常大的进步。具体来说，我在那一年读了大概70本中文书，然后写了很多文章，有非常多的文章在全网阅读量达到千万级，影响了非常多的人；同一年，我读了十几本英文原著，英语词汇增长将近15000个；专业方面，我负责了公司一个比较重要的技术项目；运动方面，我尽量坚持每天运动，跑步超过100天，健身也超过100天。

2015年，我将时间管理模型进行了调整，总体上，我还是花了与2014年差不多的937小时去自我提升，但是我主要把时间花在了学习和项目上面，所以你会看到我花在英语方面的时间被压缩了不少，为什么？首先，英语对于我创业来讲并不是特别重要的一件事，它的重要性相比2014年已经下降了。其次，我是跨行业创业，我原来在传统行业工作，但现在的我更侧重做互联网方面的工作，所以我不会花很多时间在原来的专业上面，相反，我要去系统学习互联网的东西，我需要接触大量的信息，所以我进行了大量的阅读。所以，2015年的我同样花了900多小时来自我提升，但由于我的身份改变了，从事的行业改变了，我个人发展的目标改变了，我的时间模型便完全改变了。

后面的几年就更不用讲了，我的时间管理模型又再次改变。但是因为我每一天都进行记录，所以我在总结的时候能看到自己过去一年当中的变化究竟来自什么地方，数据是不会说谎的。

我们做时间管理一定不能目光短浅，也就是说千万不要说我学时间管理是为了解决我下一个月的一件事情。其实时间管理是帮助我们过上属于自己的奇特的一生的。我在前面介绍了几类时间管理软件，那么如何将这些软件运用到每一天的实践，进而帮助我们过好这一生呢？说白了，最重要的一点就是带着反思“坚持”下去。

如果是按天来算的话，我们一天努力3小时，那么我们可以用时间记录、待办清单和专注当下类的软件，每坚持一周，只需要加一个回顾每周的时间记录就可以了。如果按周来算的话，我们需要去做周日程的安排，同时如果你的待办清单没有办法在一周之内完成的话，请在下一周重新开始。当你坚持了一个月后，你也需要做月回顾和月日程安排。依此类推。如果你坚持自我提升3年，我相信你自己的生

打造适合自己的时间管理系统

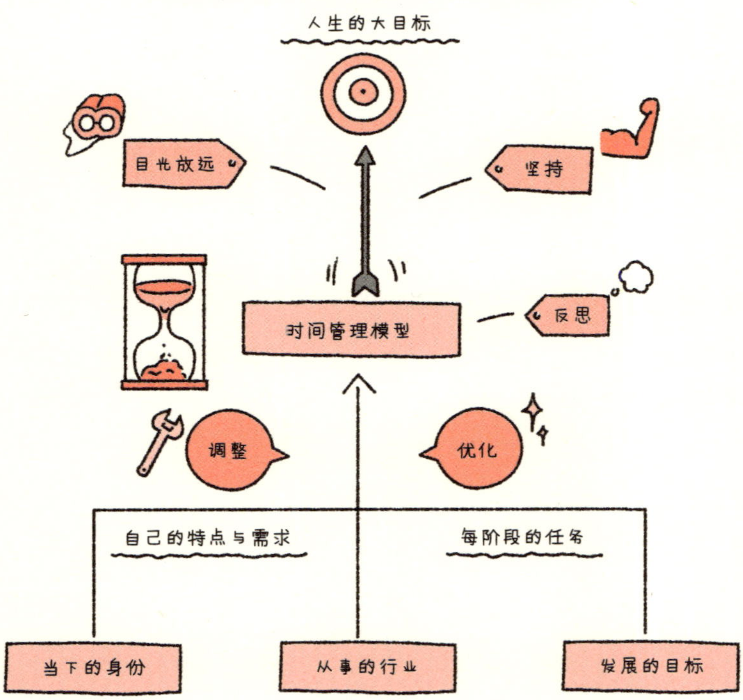

活状态、身体水平、收入水平都会有一个比较大的提升。我已经坚持时间管理好几年了，的确也实现了很多方面的进步。如果你能坚持10年的话，按每天努力3小时计算，10年之后的你就能自我提升1万多小时，这个时候的你就应该能实现人生中的一个大目标了。

人的一辈子很长，但是如果以10年为一个组块的话，我个人认为每一个人的人生只有两个10年。我们从刚出生到20岁，有很多事情是不由我们控制的，在我们40岁以后，我们大部分人已经有了家庭，有了孩子，很多东西已经确定下来。对于大部分人而言，20岁到40岁之间的这两个10年，是所有可能性集中起来爆发的两个10年。如果你能在这两个10年内完成你人生中的大目标的话，我觉得这一辈子下来，你是不会觉得遗憾的。

第4章

人生就是马拉松，做个有金牌体质的选手

4.1 不懂投资配比，怎么让你的1万小时利滚利

1万小时定律有点类似我们常说的“十年磨一剑”，这是很多人笃信的成功法则。我第一次接触1万小时定律的时候，是在格拉德威尔的《异类》中看到的。《异类》里提出，1万小时 × 刻意练习 = 世界级技能，天才的秘密正在于此。

努力和天赋，究竟哪个更重要？

我一直很喜欢各种体育运动，尤其是足球。每个人都知道，C罗和梅西是足球圈几十年里难得的天才，过去10年，他们俩几乎垄断了所有的金球奖，他们是棋逢敌手，也是惺惺相惜的绝代双骄。

梅西是足球圈公认的天才，从出道到现在一直在顶级球会巴塞罗那效力，是球队绝对的核心。他身材不高大，但球感极佳，足球在他脚下有魔法，像粘了胶水一样，其他球员很难从他脚下抢到足球。梅西往往上演单骑救主、过五关斩六将等精彩表演，于是球迷们给他起了一个亲切的外号“小跳蚤”。梅西的天赋是大家讨论最多的问题，球员们佩服梅西天才的地方在于，他和普通球员一样，正常练习照常放假，但一到比赛的时候，他就能上演足球魔法。

C罗出生在葡萄牙的马德拉群岛，爸爸是一名花匠，妈妈在怀C罗的时候已经有了3个孩子，由于家境贫穷一度想去医院堕胎。医生的一番话改变了C罗妈妈的决定：“生下来吧，这个男孩会给你们全家带来欢乐！”很多年轻人喜欢C罗，除了因为他的外形俊朗，更多的是因为他超乎常人的自律和勤奋。足球运动员里奥·费迪南德有一次到C罗家里吃饭，结果发现餐桌上只有白开水煮鸡胸肉和沙拉，吃完饭后，C罗还要请他一起游泳和去健身房健身。C罗在2018年离开了效力9年的皇家马德里，在33岁时以1亿欧元的身价加盟尤文图斯，当时有媒体普遍不看好C罗的状态，毕竟年龄摆在这里。C罗在加盟尤文图斯时进行了身体检测，根据公开数据来看，他的体脂率只有7%，肌肉含量为50%，33岁的年龄却拥有20岁左右的身

体，异于常人的勤奋让C罗从过去10年到现在还一直处于巅峰期。我们见过太多潜质优秀的球员由于个人生活不自律、酗酒、私生活混乱、不专注于足球本身，最后泯然众人矣。

天赋的兑现必须建立在努力和专注共存的情况下，不管是梅西、C罗，还是我们，要想在某个领域里面做到最好，在掌握基本的规则后，时间就是好的武器。

我承认1万小时定律是个利器，但是它也不是放之四海而皆准的。我认为，任何一个法则，都会有其应用的前提、适用范围及时效性。

正确应用1万小时定律

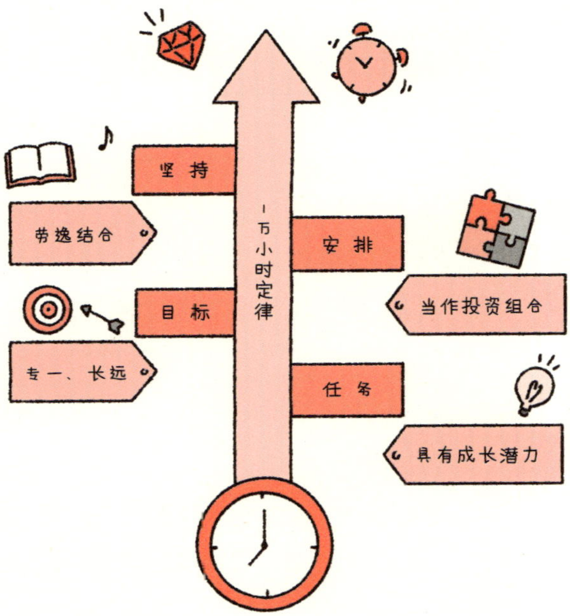

你选择的项目要有足够的成长空间

我们在使用1万小时定律前，要去判断这件事情能否让我们一直成长，获得更多。如果不能的话，投入1万小时将是一笔十分吃亏的买卖。其实运动竞技是非常符合1万小时法则的，但是这离我们的现实生活非常远。虽然很多人都在看篮球，但是现役能在NBA打球的人，也就几百人而已。

1万小时能让你变得万里挑一，但它却不是万能的。并不是每个人都像运动

员、音乐家、科学家一样，能十年如一日地专注在一件事情里，他们是人群中的佼佼者，不断冲击着人类的各种极限。绝大多数人之所以平庸，一方面是没有意识到1万小时的作用，另一方面是即使意识到了，但是选择了错误的项目或坚持不了多久。

怎么选项目？不要简单地理解为兴趣，而是要事先分析你是否愿意花十年时间做这件事，这件事10年后的成长性如何，对你的生活会有什么积极的影响？举个例子，这1万小时不能一直做重复性的工作，假设我们去刷盘子刷1万个小时，即使我们后来成为刷盘子的顶级专家，最终还是会被洗碗机所取代。相反，如果你选择用1万小时定律来深入研究某个领域，那么你基本上就会成为这个领域里的翘楚。

为什么同样是1万小时定律，结局却完全不一样？选择有成长潜力的1万小时定律任务，才是关键！

我们的青春只有一个“1万小时”

如果每天付出3小时的时间进行刻意练习，10年后，我们将会达成1万小时定律的终极目标。

有的人在读书的时候很自由，每天有大量的可支配时间，于是便为自己制定了几个1万小时定律的目标。想法是很好的，但是可行吗？这其实是一种没有理清自己的时间账户的做法。

如果我们大概计算一下每天的可支配时间，你会发现一个人在不同阶段拥有的可支配时间是不一样的，过了大学阶段，基本就呈下降趋势。我们从20岁上大学到60岁退休，一共有4个10年，每个人利用时间的方式不一样，从而让不同的人生充满了不同的可能性。

20~30岁的10年充满了自由与可能。这个时候我们拥有的东西很少，但是世界对于我们是新鲜和充满吸引力的，士别三日就有可能刮目相看，人生的各种可能性也最大。我们身边都不乏年轻人切换赛道弯道超车的例子。

31~40岁的10年，重心主要是事业与家庭。在这个阶段，我们需要完成人生中的几件大事，如升职、创业、结婚、生子，购置房和车等资产，努力提高自己的生活、工作质量。虽然我们拥有的社会资源开始丰富起来，但我们的人生角色也开

始变得复杂，需要承担更多的责任。这个时候去做新的尝试，需要较大的勇气。

41~50岁的10年，重点在于寻找人生的意义。人生此时已过半，如果说我们很多人的前半生体验靠的是冲动，不知道未来是什么样，到了这个年龄，你已经是整个家庭的顶梁柱，也会是活得最通透的那个人了。父母早已年迈，小孩也已经长大成人，你的事业如果有，应该已成熟，如果没有，也就没有了。我们需要开始寻找人生的意义，寻找我们在这个世界除了扮演好各个角色之外想要的东西。

51~60岁的10年，核心在于传承与健康，我们的焦点慢慢从自己转移到了传承身上。我们开始催促子女成亲，关心他们生多少个小孩，将来打算在哪里买房子，要不要出去留学……我们学会了放下事业的追求，开始觉得家庭和睦和身体健康比什么都重要，每年最期盼的一件事就是一家人聚在一起吃顿饭。

换句话来讲，越早执行1万小时定律，我们在该领域取得成绩的可能性将远远大于同龄人。尽管如此，年轻人成长意识觉醒后的第一个1万小时不管花在什么地方，已经几乎是年青一代所有的时间成本了。因此，设定目标时切不可贪多，应该从长远的角度，从整个人生的意义去看问题。

把1万小时定律当作一个投资组合

如果从投资理财的角度来看时间管理，我们当然希望付出的时间能获得更大的回报。但是，如何才能做到呢？

我认为，我们首先要意识到，我们每个人基本只有一次运用1万小时定律的机会来选择做更好的自己。只有在我们还年轻的这段时间内，我们才拥有无限的可能性与高度的可塑性。

我建议，除了少数献身于科研、文学、艺术、运动等领域的人（他们是1万小时定律的真正践行者），大部分人要学会做时间投资组合。我在2013年大学毕业那年，便给自己定下了用1万小时定律进行自我成长的目标，每年要求自己做1000小时的时间管理，用10年时间完成。

每年的项目基本如下：

1. 中文阅读；
2. 英语学习；
3. 运动锻炼；

4. 投资理财；

5. 项目；

6. 让各种可能性萌芽。

我会在每一年根据具体情况，让不同项目间分配的时间比例有所不同，以期每年都能在自己重视的方面持续进步，既能获得更多机会，也能尽量保留其他方面的可能性，以灵活地应对外界环境的变化。所以，1万小时定律不一定非得是死磕一件事，你可以做一个组合来实现你的目标。

如何坚持完成1万小时定律

为了通过1万小时定律实现自己的梦想，有的人会给自己设非常高的要求，比如一天只有5小时的空余，他便已经安排了4.5小时的日程。我很欣赏能真正做到这样的人，但同时也十分为他们担忧。首先，我们判断一个人牛不牛的时候，会去看他有多少事情可以毫不费力就能做得比绝大多数人好。其次，我们不能只看一个人在1天、1周、1个月是否勤奋，我们要看的是这个人1年、3年、5年，甚至一辈子是不是勤奋。

基于这两点，我觉得最佳做法是：该吃吃，该睡睡，该玩玩，该努力努力，但是长期目标不能忘，每天都要推进进度条。这种快进快出的状态切换，能让我们的大脑持续不断地来对抗疲惫与乏味，从而使我们能长久处于良好的状态。

一下子用力过猛，在当下可能会立刻见效，如在英语考试前狂背单词可以弥补平时努力的不足。但是这样做的副作用也是很大的，如果背单词背到吐，考完试后可能就再也不想碰英语了。与其如此，还不如像我一样，选择边学边玩，这样看似偷懒，实则能更长久地坚持。不止学习，当很多事情的短期小利益与长期大利益冲突时，我们要学会调整，果断选择数学期望更高的长期利益。而我们需要做的，就是对自己好一点，做自己爱做的事情，剩下的交给时间，仅此而已。

4.2 燃不起行动的热情，是99%的人中途放弃的原因

在实现目标的路上，我们会遇到各种各样的阻碍，有的人会感到灵魂和身体都被掏空，很难保持一以贯之的热情继续坚持，而有的人则不然，他们每天都活力满满，似乎遇到的一切困难都难以磨灭他们的奋斗热情。我们在第1章中介绍了一个自我成长的模型，包括情感能量、系统思考、持续行动3个方面。从这个模型里我们知道，持续行动层面的改变只是暂时的、表面的，我们要想真正达到深远持久的改变，必须从情感能量入手。有了足够强的动力和足够强的愿力，通过系统思考找出属于你的最好路径去行动，你才会产生长远、深刻的改变。很多人表示，我觉得自己的情感能量不够，怎么办呢？解决的思路有两种，要么是想办法提高情感能量，要么是想办法降低情感能量的损耗，因此接下来的这些建议都是基于这两点的。

合理利用朋友圈

首先，我建议大家不要玩朋友圈，请注意是不玩朋友圈。从保护情感能量的角度来看，刷朋友圈并不能提高我们情感能量的上限。很难说我看了朋友圈后就像打了鸡血一样，就能一直很努力很努力。相反，你极有可能会通过朋友圈看到一些触动了你内心的、让你不大爽的东西，结果就是影响你一天的好心情。例如，你在朋友圈看到了前任和他的现任在这里秀恩爱，你开不开心？肯定不开心。影响不影响你的心情？肯定影响。这样一来，你刷朋友圈就影响了你的情感能量。如果你的朋友过得比你好很多，天天去国外旅游，天天晒各种名牌，即使你嘴上说着不羡慕、不妒忌，但这还是会潜移默化地影响到你，你很好奇为什么他能做到，你做不到。

如果你的朋友过得比你差，他们很可能整天在朋友圈里埋怨公司事情太多了、老板太坏了、现在的人服务态度太差了……面对应接不暇的吐槽，你的心情也会受到影响。换句话说，无论你的朋友过得特别好还是特别差，你都会损耗一定程度的情感能量。我建议大家不要玩朋友圈，并不是让大家关掉朋友圈或卸载微信，这种过激的行为我也不推荐，而是应该由被动获取变成主动吸收。我建议大家做一个实验。第一，把你该屏蔽的人全部屏蔽掉。任何影响到你心情的人，你都可以选择屏蔽；第二，对于你想保持联系的人，你就一对一地去看他的朋友圈，一口气把他过去一个月的朋友圈翻完，这样效率反而更高。

更换你身边最亲密的5个人

这里肯定有人会有疑问，刚刚叫我不看朋友圈，这里又叫我更换身边最亲密的5个人，为什么这么复杂呢？我先讲一下为什么要这样做。有一种说法是，与你最亲密的那 5 个人，平均起来就是你自己！如果你身边最亲密的5个人都是负能量的、情感能量严重不足的人，那么你肯定也会受到影响，这跟朋友圈的逻辑是类似的。我说的最亲密的5个人，更多是指虚拟世界里最亲密的5个人。我们往往不能选择自己现实生活中最亲密的5个人，比如我们的父母。但是我们可以选择虚拟世界里最亲密的5个人。对于创业的人来说，很多人会选择马云、王健林等作为自己虚拟世界里最亲密的人。所以，在虚拟世界里，你想成为怎样的人，你认为怎样是成功的，你就可以选择符合你这些期待的人来做你最亲密的人。等你选择完5个人之后，就去找找他们写了什么书，发表了什么演讲，讲了什么课，做了什么分享，拍了什么视频，然后全部看一遍。经过密集式的、沉浸式的学习之后，我相信，不出两三个月，你对这个人就会十分了解。然后，你会慢慢地知道为什么他面对一些情况的时候会做出某些决定。再过些时日，当你遇到一个新问题时，你可以假设如果你是他你会怎么去解决。等你成功解决问题的时候，你的模仿就成功了。如果我们这样去深度学习5个成功的人的话，对于成长会非常有帮助。值得你学习的人，情感能量往往都会非常高，所以不断地向他们学习，就是在不断地提高自己情感能量的上限。

懂得寻找信息源

另外，我们还可以通过寻找信息源的方式来增加自己的情感能量。好的信息源能够增加人的掌控感，以及进行判断时和行动时的自信，当然也就有助于增加人的情感能量了。追溯信息源的过程中，书是一个特别好的帮手。书可以说是当下含金量最高的一种知识载体了，而且价格又便宜，往往就是买一杯星巴克咖啡的钱。通过读书我们发现，有好多创业的项目，其实根本不是我们第一时间发明的，类似模式很可能早就在美国硅谷或欧洲出现过，然后有一批人及时把它们引到了中国，然后再本土化，最终才做成了非常大的事业。通过一本好书的参考文献或书里提到的好书，我们又可以知道这个领域的其他经典之作，经过层层追溯，你会逐渐认识到你感兴趣的东西的来龙去脉，进而能够做出更准确的预测，也就更容易坚持和成功。所以如果你想跑在其他人前面享受红利，你就一定不要放弃寻找信息源。

主动为别人做点事

要保持自己的情感能量，还有一点很重要，就是做个善良的人，多去帮助别人。其实当你去帮助别人的时候，一方面证明了你在某些方面是一个强者，所以你能帮助别人；另一方面，你能从别人对你的感激当中得到一种满足感，这种满足感能够帮助你恢复情感能量。

很多人会觉得自己好像每天都在很努力地工作，一天到晚连轴转，但是并没有为这个社会创造出什么价值，也没有办法帮助到别人，自我价值感非常低，从而感觉人生没有什么意义。如果我们不能像一些大人物那样动不动就捐出很大一笔钱去改变世界，我们可以从一些小事开始做起，逐渐影响身边的人。“勿以善小而不为”，你可以扶老奶奶过一下马路；地铁上遇到孕妇就主动让个座；看到街头卖艺的人，认真听完一曲，然后给他一个打赏……这些小的行为，都能让你感觉非常棒，你不需要他们的感谢，你只要觉得原来自己对于别人是有价值的、能帮助到别人就可以了。当你充分意识到自己生命的意义时，你的情感能量就会充沛而饱满，也就有源源不断的动力支持你继续你的事业了。

从情感能量到坚持行动

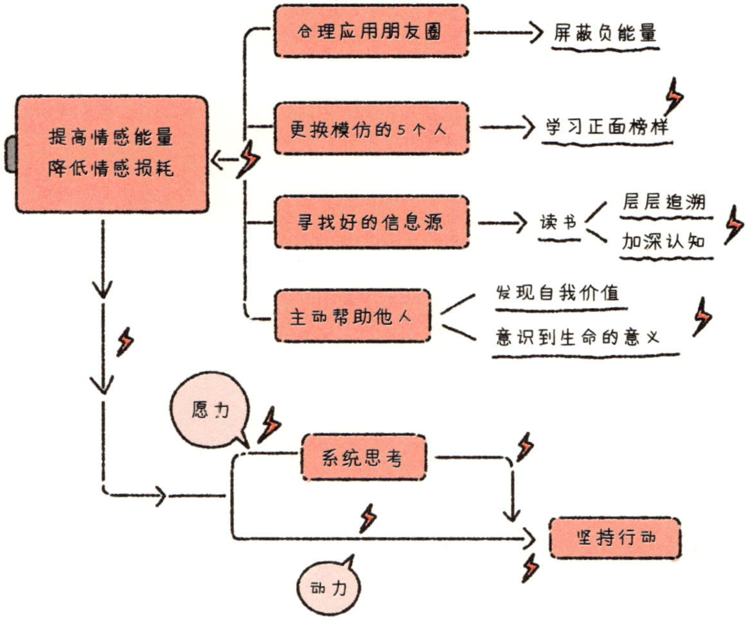

提高情感能量
降低情感损耗
合理应用朋友圈
屏蔽负能量
更换模仿的5个人
学习正面榜样
寻找好的信息源
读书
层层追溯
加深认知
主动帮助他人
发现自我价值
意识到生命的意义
愿力
系统思考
动力
坚持行动

4.3 从平凡到卓越，能让你终身受益的几个优秀习惯

如果你打算花1万小时成为一名你所在领域的王牌销售，除了必要的深入练习外，我希望你能将销售这件事带到你生活的各个场景中，培养成习惯。学英语也是一样的，很多人觉得背单词特别痛苦。中文应该是世界上比较难学的一门语言了，我们每个人都掌握得挺好的，为什么英文学不好？大部分英语差的人学习英语的时间，只是那少得可怜的上课时间。学习一门语言，最好的方法是沉浸在这门语言的环境中，不断地输入和输出。由于现实生活中每个想学英语的人条件不一样，并不是每个人都能出国留学或生活，但其实只要你有一部手机，或者周边有图书馆，你就能改造出优秀的外语学习环境。我们从听说读写来看，听读属于输入，说写属于输出，先有输入再有输出。通过听英语电台、读英语原著和报纸，我们会有海量输入；通过口语模仿练习或参与英语角，用英语写工作报告或记英语日记，能提高我们的输出能力。如果做到以上两点，哪怕你在国内生活，从不出国，你的英语能力绝对会比大部分人高得多。说白了，我们做的就是将英语学习从一件特别需要仪式感的事，切换成我们每天用中文听说读写等必做的事情，将学习英语养成像吃饭睡觉喝水那样的习惯罢了。

以下是我常用的几个习惯。

1. 清空你的大脑

绝大部分人的问题不是没有想法或想法太少，而是想法太多，但执行则处于瘫痪的状态。要打破这个坏循环，第一件要做的事就是清空你的大脑。

首先，将你要做的事情统统列出来，你可以写在纸质的笔记本上，也可以记录在手机App中。把这些事情记录下来是为了落实到下一步的行动中，请确保这些

记录能准确无误地指导我们的行动。

其次，将这些事情按照重要程度排一个序，在长长的待办清单中，真正重要的可能只有那么一两件，不要因为无法完成所有的任务而感到沮丧，每天只做好最重要的两件事情，你的效率就已经非常高了。

通过上面的步骤，我们可以将自己的大脑从乱七八糟的状态中解脱出来，享受属于自己的头脑空间。

2. 整理你的办公桌和床

想知道一个人是否有条理，看他的办公桌和床就会知道大概，因为这是我们一天中待的时间最多的两个地方。当你面对着堆积各种杂物的办公桌时，你的办公心情无形中会受到影响；当你面对着被子没叠衣服乱放的床，你的睡眠质量也会受到干扰。

为了让我们的工作更高效，睡眠质量更好，办公桌和床需要处于整洁、舒服的状态，具体建议如下：

除了必要物品外，不在办公桌上放置任何杂物；

不把办公桌当书桌，最多只放一本书，在间歇的时候看；

不在办公桌放可能会分散自己注意力的东西，如手机（手机可以放在抽屉中）；

床上除了被子和枕头，其他的杂物都不放。

3. 让阅读更有目的性

很多人对阅读的追求停留在1年读几十本书上面，我们必须表扬爱读书的这些人。但是，为什么读了那么多书，仍然无法过好这一生，甚至觉得没什么帮助？

那是因为，我们的阅读动机错了。因为别人说一本书好，所以我们去读这本书，但对自己有什么帮助却从未想过。更好的方法是让阅读更有目的性，基于自己的需要做某件事，培养某个技能、某项能力，有针对性地从相关书籍中汲取养分。

4. 小事立即做，大事拆开执行

如果一件事能在3分钟内做完，那就立刻做吧，不用先把它记录下来安排优先度，立马做的效率反而更高。

如果一个项目无法在短期内完成，我们第一步要做的就是将它进行拆分。例如，你打算用业余时间写一本书，如果你每天晚上告诉自己我要写一本书，你根本不知道如何下手。但是如果你将写书这个项目拆分为每天写一篇文章，问题一下子

就变得很简单了。

5. 让容易消耗时间的事情变得不舒服

你喜欢煲电话粥吗？

你们公司开会一般开几个小时？

你是否喜欢躺在沙发上玩微信刷微博，一不小心就到12点？

我们很难立刻改掉这些习惯，但是我可以让这些容易消耗时间的事情变得不舒服，然后就没有那么容易上瘾了。每次打电话，你可以要求自己站着聊天，而且不能做其他事情，这样你就会不自觉地缩短聊天时间；每次开会，要求与会者在固定的时间内把要讲的事情表达完；每次玩微信或刷微博，用iPad而不是手机，因为iPad的用户体验更差，从而可以缩减你玩微信的时间。

6. 把重要的事情留在早上做，而不是晚上

很多人有在夜深人静的时候挑灯夜战的习惯，总觉得自己比别人勤奋。除了多两个黑眼圈，自我感觉很努力之外，他们的效率其实不高。

原因很简单，晚上不就是用来睡觉的吗？如果我们在很晚的时候继续工作，大脑会一直处于亢奋的状态（这是一种大脑在非常疲惫的状态下被强行激活的亢奋，通常靠咖啡、茶和截止日期强撑），当你做完这些事情时，你也就丧失了恢复精力的最宝贵武器——睡觉。

更好的方式是，早睡早起，把事情留在早上做。早上起床后，人的大脑是清空的，我们更有机会做出有创造性的成果，思路更清晰、工作更高效。

7. 找出你的高效能时刻

精力理论中讲到，人的精力高峰也就是高效能时刻，一般是睡醒后的2~4小时。如果我们早上7点醒，精力最好的时间段就是9~11点（精力最为充足）；如果我们午休后13点醒，精力最好的时间段就是15~17点（没有早上精力那么足）。所以，你要反思，自己有没有将最重要、最需要花精力的事情安排在精力最好的几个小时呢？

8. 制作你的压力舒缓按钮

压力利用得好，它就是高效生产力的催化剂，利用得不好，则是把你往后拉的一头蛮牛。你懂得制作你的压力舒缓按钮吗？

找到能让你舒缓压力的各种方式，写下来，如旅游、睡觉、发呆、聊天、运动、画画等。这些方式需要多少时间？场景的要求是什么？按照实现的难度由低到

高做一个排序。每当你感受到比较大的压力时，就用上述讲到的各种方式，从难度低的开始，帮助自己放松和舒缓下来。

如何具体培养一个好的习惯？回答以下3个问题就可以了。

1. 我为什么要培养这个习惯？

2. 如何坚持这个习惯，如何监督？

3. 如果我想放弃这个习惯应该怎么做？

我在几年之前曾经坚持早起300多天。我想从培养早起习惯的亲身经历说起。

我为什么要培养早起的习惯

1. 清晨没有打扰

不管是上班族还是创业者，每天都会被各种事务、会议打断，很难有属于自己

的大块时间。晚上下班后往往也会安排饭局、应酬和社交等。唯一不用担心被打扰的时间就是清晨了。

2. 清晨适合规划

每天醒来的时候，大脑是比较清醒的，这个时候我会将今天想做的事全部列出来，在早上完成今天的时间分配规划。如果担心自己的清单越来越长，怕自己坚持不下去，可以请朋友或家人来监督自己完成，因为自愿、公开的承诺更容易遵守。晚上做规划，容易由于事情过多而导致焦虑情绪，进而影响第二天全天的状态。

3. 清晨适合头脑风暴

当一个问题没有很好的解决方案时，头脑风暴其实是我们激发灵感的一种好方式。进行头脑风暴的最好时候是早上起床后不久。那个时候是我们大部分人一天里面精力最好的时候，这个时候也是我们灵感比较多的时候。因为我现在在创业，所以我会经常在早上进行头脑风暴，我要求自己每次想5~10个创意，并且把它们写出来，写出来不是为了去做，而是为了将它们记录下来，经过一段时间，当我的想法变得更成熟的时候，我会再进入下一步的实践部分。这样做其实并没有你想象中的那么复杂，有什么新的可以去做的事情都可以记录下来，即使天马行空也没有关系。比如刚起床后的你说，我想去拯救世界。没有关系，你需要做的就是把它记录下来，说不定你拯救了一只小猫，你很喜欢它，这就是你的世界。

4. 清晨适合阅读

我在阅读时会将书分为两类，第一类是干货类的书，放在早上阅读；第二类是兴趣类的书，放在晚上阅读会更有放松效果。清晨适合输入高质量的信息，比如做题或学习新技能，因为这个时候的精神状态好，容易吸收知识点。

如何坚持这个习惯，如何监督，如果想放弃该怎么办

如果你想从0到1培养一个习惯，最好借助第三方的打卡工具来记录。最简单的做法就是在日历上画圈圈和叉，然后观察日历上习惯培养的连续性，如果连续多天都是圈圈，证明习惯养成得不错，如果经常画叉，就要给自己提个醒了。

如果你想培养多个习惯，或者希望能更系统地做习惯培养的计划，可以做一张习惯培养卡（部分）。

习惯培养卡	早起 + 吃早餐
我要培养的新习惯	早上7:30起床，并且吃早餐
培养这个习惯对我来说为什么很重要	不吃早餐严重影响身体健康，同时为了50岁后少生病
我如何养成这个习惯	我制订了详细的计划，并且坚持执行
如果这个习惯培养成功了，我有什么好处	如果能坚持早起1个月并吃早餐，就购买一套新的无线键盘鼠标套装
如果失败了，我会……	从头开始，之前记录清零
写给想逃跑的自己（最刺痛内心的东西）	如果因为不早起吃早餐病倒了，赚再多的钱都没有意义了
如果我有些想放弃	1.默念10次养成早起吃早餐习惯的原因 2.如果在工作前不把生活习惯调整好，工作时不会有好状态 3.不要老是对别人承诺，连答应自己的事情都做不好，还谈什么能力

（部分）

4.4 不要让计划飘在空中，完成比完美重要

我们身边的一些人每年都会做一个计划，那么会不会出现一种情况，就是我们正在做2019年的计划，但是2018年甚至2017年的计划还没有完成？所以我们在做计划的时候，可执行性非常重要，什么意思呢？比如计划1年赚100万元，A可以通过努力实现这个目标，但B就完全没有办法实现这个目标。如果A和B在每一年都做类似的计划，A的目标每次都能实现，他会慢慢地给自己设定更高的目标，让每一次的目标都刚好能实现；B老是喜欢定一个很高大上的目标，但是一次都没有达成。久而久之，两个人的自信心肯定不一样。那么，如何做具有可执行性的计划呢？

你的计划必须可以进行数据化记录

我们以时间管理为例，如果你希望自己每天能看书1小时、跑步半小时、学英语半小时，我们需要通过软件或时间管理手账、手表等来进行时间记录。否则的话，你只能说我今天读了书，我今天跑了步，我今天学了英语，但实际上你并不知道你学了多久。通过数据化记录，我们可以看到自己在每一个项目当中花费的时间是多少，以及取得了怎样的成绩，这些数据能帮助我们在长远的计划执行当中牢牢地掌握主动权。例如，我们将读书的计划定为1年阅读50本书，假设我们平均每阅读1本书需要7小时，1周需要完成1本书的阅读，要是平均到每天，我们需要在每天努力读书1小时。所以1年阅读50本书的计划只需我们坚持每天阅读1小时就可以达成。我们只需把每天的这1小时保证好，就可以了。这就是数据化记录的重要作用，它帮我们把宏大的目标分解成一个个具体的小步骤，执行起来更加清晰，可操作性更强。

跳起来够得着

每年的年底及新年的第一个月是很多人给自己制订各种计划的时候，我也是其中的一员。但是当我在制订计划的时候，我一定是做那些跳起来够得着的计划。为什么这样做呢？我非常重视自己的计划能否完成，如果让我选择，我宁愿选择一个我能完成80%~90%的任务，这样我更能感到进步，有成就感。如果我制订了一个超级大的计划，结果我只完成了10%或20%，我会充满挫败感。

跳起来够得着包括两点。第一点是跳起来，跳起来之前你首先要对自己有一个客观的评判，你究竟跳起来有多高。具体来说就是，你跳起来究竟能跳30厘米、40厘米、50厘米，还是80厘米？这需要你自己的客观分析。其次是基于自己现在的水平设置一个比现在水平稍高的目标。这个目标是你通过努力可以达到的。基于这两点制订完计划之后，就不用担心自己完成不了了，因为这个目标在你的能力范围之内，而且还具有一定的挑战性。当你达到标准之后，你也能感受到自己能力的提高。无论是给自己设定目标，还是给团队制定目标，请遵循“跳起来够得着”的原则，你会发现自己越跳越高，说不定哪一天你就跳到了一个更大的舞台上面。

能够坚持足够长的时间

很多人在新年伊始都会在朋友圈发表一番豪言壮语，比如今年我要做什么事情，今天我很努力，我已经做了多少多少事情……可是，我们知道，喊口号的人很多，真正能够践行自己的计划并最终实现目标的人却少之又少。

没有什么计划的实现是一蹴而就的，所以我们要有充足的心理准备来持续努力，我们只有坚持足够长的时间，才有可能成为笑到最后的胜利者。因此当你在制订一份计划的时候，你必须保证自己能够坚持足够长的时间，否则计划就好像无根之树，休想指望它结出丰硕的果实。

为了保证我们能够坚持足够长的时间，我们在做计划的时候要把我们状态的平均值计算在里面，不要用你自己最高产的那段时间来估算你一整年的时间，也不要根据自己最低谷的两个月的效率来设定你自己的目标。你最好养成早睡早起的作息习惯，这样可以保证你把精力维持在比较恒定的水平，如果不是十万火急，尽量不要熬夜，因为熬夜的代价就是在接下来的几天内让你的精力处于较弱状态，自然不

利于目标的坚持。我们不需要你每天读5小时的书，只希望你能每天都投入1~2小时或3~4小时在自我成长里面，然后坚持足够长的时间，因为所有的进步和成长都需要足够多的时间才能够表现出来。

要有输出结果

一份可执行的计划需要有一个可以输出的结果。比如说我们要做一个文创产品，我们会到某个平台去做众筹，你可以将你为什么要制造这样一个笔记本写成一个计划书公布在网络上面，具体说明你需要怎样的帮助、需要多大的一笔钱、你想向多少人招募。很多人看完你的计划书之后会给你打赏，支持你的梦想，为什么呢？原因非常简单，因为他从你的计划里面看到了你对未来的清晰规划，他们预期你能在几个月之内制造出一个笔记本。这个实际上输出的结果是信任的重要基石。

我想举身边一个学员的例子。李茉莉是一位有两个孩子的积极向上的宝妈。她给自己订立的习惯目标如下。

周目标：通过微信来坚持打卡，制订工作计划，给宝宝读书，在娱乐课后和宝宝讨论游戏的内容，然后把成长故事投稿给训练营，给大宝做训练。

月目标：陪伴大宝小宝，在思维导图训练营学做思维导图，搭建衣柜系统，补充应急的单品，准备下一个月的面试，学会利用碎片的时间学习，养成每天读书20分钟的习惯，每个月读5本书，带宝贝去听新年的音乐会和话剧。

年目标：学财务，保证要做的事情不遗漏，学会思维导图，学会手账，给小宝找合适的幼儿园。

5年后的生活状态：大宝考入理想的初中，小宝进入心仪的小学，自己换一套大三居，成为一个很好的妈妈，拥有创新型的公司，聚集优秀的人才，可以从容睿智地解决问题，通过健身将体重维持在53公斤以下，每年有一次全家海外游，学会做泡菜和几道拿手好菜，学会做手工。

总体来讲，我非常佩服李茉莉的目标，写得很具体，很多事情执行起来不是很难，同时又很接地气。我认为她的年目标和5年之后想实现的生活状态当中关于大宝和小宝的部分是没有什么问题的，但我发现她每天用于自我学习的时间其实并不多，只是偶尔学习一下课程，以及进行20~30分钟的阅读。李茉莉的目标其实是实现家庭和事业的平衡，但具体到每一天，大量的时间其实花在了两个宝贝上面，所

以我建议：她的个人成长目标应该跟自己将来想创业的公司是相关的。拿思维导图举例，我们不能只是把学习思维导图作为一个过程，我们应该把它当作一个技能去培养，也就是达到在半年之内完全掌握这个工具并且自己能作为老师出去分享的程度。一旦你能这么做了，你通过学习而获得的技能便为你带来了收入，你的个人潜能也能被更好地激发。顺着这个思路，如果你的技能已经好到一定程度，出现供不应求的情况，也可以创造很不错的现金流，那么你可以以这个为突破口，做一个新的公司。这种方式是比较有可实践性的方式，也是我身边很多朋友使用的方式。我们如果要实现5年后的愿景，还是需要有一两条明确的主线，它们关系到你本职工作之外的第二事业的发展。

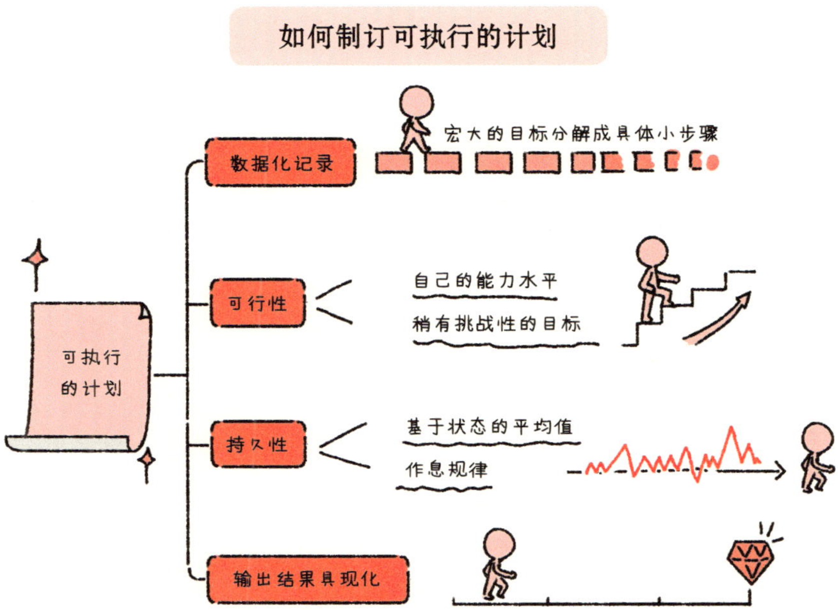

我个人认为，我们讲的自由很大程度上取决于我们的事业是否能给我们带来比较体面的收入，所以我希望你在制订年目标的时候，要提高学习或专业训练的比重，或者说在事业上多花力气，这才是实际又靠谱的制订计划的方式。

我在几年前给自己制订了一个梦想，也可以说是计划，那就是我要在30岁之前拥有自己的公司，然后学会投资、时间管理，还有新媒体，为的是给家人创造一个更好的生活环境。我现在还没有到30岁，但是其中的大部分目标已经实现了。

我是将自己这辈子想实现的目标通过可执行的计划来进行分解的，分解完后我就可以从容地过好每一天。只要按部就班地把该做的事情做好了，不出意外，若干年或若干个月后，你的目标就会一一实现，而且实现的时间往往会比你想象中的要提前很多。

4.5 最伟大的成功，来自默默的坚持

如果我们从时间的维度来拆分计划，计划分为年计划、月计划、周计划、日计划。我希望你一定要真正地清楚你自己究竟想成为怎样的人，你有怎样的人生梦想，因为你做计划的时候是要依照这个梦想来进行倒推的。

年计划

在我刚毕业时，我给自己定下的目标对于那时的自己来说，实现起来还是很困难的。我当时做的一个决定就是将实现这个目标的期限拆分为10年。每年我会花1000个小时来自我提升，这样算下来，10年一共会有1万小时的自我提升时间。

我在本书的前面讲到，1万小时可以让你在某个领域里达到较高水平。当然我不是希望用1万小时去弹钢琴或踢足球，我希望用这1万小时的时间成为更好的自己。这10年是我学习各种技能和进行各种尝试的总时间。我在做年计划的时候，非常清楚地知道，每一年我只需在自我管理方面投资1000小时。为了更好地实现计划，当我们制订计划的时候需利用两种动机，一种叫外在动机，也就是外在的激励、奖励；另外一种叫内在动机，就是你内心的渴望。当我制订每年用1000小时进行自我提升的目标时，我进行了目标拆解，一年1000小时意味着我每周只要保证专注20小时，也就是平均每天3小时。当时的我是一个朝九晚五的上班族，晚上有四五个小时的空闲时间，所以对我来说，抽出3小时来进行自我提升不是个大问题，而其余的时间我都可以尽情娱乐或休息，这样对我来说也不会像苦修那样难以坚持（部分）。

年度目标	外在动机	内在动机
自我管理 1000小时	每周保证专注20小时，其余时间可以尽情玩耍	渴望成为时间管理达人，因为时间是我们最宝贵且最公平的一笔财富
阅读 100本书	向厉害的人学习的低成本方式	唯知识不受限制，唯灵魂可以畅游世界
跑步 100次	每到一个阶段，奖励自己跑步相关装备	追随村上春树的脚步，坚持一件普通的事情几十年，这件事就变得不普通了
健身 100次	每到一个阶段，奖励自己健身相关装备	渴望拥有强壮的身体，能够保护身边的人
写作 52篇	每写完一篇文章，进行分享，与身边的朋友交流	文字从青涩到熟练，写作见证着我的成长

（部分）

说到外部动机，我会根据目标的大小来定，可以是一双球鞋、一顿大餐，或者一次出境游；至于内在动机，就是我渴望能成为时间管理达人，渴望能在自我成长方面成为别人的榜样。时间对于我们每个人来说都是最宝贵的一笔财富，如果你有机会去问一个亿万富豪他的遗憾是什么？我觉得大部分人都会回答，时间一去不复返，赚再多钱都买不回时间。因此，当时的我认为，如果我能成为一个时间管理达人，至少我能把我自己唯一的青春用好、过好，这对我来说就足够了。那么，这1000小时该怎么花呢？我根据当时的情况给自己定了几个目标。例如，阅读100本书、跑步100次、健身100次、写作52篇。为什么要定这么具体的目标呢？其实就是为了提高可执行性。细算下来，我只要坚持每周跑步两次，阅读两本书，健身两次，写一篇文章，就可以比较好地执行我1年中用于自我成长的1000小时。

当时的我刚毕业，因为手头没什么钱，所以报不起培训班，因为很多培训班动不动就收费几千元，甚至上万元。所以我采取的都是比较低成本的方式，比如看书。我们和很多伟大的人处在不同的时代，背景也大不相同，但是我们读的书可以是一样的，通过读书得到的灵魂上的享受，其实是没有任何分别的。跑步同读书一样，成本低，但好处多。我当时是读了村上春树写的《当我谈跑步时，我谈些什么》，这本书已经让无数人爱上了跑步。村上春树除了是一名作家，也是一名跑者，这看上去是很普通的一件事，但是他坚持了几十年的时间，因而也就不普通了。为了让自己更好地坚持下去，除了内部激励，每到一个阶段我都会给自己一些看得见

的外部激励，每当我跑到30次、50次、90次这种里程碑的时候，我就奖励自己一些装备，买一双跑鞋，或者买一套衣服。

关于我的1000小时，我通过前面讲到的时间记录类软件进行了一个系统的记录。通过在软件上面记录，我可以确保1000小时里面的937小时能充分利用，任务的完成率达到了93.7%。

至于其他的计划是怎么记录和实践的，我首推豆瓣。豆瓣里有个栏目叫作豆瓣读书，在这里我们几乎可以搜索到目前市面上常见的书籍。在豆瓣读书的搜索框里，你可以输入一个书名，搜到了之后你可以选择三种状态，一种叫想读，一种叫正在读，另外一种叫已读。同时，你还可以给它们设定标签。我会把想读的书在豆瓣进行记录，然后将我读完的书通过标签进行标记。很多人的记录表是以主题来进行的，如心理学、外语学习、历史……但是这样做难免会出现交叉重叠，导致最后越记越乱的情况。我建议用年份进行记录，这样我可以直观地看到自己在每一年究竟读了多少本书。因为豆瓣的书库很全，我基本可以在上面记录我绝大部分书籍的阅读情况。当然这里不包括我看的一些文章或文献，只包括已经出版的书籍。

关于跑步，我做了一个Excel表，这个Excel表其实是用印象笔记来进行更新的。我会记录跑步日期、今天是第几次跑步、跑步时长、跑步距离、跑步速度等。最关键的一点是，我会记录距离上一次跑步是多久？我们总是讲21天能培养一个好习惯，但在实践的过程中，你可以看到，距离上一次跑步的天数在我们养成跑步习惯的21天里，其实影响还是很大的。什么意思？就是一个新的习惯从养成到最后成为一个好习惯，你会经历非常大的挑战，比如我第3次跑步和第2次跑步间隔了3星期，当时的我因为腿伤了，所以不得不休息。在回顾的时候，我会看到后面跑步间隔的天数越来越小，这就是习惯养成之后的结果。健身其实也是一样的性质，你可以看到越往后习惯就越容易坚持。在过去的几年当中，坚持了这几个好习惯对我自己而言有特别大的帮助，现在的我正处在创业期，这时候一定要保证较好的体力，而跑步和健身给我打下了不错的健康基础（部分）。

次数	日期	时长	距离（千米）	平均速度（千米/小时）	距离上次跑步的天数
1	1月4日	23分13秒	2.74	7.08	
2	1月11日	21分32秒	4.01	11.17	7
3	2月2日	39分10秒	3.28	5.02	21
4	2月20日	29分57秒	3.02	6.05	18
5	2月22日	24分14秒	3.86	9.56	2
6	3月13日	27分4秒	3.89	8.62	19
7	3月19日	20分9秒	2.07	6.16	6
8	3月20日	17分50秒	2.12	7.15	1
9	3月25日	21分33秒	3.16	8.76	5

（部分）

我的自我提升计划里还有一项是关于写作的，我经营着一个叫“选择自己”的公众号，刚开始的半年，大部分文章都是我自己写的。后面我又开了一个叫“Kyle”的公众号，这个平台更多涉及我个人的成长经历或我想写的文字。粉丝增长数、阅读量、转载率和读者评论等既是给我积极反馈的来源，也是显示我成长速度的标尺。

月计划和周计划

制订月计划和周计划，主要用到的是日程管理类工具，也就是日历。如果你和我一样是一个多项目同步推进的人，你也可以用跟我一样的方法。同时进行项目时，我们会很容易忘记一些重要的事情、时间节点，而且很难把握每一个项目的进度。有一个软件的出现帮我解决了这个问题，这个工具叫Time line。我在做日程管理月计划时经常会用到它，它可以同时将各种项目的推进时间进行更新，呈现效果有点像甘特图。

如果要对计划进行更具体的管理，我们需要学会制订周计划。不论你学习什么东西，一周下来肯定有一些小进步，所以，以一周作为一个计量单位，会方便我们进行回顾和复盘（部分）。

我的周计划表格也是用印象笔记进行记录的，然后导出到Excel里面。对于每一周的计划，我都会进行几个维度的记录。一上来就是3个问题。第一，我觉得自

第一周	周日	周一	周二	周三	周四	周五	周六
每周3问的内容	5月19日	5月20日	5月21日	5月22日	5月23日	5月24日	5月25日
坚持回顾第几天	第1天	第2天	第3天	第4天	第5天	第6天	第7天
我对这几件事情的处理很满意	用印象笔记摘录书评资料	使用Unbrokentime写完《小强升职记》书评；看完了第20本英文原著		看完《我最爱用的理财书》；下午用4个番茄钟的时间写了书评；对论文进行了查重	看《哈利·波特》；背单词；去书吧；开始看新书《看见》	用论文查重软件；修改论文	
我觉得这几件事情处理得一般	吃早餐	改善豆瓣的书评格式；尝试多做运动	中午休息	中午按时休息	中午按时休息	中午按时休息；晚上按时吃饭	中午休息
我对这几件事情的处理不满意	读英文原著	读英文原著至少40分钟	运动习惯的培养	阅读英文原著	修改论文的执行力不够	修改论文不够细致；犯了拖延症	修改论文的执行力不够；晚上打电话打太久；看书效率不高
自我评定							

（部分）

己处理得比较出色的事情有哪几件？这主要是为了发现自己的长处，提高自己的自信心。第二，我觉得有哪几件事情还可以处理得更好？第三，我对自己在哪几件事情上的处理不满意？其实这算是委婉的批评。然后，我会给自己一个评定，五颗星代表满分，如果我执行得特别好的话，就给自己5颗星；如果做得不是特别好的话，可能就是4颗星或3颗星。最后，我只需看一下每周拿了多少颗星就知道这一周究竟做得如何了。

日计划

日计划主要用到清单管理类的软件，我会将一天内所有要做的事情按照紧急程度和重要程度列在里面，紧急而重要的事情当然是放在最靠前的位置。前段时间，我们需要完善一本书的大纲，这是我们的主项目，而且这个项目重要而紧急，所以

实现计划的关键

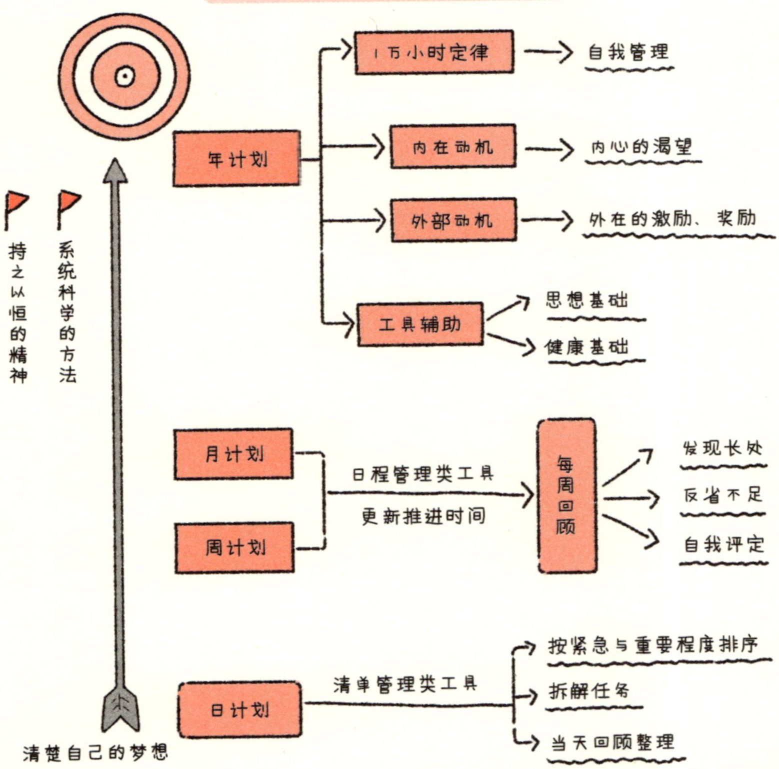

我会在它前面标1颗星，显示它的重要性，然后把这件事放在待办事项的第一位；而节日福利、别人预约的咨询、医院体检都属于重要不紧急的任务，所以排在其次；当时有一些要向公司报销的票据，因为有专门的同事负责，我不需要花太多时间在上面，所以这属于虽然有点急，但不是特别重要的事情。

确定了事项顺序后，你要明白，你要做的很多事情不是一个指令，它包含了一系列的动作，所以要将它进行拆解，这样执行起来就比较简单了。

当我把待办清单中的任务完成了一部分之后，我会在晚上的时候进行一下回顾，然后根据白天完成任务的情况制订第二天的计划。对于已经完成的事项，我会及时勾画掉，对于还没有完成的事项，我会放到第二天的日计划中，然后另外添加第二天要做的其他事项。

综上所述，无论是年计划、月计划、周计划，还是小小的日计划，要有条不紊地实现它们，既要有持之以恒的精神，还要有科学系统的方法。我写了很多自己的亲身经历，为的就是希望大家在培养习惯和实现计划的过程中少走一些弯路，少一些盲目和焦虑。

第5章

愿你生命中的每个角色，都被爱照亮

5.1 如何跟不同的人打交道，收获社交好人缘

俗话说：在家靠父母，出门靠朋友。人活这一辈子，会认识无数的人，有可能成为朋友的人却很少。众所周知，一个微信号最多能加5000个好友，普通人的微信好友数大多在200~500人，而在这里面，线下见过面并聊得来的“朋友”可能不到20人，甚至还有人说：“人生得一知己，死而不悔。”

我们虽然生活在不同的圈子里，但每个人的内心其实都藏着一份孤独感，都特别渴望被理解。

我习惯将现实中的朋友分在微信中的同一个组。他们包括我从小玩到大的邻居、同学，在外面旅游时认识的伙伴，以及有共同兴趣爱好的人。他们不一定像朋友圈达人一样活跃，平时刷朋友圈甚至难以看到他们的状态更新。可能上一次刷到他的时候是大家一起的毕业合照，下次刷到的时候已经是他结婚摆喜酒的现场照片了。每当到了公共假期的时候，我就会翻翻身边这些朋友的朋友圈，看看他们最近在忙些什么，然后给他们发个微信或打个电话问候一下，或者干脆组个局和大家聚一下。

社交关系从陌生到熟悉的秘诀在于沟通密度和沟通质量。

曾经亲密无间的朋友，5年没见面了，如果你每年花30分钟打电话问候，再次见面的时候进行高质量的沟通，你们依然有很多共同话题，因为你们在彼此的时间线上没有断层。但是如果你们俩5年期间一句话也没有说，5年后突然在某个聚会上见面了，大概会感觉生疏和尴尬吧，因为彼此都错过了太多对方的生活了，所以也比较难进行深入的交流。

什么样的人会成为我们的朋友呢？通常是那些和我们有一个或多个共同点的人。共同点可以理解为共同的兴趣、回忆、三观和圈子。

我与大学同学小斌，到现在已经认识10多年了，大学开学第一天进行自我介绍后，我就发现他跟我是同乡。虽然他是白羊座我是双鱼座，但我们俩都心直口快。

在大学的4年时光里，我们无话不谈，一起打篮球、踢足球、玩游戏、去旅游，一起翘过课，还一起失恋过……尽管我们在毕业之后的几年时间里见面不多，我们从事的行业也并没有太多交集，但是我们的关系一直保持得不错，在他结婚的时候，我还做了他的伴郎，亲自见证他从恋爱长跑迈入人生的下一个阶段。相反，我已经记不清一些大学同学的名字了，毕竟跟他们在大学期间没有说过几句话，相互不了解，毕业后基本上很难再有交集了。

每次做线下活动的时候，我都做现场分组。我会先让各小组的组员用三个标签简单介绍自己，然后找出自己和其他组员的共同点。后面的追踪回访发现，共同点越多的小组，组员之间的沟通明显更多，后续合作的可能性更大。

如果将我们认识的人进行分类，可以通过内外向和能量正负两个维度，将不同类型的朋友简单分为4类。

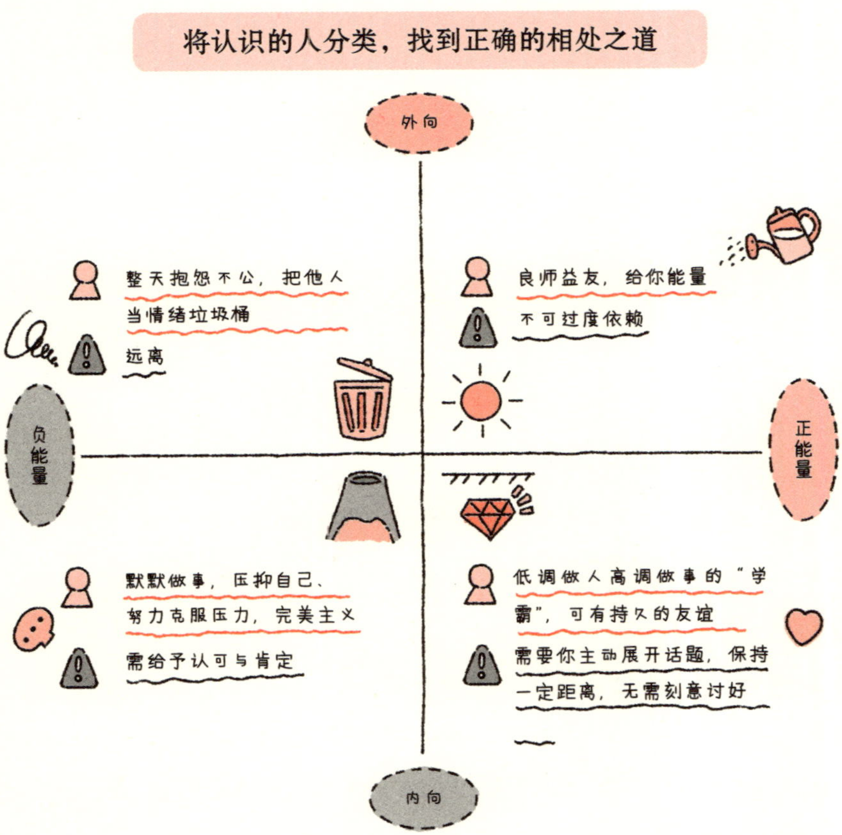

正能量外向型

每个人都期待身边有值得信赖的良师益友，他们是你前进的榜样，能给你的工作和生活带来指导和帮助，能够不断地给你能量，是你心中的太阳。遇到解决不了的问题时，你可以请教他们，并且将其建议付诸实践，他们会很乐意帮助你。需要注意的是，不要习惯性地依赖这类“高能”的朋友，他们通常会比较忙，过度依赖的结果可能导致他们失去耐心，毕竟有进取心的人是不大希望被其他人影响前进步伐的。

正能量内向型

我们身边总会有些低调做人高调做事的“学霸”，他们不一定会经常跟其他人交流，但是每一个“学霸”就是一个小金矿，等待你的了解和挖掘。他们往往擅长独善其身，一个人处理好工作、学习和生活，准时上下班，少说话多做事，很有神秘感。他们喜欢拥有自己的世界，不喜欢人太多的环境，也不需要太多的朋友。但是当你认真地向他请教一个问题时，他会很认真地给你回答。一旦你成为他们眼中的朋友，这段友谊可能会持续很久，不过这段关系可能要由你主动展开话题。需要注意的是，他们知道自己想要什么不想要什么，也有自己的兴趣点，你可以与他们保持一定的距离，不要刻意讨好。

负能量内向型

当你到了一个新的环境，你会很容易被性格鲜明的人所吸引，但是，他们只是人群中的少数。大部分人对现状和自己都不那么满意，也会存在负能量。但是这类人从来不说，而是会一直压抑自己，想办法克服压力，直到有一天无法压制，一次性爆发，然后选择离开。在大部分情况下，比起跟朋友交流，他们更愿意自我排解。对现状不满意也可能是完美主义的体现，也许你身边那个默默做事的朋友需要的正是你对他作品的认可和肯定。挖掘这类朋友身上的闪光点，然后给予认可，是跟他们做朋友的关键。

负能量外向型

有的人喜欢把别人当作情绪垃圾桶，他们整天向你抱怨各种不公。在他们心中，向你吐槽情绪垃圾是对你朋友身份的认同，因此不管是工作上的压力、感情上的不顺，还是只是因为一件小事影响了心情，他们都统统向你倾诉。一开始，你可

能会出于同情觉得他们很可怜，不断地给他们一些解决问题的建议，希望他们能振作起来。但是他们根本不会听，因为他们不是不知道如何解决问题，而是他们需要你作为朋友对他们进行认同，哪怕这件事情的确是他们不对。你会每天听到各种抱怨，不断地被他们消耗，进而影响自己的工作和生活状态。直到有一天，他们可能会开始抱怨你。的确，每个人都会有艰难的时候，很需要身边人的支持，但是不要选择天天把困难挂在嘴边的人做朋友。我并不是鼓励大家做一个不理会朋友生死的冷血动物，而是希望大家明白，每个人都有选择朋友的权利，请擦亮眼睛选择那些能带给你能量而不是不断消耗你的人。对于把你当情绪垃圾桶的朋友，你能做的，就是远离。

5.2 如何做一名优秀的终身学习者

在传统观念中，考出好成绩是好学生的唯一标准，唯分数论仍是很多学校和培训机构对学生的培养方针。很多学生也认为，好成绩就是自己优秀的证明，他们会不断地去考各种证，刷各种分数。

能在考试当中获取好成绩证明了两点。第一，这个人挺努力；第二，他的智商不差。但这不能证明他一定是一名好学生，因为考试只是一个游戏规则单一、有唯一标准答案的封闭理想实验。在这个封闭理想实验里面，你只要研究好每一个知识点，通过做题巩固知识点，记住各种题的各种解法，在考试的时候顺利调取出来，就能换取不错的分数。高中3年下来，考试的绝大部分内容都来自学生手中的教材。

问题来了，当我们跳出考试的框架，尝试让这些考取高分的学生去解决工作、生活中的实际问题时，会发现理论和现实有巨大的落差，我们应该如何弥补呢？

例如，学英语这件事，不管是在国内高考，还是到国外留学，英语成绩都非常重要。请注意，这里是英语成绩而不是英语能力。如果我们要迅速提高某种考试的英语成绩，如四六级、雅思、托福等，最快的方法不外乎背单词、做题、上补习班。但是如果我们以提高英语能力为目的，想真正习得英语这门语言，我们就应该去了解以英语为母语的国家的小孩是如何学英语的。

如果你想通过好的英语成绩找一份好工作，或换取上升的机会，而实际上的英语能力并不那么重要的话，唯分数论的学习方法效率最高。如果你的工作或学习的确跟你的英语能力息息相关，例如，要在国外读书，要用英语和外国客户交流，真实的英语能力就更重要，更好的策略是真正打好英语底子，将英语学习贯彻到生活当中来。

学习是一辈子的事情，我们需要从学会学习本身开始。

如果将人类过去所有的知识绘制成一张地图，大概是一张知识树状图，有其树干、树枝、树叶。几百万年以前，人类掌握的知识并不多，大脑占体重的比例也比现在小。随着知识、信息的增加和技术的大爆炸，这张知识树状图包含的信息量已经远超我们个人大脑的总容量了。所以社会有了分工，不同的人掌握着不一样的知识，人与人之间通过相互合作和教育来交换知识和培养下一代。我们的后代会远远比我们聪明，这是个不可逆的趋势。

知识无限，时间却极其有限，我们怎样才能成为一名终身学习者呢？我想通过以下5个步骤来分享一下我的学习习惯。

1. 学习不是盲目的，它是从定义问题到解决问题的途径

第一个发明飞机的人一定在脑海里无数次想象在天空飞翔的场景，同理，一个优秀的学习者往往对事物具备充分的好奇心。好奇心能让你发现工作和生活中的问题，并且提供解决问题的源动力。而准确地定义问题是其中的关键，只有定义好了问题，才能更好地解决问题，而学习就是从定义问题到解决问题的途径。例如，父母希望孩子能考高分，进好学校，找一份稳定的工作。如果孩子想做的事情和父母对他的期待产生了冲突，应该怎么办？

我也曾经面临过上面所说的情况。我在大学学的专业是工程，这个专业和家里的生意算是对口，所以当我毕业后，我父母特别希望我回家里帮忙打理生意，而不是到别的公司“浪费时间”。我身边的一些朋友也建议我听父母的，理由是这样做不会太累，还能多挣钱。我拒绝了父母的要求，选择到外企当管理培训生，月薪5000元，不但父母不理解，还有一些朋友觉得我很傻，说我把好牌打烂了。

我觉得父母之所以对我有这样的期待，本质上是希望我过得好，少让他们担心。所以他们提供了一个风险最低的方案，让我回家帮忙。但是我要过好这一生，采用这个方案明显是治标不治本的，只是暂时让父母心里有了个安慰而已。那个时候的我刚毕业，没有任何管理经验，也没有什么阅历，直接回家帮忙，只能是继续做温室里的花朵，接受父母的庇护，走他们走过的路。问题在于，他们过去20年走过的路，我还能再走20年吗？我还能复制他们的成果吗？不一定，因为他们吃到的是中国加入WTO的黄金10年的红利。而我看到的是，传统行业的经营越来越艰难，家里生意更是一日不如一日，我的加入也不能解决根本问题。如果我想真正过得好，不让父母担心，最应该做的是迎接挑战，承受风险，去新的行业里历练自

己，闯出一条属于自己的新路。

毕业6年，从刚开始的摸爬滚打、父母天天担心，到如今我在一线城市最繁华的CBD拥有了几百平方米的办公室，也有了自己引以为傲的事业和团队，我已经成为父母心中的骄傲。我真的很感谢自己当初的勇敢和坚定，也希望将它传达给你们。

2. 学会找信息源

我认为优质信息源的标准是，要么是靠谱的一手信息，要么是能帮你连接一手信息的渠道。

微博上面经常会有明星的八卦爆料，但是很多爆料往往会出现戏剧性的反转。在公司里面工作，你也会发现，针对同一件事情，同一个人在不同人面前的表态也有可能前后不一致。如果你找到了问题所在，想要去解决，一定要学会找信息源。什么是优质的信息源？如果你想了解一个明星的八卦的真实性，可以听听与这个明星亲近的人讲的话，或者看看这个明星的铁粉的评论，他们会帮你过滤掉那些具有迷惑性的信息。如果你在公司里听到消息，说某人对某件事有意见，不要第一时间相信，有必要的话找当事人问一下，以免产生误会。

3. 在能力范围内选最好的老师

我每年大概会花2个月的时间和6位数的金钱到处学习，以便在能力范围内选最好的老师。很多人觉得学费贵、不值得，但是，真正的好老师从来就没有便宜这一说，而且学习是一种投资行为，投资看的是投入和回报，以及风险。

比起学费，投入的时间和精力才是更宝贵的资源。我们大部分人都是想通过投资自己，让自己的时间更值钱，然后赚更多的钱。如果一个好老师能帮你少走弯路，其实你就已经赚到了。

学习要有目的，但不意味着功利，并不是你听完一种课，回去立马就能多赚几倍的钱。好的老师会将知识在你心中埋下一颗种子，在合适的时候，这颗种子会自动生根发芽，最后结出丰硕的果实。

老师是一份出售自己时间的职业，一种模式是尽可能将一份时间卖更多份，薄利多销；另一种模式是尽可能将一份时间卖得更贵，精耕细作。如果一个老师对自己没有足够的信心，他是不敢卖贵的，因为教育是长期口碑的生意，课不好又卖得贵就只能赚一波钱，不划算。价格是最好的筛选，能帮老师选出好学生，也能帮学生选出好老师。越贵、越难获取的知识，往往越有价值。

老师分为现实生活中的老师，以及虚拟世界中的老师。

我刚毕业的时候，月薪只有5000元，除去每个月给家人的生活费和自己做的一些基金定投，能自由支配的学习资金并不多，大概只有一两千元。我那个时候是上不起那些动不动就上万元的课程的，于是我就买大量的书看。在一本书中，一个作者在一个领域多年的经验往往总结成10万字，你花10小时左右的时间就可以浏览完，并且只需要花1杯星巴克咖啡的价格，性价比还是很高的。我发现，绝大部分问题，在书里都能找到答案。

后来，我的经济条件改善了，除了从书里获取知识，我会直接联系作者，或者报老师的线下课，以便进行深入学习和交流，将老师从虚拟世界的一个名字转变成现实生活中非常优质的信息源。

4. 高密度沉浸式学习

如何快速向一个人学习？我的答案是花1~3个月时间阅读他写的一切，包括书、文章等；听他讲的课、接受的采访等，最好是从以前的内容读到最新的内容。通过高密度沉浸式学习，你能看到这个人思想上的变化历程，你也会开始理解他的思维模式。当你遇到类似问题时，大脑会提示你，你想学习的人此刻可能会怎样做。这个方法尤其适用于工作场景，能帮助你快速缩短你和同职位同事的差距。

5. 及时输出

哪怕输入再多的信息，如果没有输出，你获得的这些知识也很难内化成自己的。我创业以来一直有个习惯，就是每周四举办下午茶分享会，每星期选出3名同事进行分享，分享的内容是他们在工作或生活中擅长的技能或经验。通过提前准备PPT、给同事现场分享，很多人取得了不小的进步。以前大家都是各自研究自己喜欢的领域，通过分享会，每个人把自己的看家本领分享了出来，这样能够告诉别人自己擅长什么，从而打造属于自己的个人品牌。同时，这样做也促成了同事间的相互了解和能力互补，方便了他们的日后合作。

最后举一个小例子，如果你想学习如何做PPT，具体应该怎么做呢？首先，购买PPT课程和图书，跟最好的老师学，花1~3个月时间系统学习并实践。其次，总结出你的学习心得，做一个小白从零基础到3个月后学会PPT的分享，并且解答别人的问题。这样，你就从一个想学PPT的人，蜕变成身边人心中的PPT达人了。

学会学习，才能成为终身学习者

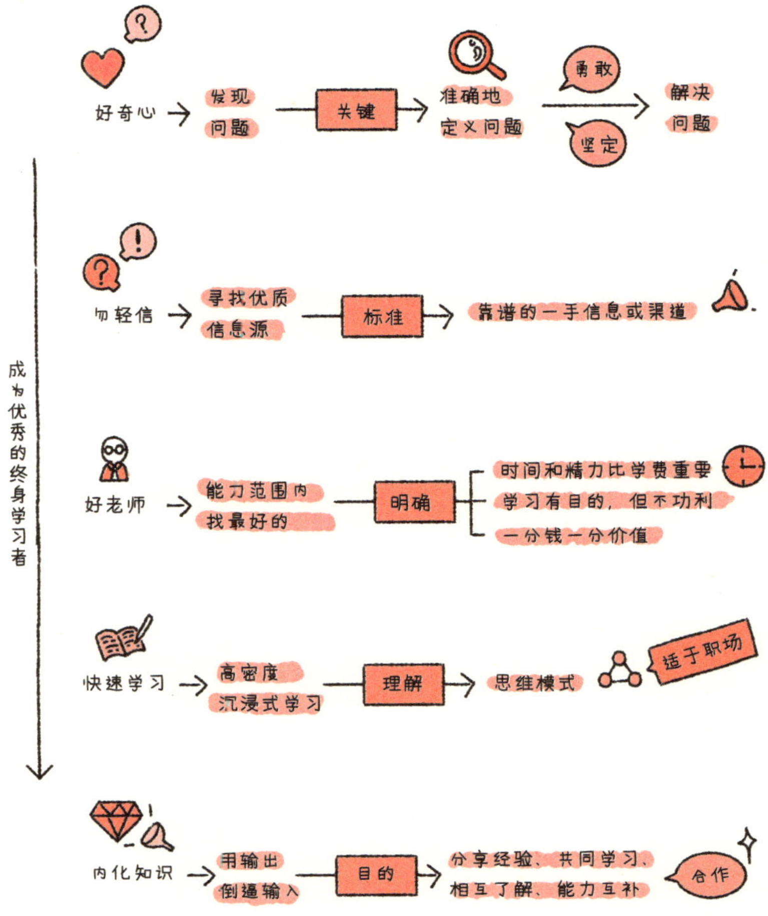

5.3 如何做一名高潜力的职场人

在过去的6年里，我比较顺利地经历了从外企员工到外企/互联网公司管理者，到互联网公司合伙人，再到互联网公司CEO的角色，在跟很多和我类似的朋友交流后，我总结出在职场实现突破的3个关键点：做事，做人，一致性。

学会做事

关于做事情，职场小白通常会认为，你让我做什么我就做什么，这样不就好了吗？还有什么讲究的？勤奋的年轻人确实不少，但是做事情靠谱的却不多。我们公司去年开始做抖音项目，跟同行交流时，朋友向我吐槽实习生做事不靠谱。她让实习生去一楼前台帮她领个快递，实习生去了几分钟后空手而归，说前台没有收到。我朋友问实习生有没有去问另一个前台，实习生说没有，然后就自己回座位去了。最后，快递还是朋友自己下楼拿的。

做事情靠谱，要以结果为导向。一件事情交代了给你，不是请你做个样子，展示做的过程，而是希望你能做出结果，对结果负责。在大部分公司，你只要能把上司交给你的业务按时按质做好，并且保持积极的向上沟通，通常能获得做事靠谱的评价。

从北京到广州，有无数种路线，你可以坐飞机、高铁，甚至开车、骑单车。每种方式需要花的时间、精力、金钱是不一样的。如果你有重要活动要参加，需要及时到广州，飞机是最快的方式，代价是金钱，因为机票一般来说是所有选项里最贵的。同样是从北京到广州，你选择哪条线路服务于你的目的，是很考验一个人的综合素质的。

很多时候，我们面对太多资源时会陷入资源诅咒，因为选择太多而让事情推进得更慢。一个人做事靠不靠谱、聪不聪明，要看他达到同样的结果，调动资源的多

少。你会发现，靠谱的人做好手头上的事，往往会调用更少的资源。

学会做人

我从小就不是很擅长社交，也不大喜欢看似情商高，实则八面玲珑的职场老油条。我认为自己的性格在职场中是不太吃香的，也不太适合做管理。通过这几年对近百人团队的管理，我慢慢悟出了一些在职场中做人的道理，其本质总结起来就是自我管理、向下管理和向上管理。

自我管理

我在2016年和2017年开了20期时间管理的训练营，好多学员问我同一个问题：我刚到一家公司，因为工作太多，没有自由支配的时间，怎么做上班和下班后的时间管理呢？我觉得职场新人自我管理的核心在于执行力。在新人阶段，重点不是如何用好自己的时间，而是如何将其他人交给我的事情及时做好。假如你在忙手头上的工作，上级开会急用一份文件，让你去复印。复印这件事情谁都可以做，但千万不要拿自己忙作为理由而将这件事推给别人，因为复印这个文件可能只需要3分钟，没必要因为不想做而产生远超3分钟的沟通成本。通常来说，上级的时间会比你贵一些，不要因为推诿而浪费他们的时间。同时，也不要去问上级为什么不找那个看起来很闲的人去复印，也许是因为这份文件很机密，上级信任的是你。在毕业前3年，高执行力基本能让你在大部分行业打下一个不错的事业基础。

向下管理

当你开始有下属，或者成为某个项目的小组长的时候，我们就可以开始委任工作了。不要让你的下属觉得你安排给他的事情是重复无意义的，尝试告诉下属他做的工作的重要性和对公司的意义，以及替你的下属做好职场规划。年轻人从一家公司离职，70%的原因跟直属上司有关。如果你一直在快速进步，格局也很大，你就很可能成为下属的榜样，他会觉得跟着你能学到东西、有前途，因而会变得更卖力、更忠诚。这样一来，你就替公司节省了很多重复培养人才的成本。

向上管理

在职场当中，最让人害怕的莫过于跟上司沟通了。这往往是因为众多职场人不知道如何向上沟通，他们担心给上司留下不好的印象，同时也不想在沟通时受到批

评或领回来一堆要填的坑。向上管理的意思是让你把上司当作你可调配的资源的一种，而不是被动地接受任务。当公司有新的业务需要发展时，大部分人会等上司安排下来再去做，但积极上进的人会主动跟上司揽下任务，同时向他提出需要什么资源。因而，这类人会成长得非常快。

让个人发展和公司的长远发展高度一致

一个人从20岁工作到60岁退休，平均工作40年，而企业的平均寿命不超过3年，这意味着大部分在企业工作的人一生中平均会换10份以上的工作。能从一而终的员工很少，能活几十年的企业更少。

很多人一直是处于骑驴找马的状态，他们不断在寻找更好的跳板。难道从小公司跳到大公司就一定混得好吗？大公司的人出来创业的成功概率会更大吗？不一定！如果你是一家公司的员工，你的个人发展和公司的长远发展高度一致，当这家公司发展好的时候，你的个人能力和才华在大概率上会得到放大。如果你一直把当前工作的公司当作跳板，只是为了给下一段职业生涯做铺垫，往往会错过很多当下

三个关键点助你成为高潜力的职场人

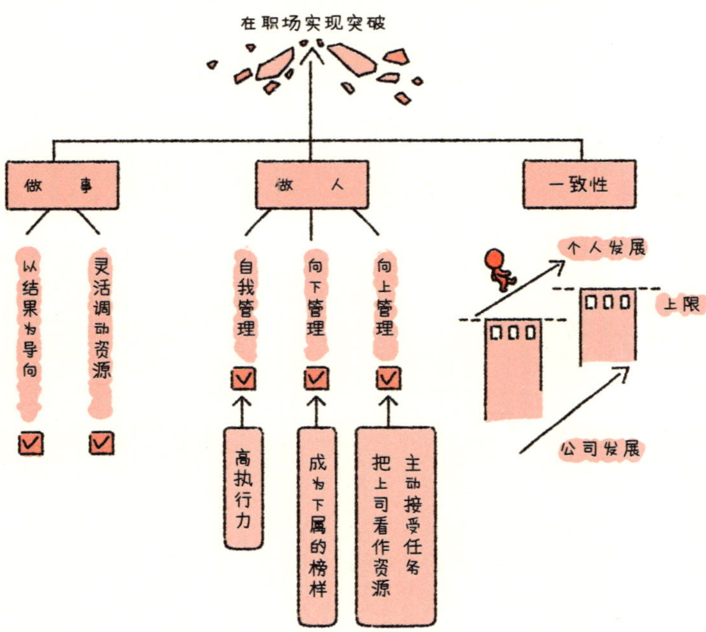

的机会。职场当中的打工皇帝，很少因为跳槽十多次而达到人生巅峰，他们基本上是在一个公司做到上限后，再跳到更大的平台突破自我，通过几次调整，最终找到适合自己的舞台。而且，原来公司的老板和同事都会真心祝福这类人，因为他们在离开之前，已经全身心为公司创造了巨大的价值。

5.4 

如何经营幸福的亲密关系，成为好伴侣

关于爱情的电影有很多，我最喜欢的是周星驰演的《大话西游》，主人公至尊宝为了救紫霞仙子，戴上了紧箍咒，成了孙悟空。孙悟空打败了牛魔王，却再也做不回至尊宝，也错过了紫霞仙子的爱情。小的时候看《大话西游》，觉得很搞笑，每长大一点再看一次，越看越想哭，它讲出了多少社会人对爱情的向往、对生活的无奈啊。

这是唯一一部我看过几十遍的电影，也是一部我会看一辈子的电影，它让我懂得了什么是爱情、什么是现实。我曾经唱了一晚上《大话西游》的主题曲《一生所爱》，心里想着初恋的她就是心中的那个人。然而物是人非，就像孙悟空与紫霞仙子的离别。现在的我只要听到这个旋律，还会忍不住流泪，也许是因为这首歌和这个人在我心中已经留下一个特殊的位置，挥之不去。

我其实很羡慕父母那个年代的爱情，大家更纯粹，更从一而终。父母在吃饭时经常讲起他们以前的恋爱故事。那个时候的爸爸很穷，身上没有一分钱，走上百公里的路就为了看我妈妈一眼，回去的路费还是我妈妈向外公要的。结婚后，父母两个人拿着5000元的奶粉钱来到广州做生意，吃了很多苦，打拼了很多年，才有了今天的生活。父母不管遇到再大的困难，都会共同面对，但从来不会提离婚这两个字，对另一半也一直保持忠贞。受父母的影响，我从小也培养了比较强的家庭观念和责任感。在我父母年轻的时候，人们的交际圈比较窄，能遇到一个年纪相仿，互生情愫的人就是难得的缘分；如今，移动互联网兴起，社交软件种类越来越多，我们认识的人与过去相比更多了，沟通也更加便捷了，可是反而不知道谁才更适合自己。因为大家的选择都更多了，对待感情也普遍不像过去那么认真，更多的人抱着的是谈一谈、不合适再换的心态。

以前我认为遇不到爱情是因为自己不够优秀，后来发现，不管处在这个社会的

哪一个阶层，一段真挚的感情都是及其稀缺的。很多人谈感情时讲究门当户对，或者对物质有较高的要求。但是当你改善了物质条件后却发现依然找不到理想的对象。当每个人都想找一个很爱自己的人的时候，其实是想掩饰自己的爱无力。因为怕付出真心、被伤害，所以只能假装冷漠，让对方主动。

年轻人谈恋爱，情到浓时会把另一半带去见家长，然后发现父母在很大概率上会反对，最后只有极少数情侣能迈入婚姻的殿堂。我也听过很多过来人的经验，他们认为没有经过父母祝福的爱情往往最终也不会幸福。我跟我初恋也是因为父母反对而分手的，当时觉得父母太残忍，受伤了很久。我到后来才慢慢明白，虽然恋爱是两个人的事，但婚姻是两个家族的事，当时的自己太年轻，根本没有考虑周全。

而且，一段感情的含金量不是来自它的甜蜜程度，而是看它经历过多少考验，尤其是生死考验。

我认识一对夫妇，他们恋爱的时候经常吵架，也闹过不少次分手，女生本来也没有打算跟男生结婚。结果女生大病了一场，男生直接请了几个月的假到医院照顾她，女生病好之后就决定嫁给他。事后，女生跟我说，如果没有那场大病，他们两个人是没有办法走到一起组建家庭的。

现在的离婚率相当高，100人去民政局领结婚证，就有38人领着离婚证出来，这样的情况让很多年轻人对婚姻感到恐惧。这个触目惊心的数字其实更是告诉我们：结婚要特别慎重。在我的观念中，如果暂时没有遇到合适的人，就继续享受一个人的生活，宁缺毋滥；如果你们觉得对方是认真想跟你过好这辈子的，那就好好珍惜吧。

感情经历是否丰富不重要，重要的是投入和体验，以及对现在和未来的思考。感情从来没有什么对错之分，更多的是合不合适、愿不愿意为对方改变。如果你是以一段长期关系的舒适度和幸福度去衡量一段感情质量的话，下面这些建议也许会对你有所帮助。

第一：长期关系中，愿意为对方付出会比优秀更重要

谈恋爱的时候，要随着时间的推移及时调整自己的心态。我们每个人的身边都有出类拔萃的同龄人，大家都喜欢跟优秀的人在一起，可是为什么在长期关系中愿意为对方付出会比优秀更重要？在18~30岁这个年龄段，女生往往会比男生早熟。

情窦初开的时候，往往都是男生追求自己喜欢的女生，由于没有太大的经济压力，也不了解社会的花花绿绿，男生往往可以花大量的时间去给对方制造浪漫和惊喜。大学毕业之后，我们开始站在选择的十字路口，面临一系列的现实问题：在哪个城市发展？从事什么工作？别人的男朋友开的什么车？闺蜜男友给闺蜜买了什么牌子的包？今年去哪个地方旅游？什么时候结婚？

男生开始明白，要有事业才能给对方更多；女生担心年华易逝，希望能找到托付终身的人，开始跟不同的人约会、恋爱，也有少部分女生开始打拼自己的事业，巾帼不让须眉。诉求点不一样，会导致很多萌芽于大学时期的恋情在毕业后枯萎。

10年后，当男生有了自己的事业，成为众人眼中的成功人士时，当初喜欢的女生却可能已经组建了家庭。对于双方而言，曾经纯洁的感情只能成为这辈子珍藏于心的回忆。

事业的确很重要，但如果你现在有一个对你很好的另一半，为什么不能勇敢地走到最后，支持对方把事业做成呢？这不也是一种成长经历吗？我们不应该因为害怕失去更好的而躁动，好好珍惜我们本来拥有的——那个愿意为你付出的傻小子或傻姑娘。

第二：双赢的爱情是你很好，我很好，一加一大于二

你很好，我喜欢你，我希望你也喜欢我，虽然我不那么自信。

我要找到一个不管我怎么任性，都会宠着我、爱着我，永远把我放在第一位的人。

你有这么多缺点，你必须一个一个地改掉……

以上这些是很多恋人最后分道扬镳的导火索，因为感情的天平已经偏向了一边。

真正持久的感情，应该是平等的关系而不是依附的关系。平等的关系大概是，虽然你的事业非常成功，但我也在自己的领域里受到尊重。我们彼此都有能力将自己的生活过好，曾经很少有人理解我们，但当遇到旗鼓相当的你，我找到了知音，我确信我们会拥有更好的生活。

不要因为一个人的强大而喜欢他、依附他，要看人本身，因为强大是暂时的，每个人都有弱点，都有高潮低谷。如果只看强大本身，万一遇到更强大的感情介入

者，这很容易让一段感情受到冲击。

拥有可以随时离开，但又不轻易离开的能力，这会让双方都更尊重这份感情。

第三：享受一段受到父母祝福的爱情

有人说，一段不受父母祝福的爱情很难幸福。年轻时，我们谈恋爱考虑的事情比较单一，就是单纯的喜欢和不喜欢，好不容易鼓起勇气和另一半见双方父母时，父母经常不大满意，甚至反对。那个时候的我们可能觉得父母不好，明明知道我喜欢对方，还不给我面子，我还因此发过脾气。后来过了几年，回想以前的事，不得不说父母作为过来人，真的很清楚两个年轻人合不合适。

有人会说，那是因为不够爱。爱情的确很伟大，可以让我们对抗与生俱来的孤独，但是爱情也不是万能的，作为一个普通人，真的不需要加戏证明我们会幸福的。好的爱情剧本难道不应该就是从淡淡的喜欢到浓浓的喜欢，最后得到家人和朋友的真心祝福吗？

一个人在这个社会中扮演的角色，不应该只有另一半。两个人结婚，也不应该只考虑两个人的事情，这相当于两个家族的结合、两个企业的联合。这样讲可能有点复杂，但不得不承认，双方家人支持与否也是影响两个人婚姻是否幸福的重要因素。虽然说爱情是两个人之间的事情，但是随之而来的照顾老人、教育小孩这些事情，也是每个成年人应尽的义务。很多年轻人希望拥有自己的二人世界，这是能理解的。但是作为一个成年人，我们应该担负起更多的责任：把父母安顿好，或者将小家安置在父母家附近，每天晚上陪父母吃顿饭……将来有了孩子后，父母也可以含饴弄孙，享天伦之乐。如果把这些事情都考虑周全了，父母有什么理由不祝福这段感情呢？

5.5 如何与原生家庭和谐相处，做个好孩子

去年，我父母的身体不是很好，以至于我在医院待的时间比我过去20多年的总和都要多。我同时还在创业，有一个团队需要管理。在医院的那段时间，我几次情绪失控，一个人躲在楼梯间里号啕大哭。事后，为了不让家人担心，我会假装若无其事地回到病房陪伴家人，然后回公司继续工作。我虽然只有28岁，但似乎在承担着一个38岁甚至48岁男人在承担的重担，让我有点喘不过气。

那段时间，我突然发现我不再是父母眼中的那个小孩子了，他们开始真正把我当作家庭的支柱，开始依赖我，很多事情都会问我的意见。

我很开心，也很失落。

事业做得有起色后，我做的第一件事情是让父母提前退休，我不想他们在担心身体的时候还要兼顾工作，我开始承担家里所有的开支，并且告诉父母不用担心以后的生活，我会努力照顾他们。我想通过这种方式，让他们把注意力放在身体健康上，不要再折腾了。

更大的责任意味着更累，但在我看来，只要能让父母开心，身体健康，一切都值得。

第一：学会正确解读父母爱的语言

“有没有多喝水？”“有没有按时吃饭睡觉？”“压力大就回家休息一下。”这是我妈最常跟我说的3句话。在小的时候，我觉得这些絮絮叨叨很烦，认为妈妈不理解自己。由于曾经的我把这些“关心”看作对自己的一种控制，所以经常唱反调。长大后我才慢慢发现，这原来是父母表达爱的一种方式，如果没有得到正确解读，肯定会留下遗憾。

举个例子，如果你的父母是医生，他们很大概率希望你也成为一名医生。子承

父业，这是很多父母为孩子想到的最保险的就业方案。很多年轻人会遵循父母给出的意见，去考公务员，去相亲，去结婚，几年后发现自己并不快乐，但那时再换一种生活方式却已经来不及了。

完全听父母的话，不一定就是孝顺，更重要的是理解他们的用心。父母给出关心和建议，真正的目的是希望我们能拥有美好的生活。他们可能对我们不放心，所以希望我们走他们走过的平坦的路，从而绕开一些不必要的坑。

如果我们能通过自己喜欢的方式把生活过得更好、有更好的结果，父母自然就会放心，而且会更尊重我们的选择，同时他们还会为我们自豪。我从大学开始，每次做选择，都选择了少数人走的那条路，父母说不担心是假的，我自己本身也有很大压力。毕业以后，我足足花了7年的时间来验证自己的想法是对的，最终也换来了父母对我的放心。

所以，当下次父母再唠叨的时候，我们要明白这是他们在表达对我们的爱和关心，我们可以静下心来接受，去改变自己，让自己更好，也许我们还能给他们一个拥抱。

第二：不要将父母对你的好当作理所当然

我有一个朋友，她5年前留学日本，3年前回国就业。她说，自己刚毕业的时候，特别想留在日本发展，找一家大公司，按部就班地工作，一步一步地往上爬。身边有很多朋友支持她这样做。她兴高采烈地把她的计划打电话告诉妈妈，还说打算把妈妈接到日本来生活，但她没有想到的是，妈妈竟然拒绝了。妈妈说，自己连一句日文都不会，去日本人生地不熟，也没有任何朋友，想打个麻将都打不了，自己去那边唯一能起的作用就是照顾我朋友和带孩子了。这番话震撼到了我这位年轻的朋友，她意识到自己的方案其实很自私，她只想到了自己职业上、生活上得到的好处，却没有考虑过妈妈的感受。后来她和男朋友选择了一起回国创业，一方面可以实现自己的理想，另一方面也离父母更近了一些。

我们常常跟父母提出各种要求，不管合理不合理，因为我们知道父母爱我们，他们会宠着我们，也会满足我们。可是我们应该意识到，从我们成年的那一刻起，父母对我们的养育责任就已经完成了。我们可能还住在家里，享受着父母替我们撑起的“保护伞”，但我们内心应该清楚这并不是理所当然的，相对应的，我们也需

要在生活中更加体谅他们，让他们开心，不能把一切当作理所当然。

第三：让父母也成长起来

我还记得很小的时候，父母带我去动物园玩。充满了好奇心的我不停地提出各种问题：“那个脖子长长的动物叫什么？”“熊猫为什么吃竹子？”“猴子和猩猩有什么区别？”不管我问出多么天马行空的问题，父母都会耐心认真地回答。在很长的一段时间里，都是我不懂，父母在教我。不知道从哪个时刻起，我突然发现自己长大了，父母却变成了小孩子。我们年轻人每天都玩微信、微博、抖音，可是很多父母却还不知道怎么用智能手机、怎么用微信发红包、怎么拍小视频，我们有责任让父母也成长起来。

这两年，让我感觉很自豪的一件事就是手把手教会了父母用微信。他们每次出去玩都会发漂亮的朋友圈，逢年过节会给朋友发祝福短信和红包，甚至很多对我有用的最新信息，都是父母首先在网上看到然后转发给我的。

另外，他们的注意力也从只在孩子身上慢慢地回到了自己身上。现在的他们每周都出去爬山，偶尔学学茶艺、插花，跳跳广场舞，我感受到了父母的二次成长。

以前是我生气了父母哄我，现在是看到他们生气了我会想办法哄他们。父母生活得特别节省，平时不怎么舍得花钱，更别说旅游。所以我几乎每年都要带着他们去旅游，前年去了澳大利亚、新西兰，去年去了南非。很多朋友问我为什么不自己去玩，跟父母一起去旅游不会很不自由吗？其实，我不希望父母辛苦了一辈子，连现在的世界是怎样的都不知道。趁着他们身体还好、走得动，我应该多陪他们去玩，就像他们陪伴小时候的我一样。我未来还有很多机会环游世界，所以不着急一个人出去旅行，我怕的是自己的成长速度跟不上父母变老的速度。所以，我特别感谢互联网，它让我少奋斗了10年，也让我有能力和家人一起感受这个美好的世界。

第6章

一个人就是一家公司，做自己最好的CEO

6.1 

如何做自己最好的CEO

创业纪录片《燃点》里面，真格基金创始人徐小平讲到，这是属于创业者的时代。的确，创业的门槛前所未有地低。因为在这个时代，每个人都在创业的环境里，只要你愿意，每个人都是自己这家公司的CEO。

当好CEO最重要的莫过于3件事：战略、人、事。管理100人的公司是这样，管理自己1个人也是这样。

第一：关于战略

要想提高1个人的公司的效率，打造个人品牌是尤为关键的一步。如果要打造个人品牌，需要先确定自己处在什么内容领域和赛道里。新榜网是新媒体领域的权威媒体，它把内容分为24个类别，分别是时事、民生、财富、科技、创业、汽车、楼市、职场、教育、学术、政务、企业、文化、百科、健康、时尚、美食、乐活、旅行、幽默、情感、体娱、美体、文摘。

我们想好自己擅长、感兴趣的内容领域后，要从上到下地分析整个生态圈，找到自己的定位，看看自己在整个生态圈中究竟扮演哪个角色。以上的24个领域里都需要广告主、内容生产者、内容消费者。如果我们成为某个行业的KOL（Key Opinion Leader，关键意见领袖），我们就可以通过优质的内容吸引内容消费者的关注，让他们喜欢并且信任我们。当关注者的数量提升到某个质变点，我们面对广告主时就具备商业价值。

做到以下两点，我们做个人品牌时会持续尝到互联网所带来的现在和未来的红利。

搭建你的输出漏斗，让内容升级，从而分到更大的蛋糕

在互联网上面做生意，本质就是低价获取流量，高价卖出流量。毫不夸张地说，互联网的流量跟现实生活中的黄金一样值钱。形式越多样的内容越容易获取流量。作为一名内容生产者，不管我们涉及的是职场、母婴、美妆，还是情感领域，我们都要学会将内容用多种形式表现出来，包括文字、图片、图文、音频、视频，这会让我们在特定的领域里提高辨识度并提升我们的内容在该领域的渗透度。

例如，文字比较好的载体是图书，图片比较好的载体是微博，图文比较好的载体是公众号，音频比较好的载体是电台或知识付费平台，视频比较好的载体是直播和短视频平台。充分发挥各种形式的载体后，我们跟用户的连接会从一维提升到多维，对提升流量和势能很有帮助。

做好内容不容易，但一篇好的内容，可能会带给你价值百万的收益。拿我自己的经历来说，我在内容创业的最开始，没有任何基础，就是因为在豆瓣上面写了一篇好文章，就给我吸引来了第一波种子用户，然后才慢慢地发展到了今天。所以抓住机会，努力让内容升级、更新，你终将得到回报。

和平台做朋友，冲击领域金字塔

如果你是一名时尚博主，以前在微博，你很擅长拍九宫格图片，也很受粉丝欢迎。为什么到了公众号时代、抖音时代，你就不火了？很可能是你忽视了平台规则，不知道在新平台如何获取用户关注了。

每个平台在每个阶段获取流量的规则都不一样，如果某个平台最近在扶持时尚的内容，你更新同样的内容，获得的流量就会更大。相反，如果平台声明打击某些类型的内容，而你刚好是做这块内容的，受到惩罚也就在所难免。

不管你在运营哪个平台的账号，都要及时了解平台的最新消息，通过运营将流量的获取做到极致。

“朋友多了路好走”，同理，接触的平台多了，也会给你带来更多机会。为什么要多平台运营呢？在定位理论①中，里斯和特劳特认为，定位要从一个产品开始，这个产品可能是一种商品、一项服务、一个机构甚至是一个人，也许就是你自己。

---

① 定位理论：定位理论由美国著名营销专家艾・里斯（Al Ries）与杰克・特劳特（Jack Trout）提出。

但是定位不是你对产品要做的事，定位是你对预期客户要做的事。强调细分领域第一的重要性，原因是几乎没有人会记得第二个登上月球的人，也几乎没有人会记得奥运会银牌得主是谁。多平台运营相当于是让同样的内容以不同的形式获得更多曝光度，从而给自己创造更多获得第一的可能性。老平台上已经有很多玩家了，想要弯道超车太难，新平台兴起时很多人还在观望，通常有几个月的先行者红利期，抓住的人往往都过得不错。

第二：关于人

我写这本书的目的在于尝试为大家提供一个变得更好的解决方案，对内提升自控力，对外成为更好的适应者。作为一名CEO，对自己提更高的要求是必须的。凯文·凯利在《失控》里讲到了最佳连接点的概念。他提出一个疑问，如果每个人都是世界上独一无二的点，那么这个世界的信息就是由几十亿个点相互连接所织成的网组成的。这个世界是否存在最佳连接点呢？答案是存在的，最佳连接点就是那个跟最多人产生不同连接可能性的点。换言之，一家公司里的最佳连接点，就是那个跟所有人都有交流，并且能产生不同合作点的人，这个人往往就是CEO。这就是我们为什么要从自我管理做起，让自己成为一个值得对方认识、掌握一技之长、可以给他人提供价值，同时还懂得放大自己影响力的人。作为一家公司，如果要成为最佳连接点，就要努力给身边的人和社会创造价值。当事情发展到这个阶段，我们基本上也就拥有了自己的团队。

第三：关于事情

有人问过一个问题，你会选择一流执行力的团队配合三流的战略，还是一流的战略配合三流的执行力？

我会选择一流的执行力，因为一个人，或者说一个CEO的战略实施会高度受制于环境，当我们制定了三流的战略时，证明这个阶段、这家公司、这个CEO就是三流的，这并不可耻。因为在这个世界上，一流永远是少数，但不可能只有一流的公司才能生存。如果一个三流的公司配上一流的执行团队，就能在所有三流公司里做到最好。更进一步，只要CEO的战略改善了，团队的战斗力也会随之提高，从三流到二流，再到一流。

再厉害的将军，再宏伟的战略，如果没有一个执行力超高的团队，要赢得一场战争是很难的。作为一名创业者，尤其是做了CEO后，我很庆幸自己遇到了一个具备一流执行力的团队，这让我可以得心应手地管理团队，同时不断地给公司制定更富有竞争力的战略。

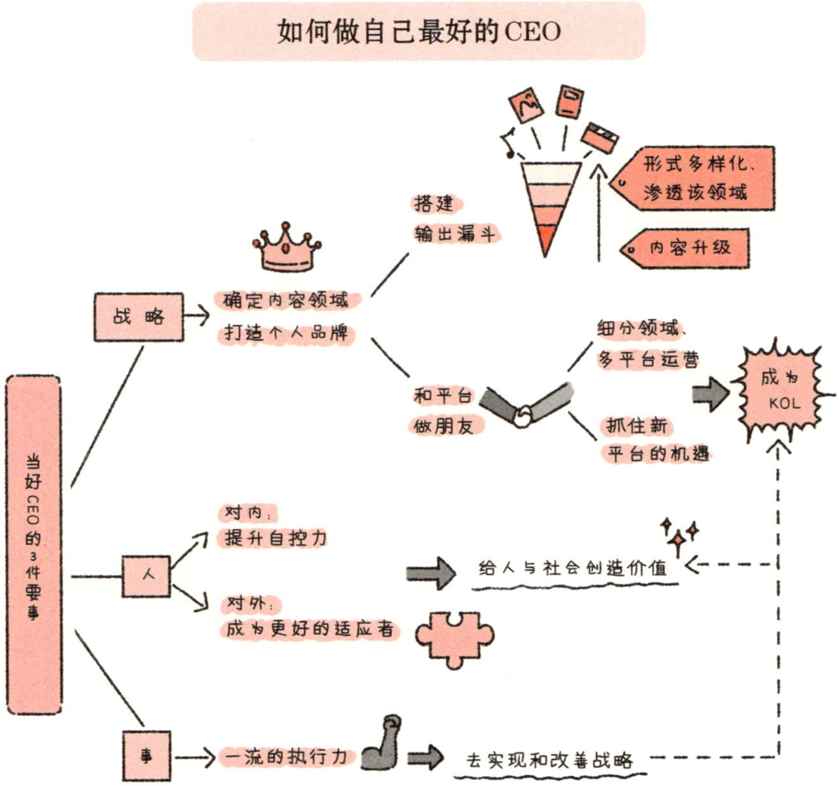

6.2 写作是投产比最高的习惯

听过我的故事的朋友都知道，我花了多年的努力才从传统行业转型互联网行业。其中，写作在这中间起到了穿针引线的作用。在我看来，写作是一种投产比最高的习惯，也是我强烈推荐每一位读者去尝试的习惯。写作为什么是投产比最高的习惯？我尝试从常见的商业模式入手给大家解读。

常见的商业模式

▶ 第一种模式：一份时间，卖得更贵

我们在公司上班，虽然拿的是月薪和年薪，实际上你是可以算出你的时薪的。我们以每天工作8小时，一个月工作24天算，一共是192小时。如果一个人的月收入是6000元，那么意味着他的时薪是31.25元。升职加薪的本质是在提升我们的单位时间价值。

私教、律师、培训师、咨询师是典型的高时薪职业，但他们的客户是不稳定的，不可能按照理想状态把24小时都卖出去。在旺季，一天的收入可能非常高，一旦到了淡季，可能几天都没有客户。

第一种模式里的佼佼者是企业的高管，也就是那些年薪百万的打工皇帝。

▶ 第二种模式：一份时间，卖更多份

我最喜欢互联网的一点，在于它零边际成本的传递，特别适合将一份时间卖很多份的商业模式。

电视台是怎么挣钱的呢？电视节目的核心数据是收视率，每个电视台都有各自的用户群，收视率是用来比较不同节目的观看人数的。观看人数高的节目，广告价格就高。所以电视台的盈利本质就是将一个广告尽可能卖给更多的人。

对于我们而言，我们的朋友圈、公众号、抖音、微博就符合单位时间内卖很多份的模式。我们在招聘运营岗位时必问的一个问题是：你的微信里面有多少个好友？如果有几千人的话，意味着这个人天然具有互联网的嗅觉，知道流量的重要性。

并不是所有的时间都能卖很多份。例如医生，到目前为止，绝大部分的手术还是依靠人工去完成的，这就意味着一个医生能服务的病人是有限的，医生少，病人多。

为什么写作是投产比最高的习惯？因为写作完美地将上述两种模式进行了结合。

当你是一名PPT手艺人的时候，你一年的产出是有限的，在淡季的时候接单困难，在旺季的时候忙不过来。这种半年忙半年闲的状态不是很适合组建团队。但是结合写作后，你就可以从商业模式上进行突破了。例如，你可以将自己做过的精美PPT案例做成一个图文教程，发布在公众号上，帮助PPT小白更快成长起来。这个教程是可以收费的，于是能够为你增加一笔收入。如果大家不想学教程，只想直接用，还可以直接购买PPT模版，这又是一笔收入。同时，当更多的人喜欢看你的公众号时，公众号的阅读量会增加，你还可以拓展广告合作方面的业务。

单纯把如何做PPT的经验写成内容，我们就将单一的商业模式延伸向更加综合的模式了，抗风险能力也得到了增加，商业天花板提高了。而且，无论是一个人听你的课、买你的模板，还是1万个人听你的课、买你的模板，你投入的时间是固定的。这就是写作的魅力所在。

很多人好奇，为什么同样是写作，10年前的作者普遍比较穷，现在的内容创业者却能很容易掘到金。10年前，移动互联网不那么发达，作者没有自己的平台，只能将稿子投到杂志社、报纸来赚取稿费，哪怕是出书，版税也不多，和背后巨大的投入相比，只能算杯水车薪。每一家纸媒的订阅量都有限，而且稿件一旦在一家媒体上发表了，就比较难在另外一家媒体上再发表。

如今，作者可以开微信公众号，优质的文章可以得到大号的转载和读者的赞赏，一篇爆文可能会有几百上千的公众号转载，这同时解决了流量和变现的两大难题。有一些优质的内容生产者，每个月仅靠给大号供稿就已经实现收入过万。你写一篇文章的时间成本是固定的，但是由于阅读量的不同，1000粉丝和100万粉丝产生的经济价值相差非常大。所以，写作是一个能将个人影响力放大，将一份时间卖无数份的完美模式。

如果你正在上大学，或者刚刚毕业，没有足够多的内容可以输出，先不要强求自己写公众号，可以先从阅读开始，保证自己有海量的输入，然后写对应的书评及自己的实践心得。当你慢慢形成了自己的核心方法论及对事情的观点、看法后，再去切入自媒体的写作。这个阶段是为了打基础，哪怕没有赚到钱，定期进行整理、复盘、输出，对自己的成长也是很有益处的。

如果你在某个领域有积累，最值得培养的习惯就非写作莫属了。如果有一天，你的一篇文章能影响数十万或数百万的读者，切忌膨胀，要想想你最开始写作的目的是什么。同时，你也应该承担一部分社会责任，给读者传递积极向上的内容而不是制造负能量。

不仅要走得快，还要走得持久，因为你写的每个字就是你自己。

有能力的时候就去写一本书

从几年前开始写作，到后来有了自己的新媒体公司，有很多读者见证着我的成长。从那时起，我就萌生了写一本书的念头，希望记录自己成长的一切，也给读者们一个交代。身边有很多朋友都在这两年陆续出了书，我深切感受到，写一本书能给我们带来的好处实在太多。

▶ 写书有助于作者对内容进行系统梳理

比起自媒体的零碎创作，写书有助于作者对内容进行系统梳理。现在的知识经济特别火，很多老师在线上和线下授课。我认识的PPT领域的秋叶老师，他每开一个线上训练营或线下私房课，就会写一本书，这些年已经累计出版了几十本书，深受读者喜爱，每年的全国签售会更是一直办个不停。很多人不理解为什么秋叶大叔不管在互联网哪个时代都能抓住一波红利，其实核心就在于出版能力。不管是写完一本书后开发一门课，还是开发一门课后再去写一本书，都能将他和其他的讲师迅速区分开来。

▶ 作家的身份是全世界公认的

我刚进行内容创业那会儿，每天都宅在房间里对着电脑和手机，我父母以为我在不务正业，一直催促我去找一份正当的工作。你也许和我一样很难跟父母或外行的朋友解释什么是网红经济、KOL经济、自媒体人，但作家的身份却是全世界公认的。

如何培养写作能力，成为优秀的内容生产者

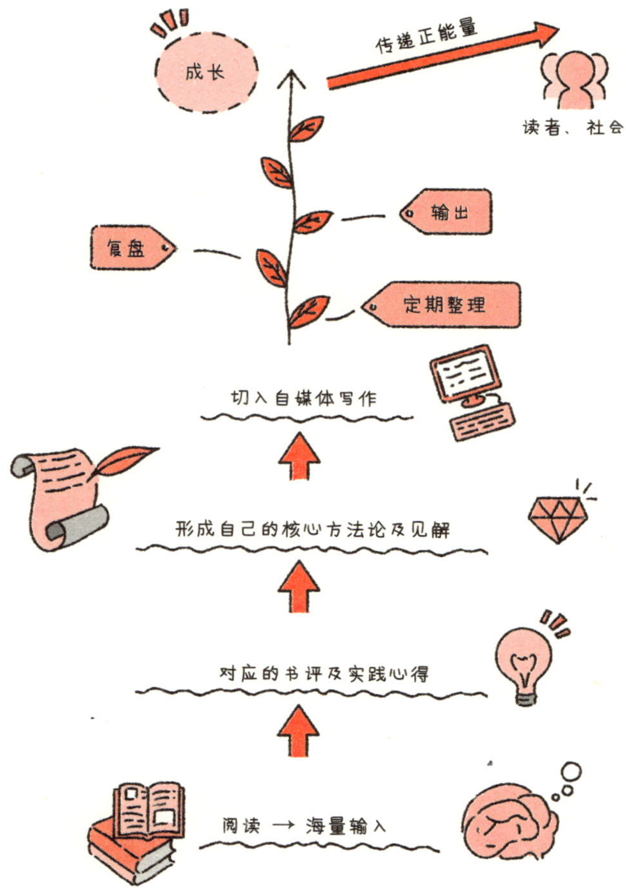

▶ 书籍是一个陌生读者迅速了解你的最好途径

网络世界里每天都在发生各种奇迹，有的时候，一篇文章、一个视频就能让红人们收获几十万粉丝，进而会有广告主来找你代言广告。但是这些粉丝中的大部分人是不那么了解你的，哪怕你每天都在更新文章，但是每个人看你文章的时间是不一样的，他们对你的认知是碎片化的，只会记住你大概是个怎样的人。如果你的读者购买了你的书，首先他是认同你、愿意为你付费的，同时这意味着他愿意花大块的时间去深入了解你。这批读者的忠诚度对于你而言是非常重要的。

▶ 自媒体文章的热度是3天，畅销书的热度可能是3年

没有代表作是很多自媒体人的痛点，你可能因为一篇文章火了，但这个火的持续时间可能非常短，除非你能持续生产优质内容，否则你很快就会被遗忘。新媒体的世界里，每天都有新的热点，有的时候，甚至上午发的热点在下午就已经过时了，内容更新迭代的速度非常快。但是一本书如果写得好，通常你能享受一年甚至更久的红利。在这个大家都追求快速变化的时代，希望你能找到变化中不变的东西，把精华总结成一本书，因为书更经得起时间的推敲。

▶ 一本书是你和很多人现实的连接点

10年之后，也许我们不再使用微博、微信、抖音，但我们一定还会看书。每个人家里都会有书架，书架里的书往往是经过精挑细选的，如果你写的书能成为别人书架上的选择，意味着你或你的内容在他心中至少有一定的分量。如果每次在书店或机场都能遇到自己的书，那应该是一种很美妙的感觉吧？

6.3 文字商业化是成本最低的商业模式

文字商业化的方法有很多，公众号是其中当之无愧的代表。

公众号创业成为目前内容创业的主流方式的原因

▶ 前期投入少

申请一个公众号是免费的，花3分钟就可以完成，门槛极低。每一个个体都有自己的品牌，这是微信对于公众号产品的一句话定位，非常适合个性化内容的创作者。哪怕你申请了一个公众号，最后没有做起来，也并没有什么损失。但是，公众号一旦做起来，带来的回报会非常高，完全可以支撑商业化、公司化的运作，甚至可以上市。

如果是在线下开一个奶茶店，租金、押金，加上人工成本、营销成本、加盟费用、设备成本等，一家店开出来，几十万元就已经投入进去了。万一开店后业绩不好，关店会损失前期投入，维持现状继续运营就会既浪费精力又没有合理的经济回报。

▶ 流量大

微信公众号之所以适合内容创业，离不开微信这个产品本身的数据支撑。目前，微信的月活跃用户大概10亿，日活跃用户有6亿多，基本实现了互联网人群的全面覆盖。每天，有6亿人在微信聊天、刷朋友圈、看公众号，以及购物。哪里有人，哪里就有商业，人多是微信生态圈最大的优势。我们不用担心大家不玩微信去玩别的，因为微信里面既有家人、朋友，还有同事、合作方，各种社交关系都在微信中交错缠绕，一个人很难做到与微信完全隔断。

▶ 微信的生态强大且规则相对公平

微信是一个特别克制的团队，微信的规则相对来说也是比较公平的。每个人在

申请公众号后，都没有任何的流量扶持，只能依靠自己生产的优质内容去打破圈层的局限。当你辛苦积累了一波原始粉丝的时候，你可以每天向他们推送内容，推送形式和时段等的自由度非常高，由此也产生了各种商业可能性。

在这个过程中，微信扮演的是基础设施的角色，我们在基础设施上根据自己的想象去“盖楼”。因为微信官方不给内容创业者设限，所以出现“摩天大楼”也不奇怪。

如果你想申请一个公众号，我希望你不是只感兴趣而已。对于内容创业者而言，如果你想实现突破，运营一个公众号跟开一家公司本质上是一样的，我们需要从商业的角度进行设计。

如何做好一个微信公众号

如果要做好一个微信公众号，我觉得定位、内容、运营、变现这4点都非常重要。

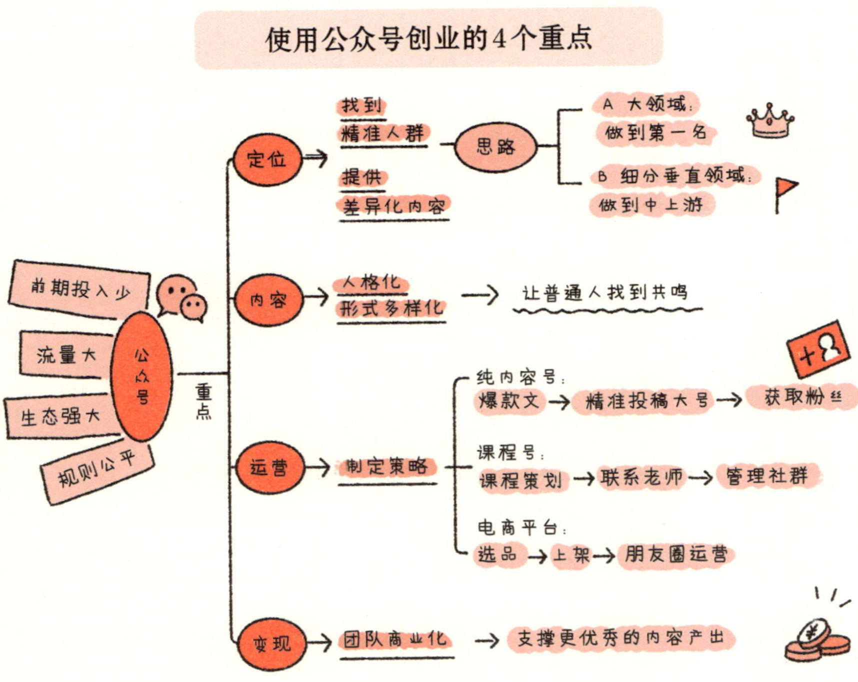

▶ 定位

定位指的是找到这个号的精准人群并且提供差异化的内容。如果你想做一个读

书号，理论上每个中国人都读书，所以你的账号上限人数会非常高，可能会达到几千万用户。十点读书就是一个典型的例子，但他们是第一批自媒体玩家，在红利期便通过几年的发展累积了几千万的用户，现在再做一个类似的定位，是很难追上他们的。但是你可以找读书品类中更为垂直的人群，如互联网人群、母婴人群、中产人群等。也许这个号只有几十万的用户，但如果定位精准垂直，商业价值也会比较高。所以定位一般会有两种思路，一种是找到大的领域砸钱，要做就做第一名，然后享受第一名带来的资源和附加值；另外一种就是找到细分垂直领域，做到这个领域的腰部或头部，这样也能带来不错的收益。后者可能对普通创业者更有指导意义。

内容

在内容行业里，人格化特别重要。如果你觉得一个时尚博主穿衣服很好看，她推荐的衣服你就很愿意买单，哪怕价格比其他店贵。这时，用户的消费逻辑不再是产品本身，她购买的是对这篇文章的认可，是对这个时尚博主的认同，以及对未来美好生活的向往。所以，我们在做内容创作时，不仅要从形式上多样化，综合运用文字、图片、图文、音频和视频，更重要的是凸显博主本身。如果我们想了解专业知识，我认为搜索引擎已经足够强大了，这也是大部分用户的共同选择。大家更愿意关注明星和博主，是因为他们是一个个的个体，有自己的情绪和观点，关注内容的过程也是见证他们成长的过程，普通人更容易从他们身上找到共鸣。

运营

最近几年，互联网运营的职位特别火爆，我也是做运营出身的。在很多人眼里，运营做的事情很杂、很碎，而且经常需要随时待命，黑白颠倒，所以他们认为运营是一份特别累的工作。对于一个公众号而言，也是需要制定运营策略的。如果你是一个纯内容的号，那么运营要做的事情就是增加每篇文章成为爆款的可能性，在已有文章里找到数据表现好的，然后精准地寻找对应的大号投稿，从而获取粉丝增长；如果你是一个课程号，运营要做的事情就是课程策划、联系老师，以及管理线上线下的社群；如果你是一个电商平台，运营做的事情就是选品、上架、朋友圈运营等。虽然这是一份大家普遍觉得很辛苦的工作，但我觉得运营这个岗位很考验一个人的综合能力，同样的预算，不同水平的运营做出的活动效果可能相差10倍。所以，如何根据现在拥有的流量制定出合适的活动方案，打好手上拥有的牌，就是

一个运营体现出的价值，而一个运营的能力也决定了一个公众号的效率高低。

▶ 变现

我刚创业的时候，我们的主编问过我一个尖锐的问题，就是团队会不会商业化。当时我们已经在线上合作3个月了，团队也有好几个人，但是没有任何收入，大家都在凭兴趣做自己喜欢的事情。我当时的回复是肯定的，如果在内容行业里面，生产内容的人不能养活自己和团队，那么用什么来支撑更优秀内容的产出呢？理想需要现实做强有力的支撑。我们的团队里都是些爱成长的年轻人，所以我们当时选择了做教育平台，开发了很多优质的课程，很受用户欢迎，我们也因此收获了第一桶金。也许是因为很早就想清楚了商业化的问题，没有内耗，所以我们在过去几年里的发展非常迅速，赶上了自媒体时代知识付费的一波红利。

以上是我从公众号的定位、内容、运营、变现出发，尝试告诉大家公众号内容创业的一些关键点。也许你擅长其中的一到两点，但聪明的你不一定要选择全部自己单干，你可以跟几个互补的朋友共同将这个平台搭建起来，从而享受创业的乐趣和挑战。

6.4 如何将你的知识产品化，深度影响1万人

写作就像一个钩子，你的内容就是对应的诱饵，内容越好、越垂直，吸引来的用户就越精准。但是如果想真正改变用户，并且获取一定的收入，将你的知识产品化后就显得尤为重要了。

大家参加过微课吗？参加微课的步骤一般是这样的：在朋友圈里面看到你感兴趣的课程海报，参与活动后会被邀请进群，然后在微信群里面听一个老师做分享。我在2015年学习如何做公众号时就接触过这种形式，当时我参加了几十节运营课程的学习。

我在社群里认识了很多学习运营的朋友，大家一起学习、一起探讨，成长得很快。当我在运营第一个公众号“选择自己”的时候，我在第1个月就开了3个社群，包括早起群、阅读群和分享群。

我的3个群

▶ 早起群

早起群的目的是培养大家早睡早起的好习惯，规则也非常简单：每天上午5~8点起床后打卡，没有做到的人就在群里发红包。进群还有隐形的门槛，我会去观察这个人是否积极向上，因为负能量的人会影响大家，所以不会被允许进群。

▶ 阅读群

顾名思义，阅读群就是组织大家阅读，每月至少阅读1本书，大家在群里分享阅读心得。我们举办过阅读书单征集、送书等活动，每当有人在群里发新的书单，我都会将其更新到群文件中供大家分享。

分享群

分享群则是我个人整理自己学习的知识，以及分享我每天的学习心得的一个社群。除了我的经验分享外，还有优秀群友的知识分享，我认为非常不错的老师也会进群分享。

我惊喜地发现，不管是早起、读书还是听分享，大家都很喜欢社群的形式，他们甚至在里面找到了自己的好朋友，将友谊从线上发展到了线下。这坚定了我做社群的信心。

我从第一个创业公司离职后，没有了收入来源，每天运营社群给大家发的红包和礼物用的都是工作时候的积蓄，过了一阵子，也就所剩无几了。当时邀请老师到群里分享时没有现在用的直播间，主要靠群里的机器人多群转播。一个转播群的机器人需要30元的成本，如果一次分享要转播到10个群，光是转播费就300元。不过我留意到一个现象，很多读者问我有没有更多类似我举办的早起、阅读、分享这类的群，哪怕付费也愿意进，因为他们感觉群里的学习氛围特别好。当时，一个分享平均有几千人参加，光是处理加群的信息都要花费大量的时间。为了覆盖运营的成本，我为用户提供了两种选择。第一种是免费报名，免费报名的人可以在普通社群里听课，但是没有办法认识老师本人，因为老师的微信号并不在普通的社群中；另外一种是付费报名，发9.9元红包就能进入VIP群，VIP群里都是付费用户，可以跟老师直接沟通。我发现，如果选题和老师足够吸引人的话，9.9元的红包除了覆盖掉成本外，甚至还会有一些盈余。这为我做付费社群带来了启发。

当时，很多人好奇我是如何实践时间管理的，我在社群中分享过几次后，得到的反馈都特别好，于是不断有学员问我有没有系统的课程可以学习。于是，我决定做一个时间管理训练营，将自己几年的时间管理实践经验浓缩成7天的课。面对99元的定价，我非常担心价格太高没有人报。最终，我怀着忐忑的心情写好了文案，点击了发送按钮。

后面发生的事情让我惊呆了，文案发出去后的1个小时，我收到了上百个报名信息，很多人主动来报名学习，我一个人在备课的同时，还充当着运营和客服的角色，不断给用户答疑并且将他们邀请进学习群。48小时内，一共有450人报名，由于一个微信群只能装500人，所以没有报上名的人只能预约下一期。

7天很快就结束了，我做了一下学员调查，好评率极高，大家都觉得收获很大，这对于我而言又何尝不是呢？第1期的时间管理训练营给了我极大的信心，我开始筹备第2期、第3期，到最后连续开了20期，积累了近10000名付费学员。课程时间从7天调整为21天，价格也提到了199元。

无数个下班后的晚上，别人都出去看电影、逛街，我一个人就待在房间里安静地准备PPT，静待上课时间的到来，然后开始1.5个小时左右的授课加半个小时的答疑。做了20期之后，我特别自豪的第一点是，每次课程都进行了迭代，而不只是简单地重复。第二点是，每次课程都是我现场亲自讲，并没有提前录制好。第三点是，对于学员的问题，我基本上有问必答，分享结束后，我永远会回答完学员最后一个问题再结束当天的课程。

这次经历除了带给我成长和鼓励，带来的收入也为我组建团队打下了基础。在第一次训练营结束后，我就去租了办公室，开始张罗招人的事情。交完房租，给线上一直支持我的运营团队发完红包后，我的身上只剩下了1000元。我隐隐约约看到了这是一条可行的路，那一年是2016年。2016年是很多人认为的知识付费元年，也就是所谓的红利期。

后来的事情就比较顺利了，我开始挖掘不同的老师，邀请他们到社群里讲课，每节课平均都有几千人参加，我还会同时物色学员满意度高的老师一起开训练营。在创业后的短短3个月内，团队就从只有我1个人发展到20多人，我们当时只专注于做课程和社群这件事情。那个时候，每天都有不同的训练营开营、结营，每天有十几个不同类型的训练营在同时运转，我们也慢慢地在知识付费领域积累了一些名气。

3年过去了，我的团队已经累计和近1000名老师合作过课程，训练营办了100多期，视频专栏也开发了60多个，打造了多个收入百万的爆款训练营和视频课。除了能够养活自己的团队，学员发来的感谢留言也让我欣慰不已，他们会告诉我上完课后产生的一些积极变化，这让我相信，我在做自己喜欢做并且对他人有价值的事情。我很感恩，因为我找到了情怀和现实之间那个微妙的平衡点。

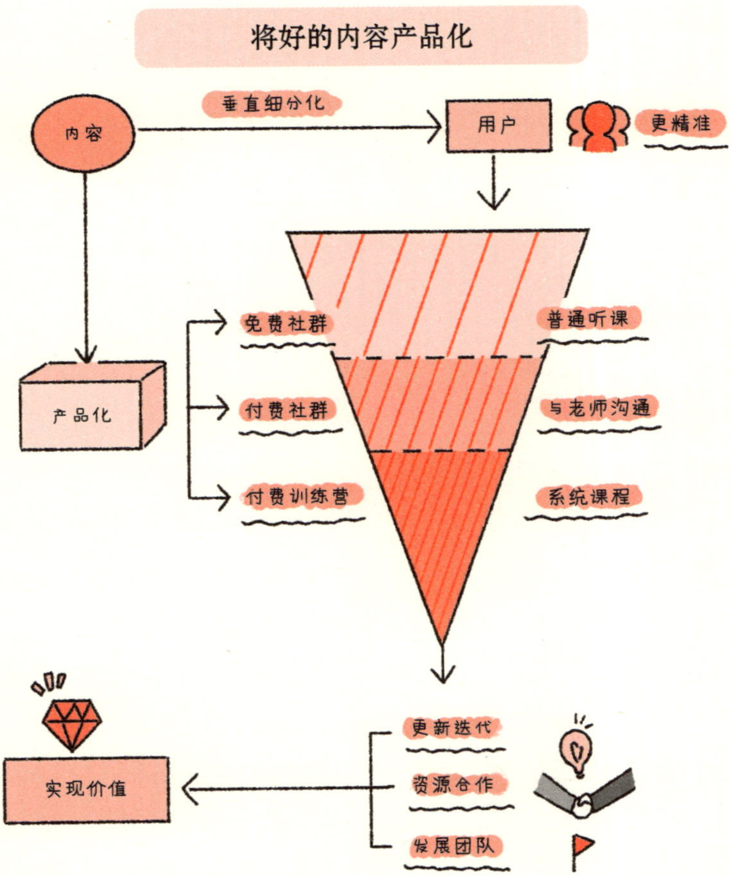
将好的内容产品化
内容
垂直细分化
用户
更精准
产品化
免费社群
付费社群
付费训练营
普通听课
与老师沟通
系统课程
更新迭代
资源合作
发展团队
实现价值

6.5 如何打造自品牌，赋能企业与个人

在我做完第20期时间管理训练营的时候，我选择了停下来。我知道这意味着放弃了一笔可观的收入，但只有这样，我才能腾出时间去提升自己，从而进入下一个阶段。最开始的时候，很多人问我时间管理的问题，后来我慢慢发现，大家更好奇我是如何一步步从新媒体小白成为新媒体创业者的。他们问的问题我基本上都能比较好地回答。我在想，是时候更新一下自己的标签了。

摆脱路径依赖的过程是困难的，这意味着我们要放弃很多曾经付出的沉没成本，在时间管理领域，尤其在“90后”的这个年龄段，比我有影响力的讲师不多，但是在新媒体领域里，经常分享干货和知识的运营高手则很多。我认为，虽然我入行的时间不算最早，但正是因为入行晚，且取得了一些成绩，应该会有人愿意听我分享。另外，我本来就是跨界转行，也没有任何专业背景，如果我能做好新媒体，那么很多人应该也能复制我走过的路。最关键的一点是，我正在以创始人的身份运作一个新媒体项目，这跟很多职业讲师不一样。

做过20期的线上训练营后，我改变了思路。关于新媒体的培训，我想做线下的新尝试。线上比线下好做的原因在于，线上的学员都是主动报名，在他们信任你的基础之上，只要你认真备课，反馈一般不会太差。线下更加考验讲师的控场能力，但一旦克服了，线上讲课的能力又会得到跃迁，这对我来讲，是挑战也是机遇。

最难的地方在于，如何打开线下培训的市场。在新媒体方面，只要你有流量，你就可以招到学员；在线下做培训机构，则是越有资历的老师越吃香。

线下培训市场也分C端和B端。C端服务个体，B端服务企业，两者的需求完全不一样。

C端

最近两年，我受邀参加了很多线下分享，包括“北辰青年有趣人类说”第一期的嘉宾，荔枝微课知识付费行业盛典分享嘉宾，TEDx珠海1500人分享嘉宾，中国第三届新媒体千人峰会圆桌嘉宾，美淘短视频千人峰会分享嘉宾，BetterMe大本营三周年庆分享嘉宾，小鹅通知识付费新教育千人峰会分享嘉宾等。这些峰会的邀请也算是对我实力的一种认可，这些背书对C端市场的用户做购买决定会有一定的帮助。

所以我们线下培训的第一个产品最后选择了“Kyle百万价值创造营”。我想用自己的转行经验现身说法，帮助传统行业的朋友实现职业轨道的转变。当时定4999元这个价格的时候，我心里还是有点慌的，因为这对于很多职场人士而言并不是一笔小开销，但是如果不定这个价格，又没有办法筛选出优质的用户，也就没办法为他们提供极致的体验。

怀着忐忑的心情，我写了一篇自己如何转行做新媒体的文章，说得难听一点也算是一篇广告文吧，结果竟然有1000多人主动转发，最后有几十人报名参加第1期的线下课。一方面，我受宠若惊；另一方面，为了不辜负大家的信任，我决定尽最大努力提供最优质的课程和体验。当时我们不惜成本选用了五星级的酒店，活动用餐都是同事试过之后才定的，就连上课的PPT也是找1页PPT卖350元的专业设计师朋友黑犬帮忙做的，我更是花了两个星期熬夜才打磨出自己比较满意的课程内容。

以前没有做过线下课程的时候担心干货不够多，所以准备了350页PPT。因为担心内容讲不完，所以我的讲课语速也比较快。后来，速录师告诉我，我两天时间内讲了12万字，足足抵得上一本书的字数了。后来，我通过做沙盘演练的方式，帮助大家将课上学到的知识直接运用起来，把时间交给学员去发挥，PPT的页数更少了，培训效果和用户的收获感反而大大提高，这些都是我做线下课之前完全没有想到的。我的PPT从第1期的350页到第6期的150页，足足迭代了6次，我也从一个线上的分享者进化成了比较专业的线下培训讲师。

由于有了C端服务高净值客户的体验，B端市场也逐渐向我打开。但我发现，B端市场跟C端市场的打法完全不一样。我也遇到了几个难题。

难题一

大企业每年会有一大笔预算采购课程，通常这笔预算掌握在负责培训的HR手中，我们作为课程服务商或讲师，需要将自己在C端熟悉的课程翻译成B端的HR及老板看得懂的版本。刚开始，我的团队是不具备这个翻译能力的，所以我之前的很多B端培训机会都是靠贵人相助才得到的，从最开始给500强外企做新媒体顾问，到给中国银联总部和K12教育机构的校长们做新媒体培训都是如此。当B端客户的采购人员听过你的课，理解课程的价值时，他们的接受度可能会更高。我们经常说，选择大于努力，但在大部分情况下，被选择也是一种能力，当然还需要一些运气。所以并不是你的课讲得好就够了，想在B端市场有一席之地，就必须花更多时间去梳理整个采购流程。

难题二

企业培训跟学员主动付费，人的积极性是完全不一样的。如果一个学员花了4999元来听两天的线下课，他肯定会认真听讲，同时会想办法链接其他学员一起去做点事情。如果同样的课程放到企业里面，可能就变成了老板逼着员工学，互动的时候积极性会变差，同时还有可能会引起反抗情绪。所以在课程设置上，B端的企业内训内容要更加落地，一般是一半时间讲课一半时间演练，最好还能直接提供工作模板，以便将来需要时能直接用得上。同时，讲师也要注意讲课的风格，要符合公司的企业文化，因为听课的人不仅有员工，还可能有领导和管理人员。

虽然B端的培训竞争很激烈，也不那么好切入，但我依然觉得这是一块非常有潜力的市场。新媒体本质上是一个工具，它能提高商业效率，如果将这些新媒体方法交给传统的机构去复制，可能产生的结果会放大很多倍。对于很多传统企业而言，年营收过亿并不算难事，如果通过新媒体工具帮助他们节省10%的开支，或者增加10%的营收，就已经是创造了千万元的价值，这份价值远远高于请一个老师的培训费用。中国的企业有这么多，B端市场理论上来说是开发不完的，就看你能不能打进这个市场了。

所以，不妨从简单的线下培训开始，然后在后段接入如顾问、咨询、代运营等服务。找到愿意深度合作的B端企业，用新媒体的工具共同创造更多的价值，这可

能是个不错的工作思路。

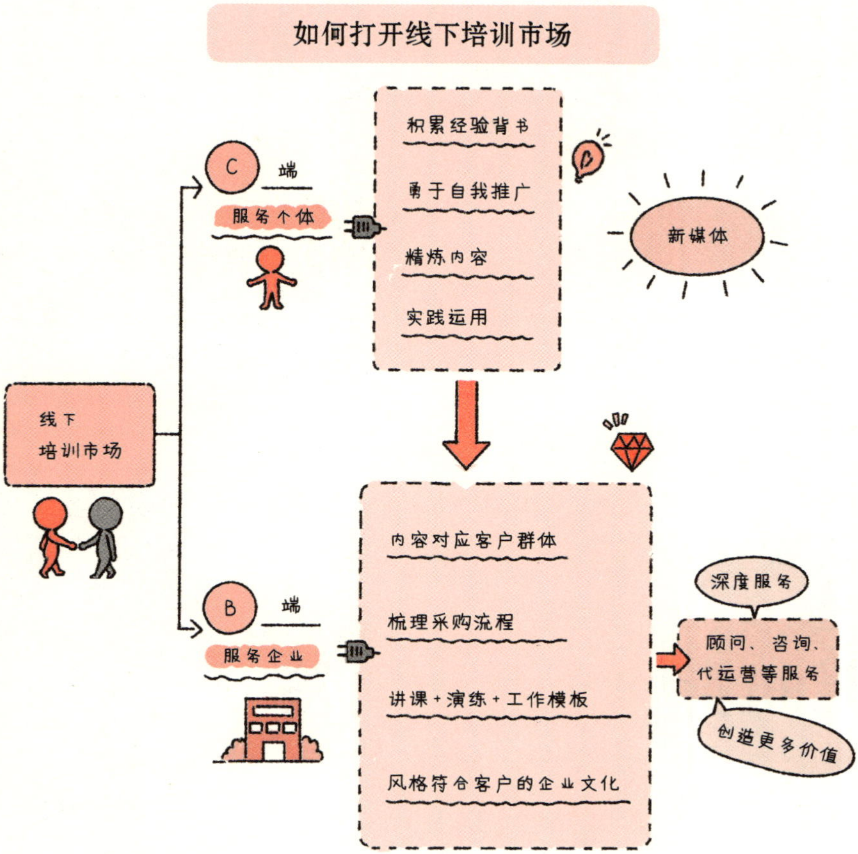
如何打开线下培训市场
线下
培训市场
C 端
服务个体
积累经验背书
勇于自我推广
精炼内容
实践运用
新媒体
B 端
服务企业
内容对应客户群体
梳理采购流程
讲课+演练+工作模板
风格符合客户的企业文化
深度服务
顾问、咨询、代运营等服务
创造更多价值

附录1

时间管理·互动问答

@诗琳：我平时不太有时间观念，想问问Kyle老师我该如何督促自己执行已经制订好的计划，以及怎样高效利用时间。

Kyle：我们先别急着执行，首先要确认设定的目标是否恰当，存不存在过载的情况。我建议你先做一个梳理，看一下自己每天可支配的时间有多少，估计一下你的计划需要的时间在可支配时间中占的比例（一般来说，超过50%之后难度就很大了）。另外，自制力不好的人可以将自己的目标跟身边的朋友分享，利用大家的力量来监督你，通过外界给你压力来帮助你完成任务。

@听听那冷雨：Kyle老师，我是一名大二学生，近期在备考四级，每天晚上我都会给自己留3小时的做题时间，但是效率很低下，很难集中注意力，请问我应该怎么办呢？

Kyle：能不能将晚上困顿的3小时换成早上精力充沛的3小时来做题呢？你可以通过轮流做理科和文科的题目来转换思路。另外，建议看《把英语用起来》，这对你的英语学习会很有帮助。

@久榆：我是一名资深设计师，最近刚开始转型做品牌，然而因为是新业务，上司没有清晰的想法和逻辑，喜欢指挥我一下做这一下做那，使我哪边都做不好。我的时间完全被搞成了碎片，一会儿联系执行公司，一会儿自己做视觉设计，一会儿找广告投放，一会儿写微信，一会儿准备领导发言稿，一会协助软装设计工作，一会儿筹备沙龙……我在企划方面没有媒体渠道和文案功底，仅有设计专业知识和自认为不错的创新能力。请问我该如何做好时间管理，规划好职业生涯，继续坚持在这条路上走下去呢？

Kyle：公司将很多任务都交给你，说明你的能力很强，但过多的任务导致你出现了精力被过度分散、时间碎片化的情况。

我建议你上班第一件事就是将所有要做的事情列出来，能委派的工作都委派出去。我留意到你要做的事情主要分独立完成和与人合作两个类型，建议你在每天早上拥有大块时间的时候优先完成自己能独立完成的事情，剩余的时间再与他人协作。

@dennis_霍：我是只广佛“候鸟”，每天早七晚八生活着，上班开车半小时，坐地铁半小时，中午十一点半至下午两点午休，想问问怎么抓紧时间实现自己的目标？

Kyle：你可以利用上下班通勤的时间听有声书、播客，阅读书籍。另外，中午吃完饭后不宜立刻睡觉，那样会对肠胃不好，可以看半小时书，再进行不超过40

分钟的午睡。

@智清：我的工作比较清闲，感觉碎片时间很多，但是一坐下来不知道干什么，只能拿着手机发呆，想问问Kyle老师，当我想利用工作之余学习一门外语时，应该怎样利用好这些时间呢？

Kyle：建议你将学外语的目标具体化，比如是为了出国旅游还是考级，然后再拆解为下一步行动。准备外语考试，可以拆分为阅读、听力、口语、写作，将你平时的生活模式由中文模式转换成外语模式即可，不需要额外付出太多时间。另外，你可以用时间管理软件来记录学习时间，进而量化你的学习效果。

附录2

2013，我做了些啥

2013年是我从学生转换到社会人的第一年，也是我个人践行时间管理最密集的一年，所以现在将那一年的事情罗列出来，供大家参考。

▶ 坚持211天进行每日回顾，每天总结3件事：做得好的、做得一般的、做得差的。

回顾的意义：

1. 对自己做过的事情有更充分的了解；

2. 帮助建立信心；

3. 帮助找到目标。

通过每日、每星期、每月不断地总结、反思，我改善了不少缺点，如迟到、拖延和焦虑。

▶ 坚持理财计划，记录开销211天，实现经济独立。

理财的意义：

1. 节约意味着可观的收入；

2. 越不善于理财，越要制订理财计划；

3. 有了存款，经济不景气也没关系；

更重要的是，经济独立了，我就不用再向父母伸手要钱了。

理财的3个阶段：

第一阶段：管理金钱；

第二阶段：学习与金钱相关的知识；

第三阶段：活用金钱。

2013年的我还处于第一阶段，现在的我已经进入第二阶段了。

▶ 坚持早起158天，早睡160天，养成规律作息的习惯并每天做记录。

早起的意义：

1. 思考人生，便于进行人生规划、职业规划；

2. 整理手上的工作、生活、投资、健康相关的计划和完成情况；

3. 重新审视、回顾自己的目标；

4. 把最困难的事情拿出来重点思考；

5. 浏览当天的重要新闻；

6. 做周回顾和月回顾；

7. 有了更多的读书时间；

8. 计划将要开始的一天；

9. 锻炼身体；

10. 调整心态；

11. 有了更多的写作时间；

12. 更利于进行头脑风暴。

▶ 坚持时间管理116天，并不断改善。

项目：阅读、写作、专业、英语、新技能、运动。

记录：共287小时，跨116天，平均每天2.5小时。

▶ 坚持运动65天，养成定期运动的习惯。

运动的意义：

1. 改善我的身体状况，帮助我更好地吸收营养，增重（我非常瘦，所以增重一直是我的愿望）；

2. 保证未来工作时的健康，保障家人！

▶ 读了56本书，并做了读书笔记。

阅读的意义：

1. 锻炼脑力；

2. 减小压力；

3. 增长知识；

4. 扩充词汇；

5. 提高记忆力；

6. 增强分析思考的能力；

7. 集中注意力；

8. 提高写作能力；

9. 平心静气；

10. 免费享受。

坚持读英语原著的第3年，2013年读了16本英语原著。

本年目标：2013年阅读15本英文原版书（已完成16本）。

长期目标：6年内阅读100本英文原版书（已完成30本）。

要点：只读英语原版，不包括简写版和改写版。

完全读完才算一本，中途放弃甚至读了90%都不算。

附录3

杂事记录

2013年1月，面试了一份专业对口的中外合资公司的管理培训生的职位，面试的人很多，3轮过关斩将后，我得到了人生中的第一个Offer（录取通知）。

2013年2月，了解到印象笔记这个软件，认为它十分有潜力，因此下载试用。

2013年3月，看了*Getting Things Done*这本书，了解到“时间管理”这个概念。看了战隼老师博客里的每篇文章，从而有了战胜拖延症的决心。

2013年4月，顺藤摸瓜，通过战隼 Warfalcon老师的博客，发现了豆瓣这个网站，并且注册了账号，开始做读书记录。

2013年5月，经过3个月的试用，认为印象笔记可以充当我进行知识管理和时间管理的辅助软件，所以购买了两年会员，并开始用印象笔记记录我的生活。

2013年6月，在实验室待了半个月，对着电脑半个月，完成了本科毕业设计，因为不舍4年同学情谊，所以醉了几晚。

2013年7月，开始工作。我不断告诉自己，你已经不再是一个学生了，不能再向家里要钱，一定要养活自己，实现经济独立。

2013年9月，逐渐适应新工作后，我尝试实现工作与生活的平衡。在工作的时候，我不断地问自己是不是尽力了，从而确保自己的工作质量。下班后，阅读和写作充实了我的心灵。

2013年10月，我过着往返于公司和家的两点一线的生活，有空就跟老师、好友、前辈聊工作，聊生活，聊计划，聊梦想。

2013年11月，开始学习ESL教材，系统练习英语口语。

2013年12月，让自己慢下来，反思，总结。

参考文献

[1] [加]基思・斯坦诺维奇著，张斌译. 超越智商：为什么聪明人也会做蠢事[M]. 北京：机械工业出版社，2015.

[2] [加]马尔科姆•格拉德威尔著，苗飞译. 异类：不一样的成功启示录[M]. 北京：中信出版社，2014.

[3] 采铜. 精进：如何成为一个很厉害的人[M]. 江苏：江苏凤凰文艺出版社，2016.

[4] Scalers. 刻意学习[M]. 北京：北京联合出版公司，2016.

[5] 邹鑫. 小强升职记[M]. 北京：电子工业出版社，2014.

[6] 古典. 你的生命有什么可能[M]. 湖南：湖南文艺出版社，2014.

[7] 李笑来. 把时间当作朋友[M]. 北京：电子工业出版社，2013.

[8] 赵大勇，符明秋，汤永隆，等. 关于午睡研究的概述[J]. 心理科学进展，2009，17(02)：421–425.

[9] [美]米哈里・契克森米哈赖著，张定绮译. 心流：最优体验心理学[M]. 北京：中信出版社，2017.

[10] [日]村上春树著，施小炜译. 当我谈跑步时，我谈些什么[M]. 海南：南海出版公司，2010.

[11] [美]凯文・凯利著，张行舟等译. 失控：全人类的最终命运和结局[M]. 北京：电子工业出版社，2016.

我的读书笔记 & 行动清单

我的读书笔记 & 行动清单

我的读书笔记 & 行动清单

选择自己

时间管理手册

年计划进度跟踪表

序号	年度目标	外在动机	内在动机
1			
2			
3			
4			
5			
6			
7			
8			
9			
10			

写下你的人生梦想：

我从事____________行业，想在______岁前成为____________行业人才，达到___

方法和措施	完成时间	完成情况	备注

________目标，达到____________________的生活状态。

月度计划表

1月
January

待办事项：

星期一 Mon	星期二 Tue	星期三 Wed

星期四 Thu	星期五 Fri	星期六 Sat	星期日 Sun

月度计划表

2月 February

待办事项：

星期一 Mon	星期二 Tue	星期三 Wed

星期四 Thu	星期五 Fri	星期六 Sat	星期日 Sun

月度计划表

3月
March

待办事项：

星期一 Mon	星期二 Tue	星期三 Wed

星期四 Thu	星期五 Fri	星期六 Sat	星期日 Sun

月度计划表

4月
April

待办事项：

星期一 Mon	星期二 Tue	星期三 Wed

星期四 Thu	星期五 Fri	星期六 Sat	星期日 Sun

月度计划表

5月
May

待办事项：

星期一 Mon	星期二 Tue	星期三 Wed

星期四 Thu	星期五 Fri	星期六 Sat	星期日 Sun

月度计划表

6月
June

待办事项：

星期一 Mon	星期二 Tue	星期三 Wed

星期四 Thu	星期五 Fri	星期六 Sat	星期日 Sun

月度计划表

7月
July

待办事项：

星期一 Mon	星期二 Tue	星期三 Wed

星期四 Thu	星期五 Fri	星期六 Sat	星期日 Sun

月度计划表

8月
August

待办事项：

星期一 Mon	星期二 Tue	星期三 Wed

星期四 Thu	星期五 Fri	星期六 Sat	星期日 Sun

月度计划表

9月 September

待办事项：

星期一 Mon	星期二 Tue	星期三 Wed

星期四 Thu	星期五 Fri	星期六 Sat	星期日 Sun

月度计划表

10月
October

待办事项：

星期一 Mon	星期二 Tue	星期三 Wed

星期四 Thu	星期五 Fri	星期六 Sat	星期日 Sun

月度计划表

11月 November

待办事项：

星期一 Mon	星期二 Tue	星期三 Wed

星期四 Thu	星期五 Fri	星期六 Sat	星期日 Sun

月度计划表

12月 December

待办事项：

星期一 Mon	星期二 Tue	星期三 Wed

星期四 Thu	星期五 Fri	星期六 Sat	星期日 Sun

月计划总结表

	当月目标	我对这几件事情的处理很满意
1月		
2月		
3月		
4月		
5月		
6月		
7月		
8月		
9月		
10月		
11月		
12月		

自我评定：

我觉得这几件事情处理得一般

我对这几件事情的处理不满意

算一笔自己的时间账

	第一周	第二周	第三周	第四周
本周平均每天工作时长				
本周平均每天睡眠时长				
除去工作、睡眠，每天平均剩下的时长				

总结：

时间管理工具试用表

类别	安卓手机	苹果手机	电脑	产品
1. 代办清单类				
2. 日程安排类				
3. 时间记录类				
4. 里程碑类				
5. 时间监控类				
6. 专注当下类				

小贴士：

请试用任意3款时间管理工具，连续1周做待办清单、日程安排和时间记录，总结效果并选出适合自己的方法。

心流状态记录表

日 期	时 长	分析状态	进入方式

小贴士：

尝试进入一次心流状态，描述这种状态和感受；记录下你每天进入心流状态的时长，分析自己每次进入心流前的状态，找到让自己快速进入心流状态的方法。

日 期	时 长	分析状态	进入方式

小贴士：

尝试进入一次心流状态，描述这种状态和感受；记录下你每天进入心流状态的时长，分析自己每次进入心流前的状态，找到让自己快速进入心流状态的方法。

项目拆分表

项 目			
任务拆分	任务1	任务2	任务3
奖 励			

项 目			
任务拆分	任务1	任务2	任务3
奖 励			

小贴士：

写下自己拖延的事情，并拆分任务到每天，设定阶段性完成任务的奖励。

项 目			
任务拆分	任务1	任务2	任务3
奖 励			

项 目			
任务拆分	任务1	任务2	任务3
奖 励			

小贴士：

写下自己拖延的事情，并拆分任务到每天，设定阶段性完成任务的奖励。

番茄钟使用表格

日期	项目	预计番茄钟

小贴士：

1个番茄钟=25分钟专注+5分钟休息。

实际番茄钟	备 注	总 结

小贴士：

精力充沛的时间做更有价值的事情。

番茄钟使用表格

日期	项目	预计番茄钟

小贴士：

1个番茄钟=25分钟专注+5分钟休息。

实际番茄钟	备 注	总 结

小贴士：

精力充沛的时间做更有价值的事情。

习惯培养卡

制定你的习惯培养卡

	习惯 1	习惯 2	习惯 3	习惯 4
我要培养的新习惯				
培养这个习惯对我来说为什么很重要				
我如何养成这个习惯				
如果这个习惯培养成功了，我有什么好处				
如果失败了，我会……				
写给想逃跑的自己（最刺痛内心的东西）				
如果我有些想放弃……				

总结：

习惯培养的日常打卡表

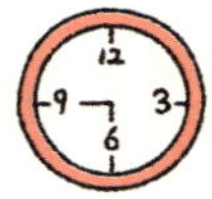

例如：早上7:00起床背古诗

日期＼内容				
月　日				
月　日				
月　日				
月　日				
月　日				
月　日				
月　日				
月　日				
月　日				
月　日				
月　日				

习惯培养的日常打卡表

例如：早上7:00起床背古诗

内容 日期				
月 日				
月 日				
月 日				
月 日				
月 日				
月 日				
月 日				
月 日				
月 日				
月 日				
月 日				

例如：早上7:00起床背古诗

内容 日期				
月　日				
月　日				
月　日				
月　日				
月　日				
月　日				
月　日				
月　日				
月　日				
月　日				
月　日				

自由地运用这几页来计划你的时间吧！